C++ |第三版|

教學手冊

感謝您購買旗標書,
記得到旗標網站
www.flag.com.tw
更多的加值內容等著您…

<請下載 QR Code App 來掃描>

● FB 官方粉絲專頁:旗標知識講堂

● 旗標「線上購買」專區:您不用出門就可選購旗標書!

● 如您對本書內容有不明瞭或建議改進之處, 請連上
　旗標網站, 點選首頁的 聯絡我們 專區。

　若需線上即時詢問問題,可點選旗標官方粉絲專頁
　留言詢問, 小編客服隨時待命, 盡速回覆。

　若是寄信聯絡旗標客服email, 我們收到您的訊息後,
　將由專業客服人員為您解答。

　我們所提供的售後服務範圍僅限於書籍本身或內
　容表達不清楚的地方, 至於軟硬體的問題, 請直接
　連絡廠商。

學生團體　訂購專線:(02)2396-3257 轉 362
　　　　　傳真專線:(02)2321-2545

經銷商　　服務專線:(02)2396-3257 轉 331
　　　　　將派專人拜訪
　　　　　傳真專線:(02)2321-2545

國家圖書館出版品預行編目資料

C++ 教學手冊 / 洪維恩 作.
第三版 — 臺北市:旗標, 2010.08 面; 公分

ISBN 978-957-717-937-1

1. C++ (電腦程式語言)

312.32C　　　　　　　　　　　99012732

作　　　者 / 洪維恩

發 行 所 / 旗標科技股份有限公司
　　　　　　台北市杭州南路一段15-1號19樓

電　　　話 / (02)2396-3257(代表號)

傳　　　真 / (02)2321-2545

劃撥帳號 / 1332727-9

帳　　　戶 / 旗標科技股份有限公司

監　　　督 / 孫立德

執行企劃 / 黃昕暐・張根誠

執行編輯 / 黃昕暐・張根誠

封面設計 / 古鴻杰

校　　　對 / 洪維恩

新台幣售價 : 640 元

西元 2024 年 2 月三版 28 刷

行政院新聞局核准登記-局版台業字第 4512 號

ISBN　978-957-717-937-1

版權所有・翻印必究

旗標 程式設計學習地圖

程式設計新手

C語言可以說是現代化程式語言的基石,也是世界上應用最廣的語言,學會C語言,不但有助於學習其他語言,也能提昇職場競爭力

C 語言學習手冊 第四版

物件導向程式設計

C++是物件導向語言的先鋒,也是與C最相容的語言,最適合承接C的學習,邁入物件導向的領域

Java是網際網路世代最為流行的程式語言,保留了C/C++語言的優點,並解決了許多C/C++語言的問題

C#是微軟承襲C/C++語言發展的新一代物件導向語言,也是開發Windows應用程式的利器

C++ 教學手冊 第三版

Java 2 JDK 5/6
教學手冊 第四版

Visual C# 2008
程式設計範例教本

進階應用

PHP是市佔率最高的開放原始碼網頁應用程式開發工具,入門簡易,可快速開發網頁程式。

如果想要開發網頁應用程式,ASP.NET 可說是微軟平台的標準,學起來準不會錯。

最新 PHP + MySQL +
Ajax 網頁程式設計

ASP.NET 3.5 網頁製作
徹底研究 - 使用 C#

序

本書撰寫之目的是希望能透過「邊做邊學」的方式來學習 C++程式語言。如果稍稍瀏覽本書的內容，您可以發現用字淺顯，且易讀易懂是本書的一大特色。無論過去是否有過學習程式語言的經驗，本書都適合您。

C++於 1980 年開始發展，它引進物件導向（object oriented）的概念，並導入封裝（encapsulation）、繼承（inheritance）與多型（polymorphism）等功能，使得它成為一個兼容並蓄的語言，也就是說，您可用類似於 C 語言之程序式語法來撰寫 C++，或者以物件導向的語法來開發程式，這完全取決於程式設計者的習慣與設計風格。

倘若您已熟悉 C 語言，那麼學習 C++的過程肯定倍感輕鬆；如果您沒有 C 語言的基礎，那也沒關係，本書也詳盡的介紹程序式語法的撰寫，使您快速地瞭解 C 與 C++的精要，進而踏入 C++物件導向程式設計的殿堂。只要花一個下午的時間，泡杯咖啡，靜靜地閱讀本書，並且動手做幾個例題，您便會感覺到 C++並沒有想像中困難！

本書所使用的編譯程式

本書所有的程式碼均在 Dev C++ 5.0 的環境裡實際測試過，以確保每一個範例都能夠在編譯器裡順利執行，您可從書籍封面所列網址取得範例檔案。Dev C++是免費的 C/C++整合開發環境，從網路上便可直接下載。Dev C++具有下列的優點：

- Dev C++是免費軟體，您可以從 http://www.bloodshed.net/devcpp.html 下載最新的版本與相關的資源。

- Dev C++程式本身只有 12MB，對硬體的需求遠比 Visual C++來得低，且所產生的執行檔也比 Visual C++來得嬌小許多。

Dev C++提供相當親切的視窗操作介面及偵錯環境，並附有完整的線上指令索引，學習起來更為方便順手。

Dev C++ 5.0 提供中文化的介面，相信您可以從它得到相當的助益與學習的樂趣。本書所有的範例也都在這個版本裡實際測試與執行過，我們覺得它容易上手，且適合課堂上的教學與學生回家練習之用。本書的附錄 A 也簡單的介紹 Dev C++ 5.0 的使用方法，有需要的讀者可以自行翻閱參考。

在此，筆者要謝謝 Dev C++的作者 Colin Laplace，授權使用 Dev C++作為本書的教學軟體。Colin Laplace 很謙虛的告訴我，他對於 Dev C++的貢獻僅在於視窗介面的開發，Dev C++的編譯程式並不是他完成，而是 GNU 所提供的免費編譯器。當您使用這個軟體時，雖然不需要付任何的權利金給作者，但仍建議您到 Dev C++的網站上參觀，給原作者一些心得上的回饋。

本書的完成先要感謝父母親對我長期的栽培，使得我可以跨入學術的殿堂。我要謝謝家人多年來的包容與支持，以及兩個小女兒帶來的快樂，使得我可以悠遊在字裡行間。感謝育達商業科技大學提供良好的研究環境，使得我在教學研究之餘，還能專心寫作。我也謝謝高玉馨教授提供豐富的資訊，使得本書的內容得以更加充實與完善。

如果您對本書有任何的建議，或者希望本書能增修內容，以符合您教學或自修上的需要，竭誠歡迎您來信與我連繫。

洪維恩

wienhong@gmail.com

目 錄

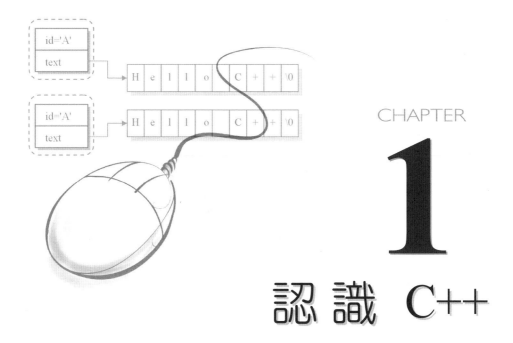

CHAPTER

1

認 識 C++

C++ 語言具有物件導向的功能，易於開發、撰寫與偵錯，因而廣受大家的喜愛，成為最受歡迎的程式語言之一。目前許多視窗開發程式，如 Visual C++ 與 C++ Builder 等均是以 C++ 為核心語言來開發軟體的，由此可見 C++ 廣受歡迎的程度。本章將初探 C++ 的世界，並撰寫第一個 C++ 程式。

本章學習目標

- 認識 C++ 的歷史
- 瞭解程式的規劃與實作
- 撰寫第一個 C++ 程式
- 學習程式碼的編譯與執行

1.1　緣起 C/C++

C++是由 C 語言延伸而出的新一代程式語言，因此在瞭解 C++的歷史之前，我們先來認識 C 語言的演進。

C 語言是由 Dennis Ritchie 與 Keb Thompson 在 1972 年所設計。C 語言的前身為 B 語言，原先是用來撰寫 DEC PDP-11 電腦的系統程式，PDP-11 電腦的配備以現在的眼光來看，是相當的陽春，它的 CPU 時脈只有 15MHZ，記憶體是 2MB，硬碟則為 31MB，但在當時可是要價 10 萬台幣呢！

DEC PDP-11 電腦的系統程式與後來為人所知悉的 Unix 作業系統有密不可分的關係。原本 C 語言只能在大型電腦裡執行，現在已成功的移植到個人電腦裡，且有不少的版本出現，其中較為人所知悉的有 Turbo C、Quick C、Microsoft C 與 Lattice C 等等。

C++則是由 Bjarne Stroustrup 博士於 1980 年開始發展，他將物件導向（object oriented）的概念加入 C 語言中，產生「C with classes」程式語言。歷經多年的發展，C++再以「C with classes」為基礎，加入封裝（encapsulation）、繼承（inheritance）與多型（polymorphism）等功能，使得它成為一個兼容並蓄的語言。也就是說，程式設計師可以用類似於 C 語言之程序式語法來撰寫 C++的程式碼，或者以物件導向的語法來開發程式，這完全取決於程式設計者的習慣與設計風格。

因此，若是您已熟悉 C 語言，那麼學習 C++將會相對的簡單許多；倘若過去沒有學過 C 語言，那也無妨，本書將詳盡的介紹程序式語法的撰寫，可以快速的瞭解 C 與 C++的精要，進而踏入 C++物件導向程式設計的殿堂。

1.2　C++ 的特色

程式語言的發展均有其歷史背景。例如 Basic 語言，其主要目的是要讓電腦的初學者也可以很容易的撰寫程式，故其語法近似英文，且淺顯易懂；此外為了因應科學計算與商業用途的需要，Fortran 與 COBOL 語言也因而產生。其它的高階語言如 Pascal 與 C 等亦有其特定的用途，但這些語言常因發展背景和語言本身的限制等而無法實用與效能兼顧。C++語言的誕生恰可彌補上述的缺憾，因為它具有下列的幾項特色：

・向下相容 C 語言

　　C++是由 C 語言衍生而來，因此它包含 C 語法的所有功能，也就是說幾乎所有的 C 程式，在 C++裡只需修改少許的程式碼，或者在完全不需修改程式碼的情況下，便可正確的執行。下圖說明 C 和 C++之間的關係：

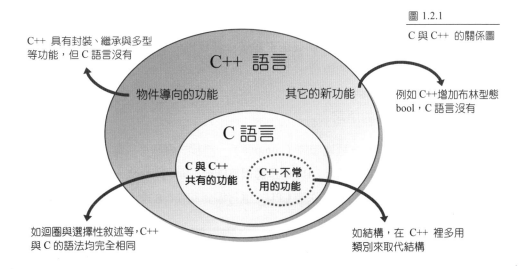

圖 1.2.1
C 與 C++ 的關係圖

· 具物件導向技術的語言

C 與 C++的最大差別，在於 C++具備物件導向的功能。「類別」是實現物件導向程式設計重要的概念，因此早期的 C++也稱為「具有類別的 C 語言」。一般而言，物件導向程式設計（Object-Oriented programming，OOP）具有三個重要的相關技術，分別為「封裝」、「繼承」與「多型」。

- 「封裝」是將資料和函數都包裝在類別內部的一種技術，它限定只有某些函數才能存取到特定的成員，用以保護資料的安全。

- 「繼承」是將既有類別的功能，透過繼承的方式使該功能繼承給新的類別使用，因此新的類別不需再撰寫相同的程式碼，以達到簡化程式碼與程式碼再利用等目的。

- 「多型」則允許相同名稱的函數針對引數的不同而進行不同的處理動作。

本書的 12~20 章將針對這些主題做一個詳細的說明，屆時將會對物件導向的觀念有更深一層的瞭解。

· 高效率且可攜性佳的語言

C++在執行前須先經過編譯（compile），將程式碼轉換成電腦所能執行的語言。這點有別於 Basic 語言，Basic 是透過直譯器（interpreter）一邊翻譯一邊執行，但一次只能夠將一行程式送進 CPU，進行編譯和執行的動作，效率遠不如 C++。

此外，程式語言的可攜性佳意味著於某一系統所撰寫的語言，在少量修改或完全不修改的情況下即可在另一個作業系統裡執行。C++是一個可攜性極佳的語言，若想跨越平台來執行 C++時（如在 Unix 裡的 C++程式碼拿到 Windows 的環境裡執行）通常只要修改極少部分的程式碼，再重新編譯即可執行。提供 C++編譯器的系統相當普及，從早期的 Apple II 到超級電腦 Cray 均可找到 C++編譯器的芳蹤。

• 靈活的程式流程控制

　　C++語言為一效率甚高，語法簡潔的語言。它不但具備物件導向的功能，同時也融合了程式語言裡流程控制的特色，使得程式設計師可以很容易地設計出具有結構化及模組化的程式語言。

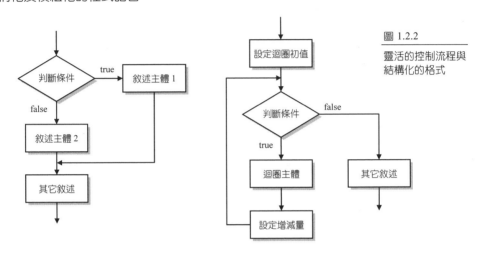

圖 1.2.2

靈活的控制流程與結構化的格式

　　由於 C++的高效率與靈活性，許多視窗開發程式如 Borland C++ builder 與 Visual C++等皆是採用 C++為核心語言。C++廣受歡迎的程度，由此可見。

• 程式碼的再利用

　　類別一但設計完成之後，它便可分送給其它的程式設計師使用。程式設計師可依據這個類別所提供的功能，再加上自己的需求，進而設計出新的類別，這便是程式碼的「再利用」（reusability）。因此程式碼的再利用可大幅地減少程式碼的開發時間，同時也可有效的節省程式開發的費用。

1.3 程式的規劃與實作

在撰寫程式之前，做好程式的規劃是相當重要的，它可以讓程式設計有明確的方向，尤其是被自己程式的邏輯搞得亂成一團時，若是能在事前規劃好流程，就可以根據這個流程進一步設計出理想的程式。

除了這個好處之外，習慣規劃程式後，可以發現程式會簡潔許多哦！這也意味著程式執行的速度將會更快，更有效率！瞭解程式規劃的重要後，我們來看看設計程式所需的六個步驟。

(1) 規劃程式

首先，您必須確定撰寫這個程式的目的為何？程式的使用者是誰？需求在哪兒？如計算員工每個月薪資所得、繪製圖表、資料排序…等，再根據這些資料及程式語言的特性，選擇一個適合的程式語言，達成設計程式的目的。您可以於紙張上先繪製出簡單的流程圖，將程式的起始到結束的過程寫出，一方面可以將作業的程序思考一遍，另一方面，可以根據這個流程圖進行撰寫程式的工作。下圖是繪製流程圖時常會用到的流程圖符號介紹：

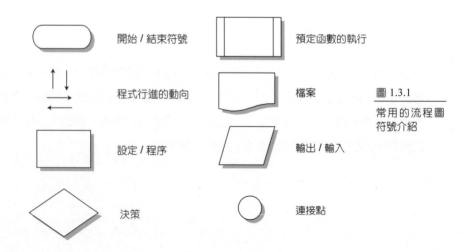

圖 1.3.1
常用的流程圖符號介紹

以一個日常生活的例子「如果放學後要參加社團活動,就留校去社團,否則就去圖書館看書,不管如何,晚上都會回家吃飯」,簡單的說明如何繪製流程圖:

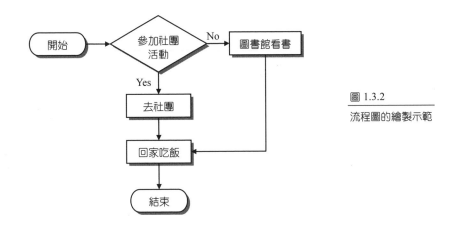

圖 1.3.2
流程圖的繪製示範

上面的流程圖裡,我們在決策方塊中填入「參加社團活動」,如果 "參加社團活動" 這件事為真,即執行「去社團」的動作,否則執行「圖書館看書」的動作,因此於程序方塊裡分別填入「去社團」及「圖書館看書」,不管執行哪一個動作,都必須「回家吃飯」,最後再根據程序的動向,用箭號表示清楚。

不管是程式設計,還是日常生活的程序,其實都可以用流程圖來表示,因此學習繪製流程圖,可是件相當有趣的事呢!

(2) 撰寫程式碼及註解

經過先前的規劃之後,便可以根據所繪製的流程圖來撰寫程式內容。在撰寫程式時要記得將註解加上。當您很久沒有修改,或是別人必須維護您的程式時,若是於程式中加上註解,可以增加這個程式的可讀性,相對的也會增加程式維護的容易度,如下面的程式碼片段所示:

```
...
int num=2;        // 宣告變數 num，並設值為 2
cout << num <<endl;  // 印出 num 及字串
num=num+2;        // 把 num 加 2，並把結果設回給 num
...
```

圖 1.3.3
程式加上註解
可提高可讀性

加上註解可增加程式的可讀性

(3) 編譯程式

程式撰寫完畢，接下來就是驗收成果。我們必須先將程式碼轉換成電腦看得懂的東西，才能執行所撰寫的程式。這個轉換程式，就是所謂的編譯器（或編譯程式，compiler），經由編譯程式的轉換後，若是沒有錯誤時，原始程式才會變成可以執行的程式。若是編譯器在轉換的過程中，碰到不認識的語法、未先定義的變數…等，此時必須先把這些錯誤更正過來，再重新編譯完成，沒有錯誤後，才會執行您所設計的程式。

(4) 連結程式

編譯器將程式編譯完成後，如果沒有錯誤，連結程式會幫我們製作一個可執行檔，有了這個執行檔之後，於 DOS 或 UNIX 的環境下，只要鍵入檔名即可執行程式。而於 Turbo C++、Visual C++或 Dev C++的環境，通常只要按下某些快速鍵或是選擇某個選項即可執行程式。

(5) 偵錯與測試

如果所撰寫的程式能一次就順利的達成目標，真是件值得高興的事。但是有的時候，會發現明明程式可以執行，但執行後卻不是期望中的結果，此時可能是發生「語意錯誤」（semantic error），也就是說，程式本身的語法沒有問題，在邏輯上可能有些瑕疵，所以會造成非預期性的結果。此時就必須逐一確定每一行程式的邏輯是否有誤，再將錯誤改正。若是程式的錯誤為一般的「語法錯誤」（syntax error），就顯得簡單許多，只要把編譯程式所指出的錯誤更正後，再重新編譯即可將原始程式變成可執行的程式。除了偵錯之外，還必須給予這個程式不同的資料，以測試它是否正確，這也可以幫助您找出程式規劃是否足夠周詳等問題。

以 Dev C++為例，Dev C++提供視覺化的偵錯功能，可以追蹤程式的執行流程，並查看變數的值，相當的方便：

圖 1.3.4
Dev C++提供好用的偵錯功能（請參閱附錄 A）

(6) 程式碼的修飾與儲存

當程式的執行結果都沒有問題時，可以再把原始程式做一番修飾，將它修改得更容易閱讀（例如將變數命名為有意義的名稱）、把程式核心部分的邏輯重新簡化…等等。此外，要記得把原始程式儲存下來，若是您有過一次痛苦的經驗，就會瞭解儲存的重要性。

我們把程式設計的六個步驟繪製成如下的流程圖，您可以參考上述的步驟，來查看程式設計的過程：

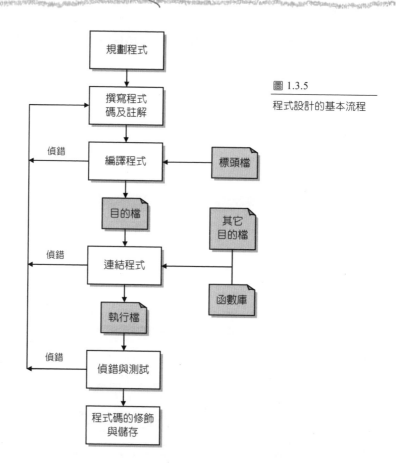

圖 1.3.5

程式設計的基本流程

1.4 撰寫第一個 C++程式

您可以使用任何慣用的編輯器來撰寫程式，撰寫完畢後，再拿到 C++的編譯器中加以編譯執行。不過一般來說，許多 C++程式開發工具，如 Dev C++、Visual C++等，都會提供編輯器方便使用者編輯程式，因此大部分的使用者都會選擇在 C++的開發工具裡撰寫程式。

1.4.1　程式碼的編輯、編譯、執行與儲存

接下來以 Dev C++的環境為例，來撰寫第一個 C++程式。如果還不熟悉 Dev C++的操作，可以參考本書的附錄 A，當然您也可以在 Visual C++或 Borland C++ Builder 等開發工具所提供的編輯器中撰寫它。請於 Dev C++的環境裡來建立下面的 C++程式碼：

```
01   // prog1_1, 第一個 C++程式
02   #include <iostream>
03   #include <cstdlib>
04   using namespace std;
05   int main(void)
06   {
07     cout << "Hello, C++" << endl;        // 印出 Hello, C++
08     system("pause");
09     return 0;
10   }
```

下面的視窗為鍵入程式碼之後的情形。您可以注意到 Dev C++用不同的顏色來代表程式碼裡各種不同的功用，例如函數的引數以紅色顯示，而程式的註解以深藍色顯示。這個設計利於程式碼的編輯、修改以及偵錯，這也是筆者選擇 Dev C++作為 C/C++教學軟體的主要因素之一：

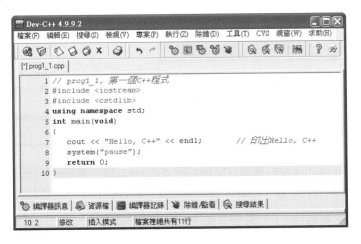

圖 1.4.1

程式碼鍵入編輯器
Dev C++的情形

在此刻暫時不需要瞭解這個程式每一行的功用，稍後的內容中將會有詳細的說明。

程式撰寫完畢後，接下來就是要將原始程式變成可執行的程式。您可以使用所選用的編譯程式的快速鍵，或是功能表的選項來完成編譯與執行的動作。以 Dev C++為例，您可以按下工具列中的「編譯並執行」鈕 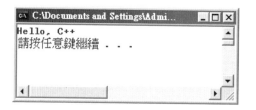，或是直接按下 **F9** 鍵來編譯與執行程式。prog1_1 經過編譯與執行後，會出現如下圖的執行結果：

圖 1.4.2
prog1_1 執行的結果

您可以看到在螢幕上所出現的 MS-DOS 視窗，程式執行的結果會在這個視窗中顯示，按下任意鍵即會回到 Dev C++的視窗之中。

當 C++編譯程式碼時，會先將程式儲存起來，再進行編譯的動作。如果想要跳離 Dev C++，直接按下視窗右上角的關閉鈕 ✖，即可關閉 Dev C++的視窗。若是程式碼在關閉 Dev C++前沒有進行編譯的動作，或是再次更改過程式碼的內容，在結束 Dev C++之前會先詢問您是否要儲存這個檔案，如下圖所示：

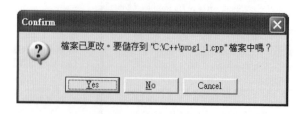

圖 1.4.3
確認是否要儲存檔案

此時再根據實際的情況，來決定是否要儲存檔案，按下「Yes」鈕，檔案被儲存後即結束 Dev C++的執行，按下「No」鈕，檔案不會被儲存且立刻結束 Dev C++的執行，而選擇「Cancel」鈕後，則取消 Dev C++的關閉動作，繼續編輯該程式。

1.4.2　編譯與執行過程的解說

C++編譯的過程中會產生一個目的檔（object file），到底什麼是「目的檔」呢？當編譯程式進行編譯時，除了要檢查原始程式的語法、使用者自行定義的變數名稱等等是否正確外，還要將標頭檔（header file）讀進來，根據這個標頭檔內所記載之函數的定義，檢查程式中所使用到的函數用法是否合乎規則。

當這些檢查都沒有錯誤時，編譯程式就會產生一個.OBJ（在 Dev C++中目的檔之附屬檔名為.O）的目的檔，因此「目的檔」即代表一個已經編譯過且沒有錯誤的程式。附帶一提，就是雖然目的檔的內容即使沒有錯誤，也不代表執行的結果會完全正確，因為它無法檢查出邏輯上的錯誤。

目的檔產生後，連結程式（linker）會將其它的目的檔及所呼叫到的函數庫（library）連結在一起，成為一個.exe 可以執行的檔案。當 C++程式變成可執行檔後，它就是一個獨立的個體，不需要 Dev C++的環境即可執行，因為連結程式已經將所有需要的函數庫及目的檔連結在一起。

如果想看看到底 Dev C++把原始程式與執行檔放在什麼地方，可以到程式所存放的資料夾中找到這些檔案的蹤影：

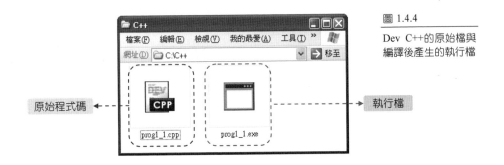

圖 1.4.4

Dev C++的原始檔與編譯後產生的執行檔

那麼，什麼又是「函數庫」呢？C++已經將許多常用的函數寫好，並將這些函數分門別類（如數學函數、標準輸出輸入函數等），當您想要使用這些函數時，只要在程式中載入它所屬的標頭檔就可以使用它們，這也是 C++ 迷人的地方哦！這些不同的函數集合在一起，就把它們統稱為「函數庫」。下圖為原始程式編譯及連結的過程：

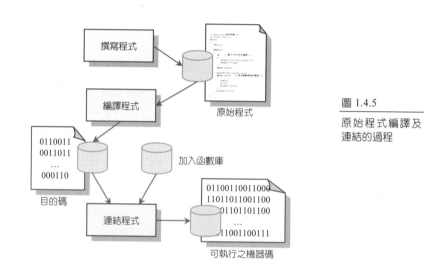

圖 1.4.5

原始程式編譯及
連結的過程

1.5 本書的編排與慣例

本書的編排是以讀者的閱讀習慣為導向，輔以大量的例題與習題來提升學習的效果。這兒我們列出本書的編排方式與字型的使用慣例，以方便您的閱讀。

· 程式碼與程式的輸出

本書的程式碼均以 Courier New 的字型來印出，並且把程式的輸出部分列在程式之後。於程式執行時，需要使用者輸入的部分以斜體字來表示。此外，若是程式的內容需要特別的說明，會以條列的方式列出解說的部分。以一個簡單的程式碼為例，您可以看到本書中所使用的程式碼及輸出如下所示：

程式的行號，為方便我們的閱讀
及解說，您不需要輸入

```
01   // prog1_2, 本書程式碼所使用的慣例
02   #include <iostream>
03   #include <cstdlib>
04   using namespace std;
05   int main(void)
06   {
07      int a;                  // 宣告整數變數 a
08      cout << "How many dogs do you have? ";
09      cin >> a;               // 由鍵盤輸入整數，並指定給變數 a 存放
10      cout << "You have " << a << " dogs!" << endl;
11      system("pause");
12      return 0;
13   }
```

重要的程式碼會加底色來提醒您

由使用者所輸入的部分，以粗斜體表示

```
/* prog1_2 OUTPUT----------------

How many dogs do you have? 3
You have 3 dogs!
-----------------------------*/
```

程式的輸出部分

· 本書所使用的作業系統與編譯程式

C++的某些特性會隨著作業系統與編譯程式而異。例如，較早期的編譯程式如 Turbo C++，其整數型態的變數均佔有兩個位元組，而 Dev C++、Visual C++、Borland C++等則佔有四個位元組。本書所使用的作業系統為 Windows XP，編譯程式則使用 Dev C++ 5.0。本書的範例大部份也適用於 Visual C++與 Borland C++ Builder。

本章摘要

1. C++以「C with classes」為基礎,加入封裝(encapsulation)、繼承(inheritance)與多型(polymorphism)等功能,使得它成為一個兼容並蓄的語言。

2. 物件導向程式設計(OOP)具有三個重要的相關技術,分別為「封裝」、「繼承」與「多型」。

3. 編譯式語言是透過編譯器(compiler)把程式碼轉換成電腦所能執行的語言,而直譯式語言則是透過直譯器(interpreter)一邊翻譯一邊執行,但它一次只能夠將一行程式送進 CPU,進行編譯和執行的動作。

4. 設計程式所需的六個步驟分別為:規劃程式、撰寫程式碼及註解、編譯程式、連結程式、偵錯與測試、程式碼的修飾與儲存。

自我評量

1. 試比較直譯器(interpreter)與編譯器(compiler)的不同。它們各有何優點?

2. 撰寫一個好的程式,我們必須經歷哪些步驟?

3. 試修改 prog1_1,使其印出的字串為 "Far from eye, far from heart."。

4. 連結器可以為我們做哪些事?

5. 試說明程式的可攜性(portability)是什麼意思?

6. 試說明「語法錯誤」與「語意錯誤」的意義與不同處。

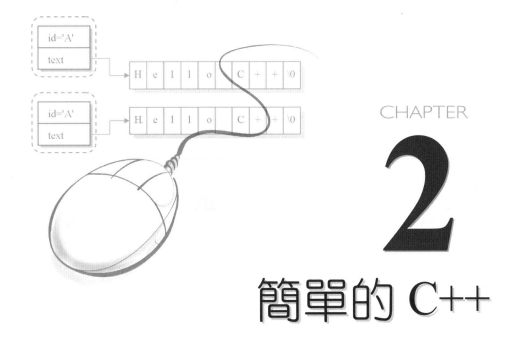

CHAPTER

2

簡單的 C++

從本章開始,我們要正式學習 C++程式設計。除了認識程式的架構外,本章還介紹資料型態、識別字與關鍵字的基本概念。經由淺顯的實例,讀者可以瞭解到如何偵錯與提高程式可讀性,藉以培養良好的程式撰寫習慣。

本章學習目標

- 學習 C++的基本語法
- 認識關鍵字與識別字的不同
- 學習程式碼偵錯的流程
- 學習如何提高程式的可讀性

2.1 簡單的例子

首先來看看一個簡單的 C++程式，它雖然嬌小，卻包含著 C++最基本的概念喔！您不妨先瀏覽下面的程式，試試看是否能看得出來它是在做哪些事情：

```
01   // prog2_1, 簡單的 C++程式
02   #include <iostream>              // 含括 iostream 檔案
03   #include <cstdlib>               // 含括 cstdlib 檔案
04   using namespace std;             // 使用 std 名稱空間
05   int main(void)
06   {
07      int num;                      // 宣告整數 num
08      num=3;                        // 將 num 設值為 3
09      cout << "I have " << num << " apples."<< endl; //印出字串及變數內容
10      cout << "You have " << num << " apples, too." << endl;
11      system("pause");
12      return 0;
13   }
```

如果您還不懂這個程式也沒關係，請逐字地把它敲進 Dev C++程式編輯器裏，再將它存檔、編譯與執行。當然，如果您是 C++的初學者，那麼除錯的過程應該是必要的。於 Dev C++的環境裡按下「編譯」 按鈕編譯後，再按下「執行」 按鈕執行它，如果順利的話，可以在螢幕上看到下面兩行輸出：

```
I have 3 apples.
You have 3 apples, too.
```

如果能得到與上面相同的輸出結果，那就大功告成！

2.1.1 程式解說

由 prog2_1 的輸出中，可以猜想的出來第 9 與第 10 行是用來印出字串，可是 cout、endl 與 void 等奇怪的文字，以及<<符號是什麼意思呢？在此先大略解說這個程式的結構與意義，在稍後的章節裡會再做更深入一層的探討。

(1) 第 1 行為程式的註解。C++的註解是以「//」記號開始,至該行結束來表示註解的文字。註解有助於程式的閱讀與偵錯,然而註解僅供程式設計師閱讀,因此當編譯器讀到「//」時,會直接跳過「//」後面的文字而不做編譯。要特別注意的是,「//」所影響到的範圍,僅僅是在它之後的同一行敘述。

(2) 第 2 與第 3 行

```
02    #include <iostream>
03    #include <cstdlib>
```

則是告訴編譯器把 iostream 與 cstdlib 這兩個檔案利用前置處理指令 #include 含括進來。iostream 為 input/output stream 的縮寫,意思為輸入/輸出串流,舉凡 C++裡有關輸入與輸出相關的函數大部份都定義在 iostream 裡。

cstdlib 是標準函數庫 standard library 的縮寫。C++裡有許多好用的函數定義在此,如第 11 行所使用的 system() 函數是其中之一,因此要把 cstdlib 含括進來。

(3) 第 4 行的敘述

```
04    using namespace std;
```

是用來設定名稱空間(name space)為 std。在 ANSI/ISO C++最新的規範中,C++標準函數庫(library)裡所包含的函數、類別與物件等均是定義在 std 這個名稱空間內,所以必須指明使用的名稱空間為 std,以便使用 C++所提供的標準程式庫。

使用名稱空間的用意在於它可區隔變數,使得在不同名稱空間的變數或函數,即使具有相同的名稱,也不會彼此受到干擾。此時您只需要知道它怎麼用即可,在本書的第 20 章將會有更詳細的討論與解說。

然而,第 4 行的設定名稱空間為 std 也不是非用不可。若是不想撰寫第 4 行,則必須在第 9、10 行的 cout 與 endl 物件之前加上「std::」,使得它們成為如下的敘述:

```
09    std::cout << "I have " << num << " apples."<< std::endl;
10    std::cout << "You have " << num << " apples, too." << std::endl;
```

如此在撰寫上稍嫌麻煩,因此還是建議您加入第 4 行名稱空間的設定,不但能讓程式看起來較為清爽,還可以避免一些不必要的麻煩。

(4) 第 5 行的 main() 函數為程式執行的起點，main() 函數的區塊（block）從第 6 行的左大括號（{）到第 13 行的右大括號（}）為止。在此不妨把 main() 函數稱為主函數，它不但是程式開始執行的起點，同時也是每個獨立的 C++程式都必須要有的函數，沒有它，程式無法執行。

在 C++裡，函數與一般的變數一樣都有其型態，如整數、浮點數與字元等型態，在第 5 行的 main() 前面加上 int，用來表示 main() 函數的傳回值為整數型態，而 main() 的引數 void 即代表 main() 函數不需要傳入任何的引數（void 的原意即為空無一物之意）。

(5) 第 7 行

```
07    int num;        // 宣告整數 num
```

宣告 num 為一個整數（integer）型態的變數。C++有別於其它直譯式的語言（如 Basic），使用變數之前必須先宣告其型態。這對一個熟悉 Basic 語言的讀者來說可能會較不習慣且覺得麻煩，但是宣告變數的好處相當的多，本章稍後將會介紹宣告變數的好處與用意。

(6) 第 8 行的敘述

```
08    num=3;          // 將 num 設值為 3
```

為一設定敘述，即把整數 3 設給存放整數的變數 num。

(7) 第 9 行的敘述為

```
09   cout << "I have " << num << " apples." << endl;
```

cout 可想像成是 C++的標準輸出裝置（通常指螢幕），而<<運算子（operator）則是把其右邊的字串或變數值送到標準輸出裝置，即一般的螢幕上。第 9 行執行時，字串"I have "會輸出到螢幕上，接下來傳送 num 的值（num 值為 3），接著再傳送字串" apples."，最後再送上換行碼 endl，告訴電腦必須於此處換行。endl 是 end of line 的縮寫，注意 endl 的最後一個字母不是數字 1，而是英文小寫字母 ℓ。

此外，cout、endl 與<<運算子均定義在 iostream 檔案內，因此程式第 2 行必須把
它含括進來，就是這個原因。

(8)　第 10 行敘述的語法與第 9 行相同，只是列印不同的字串而已。注意由於第 9 行換行
　　　符號 endl 的關係，"You have 3 apples, too." 會從 "I have 3 apples." 的下一行第一個
　　　字開始列印，而不會緊接在 I have 3 apples. 的後面。

(9)　第 11 行的作用是利用 system() 函數呼叫系統指令 pause，使得程式執行到這兒便先
　　　暫停。由於 Dev C++在執行完畢後便會自動關閉 DOS 視窗，而導致看不見輸出的畫
　　　面，因此可利用此行的敘述來暫停程式，以便觀察輸出的結果。使用者只要在鍵盤
　　　上敲進任何鍵，程式便會繼續執行下去。另外，由於 system() 函數定義在標頭檔
　　　cstdlib 裡，所以第 3 行必須將 cstdlib 這個檔案含括進來。

　　　如果您所使用的編譯程式不會自動關閉 DOS 視窗（如 Visual C++），則可以不用
　　　撰寫第 3 行與第 11 行。

(10)　第 12 行利用 return 關鍵字傳回整數 0，此數值由系統接收，代表程式可順利執行完
　　　成。由於傳回值為整數型態，所以第 5 行的 main() 函數必須指明其傳回值的型態為
　　　整數（int），下圖為 main() 函數的傳回值與引數型態的設定說明：

圖 2.1.1
函數的傳回型態
及引數說明

簡單地介紹 prog2_1 這個程式，相信您對 C++的語法已有初步的瞭解。prog2_1 雖然只
有短短的 13 行，卻是一個相當完整的 C++程式！在下一個小節裡，我們會再針對 C++
語言的細節部分，做一個詳細的討論。　　　　　　　　　　　　　　　　　　　❖

2.1.2 關於 ANSI/ISO C++的標準

如果您早期有接觸過 C++語言，或是參考過其它 C++的書籍，也許您會發現在標頭檔的撰寫上，會使用帶有附加檔名的標頭檔，如下面的敘述：

```
#include <iostream.h>                // 含括 iostream.h 檔案
#include <stdlib.h>                  // 含括 stdlib.h 檔案
```

而且也不需設定名稱空間 std，程式碼照樣可以編譯與執行。事實上，這是因為 C++的新舊版本的差別。新版的 ANSI/ISO C++ 於 1997 年頒佈，它把標頭檔的副檔名.h 捨棄不用，且把原先從 C 語言移植到 C++的函數庫，在其相對應的標頭檔名稱之前加上一個小寫的字母 c，用以區分此函數庫是從 C 移植過來。例如，cstdlib 與 cmath 標頭檔即是分別從原先 C 語言裡的 stdlib.h 與 math.h 標頭檔移植而來。因此，您所看到的 C++標頭標可能有下面四種型態：

(1) C 語言的標頭檔：以「.h」結尾，如 stdio.h、stdlib.h 等。這種標頭檔可在 C或 C++中使用。

(2) C++語言的標頭檔：以「.h」結尾，如 iosteram.h 等。這種標頭檔可在 C++中使用。

(3) ANSI/ISO C++新標準的標頭檔：沒有副檔名，如 iosteram 等。

(4) ANSI/ISO C++新標準裡，從 C 移植過來的標頭檔：沒有副檔名，字首有加上一個小寫的 c，如 cmath、cstdlib 等。

除了標頭檔的不同之外，新版的 ANSI/ISO C++也將所有的函數、類別與物件名稱放在特定的名稱空間 std 內，所以您必須利用 using namespace 來設定名稱空間為 std。

目前較新的 C++編譯器均支援 ANSI/ISO C++新標準，然而如果以舊式的寫法來撰寫C++，新版的編譯器多半是可以接受，但可能會出現些許警告訊息，提醒您應該採用新式的語法來撰寫（見本章習題 2）。

2.2 C++程式解析

如果您熟悉 C 語言的語法，是否覺得 C++的語法和 C 很像呢？本節再來仔細的探討 C++
語言的一些基本規則及用法。

2.2.1 #include 指令及標頭檔

在程式中加入

```
#include<標頭檔>
```

這行敘述後，在 C++編譯之前，編譯程式會先將括號（<>）內的標頭檔（header file）
內容整個含括（include）進來，並置於 #include 這行敘述的地方。

以最常使用的 iostream 標頭檔為例，若是加入 #include<iostream> 敘述，在程式編譯
時，iostream 的整個內容即會取代 #include<iostream> 這一行敘述，如下圖所示：

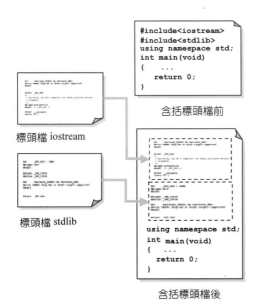

圖 2.2.1

標頭檔的含括動作，含括前
與含括後的比較

若是對 iostream 的內容感到好奇，可以到 Dev C++所安裝的資料夾「C:\Dev-Cpp」中，找到「include\c++」子資料夾，iostream 就存放在這兒（其它的編譯程式可能會放置在不同的資料夾裡，請參考編譯程式安裝的目錄，尋找標頭檔儲存的位置）。下圖是利用 Dev C++開啟 iostream 檔案的範例，請試著閱讀它的內容，但別任意地更改它！

iostream 存放在 include\c++\3.4.2 資料夾內

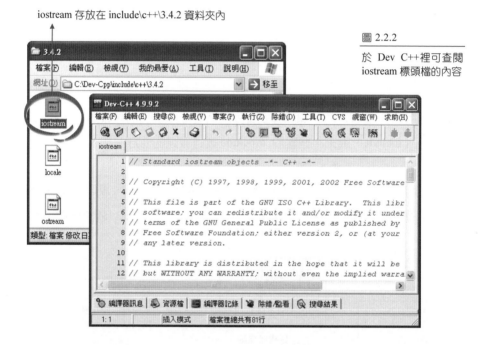

圖 2.2.2

於 Dev C++裡可查閱 iostream 標頭檔的內容

iostream 檔案內定義著有關輸入與輸出等串流函數的資訊，以供 C++的編譯器使用，如上一節所使用過的 cout、endl 等皆是，這也是為什麼我們要把這個標頭檔含括進來的原因。

使用 #include 指令將標頭檔含括進來最大的好處是，可以使程式碼簡潔，而且因為這標頭檔都已經標準化（通常會隨著 C++語言的套裝程式一起提供），所以程式設計師不需要花費時間撰寫標頭檔，可以節省下相當多的時間。

通常性質相近的函數，它們提供給編譯器所使用的資訊都蒐錄在同一個標頭檔裡。如 iostream 提供輸入/輸出串流的相關資訊；而有關數學函數（如 $\sin(x)$, $\cos(x)$ 等）的使用格式及相關資訊定義在 cmath 裡；與時間相關的函數資訊則定義在 ctime 等等。

那麼，含括不必要的標頭檔是否會增加編譯後程式的大小呢？答案是否定的。編譯器會依您所撰寫的程式內容自己到所含括進來的標頭檔裡去擷取需要的資訊，而沒有使用到的資訊則不屬於該程式的範圍，故不會增加程式碼的大小。當然，我們也沒有必要含括一些沒有必要的標頭檔到程式裡來，因為這只會徒增程式在閱讀上的困擾。

值得一提的是，#include 為 C++語言前置處理器（pre-processor directive）裡的其中一個指令，在稍後的章節裡，您也會看到一些以「#」開頭的指令，這些都是屬於前置處理器的一份子。

2.2.2 main() 函數

每一個 C++程式是由函數（function）與類別（class）所組成的。main() 是一個相當特別的函數，它是程式執行的開端，沒有它程式動不起來；同時，每一個 C++程式必須有一個 main() 函數，而且只能有一個。正因 main() 函數有此特性，因而我們稱 main() 函數為主函數（main function）。

2.2.3 大括號、區塊及主體

在 C++裡，接在函數名稱之後的左大括號（{）為函數區塊的開始，至右大括號（}）結束。每個指令敘述結束時，必須以分號「；」做結尾。當某個指令要使用的敘述不只一行時，必須以一對大括號（{}）將這些敘述括起來，形成一個區塊（block）。

以一個簡單的程式為例來說明什麼是區塊。在下面的程式中，可以看到 main() 函數的區塊以左右大括號包圍起來。

```
01   // prog2_2, 程式的區塊
02   #include <iostream>           // 含括 iostream 檔案
03   #include <cstdlib>            // 含括 cstdlib 檔案
04   using namespace std;
05   int main(void)                // main()區塊開始
06   {
07      int num=6;                 // 宣告整數 num
08      cout << "I have " << num << " apples." << endl;
09
10      system("pause");
11      return 0;
12   }                             // main()區塊結束
```
                                                        main()的區塊

```
/* prog2_2 OUTPUT---

I have 6 apples.
--------------------*/
```

利用左、右大括號就可以將某些相關敘述包圍起來，形成一個區塊，在往後的程式設計中，隨著程式複雜度的提昇，將會經常使用到它們。

❖

2.2.4 變數

變數在程式語言中扮演最基本的角色。變數可以用來存放資料，而使用變數之前必須先宣告它所欲儲存的資料型態。接下來我們來看看在 C++ 中變數使用的規則。

(1) 變數的宣告

舉例來說，想在程式中宣告一個可以存放整數的變數，這個變數的名稱為 num，於程式中可寫出如下面的敘述：

```
int num;                // 宣告 num 為整數變數
```

int 為 C++ 的關鍵字，代表整數（integer）的宣告。若是同時想宣告數個整數的變數時，可以像上面的敘述一樣分別宣告它們，也可以把它們都寫在同一個敘述中，每個變數之間以逗號分開，如下面的寫法：

```
int num,num1,num2;          // 同時宣告 num,num1,num2 為整數變數
```

(2) 變數的資料型態

除了整數型態之外，C++還提供其它不同的資料型態，如長整數（long）、短整數（short），字元（char）與布林（bool）等型態。關於這些型態，將在第 3 章中有詳細的介紹。

(3) 變數名稱

變數名稱可依個人的喜好來決定，但變數名稱不能使用 C++的關鍵字。習慣上我們會以變數所代表的意義來取名（如 num 代表數字）。當然您也可以使用 a、b、c…等簡單的英文字母代表變數，但是當程式越大，所宣告的變數數量越多時，這些簡單的變數名稱所代表的意義會較容易忘記，也會增加閱讀及除錯的困難度。

(4) 變數名稱的限制

C++變數名稱的字元可以是英文字母、數字或底線。但要注意的是，變數名稱中不能有空白字元、不能使用底線以外的其它符號（如$、%等），且第一個字元不能是數字。此外，C++的變數有大小寫之分，因此 id 和 ID 會被看成不同的變數。

2.2.5 變數的設值

想替所宣告的變數設定一個屬於它的值，可用等號運算子（= operator）來設定，您可以用下列三種方式進行設值：

👁️ 方法 1 -- 在宣告的時候設值

舉例來說，在程式中宣告一個整數的變數 num，並直接設定這個變數的值為 9，可以於程式中寫出如下面的敘述：

```
int num=9;                 // 宣告變數，並直接設值
```

👁️ 方法 2 -- 宣告後再設值

您也可以於宣告後再替變數設值。舉例來說，在程式中宣告整數的變數 num1、num2 及字元變數 ch，並且替它們分別設值，於程式中即可寫出如下面的敘述：

```
int num1,num2;             // 宣告變數 num1,num2
char ch;                   // 宣告字元變數 ch
num1=12;                   // 設值給變數 num1
num2=38;                   // 設值給變數 num2
ch ='w';                   // 設值給字元變數 ch
```

👁️ 方法 3 -- 在程式中的任何位置宣告並設值

以宣告一個整數的變數 num 為例，我們可以在程式中需要使用到這個變數時，再設定它的值：

```
int num;                   // 宣告變數
  ...
num=9;                     // 需要用到變數時，再行設定
```

2.2.6 為什麼要宣告變數

在撰寫直譯式程式語言（如 Basic 等）時，常會因為不留意而把變數名稱輸入錯誤，造成除錯上的困難。由於 Basic 不需要宣告變數，即直接把這個寫錯名稱的變數視為新的變數，因此檢查變數名稱的正確性之責任便交給程式設計師。一般而言，撰寫 C++ 程式時，會在 main() 函數（或其它函數）開始時就宣告變數，這個設計有個好處，也就是能夠方便地管理這些被宣告的變數。

於 C++ 程式中宣告變數的型態及名稱後，編譯程式可以很快地找到沒有被宣告的變數名稱，將它視為錯誤的識別字，於編譯完成後列出錯誤的部分，當然也就節省不少除錯的時間。此外，當您將這些變數集中宣告時，在系統維護上也就容易得多，同時可以在各個變數後面加上註解，解釋這個變數的用途或是目的，如此一來，別人或是自己對於使用這個變數的意圖，也會較為清楚。

2.2.7 cout 與串接運算子<<

在 C 語言中最常以 printf() 函數來做格式化的輸出，而 C++ 多半是採 cout 與「串接運算子<<」來輸出，如 prog2_1 的第 9 與第 10 行：

```
09      cout << "I have " << num << " apples." << endl;
10      cout << "You have " << num << " apples, too." << endl;
```

其中雙引號之間的文字會被印出，而變數的部分則以其值來取代。C++ 雙引號之間的字元稱為字串（string），也就是說，字串是由字元串接而成。

cout （可唸為 c-out）是 C++ 預先定義好的一個物件（object），可以將字串或數字輸出到螢幕上。由於我們尚未認識物件的概念，此時只要想成是輸出到螢幕上的一個介面即可。cout 物件可接收由「串接運算子<<」（insert operator）所組合而成的字串。這些字串會依序組合而成一個較長的字串，再藉由 cout 物件輸出螢幕。如下圖所示：

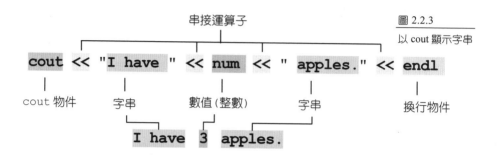

圖 2.2.3
以 cout 顯示字串

如果要把字串換行輸出，可用 endl 物件。除了用 endl 外，也可利用換行字元 "\n"，即一個反斜線加上字母 n，代表 new line 之意。我們來看看下面的範例：

```
01   // prog2_3, endl 與"\n"的使用
02   #include <iostream>        // 含括 iostream 檔案
03   #include <cstdlib>         // 含括 cstdlib 檔案
04   using namespace std;
05   int main(void)
06   {
07      cout << "I love C++." << endl << "You love C++, too.\n";
08      cout << "We all love C++." << "\n";
09
10      system("pause");
11      return 0;
12   }
```

```
/* prog2_3 OUTPUT---
I love C++.
You love C++, too.
We all love C++.
-------------------*/
```

在 prog2_3 的第 7 行中，印出 "I love C++." 之後，遇到換行符號 endl，因此接下來的字串 "You love C++, too.\n" 便換行輸出。而在 "You love C++, too.\n" 內含有換行字元 "\n"，於是接下來的 "We all love C++." 會換行輸出。程式第 8 行的最後是以輸出換行字元 "\n" 做為結束，此處若是把換行字元 "\n" 改為 endl，會得到相同的結果。

2.3 識別字及關鍵字

本節我們將探討 C++的識別字與關鍵字，這兩者的意思相近，但其涵義卻大不相同。

2.3.1 識別字

在 C++中，我們稱變數、函數或者是類別的名稱為識別字（identifier），如 prog2_1 的變數 num，以及 cout 與 endl 均屬於識別字。識別字的字元可以是英文字母、數字或底線。雖然 C++的編譯器多半沒有限定識別字的長度，但識別字的命名只要能代表變數的意義即可，過長的識別字名稱反而會造成閱讀與編輯上的困擾。

要特別注意的是，識別字名稱不能使用到 C++的關鍵字，此外，識別字的第一個字元必須是英文大、小寫字母或是底線 "_"，空白字元與特殊符號（如$、%等）皆不能使用。C++的識別字有大小寫之分，因此 Box 和 box 會被看成不同的變數。一般來說，識別字會有一個習慣性的命名方式，下表列出在 C++中，識別字的習慣命名原則：

表 2.3.1 識別字的習慣命名原則

識別字	命名原則	範例
常數	全部字元皆由英文大寫字母及底線組成	PI MIN_NUM
變數	英文小寫字母開始，若由數個英文單字組成，則後面的英文字由大寫起頭，其餘小寫	radius rectangleArea myAddressBook
函數	英文小寫字母開始，若由數個英文單字組成，則後面的英文字由大寫起頭，其餘小寫	show addNum mousePressed
類別	英文大寫字母開始，若由數個英文單字組成，則後面的英文字由大寫起頭，其餘小寫	Cbbb CWin MaxSize

使用習慣命名原則可以讓程式更容易閱讀，當其他的程式設計師乍看到某識別字時，雖然還不清楚該識別字的用途，卻可以大概瞭解到它應該是使用在常數、變數、函數

或是類別。舉例來說，當我們看到 PI，即可馬上聯想到這個識別字應該是個常數，而圓周率在程式中並不會隨意被更改其值，可以看成是個常數，因此在使用上會讓人一目瞭然。

2.3.2　關鍵字

識別字是使用者用來命名變數、函數或者是類別的文字（由英文大小寫字母、數字或底線所組合而成），而關鍵字（key word）則是編譯程式本身所使用的識別字。

prog2_1 中的 int、void 與 return 等均屬於 C++常用的關鍵字，我們不能更改或者是重複定義它們。因此，自行定義的變數、函數或者是類別的名稱都不能與 C++的關鍵字相同。C++所提供的關鍵字如下：

asm	auto	bool	break	case
catch	char	class	const	const_cast
continue	default	delete	do	double
dynamic_cast	else	enum	explicit	extern
false	float	for	friend	goto
if	inline	int	long	mutable
namespace	new	operator	private	protected
public	register	reinterpret_cast	return	short
signed	sizeof	static	static_cast	struct
switch	template	this	throw	true
try	typedef	typeid	typename	union
unsigned	using	virtual	void	volatile
wchar_t	while			

如果您是在 Dev C++的環境裡執行，所有的關鍵字均會以粗體黑色來顯示，以供識別。這個設計可方便讓讀者瞭解哪些字是屬於關鍵字，對於程式語言的學習相當有助益。

2.4 偵錯

不論是多麼有經驗的程式設計師，偵錯總是必須經歷的過程。發現程式的錯誤並加以改正的過程稱為偵錯（debug）。通常錯誤可分為語法錯誤（syntax error）與語意錯誤（semantic error）兩種，以下就這兩個錯誤來進行討論。

2.4.1 語法錯誤

在介紹語法錯誤的觀念之前，請您看看下面的程式，看看是否能夠找出其中的錯誤：

```
01   // prog2_4, 有錯誤的程式
02   #include <iostream>        // 含括 iostream 檔案
03   #include <cstdlib>         // 含括 cstdlib 檔案
04   using namespace std;
05   int main(void)
06   {
07       int num;               // 宣告整數 num
08       num=2;                 // 將 num 設值為 2
09       cout << "You have " << num <<" books."<< endl; 印出字串及變數內容
10       cout << "I want " << num << " books.  << endl;
11       system("pause")
12       return 0;
13   )
```

prog2_4 在語法上出現幾個錯誤，若是經由編譯程式編譯，便可把這些錯誤抓出來。首先，您可以看到第 6 行，main() 的區塊以左大括號開始，應以右大括號結束。所有括號的出現都是成雙成對的，因此第 13 行 main() 區塊結束時應以右大括號做結尾，而 prog2_4 中卻以右括號「)」結束。

註解的符號為「//」，但是於第 9 行的註解中，沒有加上「//」。此外，第 10 行的 books. 後面少一個雙引號；最後，在第 11 行的敘述結束時，沒有以分號作為結尾。

上述的幾個錯誤均屬於語法上的錯誤（syntax error）。當編譯程式發現程式語法有錯誤時，會把這些錯誤的位置及型態指出，再根據編譯程式所給予的訊息加以更正錯誤。

將程式更改後重新編譯，若是還有錯誤，依照上述的方式重複除錯，將錯誤一一訂正，直到沒有錯誤為止。上面的程式經過偵錯與除錯之後執行的結果如下：

```
/* prog2_4 OUTPUT 除錯後的結果 ---

You have 2 books.
I want 2 books.
------------------------------*/
```

❖

2.4.2　語意錯誤

當程式本身的語法都沒有錯誤，但是執行後的結果卻不符合我們的要求，可能是由於語意錯誤的關係，也就是程式邏輯上的錯誤。事實上，要找出語意上的錯誤，會比找語法錯誤要困難許多，因為這是編譯程式無法找到的，必須靠設計者逐步將程式檢查過數次，把程式的邏輯重新思考過才能找得到。我們用一個簡單的例子說明：

```cpp
01   // prog2_5, 語意錯誤的程式
02   #include <iostream>        // 含括 iostream 檔案
03   #include <cstdlib>         // 含括 cstdlib 檔案
04   using namespace std;
05   int main(void)
06   {
07       int num1=35;           // 宣告整數變數 num1，並設值為 35
08       int num2=28;           // 宣告整數變數 num2，並設值為 28
09
10       cout<<"I have "<<num1<<" books."<<endl;
11       cout<<"You have "<<num2<<" books."<<endl;
12       cout<<"We have "<<(num1-num2)<<" books."<<endl;
13       system("pause");
14       return 0;
15   }
```

```
/* prog2_5 OUTPUT---

I have 35 books.
You have 28 books.
We have 7 books.
-------------------*/
```

編譯程式於編譯的過程中並沒有找到錯誤，但是執行後的結果卻是不正確的，這種錯誤就是語意錯誤，只要找出語意上的錯誤，執行程式時就不會有問題。這個程式所犯的錯誤，就是於第 12 行中，由於一時手誤，將 num1+num2 輸入成 num1−num2，雖然語法是正確的，但是卻不符合程式的需求，只要將錯誤更正後，執行程式時就不會出現這種非預期的結果。

雖然筆者使用一個簡單的例子來說明語意錯誤的發生，實際上會出現語意錯誤的程式，通常不會這麼容易看出，此時必須逐步地檢查程式的內容，尋找發生語意錯誤的地方，使用這種地毯式的搜尋方式，似乎有些笨拙，卻是最徹底的方法。

2.5 提高程式的可讀性

能夠寫出一個簡潔的程式，不但可以美化程式碼，還可以提高執行的效率。但除了簡潔之外，也要學習提高程式的可讀性，以利他人的閱讀與方便日後程式碼的維護。

如何提高可讀性呢？前面提到過，在程式中加上註解，以及為變數取個有意義的名稱都是很好的方法。此外，保持每一行只有一個敘述及適當的空行，也會提高可讀性。另外，下列幾點會影響程式的可讀性甚鉅，在此處我們提出說明。

程式碼請用固定字距

建議讀者程式碼請用固定字距（fixed spaced）的字體來表示，同時不要用斜體字，以利程式碼的閱讀。下面是兩個內容完全相同的程式碼，第一個是用固定的字距來顯示，第二個則是用比例字距（proportional spaced）。請試著比較一下這兩個程式碼，哪一個在視覺效果上較好：

```
// 使用固定字距的程式碼，字型為 Courier New
#include <iostream>          // 含括 iostream 檔案
#include <cstdlib>           // 含括 cstdlib 檔案
using namespace std;
int main(void)
{
   cout << "We all love C++." << "\n";
   system("pause");
   return 0;
}
```

圖 2.5.1
以固定字距來顯示程式碼，其結果較易閱讀

// 使用非固定字距，且斜體字的程式碼，字型為 Times New Roman
#include <iostream>   // 含括 iostream 檔案
#include <cstdlib>   // 含括 cstdlib 檔案
using namespace std;
int main(void)
{
*   cout << "We all love C++."<<"\n";*
*   system("pause");*
*   return 0;*
}

圖 2.5.2
以非固定字距顯示程式碼，於視覺效果上比較不易閱讀

將程式碼縮排

在程式中還可以利用空白鍵或是 Tab 鍵，將程式敘述縮排（indent），同一個層級的對齊在同一行中，屬於層級內的敘述就使用空白鍵或是 Tab 鍵將敘述向內排整齊。值得一提的是，在程式裡所使用到的空白鍵或是 Tab 鍵，皆不會影響到編譯器的編譯動作。

請比較一下，prog2_6 與 prog2_7 這兩個程式內容皆相同，一個利用到上述可以提高程式的可讀性的方法，另一個則無。prog2_6 這個程式經過縮排、空白、空行與加上註解等方式，程式行數雖然較長，但是卻可以讓人輕易地就能瞭解程式的內容：

```
01   // prog2_6, 有縮排的程式碼
02   #include <iostream>
03   #include <cstdlib>
04   using namespace std;
```

```
05    int main(void)
06    {
07       int num1=12;
08       int num2=5;
09       cout << num1 << "+" << num2 << "=" << num1+num2 << endl;
10       system("pause");
11       return 0;
12    }
```

prog2_7 這個例子雖然簡短，而且語法皆無錯誤，但是由於撰寫風格的關係，閱讀起來就是較為困難。

```
01    // prog2_7, 沒有縮排的程式碼
02    #include <iostream>
03    #include <cstdlib>
04    using namespace std;
05    int main(void)
06    {int num1=12;
07    int num2=5;
08    cout<<num1<<"+"<<num2<<"="<<num1+num2<<endl;
09    system("pause");
10    return 0;}
```

雖然這兩個範例的輸出結果都是一樣的，但是經過比較之後，就能更容易地瞭解到這些撰寫註解、使用縮排及適當的空行與空白等皆不影響編譯程式工作的小祕訣，可以讓我們的程式增加可讀性。程式 prog2_6 及 prog2_7 執行後的輸出結果如下：

```
/* prog2_6, prog2_7 OUTPUT---
12+5=17
------------------------------*/
```

C++是依據分號與大括號來判定敘述到何處結束，因此您甚至可將 prog2_7 所有的程式碼全擠在短短的一、二行之中，編譯時也不會有錯誤訊息產生，但多半沒有人這麼做，因為一個令人賞心悅目的程式，對於程式設計工作而言，也是一件很重要的事。

將程式碼加上註解

此外，註解將會有助於程式的閱讀與偵錯，因此可以增加程式的可讀性。如前所述，
C++是以「//」記號開始，至該行結束來表示註解的文字。如果註解的文字有好幾行
時，可以用「/*」與「*/」符號將欲註解的文字括起來，在這兩個符號之間的文字，
C++編譯器均不做任何處理，程式在執行的過程裡，使用者並不會看到註解的內容顯示
在輸出設備（如螢幕、印表機）中。例如，下面的範例均是合法的註解方式：

```
// prog2_7, examples          }   以「//」符號註解
// created by Wien Hong
```

```
/* This paragraph demonstrates the capability  }  於「/*」和「*/」符號
   of comments used by C++   */                    之間的文字均是註解
```

註解只是程式中的說明文字，讓人能夠瞭解某段程式碼的功用或目的，編譯時會直接
忽略，不會影響執行的結果。使用註解的目的如下：

- 在程式碼起始處加入一段說明文字，將該程式的作者、編修的時間、程式的功能⋯
  加以記錄。

- 將程式中的變數、函數、類別或是某段程式碼（如迴圈）的作用寫出。

- 在除錯的過程中，可將程式裡的某個部分暫時用註解標示，需要時再將註解符號
  除去，避免重複輸入，浪費時間。

適當的註解是給予自己或他人日後重新閱讀程式內容的方便，因此在發展大型程式
時，請記得適度的加上註解，以便維持程式碼的可讀性。當然，過多且冗長的註解也
是沒有必要的，因為如此會影響到程式碼的閱讀，使程式碼看起來顯得雜亂無章。

本章摘要

1.　C++的變數名稱可以是英文字母、數字或底線。但要注意，名稱中不能有空白
　　字元，且第一個字元不能是數字，也不能是 C++的關鍵字。此外，C++的變數
　　有大小寫之分。

2.　提高可讀性的方法為：(1)使用固定字距，(2)將程式敘述縮排，(3)在程式中加
　　上註解，(4)為變數取個有意義的名稱，(5)保持每一行只有一個敘述，(6)適當
　　的空行與空白等。

3.　C++註解的方式有兩種：(1)「∕∕」記號開始，至該行結束，(2)「∕＊」與「＊∕」
　　這兩個符號之間的文字。

自我評量

2.1 簡單的例子

1. 試著逐行瞭解下面的程式碼,並在每一行敘述後面加上註解,然後編譯並執行它。

```
01   // hw2_1, C++程式的練習
02   #include <iostream>
03   #include <cstdlib>
04   using namespace std;
05   int main(void)
06   {
07      int num;
08      num=6;
09      cout << "The girl is " << num+2;
10      cout << " years old." << endl;
11      system("pause");
12      return 0;
13   }
```

2. 下面的範例修自 prog2_1,它是 C++舊式的寫法。試在 Dev C++裡編譯它,您會得到什麼樣的警告訊息?請試著閱讀此一警告訊息,並儘可能把它譯成中文,以瞭解它的意思。

```
01   // hw2_2, C++程式舊式的寫法
02   #include <iostream.h>        // 含括 iostream.h 檔案
03   #include <stdlib.h>          // 含括 stdlib.h 檔案
04
05   int main(void)
06   {
07     int num;                   // 宣告整數 num
08     num=3;                     // 將 num 設值為 3
09     cout << "I have " << num << " apples." << endl;
10     cout << "You have " << num << " apples, too." << endl;
11     system("pause");
12     return 0;
13   }
```

2.2 C++程式解析

3. 在 C++中,使用變數名稱要注意些什麼?

4. 試寫一程式列印字串內容 "There is no rose without a thorn."。撰寫程式的同時，也請您為每一行敘述加上註解。

5. 寫一程式計算 10+5 的值，並將結果列印出來。撰寫程式的同時，也請您為每一行敘述加上註解。

6. 請試著練習將 n1、n2 宣告成整數型態變數，宣告完成後，再將 n1 設值為 6，n2 設值為 8，最後再將 n1、n2 的值印出。請為每一行敘述加上註解。

7. 想宣告整數變數 n，並為其設值為 36，可以用哪些方法？

2.3 識別字及關鍵字

8. 何謂識別字？其命名規則為何？

9. 下面哪些是有效的識別字？

```
artist          #japan          ChinaTimes          Y2k
3pigs           pentium4        5566                TOMBO
A1234           __six           C++                 2_mirror
a boy           println         news98#             NO1
```

10. 何謂關鍵字？試寫出 10 個 C++所提供的關鍵字。

11. 請試著為符合下列描述的變數名稱命名：

    (a) 某學生的身高

    (b) 學生的年齡

    (c) 圓的圓周率

    (d) 長方形的面積

2.4 偵錯

12. 當程式需要偵錯時，最常出現語法錯誤和語意錯誤兩種，請分別描述二者錯誤之發生情形。

13. 試找出下列程式何處有誤，並加以改正。

```
01    // hw2_13, 請找出此程式何處有誤
02    #include <iostream>
03    #include <cstdlib>
04    int main(void)
05    {
06       int num=2
07       cout << "num= " << Num << endl;
08    }
09       system("pause");
10       return 0;
11    }
```

2.5 提高程式的可讀性

14. C++之註解方法有哪兩種？請詳述之並比較二者有何不同。

15. 下面的程式碼是一個簡單的 C++程式，其程式的編排方式並不易於閱讀。請重新編排它來提高程式的可讀性：

```
01    // hw2_15, 沒有編排的程式
02    #include <iostream>
03    #include <cstdlib>
04    using namespace std;int main(void){int a,b;a=8;b=10;
05    cout << "a= " << a << endl; cout << "b= " << b << endl;
06    system("pause");return 0;}
```

16. 下面的程式碼是一個有錯誤的 C++程式，且程式的編排方式並不易於閱讀。請加以除錯並重新編排它來提高程式的可讀性：

```
01    // hw2_16, 沒有編排的程式
02    #include <iostream>
03    #include <cstdlib>
04    using namespace std;int main(void){int a,b;a=2;b=6;
05    cout<<"a="<<a<<endl;cout<<"b="<<b<<endl;cout<<a<<"-"
06    <<b<<"="<<a+b<<endl;system("pause");return 0;}
```

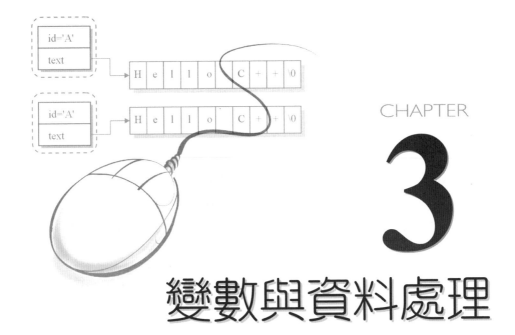

CHAPTER

3

變數與資料處理

變數是利用宣告的方式,將記憶體中的某個區塊保留下來以供程式使用。您可以宣告這個區塊記載的資料型態為整數、字元、浮點數或是其它種類的型式。本章將就變數及各種資料型態做一個基礎的介紹,學完本章,將會瞭解到 C++的變數是如何使用的。

本章學習目標

- 認識常數與變數
- 學習 C++所提供的各種基本資料型態
- 瞭解溢位的發生
- 學習認識資料型態之間的轉換

資料型態（data type）在程式語言的構成要素裡，佔有相當重要的角色。於本章的內容裡，我們要先認識基本資料型態，包括它們的使用方式、使用上的限制以及重要的注意事項等，其它的資料型態在後面的章節中也會陸續介紹。

3.1 變數與常數

存放在電腦中的資料，可以更改其內容的稱為變數（variable），不能更改內容的稱為常數（constant）。在 C++裡，使用變數之前需要經過宣告，也就是為這個變數選定一個名稱，以及指定該變數所要存放的資料型態。

我們先來看一個簡單的實例，從這個例子可以瞭解到在 C++裡，變數與常數之間的關係。下面的程式裡宣告字元變數 ch 與整數變數 num，將它們設值後，再分別將變數的值顯示於螢幕中：

```
01    // prog3_1, 簡單的實例
02    #include <iostream>
03    #include <cstdlib>
04    using namespace std;
05    int main(void)
06    {
07        char ch='w';        // 宣告 ch 為字元，並設值為 w
08        int num=6;          // 宣告 num 為整數，並設值為 6
09
10        cout << ch << " is a character\n";
11        cout << num << " is an integer\n";
12        system("pause");
13        return 0;
14    }
```

```
/* prog3_1 OUTPUT---

w is a character
6 is an integer

--------------------*/
```

在 prog3_1 中宣告兩種不同型態的變數 ch 與 num，並分別將字元 'w' 與常數 6 設值給這兩個變數，最後再將它們顯示於螢幕上。這個程式雖然簡單，卻也傳遞不少 C++的基本觀念。

當我們宣告一個變數時，編譯程式會在記憶體裡配置一塊足以容納此變數大小的記憶體空間給它。不管變數的值如何改變，它永遠佔用相同的記憶空間，因此，依照資料的性質與範圍為變數選擇適合的儲存型態，不但節省記憶體，也會提高程式的可讀性。

常數（constant）是不同於變數的另一種型態，它的值是固定的，如整數常數 3、字元常數 'A' 等。通常變數設值時，會將常數設定給變數，以程式 prog3_1 為例，第 7 行宣告字元變數 ch，並將字元常數 'w' 設定給變數 ch；第 8 行宣告整數變數 num，並將常數 6 設定給變數 num。在程式進行的過程中，隨時可以重新設定及使用這些已經宣告過的變數。

為變數選取名稱時，最好能使用有意義的名稱，而且這個名稱不能與 C++的關鍵字相同。如此一來，即可讓我們便於閱讀程式的內容，提升系統維護的效率。

3.2　基本資料型態

經過前面的認識，我們可以瞭解到，如果想在程式中使用一個變數，就必須先經過宣告（declaration），此時編譯程式會在未使用的記憶體空間中，尋找一塊足夠儲存這個變數的空間以供此變數使用。

除了整數變數外，還有字元、浮點數與倍精度浮點數等變數。這幾種資料型態的關鍵字分別為：int、char、float 及 double。下表列出 C++中各種基本的資料型態所使用的記憶體空間及範圍，請根據欲儲存資料的性質與範圍，為變數選擇適合的資料型態：

表 3.2.1　C++的基本資料型態

資料型態	位元組	表示範圍
long int	4	−2147483648 到 2147483647
unsigned long	4	0 到 4294967295
int	4	−2147483648 到 2147483647
unsigned int	4	0 到 4294967295
short int	2	−32768 到 32767
unsigned short int	2	0 到 65535
float	4	1.2e−38 到 3.4e38（$1.2*10^{-38}$ 到 $3.4*10^{38}$）
double	8	2.2e−308 到 1.8e308（$2.2*10^{-308}$ 到 $1.8*10^{308}$）
char	1	0 到 255（256 個字元）
bool	1	0 或 1

要特別注意的是，long int 型態可以寫成 long，short int 型態可以寫成 short，而 unsigned short int 型態亦可以寫成 unsigned short，這些都是編譯器能夠接受的語法。此外，long int 與 int 都是 4 個位元組，但是在某些編譯器，long int 型態為 8 個位元組，這些資料型態所使用的記憶體空間，會視編譯器而有些許的不同。

3.2.1 整數型態

當資料內容沒有小數或是分數，即可以宣告為整數變數，如-52，98 等即為整數。C++ 的整數資料型態佔有 32 個位元（bits），也就是 4 個位元組（bytes）。

整數可表示的範圍為−2147483648 到 2147483647；若是資料值很小，範圍在−32768 到 32767 之間，可以宣告為短整數（short int）以節省記憶體空間。舉例來說，想宣告一個短整數變數 sum 時，可以於程式中做出如下的宣告：

```
short int sum;              // 宣告 sum 為短整數
```

如此，C++即會在可使用的記憶體空間中，尋找一個佔有 2 個位元組的區塊供 sum 變數使用，同時 sum 的範圍只能在-32768 到 32767 之間。

在整數資料型態中，可以表示正數與負數的整數，為「有號」整數（signed）；當資料絕對不會出現負數的時候，就可以宣告為「無號」（unsigned）的整數變數，如此一來，這個無號整數變數的正數表示範圍即可加大。例如，想宣告一個無號的整數變數 num 時，可以於程式中做出如下的宣告：

```
unsigned int num;                // 宣告 num 為無號整數
```

此時，在可使用的記憶體空間中，就會有 4 個位元組的區塊供這個變數 num 使用，而這個變數的範圍只能在 0 到 2^{32}-1（4294967295）之間，不會出現負數的情形。

下列的程式是將各種基本資料型態，所佔用的位元組長度列印出來。程式裡有一個 sizeof() 的函數，這個函數的傳回值，就是資料型態的長度。函數 sizeof() 的引數可以是變數名稱，也可以是資料型態，在程式中可以看到這兩種不同的使用方式。

```
01   // prog3_2, 印出各種資料型態的長度
02   #include <iostream>
03   #include <cstdlib>
04   using namespace std;
05   int main(void)
06   {
07      //定義各種資料型態的變數
08      unsigned int i=0;
09      unsigned short int j=0;
10      char ch=' ';
11      float f=0.0f;
12      double d=0.0;
13
14      //印出各種資料型態的長度
15      cout << "sizeof(int)=" << sizeof(int) << endl;
16      cout << "sizeof(long int)=" << sizeof(long int) << endl;
17      cout << "sizeof(unsigned int)=" << sizeof(i) << endl;
18      cout << "sizeof(short int)=" << sizeof(short int) << endl;
```

```
19      cout << "sizeof(unsigned short int)=" << sizeof(j) << endl;
20      cout << "sizeof(char)=" << sizeof(ch) << endl;
21      cout << "sizeof(float)=" << sizeof(f) << endl;
22      cout << "sizeof(double)=" << sizeof(d) << endl;
23      cout << "sizeof(bool)=" << sizeof(bool) << endl;
24      system("pause");
25      return 0;
26  }
```

/* prog3_2 OUTPUT----------

```
sizeof(int)=4
sizeof(long int)=4
sizeof(unsigned int)=4
sizeof(short int)=2
sizeof(unsigned short int)=2
sizeof(char)=1
sizeof(float)=4
sizeof(double)=8
sizeof(bool)=1

--------------------------*/
```

值得注意的是，在某些檢查較為嚴謹的編譯器，可能會對這種宣告而未使用的變數，發出警告訊息，提醒設計師這些變數的存在。

❖

當整數的資料範圍超過可以表示的範圍時，溢位（overflow）的情況便會發生。下面的範例中宣告一個整數，並把它設值為其所以表示範圍的最大值，然後將它分別加 1 及加 2，用以觀察程式執行的結果。

```
01  // prog3_3, 整數資料型態的溢位
02  #include <iostream>
03  #include <cstdlib>
04  using namespace std;
05  int main(void)
06  {
07      int i=2147483647;              //宣告 i 為整數，並設值為 2147483647
```

```
08
09      cout << "i=" << i << endl;                    // 印出 i 的值
10      cout << "i+1=" << i+1 << endl;                // 印出 i+1 的值
11      cout << "i+2=" << i+2 << endl;                // 印出 i+2 的值
12      system("pause");
13      return 0;
14   }
```

```
/* prog3_3 OUTPUT---
i=2147483647
i+1=-2147483648
i+2=-2147483647

--------------------*/
```

當我們宣告一個整數 i，當 i 的值設為最大值 2147483647，仍在整數的範圍內；但若是
將 i 加 1 及加 2 時，整數 i 的值反而變成-2147483648 及-2147483647，成為可表示範
圍的最小及次小值。

上述的情形就像是計數器的內容到最大值時，會自動歸零（零在計數器中是最小值）
一樣，而在整數中最小值為-2147483648，所以當整數 i 的值最大時，加上 1 就會變成
最小值-2147483648，這也就是溢位。參考下面的圖例即可瞭解資料型態的溢位問題：

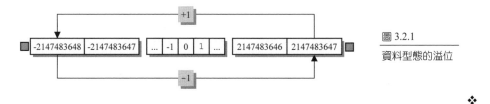

圖 3.2.1
資料型態的溢位

❖

最大值加上 1 時，結果反而變成表示範圍中最小的值；當最大值加上 2 時，結果變成
表示範圍中次小的值，這就是資料型態的溢位。您可以發現，這個情形變成一個循環，
若是想避免這種情況的發生，在程式中就必須加上數值範圍的檢查功能，或者使用較
大的表示範圍之資料型態。由此可知，當整數中的最小值-2147483648 減去 1，其值將
會變成最大值 2147483647。

C++在處理 short 型態的溢位時，會自動將型態轉換成 int 或 long，以確保資料的正確性，這種轉換的方式，稱為自動型態轉換（automatic type conversion）。但是像 long 型態的溢位，就會沒有辦法處理，此時就必須要仰賴程式設計師的把關，在程式中加上變數值的界限檢查，才不會發生執行時的錯誤（run-time error）。

3.2.2 字元型態

字元型態佔有 1 個位元組（8 bits），可以用來儲存英文字母及 ASCII 碼等字元。電腦處理字元型態時，是把這些字元當成不同的整數來看待，嚴格說來，字元型態也算是一種整數型態。

舉例來說，常使用到的 ASCII 碼中，小寫 h 是以 104 為代表，於下面的範例裡可以看到，宣告一個字元型態的變數 ch 後，並將變數 ch 的值設為 'h' 時，在電腦中實際的儲存值為 104。在程式中分別以字元型態及十進位整數型態來列印 'h' 這個字元。

```
01   // prog3_4, 字元型態的列印
02   #include <iostream>
03   #include <cstdlib>
04   using namespace std;
05   int main(void)
06   {
07      char ch='h';                      // 定義一個名為 ch 的字元，其值為 h
08      int i=ch;
09      cout << "ch=" << ch << endl;               // 印出 ch 的值
10      cout << "The ASCII code is " << i << endl;   // 印出 ASCII 值
11      system("pause");
12      return 0;
13   }
```

```
/* prog3_4 OUTPUT-----

ch=h
The ASCII code is 104

----------------------*/
```

字元型態和整數型態的宣告方式相同，但設定初值的部分則有些不同。將字元常數設值給字元變數時，字元常數要以兩個單引號（'）包圍，如 ch= 'h'。

附帶一提，字串常數是以一對雙引號（"）包圍，用以和字元常數區別。例如 "Sunday" 即為一字串常數。當然 "h" 可看成是只包含一個字元的字串，但字串 "h" 和字元 'h' 所代表的意義並不相同，C++裡處理字元和字串的方式也不一樣。關於這兩者真正的區別，在第 8 章中會有詳細的討論。　　　　　　　　　　　　　　　　　　❖

使用 ASCII 碼時，字元變數的值和數字本身是不同的，舉例來說，於程式中宣告一個字元變數 ch，其值為 '8'（8 是一個字元），它的 ASCII 碼為 56，而不是整數 8 這個值。

```
01   // prog3_5, 字元的列印
02   #include <iostream>
03   #include <cstdlib>
04   using namespace std;
05   int main(void)
06   {
07      char ch='8';                        // 將'8'設給字元變數 ch
08      int i=ch;
09      cout << "ch=" << ch << endl;        // 印出 ch 的值
10      cout << "The ASCII code is " << i << endl;
11      system("pause");
12      return 0;
13   }
```

```
/* prog3_5 OUTPUT----
ch=8
The ASCII code is 56
---------------------*/
```

由於電腦儲存的資料都是由 0 與 1 組成的，因此字元在電腦裡儲存時，會有一套編碼方式，將不同的字元分別給予其值，使用時只要經過轉換，就能正確的表示這個字元。從 prog3_5 的執行結果可以看出，56 即是字元 '8' 在電腦裡儲存的十進位值。　　❖

剛才提到過，字元型態也算是一種整數型態，因此我們可以將字元變數設值為整數。但是字元型態的表示範圍只有 0~255，若是將大於 255 的整數以字元型態印出，會發生什麼問題呢？下面的程式裡宣告一個整數變數 i 並設值為 369，看看會發生什麼事。

```cpp
01   // prog3_6, 字元型態的列印
02   #include <iostream>
03   #include <cstdlib>
04   using namespace std;
05   int main(void)
06   {
07      int i=369;                            // 宣告整數變數 i,其值為 369
08      char ch=i;                            // 將 i 的值設給字元變數 ch
09      cout << "ch=" << ch << endl;   // 印出 ch 的值
10      system("pause");
11      return 0;
12   }
```

```
/* prog3_6 OUTPUT---
ch=q
--------------------*/
```

當我們將大於 255 的整數以字元型態印出時，結果出現英文小寫字母 q，這是因為字元只佔有 1 個位元組（8 個 bits），而整數有 4 個位元組（32 個 bits），所以當字元變數遇到超過 255 的數值時，就只會截取後面 1 個位元組的資料。以上面的例子來說，369 的二進位為 101110001，截取後面 8 個 bits 後變成 01110001，剛好是十進位的 113，而 ASCII 碼 113 就是英文小寫字母 q。

圖 3.2.2
字元型態的溢位示範說明

這種截取後面 1 個位元組（8 bits）的方式，相當於數值除以 256 後的餘數。您可以試著將 369 除以 256 後取其餘數，確認餘數是否為 113。

對於有些無法印出的字元（這些無法印出的字元可能代表著某些動作），如警告音、換頁、倒退一格等，可以使用上述的方式將字元印出，在螢幕上可能不會有變化，但是這些字元所代表的動作仍會執行。

舉例來說，想於程式中發出一個警告音（ASCII 碼為 7）時，可以宣告一個字元型態變數 beep，然後把 beep 設值為 7（char beep=7），再進行列印的動作。

除此之外，對於某些無法顯示或是不能用單一個符號表示的字元，可以利用跳脫序列（escape sequence）的方式為字元變數設值，也就是說，在特定的英文字母前，加上反斜線「\」，即為跳脫序列；其中，反斜線「\」稱為跳脫字元（escape character）。下表為常用的跳脫序列：

表 3.2.2 常用的跳脫序列

跳脫序列	所代表的意義	ASCII 十進位值	ASCII 十六進位值
\a	警告音(Alert)	7	0x7
\b	倒退一格(Backspace)	8	0x8
\n	換行(New line)	10	0xA
\r	歸位(Carriage return)	13	0xD
\t	跳格(Tab)	9	0x9
\0	字串結束字元(Null character)	0	0x0
\\	反斜線(Backslash)	92	0x5C
\'	單引號(Single quote)	39	0x27
\"	雙引號(Double quote)	34	0x22

值得注意的是，程式設計師可以彈性地使用跳脫序列的形式，自由的選擇要用數值或是符號式（如 \t）的跳脫序列。若是以可攜性的角度來看，最好還是使用符號式的跳脫序列。因為數值會直接與作業系統上的某個編碼系統（如 Unicode、ASCII）對應，如果該程式拿到其他不同編碼系統的機器上執行，執行結果可能會發生錯誤；再者，符號式的表示方式將可提高程式的易讀性，且適用於不同的編碼系統。

以下面的程式為例，我們將 beep 設值為 '\a' （要以單引號（'）包圍），並將字元變數 beep 所代表的十進位值列印於螢幕上，當程式執行到 cout 這行指令時，還會聽到 "嗶" 一聲警告音呢！

```
01   // prog3_7, 跳脫序列的列印
02   #include <iostream>
03   #include <cstdlib>
04   using namespace std;
05   int main(void)
06   {
07      char beep='\a';
08      int i=beep;                    // 將 beep 的值設給 i
09      cout << "beep=" << beep;       // 印出 beep 的值
10      cout << i << endl;
11      system("pause");
12      return 0;
13   }

/* prog3_7 OUTPUT---
beep=7

--------------------*/
```

還會有一聲
警告音哦

不管是設定 char beep='\a' 或是 char beep=7，皆可以聽到警告音，但是建議您使用將字元變數設值為跳脫序列的方式；因為並不是每種編譯程式都使用 ASCII 碼，若是使用跳脫序列時，將可以提高程式的可攜性。

❖

再舉一個例子，若是想印出 \Live and learn!\，由於反斜線 '\' 在 C++中為控制字元，在程式中直接使用時會產生錯誤，此時即可宣告字元變數 ch，並設值為 '\\'，再將字元變數列印，程式的撰寫如下所示：

```
01   // prog3_8, 跳脫字元的列印
02   #include <iostream>
03   #include <cstdlib>
04   using namespace std;
```

```
05    int main(void)
06    {
07        char ch='\\';
08        cout << ch << "Live and learn!" << ch << endl;    // 印出字串
09        system("pause");
10        return 0;
11    }
```

/* **prog3_8 OUTPUT**---

\Live and learn!\

-------------------*/

我們也可以不必宣告字元變數就可以列印跳脫字元，但如果在程式中加上太多的跳脫字元，反而會造成混淆及不易閱讀，此時利用宣告字元變數的方式就是個不錯的選擇。您可以依樣畫葫蘆，將其他跳脫字元以數值或是字元型態列印，很有趣哦！

3.2.3 浮點數型態與倍精度浮點數型態

在日常生活中經常會使用到小數型態的數值，如里程數、身高與體重等需要更精確的數值時，整數的儲存方式就會不敷使用。在數學中，這些帶有小數點的數值稱為實數（real numbers），在 C++ 裡這種資料型態稱為浮點數（floating point），其長度為 4 個位元組，有效範圍為 1.2e-38 到 3.4e38，小數點以下的有效位數有 7 位。

當浮點數的表示範圍不夠大的時候，還有一種倍精度（double precision）浮點數可供使用。倍精度浮點數型態的長度為 8 個位元組，有效範圍為 2.2e-308 到 1.8e308，小數點以下的有效位數有 16 位。

浮點數除了指數表示法之外，還可用一般帶有小數點的形式表示。舉例來說，想宣告一個 double 型態的變數 num 與一個 float 型態的變數 sum，並同時設定 sum 的初值為6.28，可以於程式中做出如下的宣告及設值：

```
double num;                  // 宣告 num 為倍精度浮點數變數
float sum=6.28f;             // 宣告 sum 為浮點數變數，其初值為 6.28
```

經過宣告之後，C++便會分別配置 8 個與 4 個位元組的記憶體空間，以供變數 num 與 sum 使用。於此例中，num 不設初值，而 sum 的初值設定為 6.28。下列為 float 與 double 型態之變數宣告與設值時，應注意的事項：

```
double num1=-5.6e64;         // 宣告 num1 為 double，其值為 –5.6×10^64
double num2=-6.32E16;        // e 也可以用大寫的 E 來取代
float num3=5.674f;           // 宣告 num3 為 float，並設初值為 5.674
float num4=2.63e64;          // 錯誤，因為 2.63×10^64 已超過 float 可表示的範圍
```

值得一提的是，浮點數常數的預設型態是 double。若是於數值後面加上 F 或是 f，則可作為 float 型態的識別，若是沒有加上，C++就會將該資料視為 double 型態。

我們實際舉一個簡單的例子，下面的程式宣告一個 float 型態的變數 num，並設定初值為 2.3，然後將 num*num 的運算結果列印到螢幕中。

```
01   // prog3_9, 浮點數的使用
02   #include <iostream>
03   #include <cstdlib>
04   using namespace std;
05   int main(void)
06   {
07       float num=2.3F;                    // 宣告 num 為浮點數，並設值為 2.3
08       cout << num << "*" << num;         // 印出 num*num 的值
09       cout << "=" << num*num << endl;
10       system("pause");
11       return 0;
12   }
```

```
/* prog3_9 OUTPUT---

2.3*2.3=5.29

--------------------*/
```

此外，在某些較為嚴格的編譯器中，如 Visual C++，若是將第 7 行 2.3F 的 F 去掉，則
在編譯時會出現下列的警告訊息：

```
truncation from 'const double' to 'float'
```

提醒使用者可能會因此將 double 型態的浮點數常數，截斷成 float 型態的浮點數，而造
成精確度不準確的情況。此時只要將浮點數常數後會加上 F 或是 f，即可解決此問題。

3.2.4 布林型態

布林（boolean）型態的變數，只有 true（真）和 false（假）兩種。也就是說，當我們
將一個變數定義成布林型態時，它的值只能是 1（true）或 0（false），除此之外，沒
有其它的值可以設定給這個變數。舉例來說，想宣告變數名稱為 status 的布林變數，並
設值為 false，可以寫出如下的敘述：

```
bool status=false;              // 宣告布林變數 status，並設值為 false
```

或者是

```
bool status=0;
```

經過宣告之後，布林變數 status 的初值即為 false，當然若是在程式中有需要更改 status
的值時，亦可以立即更改。我們將上述的內容化為程式 prog3_10，藉以熟悉布林變數
的使用。

```
01   // prog3_10, 印出布林值
02   #include <iostream>
03   #include <cstdlib>
04   using namespace std;
05   int main(void)
06   {
07      bool status=false;           // 宣告布林變數 status, 設值為 false
08      cout << "status=" << status << endl;
09      status=1;                    // 設定 status 的值為 1
```

```
10      cout << "status=" << status << endl;
11
12      system("pause");
13      return 0;
14    }
```

/* prog3_10 OUTPUT---

```
status=0
status=1
```

---------------------*/

程式第 7 行中，雖然將布林變數 status 設值為 false，C++會自動將 true 轉換為 1，false 轉換為 0，因此會出現執行結果 status=0；第 9 行則是直接以常數值 1 為布林變數 status 設值。布林變數所能接受的設值方式，就只有 true、false、0 與 1 而已。布林值通常用來控制程式的流程，在後面的章節中，會陸續介紹布林值在程式流程中所扮演的角色，將會對布林值有更深入的認識！

❖

3.3 輸入資料

透過使用者由鍵盤輸入資料，不但是程式的需求，也是增加與使用者互動的良好契機。於本節的內容裡，我們將介紹如何利用標準輸出與輸入設備，例如螢幕以及鍵盤等，將需要的資料由鍵盤輸入。

在此，我們將儘量捨去那些物件導向的專有名詞，改以簡單實用的範例來介紹輸出、輸入，讓您能夠快速上手。

在稍早的內容裡已經簡單的介紹 cout 的使用方式，便不再贅述，若是需要將資料以格式化的方式輸出，請自行參考附錄 C 的說明。

相對於 cout 的輸出，cin 則是用來從鍵盤中輸入各種資料。利用資料流擷取運算子（stream extraction operator）「>>」，即可將來自鍵盤的輸入讀取，供執行中的程式使用。例如想由鍵盤中讀取一整數值，並指定給變數 num 存放，可以寫出如下的敘述：

```
cin >> num;                    // 由鍵盤中讀取一整數值，並指定給變數 num 存放
```

一般來說，我們會在使用 cin 前，先利用 cout 輸出一個提示訊息，讓使用者知道下一刻要準備輸入資料，如下面的程式片段：

```
cout << "Input an integer:";   // 提示訊息，請使用者輸入資料
cin >> num;                    // 由鍵盤中讀取一整數值，並指定給變數 num 存放
```

雖然這並不是必須使用的方式，卻有助於使用者與電腦之間良好的互動。下面的程式是由鍵盤輸入一個 double 型態的數值，並指定給變數 d 存放，輸入數值後，再將該變數的內容印出。

```
01  // prog3_11, 資料的輸入
02  #include <iostream>
03  #include <cstdlib>
04  using namespace std;
05  int main(void)
06  {
07     double d;
08     cout << "Input a number:";      // 輸入一個數
09     cin >> d;                       // 由鍵盤讀取數值，指定給變數 d 存放
10     cout << "num=" << d << endl;    // 輸出 d
11     system("pause");
12     return 0;
13  }
```

```
/* prog3_11 OUTPUT----

Input a number:2.63
num=2.63

----------------------*/
```

程式執行到 cin 時，會停下來等候輸入，若是 cin 後面接續的是整數型態的變數，則輸入的資料內容就必須是整數。prog3_11 中，由於 cin 後面接續的是 double 型態的變數，因此從鍵盤輸入的資料可以是帶有小數的數值。

❖

如果沒有提示輸入的訊息，當程式執行到 cin 時，使用者將會不知道何時該輸入資料，以及該輸入何種型態的資料，因此提示訊息的顯示也是相當重要的哦！下面的程式是由鍵盤輸入 2 個整數，再將兩數相加的結果印出：

```
01   // prog3_12, 資料的輸入
02   #include <iostream>
03   #include <cstdlib>
04   using namespace std;
05   int main(void)
06   {
07      int x,y;
08      cout << "Input first integer:";      // 輸入第一個整數
09      cin >> x;                            // 由鍵盤中讀取一整數值，並指定給變數 x 存放
10      cout << "Input second integer:";     // 輸入第二個整數
11      cin >> y;                            // 由鍵盤中讀取一整數值，並指定給變數 y 存放
12      cout << x << "+" << y << "=" << x+y << endl;   // 計算並輸出 x+y
13      system("pause");
14      return 0;
15   }
```

```
/* prog3_12 OUTPUT----

Input first integer:3
Input second integer:6
3+6=9

----------------------*/
```

除了可以輸入整數型態之外，cin 還可以輸入如字元、浮點數與字串等資料型態。字元與字串的輸入會使用到其它的配合函數，因此留到後面的章節再進行討論。

❖

本章摘要

1. 不管變數的值如何改變，變數都永遠佔用相同的記憶空間。

2. C++的基本資料型態分別為：int、char、bool、float 及 double。

3. 布林型態（bool）的變數，只有 true（1）和 false（0）兩種。

4. 當資料範圍超過可以表示的範圍時，溢位（overflow）的情況便會發生。

5. 利用「cout<<」即可把<<右邊的字串或變數值輸出到螢幕上。

6. 利用「cin>>」即可將來自鍵盤的輸入讀取，並指定給>>右邊的變數存放。

自我評量

3.1 變數與常數

1. 下列何者是錯誤的常數？為什麼？

   (a) `23x`　　　　(b) `4T`　　　　(c) `39.61`　　　　(d) `k8`
   (e) `@100`　　　(f) `148`　　　　(g) `5L`　　　　　(h) `82.63F`

2. 試指出下列各常數適合的類型。

   (a) `6.56`　　　　(b) `3.2E24`　　　(c) `6.74e36`
   (d) `1024`　　　　(e) `1.5E-06`

3.2 基本資料型態

3. int、char、bool、float 與 double 資料型態的變數，各佔有多少個位元組？它們能夠表示的數值範圍是多少？

4. 試將下列各數以指數型式來表示。

   (a) `-36.48`　　　(b) `1567.38`　　(c) `0.02345`　　(d) `0.000689`

5. 試說明下列字元的意義。

   (a) `\b`　　　　(b) `\0`　　　　(c) `\t`　　　　(d) `\\`
   (e) `\'`　　　　(f) `\"`　　　　(g) `\r`　　　　(h) `\a`

6. 試寫出 long、int 及 short 三種整數型態的最大和最小值。

7. 請問何謂浮點數型態？何謂倍精度浮點數型態？

8. 試以下面的語法設定 ch 值為 75：

   ```
   char ch=75;
   ```

   再於程式中執行下面的敘述，

   ```
   cout << "ch=" << ch << endl;
   ```

   您會得到什麼樣的輸出？為什麼 ch 的值印出來不是 75？

9. 試寫一程式，印出字串 "A word is enough to the wise."，請印出雙引號。

10. 假設浮點數變數 f 的值為 2.936，整數變數 i 的值為 5，試撰寫一程式，將兩個變數值相乘（f*i）與相除（f/i）後印出其結果。

11. 下列的敘述中，我們應該用什麼型態的變數來描述較為適當？

    (a) 一顆水梨的重量

    (b) 日本的人口總數

    (c) 太陽到地球的距離

    (d) 楓葉鼠的重量

    (e) 您的身高與體重

    (f) 這本 C++ 書的總頁數

    (g) 沖洗相片的張數

    (h) 跑 100 公尺的時間，如 9.8 秒

    (i) 週末有看電影

    (j) 銀行存款的總金額

3.3 輸入資料

12. 試撰寫一程式，可供使用者輸入整數 num，其輸出為-num。

13. 試撰寫一程式，可供使用者輸入浮點數 f，其輸出為 f*f。

14. 試撰寫一程式，可供使用者輸入兩個整數 a、b，其輸出為 b-a。

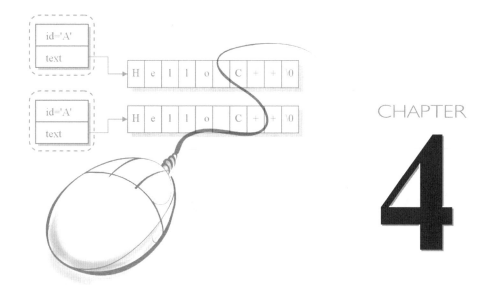

4

運算子、運算式與敘述

程式是由許多敘述（statement）組成的，而運算元與運算子是組成敘述的基本元素。本章將介紹 C++ 運算子的用法、運算式與運算子之間的關係，以及運算式裡，各種變數資料型態的轉換等等，讀完本章，讀者將會對 C++ 敘述的運作有更深一層的認識。

本章學習目標

- ♣ 認識運算式與運算子
- ♣ 學習各種常用的運算子
- ♣ 認識運算子的優先順序
- ♣ 學習如何進行運算式的資料型態轉換

4.1 運算式與運算子

運算式是由運算元（operand）與運算子（operator）所組成；運算元可以是常數、變數甚至是函數，而運算子就是數學上的運算符號，如「+」、「-」、「*」、「/」等。以下面的運算式（b*15）為例，b 與 15 都是運算元，而「*」為運算子：

圖 4.1.1
運算式是由運算元與運算子所組成

C++提供許多的運算子，這些運算子不但可以處理一般的數學運算外，還可以做邏輯運算、位址運算等。根據運算子所使用的類別，可分為設定、算數、關係、邏輯、遞增與遞減、條件與逗號運算子等。

4.1.1 設定運算子

想讓變數在記憶體中儲存某個值時，可以使用設定運算子（=，assignment operator），如下表所列：

設定運算子	意義
=	設定

表 4.1.1
設定運算子

等號（=）在 C++中並不是「等於」，而是「設定」的意思。例如下面的敘述是將整數 18 設定給 num 這個變數。

```
num=18;                          // 將整數 18 設定給 num 存放
```

再看看下面這個敘述：

```
num=num+1;                        // 將 num+1 的值運算之後再設定給變數 num 存放
```

若是把上式的等號（=）當成「等於」，這種敘述在數學上根本行不通，但是把它看成
「設定」時，這個敘述就變得很容易解釋：計算 num+1 的值後再設定給變數 num 存放。
由於之前已經把變數 num 的值設為 18，因此執行這個敘述時，C++會先處理等號後面
的部分 num+1（值為 19），再設定給等號前面的變數 num，執行後，存放在變數 num
的值就變成 19。我們將上面的敘述撰寫成下面這個程式：

```
01   // prog4_1, 設定運算子「=」
02   #include <iostream>
03   #include <cstdlib>
04   using namespace std;
05   int main(void)
06   {
07      int num=18;     // 宣告整數變數 num,並設值為 18
08      cout << "計算前, num=" << num << endl;    // 印出 num 的值
09      num=num+1;      // 將 num 加 1 後再設定給 num 存放
10      cout << "計算後, num=" << num << endl;    // 印出計算後 num 的值
11      system("pause");
12      return 0;
13   }
```

```
/* prog4_1 OUTPUT---

計算前, num=18
計算後, num=19

--------------------*/
```

除此之外，也可以將等號後面的值設定給其它的變數，如：

```
sum=num1+num2;    // 將 num1 加上 num2 之後再設定給變數 sum 存放
```

如此一來，num1 與 num2 的值經過運算後仍然不變，sum 會因為「設定」的動作而更
改其變數存放的內容。　　　　　　　　　　　　　　　　　　　　　　　　　❖

4.1.2　一元運算子

對於大部分的運算式而言，運算子的前後都會有運算元。有一種運算子很特別，稱為一元運算子（unary operator），它只需要一個運算元。下面的敘述，均是由一元運算子與單一個運算元所組成的：

```
+63;              // 表示正 63
~b;               // 表示取 b 的 1 補數
a=-b;             // 表示負 b 的值設定給變數 a 存放
!a;               // a 的 NOT 運算，若 a 為 0，則 !a 為 1，若 a 不為 0，則 !a 為 0
```

下表列出一元運算子的成員：

表 4.1.2　一元運算子

一元運算子	意義
+	正號
-	負號
!	NOT，否
~	取 1 的補數

下面的程式裡宣告 short 型態的變數 n 及 bool 型態的變數 b，將這兩個變數分別經過「~」與「!」運算後，所產生的運算結果列印到螢幕上：

```cpp
01    // prog4_2, 一元運算子「~」與「!」
02    #include <iostream>
03    #include <cstdlib>
04    using namespace std;
05    int main(void)
06    {
07       short n=12;                    // 宣告 short 變數 n，並設為 12
08       bool b=false;                  // 宣告 bool 變數 b，並設為 false
09       cout << "n=" << n << ",~n=" << ~n << endl;    // 印出 n 與 ~n 的值
10       cout << "b=" << b << ",!b=" << !b << endl;    // 印出 b 與 !b 的值
11       system("pause");
12       return 0;
13    }
```

```
/* prog4_2 OUTPUT----

n=12,~n=-13
b=0,!b=1

--------------------*/
```

程式第 7 行宣告 short 變數 n，並設值為 12。第 8 行宣告 bool 變數 b，設值為 false。第 9 行印出 n 與~n 的運算結果。n 的值為 12，其二進位值為 0000000000001100，最高位元為符號位元，0 代表正數，1 為負數，經過~運算後，會變成 1111111111110011，即十進位中的-13。

第 10 行印出 b 與 !b 的運算結果。b 的值為 false，因此經過！（否定）運算後，b 的值會變成 true，即為 1。   ❖

4.1.3 算數運算子

在數學上面經常會使用到算數運算子（mathematical operator），下表列出它們的成員：

表 4.1.3 算數運算子

算數運算子	意義
+	加法
−	減法
*	乘法
/	除法
%	取餘數

加法運算子「+」

加法運算子「+」會將出現在它前後的兩個運算元相加，如 prog4_1 程式中的第 9 行（num=num+1）。使用加法運算子時，除了前面所提到的方式（num=num+1）外，還可以於程式敘述中直接加上運算式，如下面的程式片段：

```
cout << "3+8=" << 3+8;                    // 直接印出運算式的值
```

減法運算子「-」

減法運算子「-」會將出現在它前面的運算元減去後面的運算元，如下面的敘述：

```
age=age-10;                    // 將 age-10 運算後的值設定給 age 存放
b=c-a;                         // 將 c-a 運算後的值設定給 b 存放
120-36;                        // 計算 120-36 的值
```

乘法運算子「*」

乘法運算子「*」會將出現在它前後的兩個運算元相乘，如下面的敘述：

```
b=c*8;                         // 將 c*8 運算後的值設定給 b 存放
a=b*b;                         // 將 b*b 運算後的值設定給 a 存放
21*5;                          // 計算 21*5 的值
```

除法運算子「/」

除法運算子「/」會將出現在它前面的運算元除以後面的運算元，再取其所得到的商數，如下面敘述：

```
c=a/5;                         // 將 a/5 運算後的值設定給 c 存放
d=b/a;                         // 將 b/a 運算後的值設定給 d 存放
43/19;                         // 計算 43/19 的值
```

使用除法運算子時要特別注意一點，就是資料型態的問題。以上面的例子來說，當 a、b、c、d 的型態皆為整數，若是運算的結果無法整除時，會發現輸出的結果與實際的值會有差異，這是因為整數型態的變數無法儲存小數點後面的資料，因此在宣告資料型態及輸出時要特別小心。以下面的程式為例，在程式裡設定兩個整數 a、b，並將 a/b 的結果列印出來：

```
01    // prog4_3, 除法運算子「/」
02    #include <iostream>
03    #include <cstdlib>
```

```
04   using namespace std;
05   int main(void)
06   {
07     int a=16;                    // 宣告 int 變數 a,並設值為 16
08     int b=7;                     // 宣告 int 變數 b,並設值為 7
09     cout << "a=" << a << ",b=" << b << endl;      // 印出 a 與 b 的值
10     cout << "a/b=" << a/b << endl;                // 印出 a/b 的值
11     cout << "a/b=" << (float)a/b << endl;   // 印出 (float)a/b 的值
12     system("pause");
13     return 0;
14   }
```

```
/* prog4_3 OUTPUT----
a=16,b=7
a/b=2
a/b=2.28571

--------------------*/
```

程式第 10 行中,由於 a、b 皆為整數型態,因此在輸出上也會是整數型態,程式執行
結果與實際的值不同。而於第 11 行中,為了使計算結果為浮點數,必須使用強制性的
型態轉換,即將整數型態(int)轉換成浮點數型態(float),程式執行的結果才會得到
所預期的答案。

餘數運算子「%」

餘數運算子「%」會將出現在它前面的運算元除以後面的運算元,再取其所得到的餘數。
下面的敘述為使用餘數運算子的範例:

```
num=num%5;               // 將 num%5 運算後的值設定給 num 存放
c=a%b;                   // 將 a%b 運算後的值設定給 c 存放
125%6;                   // 計算 125%6 的值
```

下面的程式中,宣告兩個整數變數 a、b,並分別設值為 123 及 6,利用餘數運算子「%」
計算 a%b 及 b%a 的結果,並將其得到的結果列印出來。

```cpp
01   // prog4_4, 餘數運算子「%」
02   #include <iostream>
03   #include <cstdlib>
04   using namespace std;
05   int main(void)
06   {
07      int a=123;          // 宣告 int 變數 a, 並設值為 123
08      int b=6;            // 宣告 int 變數 b, 並設值為 6
09      cout << a << "%" << b << "=" << a%b << endl;     // 印出 a%b 的值
10      cout << b << "%" << a << "=" << b%a << endl;     // 印出 b%a 的值
11      system("pause");
12      return 0;
13   }
```

```
/* prog4_4 OUTPUT----

123%6=3
6%123=6

--------------------*/
```

餘數運算子是相當實用的運算子，假設想以亂數模擬擲骰子，骰子的點數在 1~6 之間，利用餘數運算子就可以將運算值控制在 0~5 之間，此時只要將運算值加 1，就能使得點數在 1~6，是不是很有趣呢？   ❖

4.1.4 關係運算子與 if 敘述

關係運算子通常與邏輯有關，它會直接影響程式執行的流程，因此 if 敘述中常會使用到關係運算子，在認識關係運算子前，先來瞭解 if 敘述的用法。if 敘述的格式如下：

```
if (條件判斷)                                  格式 4.1.1
   敘述;                                       if 敘述的格式
```

如果括號中的條件判斷成立，就會執行後面的敘述，若是條件判斷不成立時，則後面的敘述就不會被執行，如下面的程式片段：

```cpp
if (i>0)
   cout << "Rome was not built in a day!";
```

當 i 的值大於 0 的時候，就會執行條件成立的敘述印出字串 Rome was not built in a day!，換句話說，當 i 的值為 0 或是小於 0 時，if 的條件判斷不成立，就不會在螢幕上看到這個字串。下表列出關係運算子的成員，這些運算子在數學上也經常會使用：

表 4.1.4 關係運算子

關係運算子	意義
>	大於
<	小於
>=	大於等於
<=	小於等於
==	等於
!=	不等於

關係運算子和數學的表示方式很類似，由於設定運算子為「=」，為了避免混淆，在使用關係運算子「等於」（==）時，用 2 個等號表示；而關係運算子「不等於」以「!=」代表，這是因為在鍵盤上想要取得數學上的不等於符號 ≠ 較為困難，就利用「!=」當成不等於，若將「!=」中的「!」寫得離「=」近些，是不是和 ≠ 很像呢？

利用關係運算子去判斷一個運算式的成立與否時，若是判斷式成立會產生一個回應值 true，若是判斷式不成立則會產生回應值 false。以下面的程式為例，利用 if 敘述判斷括號中的條件是否成立，若是成立則執行 if 後面的敘述。

```
01    // prog4_5, 關係運算子
02    #include <iostream>
03    #include <cstdlib>
04    using namespace std;
05    int main(void)
06    {
07       int i;
08       cout << "Input an integer:";
09       cin >> i;
10       if (i>5)                              // 判斷 i>5 是否成立
11          cout << i << ">5 成立" << endl;      // 印出字串
```

```
12        if (i%2==0)                            // 判斷 i%2 是否等於 0
13          cout << i << "為偶數" << endl;          // 印出字串
14        if (true)                              // 判斷 true 是否成立
15          cout << "此行永遠會被執行" << endl;       // 印出字串
16        system("pause");
17        return 0;
18    }
```

/* prog4_5 OUTPUT---

```
Input an integer:7
7>5 成立
此行永遠會被執行

--------------------*/
```

程式第 9 行，由鍵盤輸入一個整數，並將輸入值存放於 i 中。第 10 行中，當 i>5 的條件成立，即會執行第 11 行的敘述，印出 i 的值後再加上 ">5 成立" 字串。

第 12 行，判斷 i%2 的運算結果是否等於 0，當 if 的判斷結果成立，即會執行第 13 行的敘述，印出 i 的值後再加上字串 "為偶數"。第 14 行的判斷永遠是為真，因此第 15 行的字串 "此行永遠會被執行" 一定會被印出。

於本例中，輸入值為 7，因此第 10 行的 if 判斷條件 7>5 成立，且第 14 行的 if 判斷條件 true 永遠會成立，因此會印出 "7>5 成立" 及 "此行永遠會被執行" 兩行字串。

4.1.5 遞增與遞減運算子

遞增與遞減運算子具有相當大的便利性，它們可以簡潔程式碼。下表列出遞增與遞減運算子的成員：

遞增與遞減運算子	意義
++	遞增，變數值加 1
--	遞減，變數值減 1

表 4.1.5
遞增與遞減運算子

善用遞增與遞減運算子可提高程式的簡潔程度。例如，程式中宣告一個 int 變數 i，於程式執行中想讓它加上 1，程式的敘述如下：

```
i=i+1;                    // i 加 1 後再設定給 i 存放
```

將 i 的值加 1 後再設定給 i 存放。此時也可以利用遞增運算子「++」寫出更簡潔的敘述，這兩個敘述的意義是相同的：

```
i++;                      // i 加 1 後再設定給 i 存放，i++為簡潔寫法
```

此外，還有另一種遞增運算子++的用法，就是遞增運算子++在變數的前面，如++i，這和 i++所代表的意義是不一樣的。i++會先執行整個敘述後再將 i 的值加 1，而++i 則先把 i 的值加 1 後，再執行整個敘述。

下面的程式裡將 a 的值設為 10，再以 a++*2 列印出來，藉以觀察遞增運算子的使用。

```
01   // prog4_6, 遞增運算子「++」在運算元之後
02   #include <iostream>
03   #include <cstdlib>
04   using namespace std;
05   int main(void)
06   {
07      int a=10;
08      cout << "a=" << a << endl;              // 印出 a
09      cout << "a++*2=" << (a++*2) << endl;     // 印出 a++*2
10      cout << "a=" << a << endl;              // 印出 a
11      system("pause");
12      return 0;
13   }
```

```
/* prog4_6 OUTPUT---

a=10
a++*2=20
a=11

--------------------*/
```

在程式第 9 行中，印出 a++*2 的值，由於「a++」會先執行整個敘述後再將 a 的值加 1，因此執行完 a++*2 後，其運算結果為 20，由此可知，a 的值仍是原來的 10，離開此行敘述之後，a 的值才會加 1，變成 11。 ❖

再來看看遞增運算子「++」放在運算元前面時，會發生什麼情況。下面的程式裡將 a 的值設為 10，再以++a*2 列印出來，請比較一下遞增運算子放在運算元前後的差別。

```cpp
01   // prog4_7, 遞增運算子「++」在運算元之前
02   #include <iostream>
03   #include <cstdlib>
04   using namespace std;
05   int main(void)
06   {
07     int a=10;
08     cout << "a=" << a << endl;             // 印出 a
09     cout << "++a*2=" << (++a*2) << endl;   // 印出++a*2
10     cout << "a=" << a << endl;             // 印出 a
11     system("pause");
12     return 0;
13   }
```

```
/* prog4_7 OUTPUT---
a=10
++a*2=22
a=11

--------------------*/
```

您可以看到，由於「++a」會先將 a 的值加 1 後再執行整個敘述，因此執行++a*2 時，a 的值會先加 1，變成 11，再計算 11*2，因此運算結果為 22。 ❖

遞減運算子「--」的使用方式和遞增運算子「++」是相同的，遞增運算子「++」用來將變數值加 1，而遞減運算子「--」則是用來將變數值減 1。此外，遞增與遞減運算子只能將變數加 1 或減 1，若是想將變數加減非 1 的數時，還是得用原來的方法（如 a=a+2）。

4.1.6 算數與設定運算子的結合

C++還有一些寫法相當簡潔的方式，將算數運算子和設定運算子結合，成為新的運算子，下表列出這些相結合的運算子：

表 4.1.6 簡潔的運算式

運算子	範例用法	說明	意義
+=	a+=b	a+b 的值存放到 a 中	a=a+b
-=	a-=b	a-b 的值存放到 a 中	a=a-b
*=	a*=b	a*b 的值存放到 a 中	a=a*b
/=	a/=b	a/b 的值存放到 a 中	a=a/b
%=	a%=b	a%b 的值存放到 a 中	a=a%b

例如下面幾個運算式，皆是簡潔的寫法：

```
a++;                            // 相當於 a=a+1
b-=3;                           // 相當於 b=b-3
b%=c;                           // 相當於 b=b%c
```

這種寫法看起來雖然有些不習慣，但它可以減少程式的長度，增加執行的效率呢！我們實際練習一下這種簡潔的程式寫法：

```
01   // prog4_8, 簡潔運算式
02   #include <iostream>
03   #include <cstdlib>
04   using namespace std;
05   int main(void)
06   {
07      int a=100,b=15;
08      cout << "a=" << a << ", b=" << b << endl;
09      a-=b;                        // 計算 a=a-b 的值
10      cout << "after a-=b, a=" << a << ", b=" << b << endl;
11      system("pause");
12      return 0;
13   }
```

```
/* prog4_8 OUTPUT---------
a=100, b=15
after a-=b, a=85, b=15

-------------------------*/
```

第 7 行分別設定變數 a、b 的值為 100 及 15。第 8 行在運算之前先印出變數 a、b 的值，a 為 100，b 為 15。第 9 行計算 a-=b，這個敘述也就相當於 a=a-b，將 a-b 的值存放到 a 中。計算 100-15 的結果後設定給 a 存放。程式第 10 行，接著印出運算之後變數 a、b 的值。所以 a 的值變成 85，而 b 仍為原先的值 15。

除了前面所提到的，將算數運算子和設定運算子結合之外，還可以將遞增、遞減運算子應用在簡潔的運算式中。下表列出簡潔寫法的運算子及其範例說明：

表 4.1.7 簡潔運算式的範例

運算子	範例	執行前		說明	執行後	
		a	b		a	b
+=	a+=b	12	4	a+b 的值存放到 a 中（同 a=a+b）	16	4
-=	a-=b	12	4	a-b 的值存放到 a 中（同 a=a-b）	8	4
*=	a*=b	12	4	a*b 的值存放到 a 中（同 a=a*b）	48	4
/=	a/=b	12	4	a/b 的值存放到 a 中（同 a=a/b）	3	4
%=	a%=b	12	4	a%b 的值存放到 a 中（同 a=a%b）	0	4
b++	a*=b++	12	4	a*b 的值存放到 a 後，b 加 1（同 a=a*b; b++）	48	5
++b	a*=++b	12	4	b 加 1 後，再將 a*b 的值存放到 a（同 b++; a=a*b）	60	5
b--	a*=b--	12	4	a*b 的值存放到 a 後，b 減 1（同 a=a*b; b--）	48	3
--b	a*=--b	12	4	b 減 1 後，再將 a*b 的值存放到 a（同 b--; a=a*b）	36	3

這種簡潔的寫法對於初學者來說，可能較為不習慣，若是要靈活運用就必須經常撰寫，才能夠累積熟悉度的哦！

4.1.7 邏輯運算子

在 if 敘述中也會看到邏輯運算子的芳蹤，下表列出它們的成員：

邏輯運算子	意義
&&	AND，且
||	OR，或

表 4.1.8
邏輯運算子

使用邏輯運算子「&&」時，運算子前後的兩個運算元之傳回值皆為真，運算的結果才
會為真；使用邏輯運算子「||」時，運算子前後的兩個運算元之傳回值只要一個為真，
運算的結果就會為真，如下面的敘述：

(1) `a>0 && b>0`　　　　// 兩個運算元皆為真，運算結果才為真

(2) `a>0 || b>0`　　　　// 兩個運算元只要一個為真，運算結果就為真

於第 1 個例子中，a>0 而且 b>0，二個條件皆為真時，運算式的傳回值才會為 true；第
2 個例子中，只要 a>0 或者 b>0，二個條件只要有一項為真時（二個條件皆為真也可
以），運算式的傳回值就會為 true。請參考下表中 AND 及 OR 的真值表：

表 4.1.9 AND 及 OR 真值表

AND	T	F
T	T	F
F	F	F

OR	T	F
T	T	T
F	T	F

上面的真值表裡，T 代表真（true），F 代表假（false）。在 AND 的情況下，兩者都要
為 T，運算結果才會為 T；在 OR 的情況下，只要其中一個為 T，運算結果就會為 T。

舉一個實例說明邏輯運算子如何應用在 if 敘述中。下面的程式是判斷成績 score 的值如
果不在 0~100 之間，即表示成績輸入錯誤；若是 score 的值在 50~60 之間，則需要補考
（make up exam）。

```
01   // prog4_9, 邏輯運算子
02   #include <iostream>
03   #include <cstdlib>
04   using namespace std;
05   int main(void)
06   {
07      int score;
08      cout << "Input your score:";          // 由鍵盤輸入成績
09      cin >> score;
10      if ((score<0) || (score>100))
11         cout << "Input error!!" << endl;    // 成績輸入錯誤
12      if ((score<60) && (score>49))
13         cout <<"Make up exam!!" << endl;    // 需要補考
14      system("pause");
15      return 0;
16   }
```

/* prog4_9 OUTPUT----

Input your score:**58**
Make up exam!!

-------------------*/

當程式執行到第 10 行時，if 會根據括號中 score 的值做判斷，score<0 或是 score>100
時，條件判斷成立，即會執行第 11 行的敘述：印出字串 Input error!!。由於學生成績是
介於 0~100 分之間，因此當 score 的值不在這個範圍時，就會視為輸入錯誤。

不管第 11 行是否有執行，都會接著執行第 12 行的程式。if 再根據括號中 score 的值做
判斷，score<60 且 score>49 時，條件判斷成立，表示該成績可以進行補考，即會執行
第 13 行的敘述：印出字串 Make up exam!!。

4.1.8 括號運算子

除了前面所述的內容外,括號()也是 C++的運算子,如下表所列:

括號運算子	意義
()	提高括號中運算式的優先順序

表 4.1.10

括號運算子

括號運算子()是用來處理運算式的優先順序。以一個簡單的加減乘除運算式為例:

```
8-4*3+2*6                   // 未加括號的運算式
```

根據從前所學過的加減乘除優先順序(先乘、除後加、減)來計算結果,這個式子的答案為 8。但是如果想計算 8 減去「3+2 之後與 4 相乘」之結果,再與 6 相乘時,就必須將 3+2 以及 8-4*(3+2)加上括號,而成為下面的式子:

```
(8-4*(3+2))*6               // 加上括號的運算式
```

經過括號運算子()的運作後,計算結果為-72,由此可知,括號運算子()可以提高括號內運算式的優先處理順序。

4.2 運算子的優先順序

下表列出各個運算子優先順序的排列，數字愈小的表示優先順序愈高。在使用運算子時，可以參考下列的實用表格：

表 4.2.1 運算子的優先順序

優先順序	運算子	類別	結合性
1	()	括號運算子	由左至右
1	[]	方括號運算子	由左至右
2	!、+（正號）、-（負號）	一元運算子	由右至左
2	~	位元邏輯運算子	由右至左
2	++、--	遞增與遞減運算子	由右至左
3	*、/、%	算數運算子	由左至右
4	+、-	算數運算子	由左至右
5	<<、>>	位元左移、右移運算子	由左至右
6	>、>=、<、<=	關係運算子	由左至右
7	==、!=	關係運算子	由左至右
8	&（位元運算的 AND）	位元邏輯運算子	由左至右
9	^（位元運算的 XOR）	位元邏輯運算子	由左至右
10	|（位元運算的 OR）	位元邏輯運算子	由左至右
11	&&	邏輯運算子	由左至右
12	||	邏輯運算子	由左至右
13	?:	條件運算子	由右至左
14	=	設定運算子	由右至左

表 4.2.1 的最後一欄是運算子的結合性。簡單的說，結合性可以讓我們瞭解到運算子與運算元的相對位置及其關係。例如，在使用同一優先順序的運算子時，結合性就顯得非常重要，它決定何者先處理，來看看下面的例子：

```
a=b+c*5/4;              // 結合性可以決定運算子的處理順序
```

這個運算式中有不同的運算子，優先順序是「/」與「*」高於「+」，而「+」又高於「=」，但是「/」與「*」的優先順序是相同的，到底 c 該先乘以 5 再除以 4 呢？還是 5 除以 4 處理完成後 c 再乘以這個結果呢？

經過結合性的定義後，就不會有這方面的困擾，算數運算子的結合性為「由左至右」，就是在相同優先順序的運算子中，先由運算子左邊的運算元開始處理，再處理右邊的運算元。上面的式子中，由於「/」與「*」的優先順序相同，因此 c 會先乘以 5 再除以 4 得到的結果加上 b 後，將整個值設定給 a 存放。

4.3　運算式與資料型態的轉換

運算式可以由常數、變數或是其它運算元與運算子所組合而成的敘述，如下面的例子，均是屬於運算式的一種：

```
-2;                     // 運算式由一元運算子「-」與常數 2 組成
age+12;                 // 運算式由變數 age、算數運算子與常數 12 組成
a*b-c*(d/8-3);          // 由變數、常數與運算子所組成的運算式
```

運算式與資料型態在定義、宣告時就已經決定其型態，因此不能隨意轉換成其它的資料型態，但 C++ 容許使用者有限度的做型態轉換處理。運算式與資料型態的轉換可分為「隱性資料型態轉換」（implicit type conversion）及「顯性資料型態轉換」（explicit type conversion）兩種。

4.3.1　隱性資料型態轉換

在程式中已經定義好的資料型態之變數，若是想以另一種型態表示時，C++ 會依據下列的規則自動做資料型態的轉換：

(1)　轉換前的資料型態與轉換後的型態相容。

(2)　轉換後的資料型態之表示範圍比轉換前的型態大。

隱性資料型態的轉換也常被稱為自動型態轉換（automatic type conversion）。舉例來說，若是想將 short 型態的變數 a 轉換為 int 型態，由於 short 與 int 皆為整數型態，符合上述條件(1)，而 int 的表示範圍比 short 來得大，亦符合條件(2)，因此 C++ 會自動將原為 short 型態的變數 a 轉換為 int 型態。

值得注意的是，型態的轉換只限該行敘述，並不會影響原先變數的型態定義，而且透過隱性資料型態的轉換，可以保證資料的精確度（precision），它不會因為轉換而損失資料內容。

這種型態的轉換方式也稱為擴大轉換（augmented conversion）。前面曾經提到過，若是整數的型態為 short，為了避免溢位，C++ 會將運算式中的 short 型態自動轉換成 int 型態，即可保證其運算結果的正確性，這就是「擴大轉換」功能。

舉例來說，字元與整數是可使用隱性資料型態轉換的；整數與浮點數亦是相容的，這都屬於「擴大轉換」；但是由於 bool 型態只能存放 1（true）或 0（false），與整數及字元是不相容，因此不可以做型態的轉換。我們來看看當兩個數中有一個為浮點數時，其運算的結果會變成如何？

```
01    // prog4_10, 型態自動轉換
02    #include <iostream>
03    #include <cstdlib>
04    using namespace std;
05    int main(void)
06    {
07        int a=45;
08        float b=2.3f;
09        cout << "a=" << a << ", b=" << b << endl;      // 印出 a、b 的值
10        cout << "a/b=" << a/b << endl;                 // 印出 a/b 的值
11        system("pause");
12        return 0;
13    }
```

```
/* prog4_10 OUTPUT---

a=45, b=2.3
a/b=19.5652

--------------------*/
```

由執行的結果可以看到，當兩個數中有一個為浮點數時，其運算的結果會直接轉換為浮點數。當運算式中變數的型態不同時，C++會自動將較少的表示範圍轉換成較大的表示範圍後，再做運算。

❖

由此可知，假設有一個整數和倍精度浮點數作運算時，C++會把整數轉換成倍精度浮點數後再做運算，運算結果也會變成倍精度浮點數。關於運算式的資料型態轉換，稍後會有更詳盡的介紹。

4.3.2　顯性資料型態轉換

當我們做兩個整數的運算時，其運算的結果也會是整數。舉例來說，做整數除法 8/3 的運算，其結果為整數 2，並不是實際的 2.66666…，因此在 C++中若是想要得到計算的結果是浮點數時，就必須將資料做顯性資料型態的轉換，轉換的語法如下：

（欲轉換的資料型態）變數名稱；	格式 4.3.1 資料型態的強制性轉換語法

這種顯性型態的轉換，因為是直接撰寫在程式碼中，所以也稱為強制型態轉換。下面的程式說明在 C++裡，整數與浮點數是如何轉換的。

```
01   // prog4_11, 顯性資料型態轉換
02   #include <iostream>
03   #include <cstdlib>
04   using namespace std;
05   int main(void)
```

```
06  {
07      int a=36,b=7;
08      cout << "a=" << a << ", b=" << b << ", ";       // 印出 a、b 的值
09      cout << "a/b=" << (a/b) << endl;                // 印出 a/b 的值
10      cout << "a=" << a << ", b=" << b << ", ";       // 印出 a、b 的值
11      cout << "a/b=" << (float)a/b << endl;     // 印出(float)a/b 的值
12      system("pause");
13      return 0;
14  }
```

```
/* prog4_11 OUTPUT-------

a=36, b=7, a/b=5
a=36, b=7, a/b=5.14286

------------------------*/
```

當兩個整數相除時，小數點以後的數字會被截斷，使得運算的結果保持為整數。但由於這並不是預期的計算結果，因此想要得到運算的結果為浮點數，就必須將兩個整數中的其中一個（或是兩個）強制轉換型態為浮點數，例如下面的三種寫法均成立：

(1)　(float)a/b　　　　　// 將整數 a 強制轉換成浮點數，再與整數 b 相除

(2)　a/(float)b　　　　　// 將整數 b 強制轉換成浮點數，再以整數 a 除之

(3)　(float)a/(float)b　// 將整數 a 與 b 同時強制轉換成浮點數

只要在變數前面加上欲轉換的型態，執行時就會自動將此行敘述裡的變數做型態轉換的處理，並不影響原先定義的型態。

❖

若是將變數設值成一個大於該型態可以表示範圍時，這種轉換稱為縮小轉換（narrowing conversion）。由於在轉換的過程中可能會因此漏失資料的精確度，C++並不會自動做這類的轉換，此時就必須自行做強制性的轉換，也就是說，程式設計師必須負起資料精確度可能不準的責任。

4.3.3 運算式的型態轉換

C++是一個很有彈性的程式語言，它允許上述的情況發生，有個大原則--「以不流失資料為前提，即可做不同的型態轉換」，讓我們在不守規矩的程式撰寫之下，使這些不同型態的資料、運算式都能繼續存活。當 C++ 發現程式的運算式中有型態不符合的情況時，會依據下列的規則來處理型態的轉換：

1. 佔用的位元組較少的轉換成位元組較多的型態。

2. 如 short 型態（2 bytes）遇上 int 型態（4 bytes），會轉換成 int 型態。

3. 字元型態會轉換成 short 型態（字元會取其 unicode 碼）。

4. int 型態會轉換成 float 型態。

5. 運算式中的某個運算元的型態為 double，則另一個運算元也會轉換成 double型態。

6. 布林型態不能轉換至其它的型態。

以 prog4_12 為例，於程式中分別宣告數個不同型態的變數，並加以運算，藉以觀察不同型態間的運算結果。

```
01   // prog4_12, 運算式的型態轉換
02   #include <iostream>
03   #include <cstdlib>
04   using namespace std;
05   int main(void)
06   {
07      char ch='X';
08      short s=-5;
09      int i=6;
10      float f=9.7f;
11      double d=1.76;
12      cout << "(s*ch)-(d/f)*(i+f)=";          // 印出結果
13      cout << (s*ch)-(d/f)*(i+f) << endl;
14      system("pause");
15      return 0;
16   }
```

```
/* prog4_12 OUTPUT----------
(s*ch)-(d/f)*(i+f)=-442.849
--------------------------*/
```

在程式執行之前先思考一下,這個複雜的運算式 (s*ch)-(d/f)*(i+f) 最後的輸出型態是什麼?它又如何將不同的資料型態轉換成相同的呢?請參考下圖的解說:

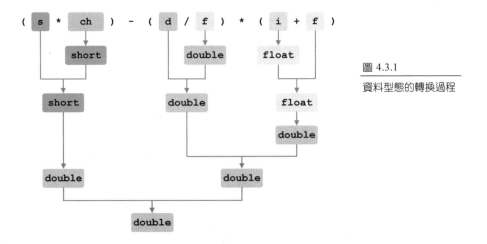

圖 4.3.1

資料型態的轉換過程

根據型態轉換的規則,瞭解轉換型態的過程後,再來看看運算式的運算過程:

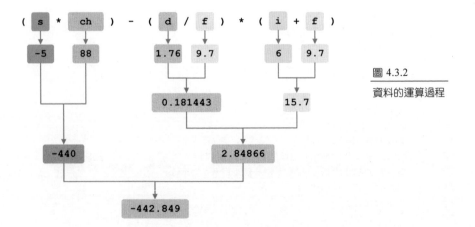

圖 4.3.2

資料的運算過程

此後在 C++程式中使用到型態的轉換時，若是不清楚運算式的型態為何，就可以利用上面繪製圖表的方式進行型態的追蹤，保證萬無一失哦！

本章摘要

1. 運算式是由運算元（operand）與運算子（operator）所組成。

2. 一元運算子（unary operator）只需要一個運算元。如「+3」、「~a」、「-a」與「!a」等均是由一元運算子與單一個運算元所組成。

3. 算數運算子（mathematical operator）的成員有：加法運算子、減法運算子、乘法運算子、除法運算子與餘數運算子。

4. if 敘述可依據判別的結果來決定程式的流程。

5. 遞增與遞減運算子有著相當大的便利性，善用它們可提高程式的簡潔程度，其成員請參照表 4.1.5。

6. 括號()是用來處理運算式的優先順序，也是 C++的運算子。

7. 當運算式中有型態不合時，有下列的處理方法：(1) 佔用較少位元組的資料型態會轉換成佔用較多位元組的資料型態。(2) 有 short 和 int 型態，則用 int。(3) 字元型態會轉換成 short 型態。(4) int 轉成 float。(5) 若某個運算元的型態為 double，則另一個也會轉換成 double 型態。(6) 布林型態不能轉換至其它的型態。

自我評量

4.1 運算式與運算子

1. 請寫出下列程式的輸出結果。

(a)
```cpp
int main(void)
{
    int a=12;
    cout << "a=" << (--a) << endl;
    cout << "a=" << (a++) << endl;
    return 0;
}
```

(b)
```cpp
int main(void)
{
    int a=75,b=150;
    a/=6;
    b%=9;
    cout << "a=" << a << endl;
    cout << "b=" << b << endl;
    return 0;
}
```

(c)
```cpp
int main(void)
{
    int a=32,b=5;
    a*=2;
    a%=b;
    cout << "a=" << a << endl;
    cout << "b=" << b << endl;
    return 0;
}
```

2. 下列哪些運算式的值為真?

(a) 't' < 53

(b) 5+8 != 7-9

(c) 5 > 10

(d) 'y' == 'y'

3. 請問什麼是運算式、運算元及運算子？請分別描述之。

4. 請問 if 敘述的格式？並解釋之。

5. 請問使用遞增與遞減運算子有什麼好處？請試著舉一個例子並說明其意思。

4.2 運算子的優先順序

6. 下列的四則運算都沒有加上括號。請在適當的位置將它們都加上括號，使得這些運算式較易閱讀，且依然符合先乘除後加減的原則：

   (a) `12/3+4*10+12*2`

   (b) `12+5*12-5*6/4`

   (c) `5-2*7+56-12*12-6*3/4+1`

7. 試判別下列各敘述的執行結果：

   (a) `2+7<15-6`

   (b) `5-3*6+2`

   (c) `(12-3)*8+25`

   (d) `16>2 && 8<9 && 2<7`

   (e) `28>10 || 7<2`

   (f) `6<=6`

   (g) `5+17>16`

   (h) `21+10*6>53`

   (i) `14+6>8 || 32-5>6`

   (j) `36>=10`

8. 試撰寫一程式，將習題 7 的運算結果印出。

4.3 運算式與資料型態的轉換

9. 請問簡潔運算式的運算子有哪些？試著列出它們，並說明其意義。

10. 設下列各運算式中，a 的初值皆為 5，b 的初值皆為 3，試寫出下列各式中，經運算過後的 num、a 與 b 之值：

   (a) `num=(a++)+b`

   (b) `num=(++a)+b`

   (c) `num=(a++)+(b++)`

   (d) `num=(++a)+(++b)`

   (e) `a+=a+(b++)`

11. 試撰寫一程式，將習題 10 的運算結果印出。

12. 試撰寫一轉換美元至台幣的程式，計算 20 美元是多少台幣，其轉換公式如下：

   　　1 美元=33.23 台幣

13. 根據上題所提供的資訊，撰寫轉換台幣至美元的程式，並計算 1000 元台幣是多少美元。

14. 試撰寫一轉換英磅至公斤的程式，計算 100 英磅是多少公斤，其轉換公式如下：

   　　1 英磅=0.454 公斤

15. 根據上題所提供的資訊，撰寫轉換公斤至英磅的程式，並計算 10 公斤是多少英磅。

16. 試撰寫一程式，輸入長方形的長和寬，計算其面積。

17. 已知圓面積為 πr^2，試撰寫一程式，輸入圓的半徑，經計算後輸出圓面積。

18. 當 C++ 發現程式的運算式中有型態不符合的情況時，請問有哪些規則可以處理型態的轉換？

19. 在什麼時機下，我們必須把整數轉換成浮點數？試舉一個實例來說明。

20. 在什麼情況下，int 型態的變數可以轉換成 short，而不會有錯誤發生？

21. 試說明什麼樣的轉換屬於「縮小轉換」？它對資料會造成什麼樣的影響？

22. 如果想把 36+59 的運算結果轉換成長整數，程式碼應如何撰寫？

23. 假設有一程式碼，其變數的初值宣告如下：

```
char ch='A';
short s=12;
float f=12.4f;
int i=15;
double d=13.62;
```

在下面的運算式中，試仿照圖 4.3.1 與圖 4.3.2 的畫法，繪出資料型態的轉換過程與資料的運算過程：

(a) `s+(f/s)+(ch*i)`

(b) `ch+d/(s-i)*f`

(c) `(s+d)/ch*(d+i)`

24. 試撰寫一程式，將習題 23 的運算結果印出，藉以驗證運算結果。

25. 假設有一程式碼，其變數的初值宣告如下：

```
char    ch='A';
short   s=38;
float   f=10.4f;
int     i=12;
double  d=8.4
```

試寫出下面各運算式運算過後最終的資料型態與運算結果：

(a) `ch*(f-s)+(i/d)`

(b) `d-s*(i+f)-ch`

(c) `(i+s)/f+ch*(s-ch)`

(d) `5-(ch+s)/4`

26. 試撰寫一程式，將習題 25 的運算結果印出，藉以驗證運算結果。

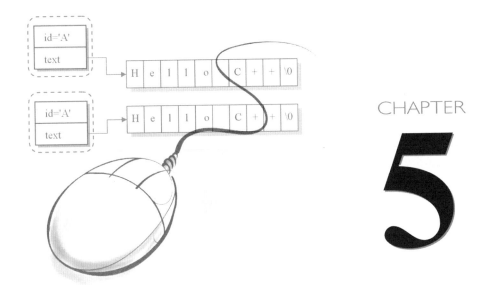

CHAPTER

5

選擇性敘述與迴圈

到目前為止，我們所學習的程式，都是一行執行完畢，再接著執行下一行，這是屬於循序性敘述。若是想處理重複性的工作時，「迴圈」是一個簡便又自然的方式。於本章中，我們要認識選擇性敘述與迴圈，並學習利用這些不同的敘述結構，撰寫出有趣的程式。

本章學習目標

- 認識程式的結構設計
- 學習選擇性敘述與各種迴圈的用法
- 學習多重選擇敘述的使用

5.1 程式的結構設計

程式的結構包含有下面三種：

1. 循序性結構（sequence structure）
2. 選擇性結構（selection structure）
3. 重複性結構（iteration structure）

這三種結構有個共通點，就是它們只有一個進入點，也只有一個出口。這些單一入、出口的結構可以使程式易讀、好維護，也就可以減少除錯的時間。在正式開始學習之前，我們先來瞭解這三種結構的不同。

5.1.1 循序性結構

循序性結構是採上至下（top to down）的敘述方式，一行敘述執行完畢後，接著再執行下一行敘述，這種結構的流程圖如下所示：

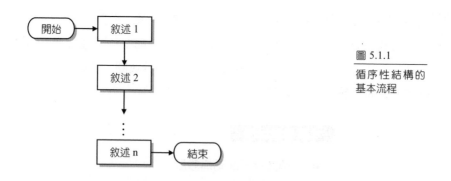

圖 5.1.1

循序性結構的
基本流程

大部分的程式基本上都是依照這種由上而下的流程來設計，因此，雖然循序性結構是經常使用到的結構，卻在程式設計中扮演著非常重要的角色。

5.1.2 選擇性結構

選擇性結構是根據條件的成立與否，再決定要執行哪些敘述的結構，其流程圖如下：

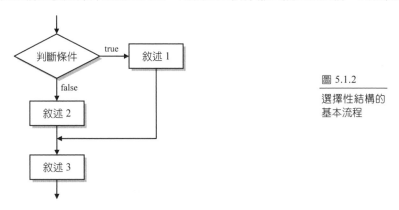

圖 5.1.2
選擇性結構的
基本流程

當判斷條件的值為真時，執行敘述 1；若判斷條件的值為假，即執行敘述 2；不論哪一個敘述被執行，最後都會執行敘述 3。在 C++ 裡常用的 if-else 敘述即是屬於選擇性結構。

5.1.3 重複性結構

重複性結構則是根據判斷條件的成立與否，決定程式段落的執行次數，這個程式段落就稱為迴圈主體。重複性結構的流程圖如下圖所示：

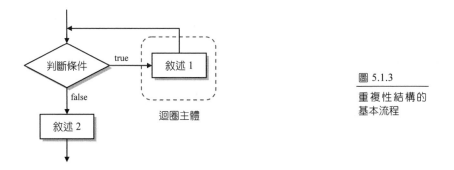

圖 5.1.3
重複性結構的
基本流程

C++ 提供的重複性結構有 for、while 及 do while 三種迴圈。稍後的內容中，將會分別討論這三種迴圈敘述的用法及其不同。

5.2 選擇性敘述

選擇性結構包括 if、if-else 及 switch 敘述。若是敘述中加上選擇性的結構之後，根據不同的選擇，程式的執行就會有不同的方向與結果。本節的內容裡將先認識 if 及 if-else 敘述，5.5 節中再來介紹 switch 敘述。

5.2.1 if 敘述

想要根據判斷的結果來執行不同的敘述時，if 敘述會忠實地測試判斷條件的值，再決定是否要執行後面的敘述。if 敘述的格式如下：

> **if**(判斷條件)
> {
>   敘述主體；
> }
>
> 格式 5.2.1
> if 敘述的格式

若是 if 敘述的主體中只有 1 個敘述，則可省略左、右大括號。當判斷條件的值為 true 時，就會逐一執行大括號裡面所包含的敘述，if 敘述的流程圖如下圖所示：

圖 5.2.1
if 敘述的流程圖

5.2.2 if-else 敘述

當程式中有分歧的判斷敘述時，便可使用 if-else 敘述來處理。當判斷條件成立，即執行 if 敘述主體；判斷條件不成立，則執行 else 後面的敘述主體。if-else 敘述的格式如下：

```
    if (判斷條件)
    {
        敘述主體 1;
    }
    else
    {
        敘述主體 2;
    }
```

格式 5.2.2
_____
if-else 敘述的格式

若是在 if 或 else 敘述主體中要處理的敘述只有 1 個，可以將左、右大括號去除。if-else
敘述的流程圖如下所示：

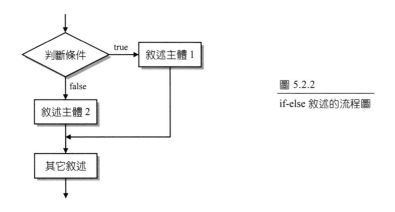

圖 5.2.2
_____
if-else 敘述的流程圖

下面是 if-else 的範例，它可用來判斷一個數是否能同時被 3 與 7 整除：

```
01  // prog5_1, if-else 敘述
02  #include <iostream>
03  #include <cstdlib>
04  using namespace std;
05  int main(void)
06  {
07      int num=42;
08      if(num%3==0 && num%7==0)
09         cout << num << "可以被 3 與 7 整除" << endl;
10      else
11         cout << num << "不能被 3 與 7 整除" << endl;
```

```
12      system("pause");
13      return 0;
14  }
```

/* prog5_1 OUTPUT---

42 可以被 3 與 7 整除

-------------------*/

於本例中，8~11 行為 if-else 敘述。在第 8 行中，if 的判斷條件為 num%3==0 與 num%7==0，當 num 除以 3 取餘數，若得到的結果為 0，同時將 num 除以 7 取餘數，若得到的結果為 0，二者皆為真，表示 num 可以被 3 與 7 同時整除，則第 9 行會被執行，否則第 11 行會被執行。由於本例中的 num 值為 42，於是運算的結果判別 42 可以被 3 與 7 同時整除。

❖

由本例可發現，程式的縮排在選擇性結構中佔有非常重要的角色，它可以幫助我們看清楚程式中不同的層次，在維護上也就比較簡單，而您本身在撰寫程式上也比較不會搞混，因此平常在撰寫程式時就要養成縮排的好習慣。

5.2.3 更多的選擇—巢狀 if 敘述

當 if 敘述中又包含其它 if 敘述時，這種敘述稱為巢狀 if 敘述（nested if）：

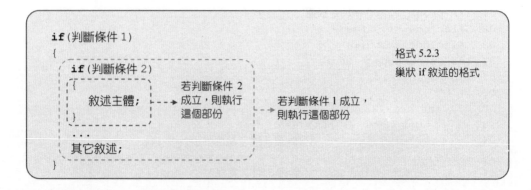

格式 5.2.3
巢狀 if 敘述的格式

巢狀 if 敘述可以用下面的流程圖來表示：

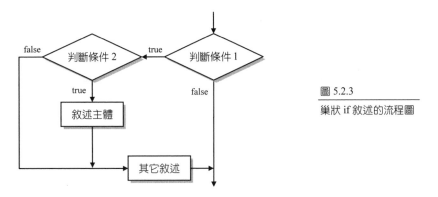

圖 5.2.3
巢狀 if 敘述的流程圖

5.2.4　條件運算子

還有一種條件運算子可以代替 if-else 敘述，即條件運算子（conditional operator）：

條件運算子	意義
？：	根據條件的成立與否，來決定是哪一個運算式會被執行

表 5.2.1
條件運算子的說明

條件運算子的運算元有 3 個，分別在兩個運算子「？」及「：」之間，其格式如下：

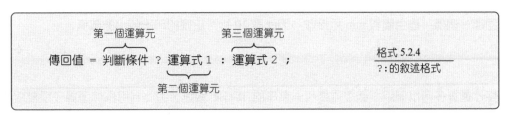

格式 5.2.4
？:的敘述格式

上面的格式中，若判斷條件成立，即傳回運算式 1 的結果，否則傳回運算式 2 的結果。

接下來，我們試著練習用條件運算子撰寫一程式，它可用來找出二數之間的較小者：

```cpp
01    // prog5_2, 條件運算子?:的使用
02    #include <iostream>
03    #include <cstdlib>
04    using namespace std;
05    int main(void)
06    {
07        int a=5,b=12,min;
08        min=(a<b)?a:b;            // 利用條件運算子判斷 a 與 b 何者為小
09        cout << "a=" << a << ", b=" << b << endl;
10        cout << min << "是較小的數" << endl;
11
12        system("pause");
13        return 0;
14    }
```

```
/* prog5_2 OUTPUT----

a=5, b=12
5 是較小的數
--------------------*/
```

於本例中，第 8 行

```cpp
    min=(a<b)?a:b;
```

利用條件運算子來找出 a 與 b 之間的較小者。若 a<b，則傳回 a，否則傳回 b。無論傳回哪一個值，皆由變數 min 所接收。因此第 10 行可正確的印出較小的數值。

條件運算子可以僅用一個敘述替代一長串的 if-else 敘述，因此利用條件運算子撰寫程式時較為簡潔，也可以大幅提高執行時的效率。

5.3 迴圈

C++提供的 for、while 及 do while 迴圈，可以在需要重複執行某項功能時，根據程式的需求與習慣，加以選擇使用。舉例來說，想計算 1+2+3+4+5 的值時，可以於程式中寫出如下的敘述：

```
sum=1+2+3+4+5;              // 計算 1+2+3+4+5 的值，然後存放到變數 sum 中
```

這是一個很直覺的方式，但若是想再累加到 1000 的時候呢？是不是也要在程式中寫出類似上面的運算式？這個簡單的例子，可以輕易的瞭解到為什麼要學習迴圈的使用。

5.3.1 for 迴圈

for 迴圈是使用率最高的迴圈，若是很清楚的知道迴圈要執行的次數時，就可以使用 for 迴圈，其敘述格式如下：

```
for (設定迴圈初值; 判斷條件; 設定增減量)
{
    迴圈主體;
}
```

這兒不可以加分號

這兒不可以加分號

格式 5.3.1
for 迴圈敘述格式

若是在 for 迴圈主體中要處理的敘述只有 1 個，可以將左、右大括號去除。下面列出 for 迴圈執行的流程：

1. 第一次進入 for 迴圈時，設定迴圈控制變數的起始值。

2. 根據判斷條件的內容，檢查是否要繼續執行迴圈，當條件判斷值為真（true），繼續執行迴圈主體；條件判斷值為假（false），則跳出迴圈執行其它敘述。

3. 執行完迴圈主體內的敘述後，迴圈控制變數會根據增減量的設定，更改迴圈控制變數的值，再回到步驟 2 重新判斷是否繼續執行迴圈。

根據上述的程序，可繪製出如下的 for 迴圈流程圖：

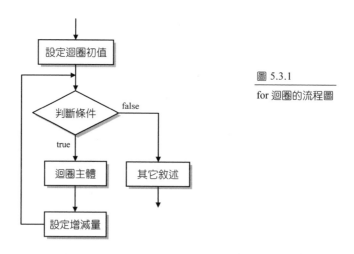

圖 5.3.1

for 迴圈的流程圖

程式 prog5_3 是 for 迴圈的範例，它可計算由 1 累加至 15 的運算結果：

```cpp
01   // prog5_3, for 迴圈
02   #include <iostream>
03   #include <cstdlib>
04   using namespace std;
05   int main(void)
06   {
07      int i,sum=0;
08      for(i=1;i<=15;i++)
09         sum+=i;
10      cout << "1+2+...+15=" << sum << endl;
11
12      system("pause");
13      return 0;
14   }
```

```
/* prog5_3 OUTPUT---

1+2+...+15=120
-------------------*/
```

於本例中,第 7 行宣告 i(迴圈計數及累加運算元)及 sum(累加的總和)二個變數,並將 sum 設初值為 0;由於要計算 1 到 15 的加總,因此在第一次進入迴圈時,將 i 的值設為 1,接著判斷 i 是否小於等於 15,如果 i 小於等於 15,則計算 sum+i 的值後再指定給 sum 存放(也就是 sum+=i),然後 i 的值會自動加 1,再回到迴圈起始處,繼續判斷 i 的值是否仍在所定的範圍內,直到 i 大於 15 即會跳出迴圈,表示累加的動作已經完成,最後再印出 sum 的值,程式即結束執行。 ❖

for 迴圈裡的區域變數

在迴圈裡宣告的變數稱為區域變數(local variable),只要跳出迴圈,這個變數便不能再被使用。我們以一個範例來說明區域變數的使用:

```
01   // prog5_4, 區域變數
02   #include <iostream>
03   #include <cstdlib>
04   using namespace std;
05   int main(void)
06   {
07      int sum=0;
08      for(int i=1;i<=5;i++)            ┐
09      {                               │
10         sum+=i;                      │  變數 i 的有效範圍
11         cout << "i=" << i << ", sum=" << sum << endl;  │
12      }                               ┘
13
14      system("pause");
15      return 0;
16   }
```

```
/* prog5_4 OUTPUT---

i=1, sum=1
i=2, sum=3
i=3, sum=6
i=4, sum=10
i=5, sum=15
-------------------*/
```

prog5_4 中將變數 i 宣告在 for 迴圈裡，因此變數 i 在此是扮演區域變數的角色，它的有效範圍僅在 for 迴圈內（8~12 行），只要一離開這個迴圈，變數 i 便無法使用。相對的，變數 sum 是宣告在 main() 函數一開始的地方，因此它的有效範圍從第 7 行開始到第 16 行的右大括號之前結束，當然在 for 迴圈內也是屬於變數 sum 的有效範圍。

請自行在 12 行與 13 行之間列印 i 的值，以 Dev C++為例，於編譯時會出現如下的訊息：

```
using obsolete binding at `i'
```

這個錯誤訊息是說，編譯程式在第 13 行無法找到一個已經不被使用的變數 i，因此而發生錯誤。由於迴圈已經結束，變數 i 的生命週期也隨之結束，因此無法於第 13 行印出迴圈中 i 的值。　　　　　　　　　　　　　　　　　　　　　　　　　　　❖

5.3.2 while 迴圈

當迴圈重複執行的次數很確定時，會使用 for 迴圈。但是對於有些問題，無法事先知道迴圈需要執行多少次才夠時，就可以考慮使用 while 迴圈或是 do while 迴圈。我們先介紹 while 迴圈的使用，while 迴圈的格式如下：

格式 5.3.2
while 迴圈敘述格式

當 while 迴圈主體只有一個敘述時，可以直接將大括號除去。在 while 迴圈敘述中，判斷條件通常是一個帶有邏輯運算子的運算式，當判斷條件的值為真（true），迴圈就會執行一次，再重複測試判斷條件、執行迴圈主體，直到判斷條件的值為假（false）時，才會跳離 while 迴圈。下面列出 while 迴圈執行的流程：

1. 第一次進入 while 迴圈前，就必須先設定迴圈控制變數的起始值。

2. 根據判斷條件的內容，檢查是否要繼續執行迴圈，如果條件判斷值為 true，則繼續執行迴圈主體；如果條件判斷值為 false，則跳出迴圈執行後續的敘述。

3. 執行完迴圈主體內的敘述後，重新設定（增加或減少）迴圈控制變數的值，由於 while 迴圈不會主動更改迴圈控制變數的內容，所以在 while 迴圈中，設定迴圈控制變數的工作要由我們自己來做，再回到步驟 2 重新判斷是否繼續執行迴圈。

根據上述的程序，可繪製出如下的 while 迴圈流程圖：

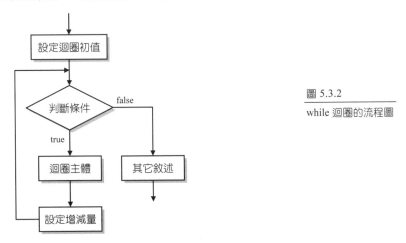

圖 5.3.2

while 迴圈的流程圖

決定要使用 for 迴圈還是 while 迴圈時，最大的考量就是迴圈執行的次數。若是不能確定迴圈需要執行的次數，就必須使用 while 迴圈。下面的例子是利用 while 迴圈計算 1 累加到 num，num 值由使用者輸入：

```
01   // prog5_5, while 迴圈
02   #include <iostream>
03   #include <cstdlib>
04   using namespace std;
05   int main(void)
06   {
07      int num,i=1,sum=0;
08      cout << "請輸入整數值:";
```

```
09      cin >> num;
10      while(i<=num)
11      {
12          sum+=i;
13          i++;
14      }
15      cout << "1+2+...+" << num << "=" << sum << endl;
16      system("pause");
17      return 0;
18  }
```

/* prog5_5 OUTPUT---

請輸入整數值：**10**
1+2+...+10=55
------------------*/

於本例中，第 7 行將迴圈控制變數 i 的值設定為 1，第 10 行進入 while 迴圈的判斷條件，
第 1 次進入迴圈時，由於 i 的值為 1，所以判斷條件的值為真，即執行 11~14 行的迴圈
主體。第 12 行把 sum 的值加 i 之後再指定給 sum 存放，然後 i 的值加 1，再回到迴圈
起始處，繼續判斷 i 的值是否仍在所限定的範圍內，直到 i 大於 num 值即會跳出迴圈，
表示累加的動作已經完成，最後再將結果 sum 的值印出。　　　　　　　　　　❖

5.3.3 do while 迴圈

do while 迴圈也是用於迴圈執行次數未知的情況。do while 迴圈是「先做再說」，每執
行完一次迴圈主體後，再測試判斷條件的真假，因此不管迴圈成立的條件為何，使用
do while 迴圈時，至少都會執行一次迴圈的主體。do while 迴圈的格式如下：

```
設定迴圈初值；
do
{
    迴圈主體；
    設定增減量；
} while(判斷條件) ; ──→ 要加分號
```

格式 5.3.3
do while 迴圈敘述格式

當 do 迴圈主體只有一個敘述時，可以直接將左、右大括號去除。第一次進入 do while 迴圈敘述時，不管判斷條件是否符合執行迴圈的條件，都會直接執行迴圈主體，迴圈主體執行完畢，才開始測試判斷條件的值。如果為 true，則再次執行迴圈主體，如此重複測試判斷條件、執行迴圈主體，直到判斷條件的值為 false 時才會跳離 do while 迴圈。下面列出 do while 迴圈執行的流程：

1. 進入 do while 迴圈前，要先設定迴圈控制變數的起始值。

2. 直接執行迴圈主體，迴圈主體執行完畢，才開始根據判斷條件的內容，檢查是否繼續執行迴圈。若條件式的判斷值為 true，繼續執行迴圈主體；如果條件判斷值為 false，則跳出迴圈，並執行後續的敘述。

3. 執行完迴圈主體內的敘述後，重新設定（增加或減少）迴圈控制變數的值，由於 do while 迴圈和 while 迴圈一樣，不會主動更改迴圈控制變數的內容，所以在 do while 迴圈中設定迴圈控制變數的工作要由自己來做，再回到步驟 2 重新判斷是否繼續執行迴圈。

根據上述的程序，可以繪製出如下的 do while 迴圈流程圖：

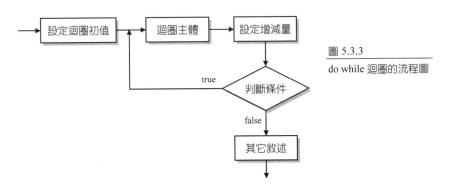

圖 5.3.3
do while 迴圈的流程圖

prog5_6 是利用 do while 迴圈設計一個能計算 1+3+...+n 的程式，其中整數 n 由使用者輸入，若 n 的範圍小於 1 或是 n 為偶數，則會要求使用者重新輸入：

```
01    // prog5_6, do while 迴圈
02    #include <iostream>
03    #include <cstdlib>
04    using namespace std;
05    int main(void)
06    {
07        int n,i=1,sum=0;
08        do{
09          cout << "請輸入欲累加的最大奇數值:";
10          cin >> n;
11        }while(n<1 || n%2==0);
12
13        do{
14          sum+=i;
15          i+=2;
16        }while(i<=n);
17        cout << "1+3+...+" << n << "=" << sum << endl;
18
19        system("pause");
20        return 0;
21    }
```

/* prog5_6 OUTPUT-------

請輸入欲累加的最大奇數值:-6
請輸入欲累加的最大奇數值:7
1+3+...+7=16
----------------------*/

於本例中，第 8~11 行利用 do while 迴圈判斷所輸入的值 n 是否小於 1，或是 n 為偶數，
如果是，則會重複輸入，直到 n 大於等於 1 或是 n 為奇數。此外，第 13~16 行再次利
用 do while 迴圈計算 1+3+...+n 的結果。如果變數 i 的值小於等於 n，則執行迴圈內容
（程式第 14~15 行），否則跳離 do while 迴圈。

在日常生活中並不難找到 do while 迴圈的例子哦！舉例來說，在利用提款機提款前，
會先進入輸入密碼的畫面，讓您輸入三次密碼，如果皆輸入錯誤，即會將提款卡吸入，
其操作的流程恰符合 do while 迴圈的精神。

5.3.4 巢狀迴圈

迴圈主體中又有其它迴圈時，稱為巢狀迴圈（nested loops），如巢狀 for 迴圈、巢狀 while 迴圈等。不但如此，我們還可以使用混合巢狀迴圈，也就是迴圈中又有其它不同的迴圈。下面的程式以列印部份的九九乘法表為例，來練習巢狀迴圈的使用：

```
01   // prog5_7, 巢狀 for 迴圈求 9*9 乘法表
02   #include <iostream>
03   #include <cstdlib>
04   using namespace std;
05   int main(void)
06   {
07      int i,j;
08
09      for(i=1;i<=3;i++)        // 外層迴圈
10      {
11         for(j=1;j<=3;j++)     // 內層迴圈
12            cout << i << "*" << j << "=" << (i*j) << "\t";
13         cout << endl;
14      }
15
16      system("pause");
17      return 0;
18   }
```

```
/* prog5_7 OUTPUT-----
1*1=1    1*2=2    1*3=3
2*1=2    2*2=4    2*3=6
3*1=3    3*2=6    3*3=9
--------------------*/
```

於 prog5_7 中，i 為外層迴圈的迴圈控制變數，j 為內層迴圈的迴圈控制變數。當 i 為 1 時，符合外層 for 迴圈的判斷條件（i<=3），進入內層 for 迴圈主體，由於是第一次進入內層迴圈，所以 j 的初值為 1，符合內層 for 迴圈的判斷條件（j<=3），於是執行第 12 行，印出 i*j 的值（1*1=1）後，j 再加 1，其值變成 2，仍符合內層 for 迴圈的判斷條件，再次執行列印及計算的工作，直到 j 的值為 4 時即離開內層 for 迴圈，回到外層迴圈。

回到外層迴圈後，i 會加 1 成為 2，符合外層 for 迴圈的判斷條件，繼續執行內層 for 迴圈主體，直到 i 的值為 4 時即離開巢狀迴圈。

於這個範例中，整個程式到底執行過幾次迴圈呢？當 i 為 1 時，內層迴圈會執行 3 次（j 為 1~3），當 i 為 2 時，內層迴圈也會執行 3 次（j 為 1~3），以此類推的結果，這個程式會執行 9 次迴圈，而螢幕上也正好印出 9 個式子。於本例中，只要將內外迴圈的上限值更改為 9，便可印出完整的九九乘法表。

5.4 迴圈的跳離

C++裡雖然有跳離敘述，如 break、continue 等敘述，站在結構化程式設計的角度上，並不鼓勵使用者使用，因為這些跳離敘述會增加除錯及閱讀上的困難，建議除非在某些不得已的情況下才使用它們。

5.4.1 break 敘述

break 敘述可以讓程式強迫跳離迴圈。當程式執行到 break 敘述時，即會離開迴圈，繼續執行迴圈外的下一個敘述，如果 break 敘述出現在巢狀迴圈中的內層迴圈，則 break 敘述只會跳離當層迴圈。以下圖的 for 迴圈為例，在迴圈主體中有--break 敘述時，程式執行到 break，即會離開迴圈主體，到迴圈外層的敘述繼續執行：

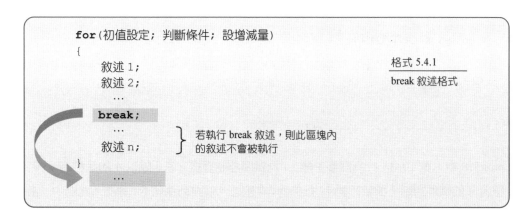

以下面的程式為例，prog5_8 利用 for 迴圈印出變數 i 的值，當 i 除以 4 所得的餘數為 0 時，即使用 break 敘述跳離迴圈，並於程式結束前印出迴圈變數 i 最後的值：

```
01   // prog5_8, break 的使用
02   #include <iostream>
03   #include <cstdlib>
04   using namespace std;
05   int main(void)
06   {
07       int i;
08
09       for(i=1;i<=10;i++)
10       {
11          if(i%4==0)
12             break;              // i%4 為 0 時即跳出迴圈
13          cout << "i=" << i << endl;
14       }
15       cout << "when loop interruped,i=" << i << endl;
16       system("pause");
17       return 0;
18   }
```

```
/* prog5_8 OUTPUT---------

i=1
i=2
i=3
when loop interruped,i=4
-----------------------*/
```

prog5_8 中，第 10~14 行為迴圈主體，i 為迴圈控制變數。當 i 除以 4 的餘數為 0 時，符合 if 的條件判斷，即執行第 12 行的 break 敘述，並跳離整個 for 迴圈。此例中，當 i 的值為 4 時，4 除以 4 的餘數為 0，符合 if 的條件判斷，因此跳離 for 迴圈，執行第 15 行的敘述。

5.4.2 continue 敘述

continue 敘述可以強迫程式跳到迴圈的起頭，當程式執行到 continue 敘述時，即會停止執行剩餘的迴圈主體，而到迴圈的開始處繼續執行。以下圖的 for 迴圈為例，在迴圈主體中有 continue 敘述時，程式執行到 continue，即會回到迴圈的起點，繼續執行迴圈主體的部分敘述：

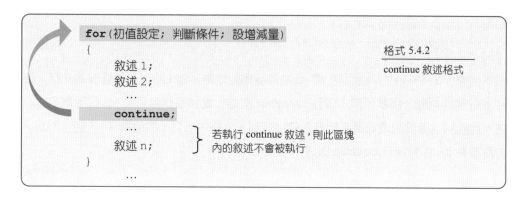

```
for (初值設定；判斷條件；設增減量)
{
    敘述 1;
    敘述 2;
    …
    continue;
    …
    敘述 n;
}
    …
```

格式 5.4.2
continue 敘述格式

若執行 continue 敘述，則此區塊內的敘述不會被執行

於前一個範例中，只要將程式中的 break 敘述改成 continue 敘述，您便可以觀察到這兩種跳離敘述的不同。更改後的程式如下所述：

```
01   // prog5_9, continue 的使用
02   #include <iostream>
03   #include <cstdlib>
04   using namespace std;
05   int main(void)
06   {
07      int i;
08
09      for(i=1;i<=10;i++)
10      {
11         if(i%4==0)
12            continue;          // i%4 為 0 時由迴圈起始處繼續執行
13         cout << "i=" << i << endl;
14      }
15      cout << "when loop interruped,i=" << i << endl;
16      system("pause");
17      return 0;
18   }
```

```
/* prog5_9 OUTPUT-----------
i=1
i=2
i=3
i=5
i=6
i=7
i=9
i=10
when loop interruped,i=11
-------------------------*/
```

於本例中，第 10~14 行為迴圈主體，i 為迴圈控制變數。當 i 除以 4 的餘數為 0 時，符合 if 的條件判斷，即執行第 12 行的 continue 敘述，此時會跳離目前 for 迴圈剩下的敘述，再回到迴圈開始處繼續判斷是否執行迴圈。此例中，當 i 的值為 4、8 時，除以 4 的餘數為 0，即會執行 continue 敘述。

5.5 可多重選擇的 switch 敘述

要在許多的選擇條件中，找到並執行其中一個符合條件判斷的敘述時，除了可以使用 if-else 不斷地判斷之外，也可以使用另一種更方便好用的多重選擇--switch 敘述。

使用巢狀 if-else 敘述最常發生的狀況，就是容易將 if 與 else 配對混淆而造成閱讀及執行上的錯誤，而使用 switch 敘述時則可以避免這種錯誤，同時可以將多選一的情況簡化，使程式簡潔易讀。switch 敘述的格式如下：

```
switch (運算式)
{
    case 選擇值1:
            敘述主體1;
            break;
    case 選擇值2:
            敘述主體2;
            break;
            ...
    case 選擇值n:
            敘述主體n;
            break;
    default:
            敘述主體;
}
```

格式 5.5.1
_____
switch 敘述的格式

值得注意的是，於 switch 敘述裡的選擇值只能是字元或是整數常數。來看看 switch 敘述執行的流程：

1. switch 敘述先計算括號中運算式的運算結果。

2. 根據運算式的值，檢查是否符合執行 case 後面的選擇值。如果某個 case 的選擇值符合運算式的結果，就會執行該 case 所包含的敘述，直到執行至 break 敘述後才跳離整個 switch 敘述。

3. 若是所有 case 的選擇值皆不適合，執行 default 之後所包含的敘述，執行完畢即離開 switch 敘述。如果沒有定義 default 的敘述，則直接跳離 switch 敘述。

值得一提的是，如果忘記在 case 敘述結尾處加上 break，則會一直執行到有 break 敘述的地方或是 switch 敘述的尾端，才會離開 switch 敘述，如此將造成執行結果的錯誤。

switch 敘述的流程圖可繪製如下：

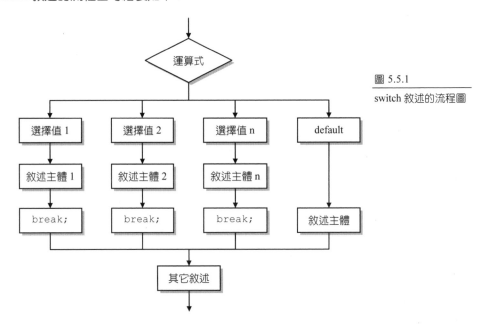

圖 5.5.1

switch 敘述的流程圖

下面的程式中，直接設定一個 1~12 數值，代表一年的 12 個月份，如果超出此範圍，則印出 "不存在!"，否則利用 switch 印出相對應的季節：

　　3~5 月：春天

　　6~8 月：夏天

　　9~11 月：秋天

　　1、2、12 月：冬天

```
01    // prog5_10, switch 敘述
02    #include <iostream>
03    #include <cstdlib>
04    using namespace std;
05    int main(void)
06    {
07        int month=11;
08
09        cout << month << "月是";
```

```
10      switch(month)
11      {
12         case 3:
13         case 4:
14         case 5: cout << "春天" << endl;
15             break;
16         case 6:
17         case 7:
18         case 8: cout << "夏天" << endl;
19             break;
20         case 9:
21         case 10:
22         case 11:cout << "秋天" << endl;
23             break;
24         case 12:
25         case 1:
26         case 2:cout << "冬天" << endl;
27             break;
28         default:
29             cout << "不存在!" << endl;
30      }
31      system("pause");
32      return 0;
33   }
```

```
/* prog5_10 OUTPUT---
5 月是春天
-------------------*/
```

由本例的執行結果可知，switch 會根據所給予的月份值 month 自動執行選擇相對應的敘述，印出適合的季節後即離開 switch 敘述。若是所輸入的月份值不在這些範圍時，即執行 default 所包含的敘述，然後跳離 switch。

本章摘要

1.　程式的結構包含：(1)循序性結構，(2)選擇性結構，(3)重複性結構。

2.　選擇性結構包括 if、if-else 及 switch 敘述。敘述中加上選擇性的結構之後，就像是十字路口般，根據不同的選擇，程式的執行將會有不同的方向與結果。

3.　需要重複執行某項功能時，迴圈就是最好的選擇。根據程式的需求與習慣，選擇使用 C++所提供的 for、while 及 do while 迴圈來完成。

4.　在迴圈裡也可以宣告變數，但所宣告的變數只是區域變數，只要跳出迴圈，這個變數便不能再使用。

5.　break 敘述可以讓程式強迫跳離迴圈，當程式執行到 break 敘述時，即會離開迴圈，繼續執行迴圈外的下一個敘述，如果 break 敘述出現在巢狀迴圈中的內層迴圈，則 break 敘述會跳離當層迴圈。

6.　continue 敘述可以強迫程式跳到迴圈的起頭，當程式執行到 continue 敘述時，即會停止執行剩餘的迴圈主體，而到迴圈的開始處繼續執行。

7.　switch 敘述要配合 break 敘述使用，否則會造成錯誤的執行結果。

自我評量

5.1 程式的結構設計

1. 程式的結構可分為哪三種，試簡略說明之。

2. 婷婷某日將她從出門、去 7-11、選購麵包、排隊結帳、付款、走路回家的過程，一一記錄下來。試完成下列的問題：

   (a) 試繪製出適合的流程圖。

   (b) 這個過程屬於哪一種結構？

3. 小雯將她某日去公園玩耍的情形記錄下來，一開始先玩蹺蹺板，接著溜滑梯 10 次、散步、盪鞦韆 5 次，看時間不早了，就趕緊回家吃晚飯。試完成下列的問題：

   (a) 試繪製出適合的流程圖。

   (b) 在公園玩的過程屬於哪一種結構？

4. 美美將她購物的情形記錄如下：首先買了一瓶乳液，接著要買鞋子，若是冬天就買長靴，夏天就買涼鞋，最後又買一件外套，結束購物。試完成下列的問題：

   (a) 試繪製出適合的流程圖。

   (b) 美美買鞋的過程屬於哪一種結構？

5.2 選擇性敘述

5. 試撰寫一程式，直接設定整數值 height 與 weight，分別代表某個人的身高（公尺）與體重（公斤），接著完成下列問題：

   (a) 利用 BMI = $weight / height^2$ 計算此人的身體質量指數 BMI 值。

   (b) 根據 BMI 值判斷他的體重是不是過重。理想體重範圍為 $18.5 \leq BMI < 24$，當 BMI 值為理想體重範圍時，印出"體重標準"。BMI 值若是小於 18.5，印出"體重過輕"，BMI 值若是大於等於 24，印出"體重過重"。

6. 試撰寫一程式，由鍵盤輸入一個整數值，然後求此數的絕對值。

7. 試撰寫一程式,由鍵盤輸入一個整數值,然後判斷它是奇數或偶數。

8. 試撰寫一程式,請直接設定變數 month 的值,代表月份,然後利用 if-else 敘述判斷其所屬的季節(3~5 月為春季,6~8 月為夏季,9~11 月為秋季,12~2 月為冬季)

9. 某大賣場欣逢週年慶,推出促銷折扣方案,消費者購物滿 1000 元,即可享有 95 折,3000~4999 元 92 折,5000~9999 元 9 折,10000 元以上 85 折。試撰寫一程式,計算消費額為 12500 元時,所應支付的金額。

10. 試利用巢狀的 if-else-if 敘述設計一程式,直接設定學生成績,輸出為成績的等級。學生成績依下列的分類方式分級:

　　　　80~100:A 級

　　　　60~79:B 級

　　　　0~59:C 級

5.3 迴圈

11. 試撰寫一程式,印出從 1 到 100 之間,所有可以被 18 整除的數值。

12. 試撰寫一程式,求 1 到 100 之間所有整數的立方值之總和。

13. 試撰寫一程式,印出從 1 到 100 之間,所有可以被 7 整除,又可以被 4 整除的數值。

14. 試利用 for 迴圈撰寫出一個能產生如下圖結果的程式。請先繪製出流程圖,再根據流程圖撰寫程式。

```
1
22
333
4444
55555
```

15. 試利用 while 迴圈與 if 敘述,判斷並列印出 1~20 中所有的偶數,同時計算這些偶數的平方值之和。

16. 試利用 while 迴圈計算 $2+4+6+\cdots+n$ 的總和,其中 n 為 200。

17. 試撰寫一程式，利用 do while 迴圈完成九九乘法表。

18. 試繪製一表格，分析 for、while 與 do while 迴圈的異同。

19. 迴圈主體若是沒有敘述，即稱為空迴圈。雖然空迴圈看起來好像沒有做事，實際上是有耗費 CPU 的資源。以 for 迴圈為例，其空迴圈的格式如下：

```
for(設定初值;判斷條件;設定增減量)
{}
```

或是

```
for(設定初值;判斷條件;設定增減量);
```

在大括號內不加入任何的敘述，或是直接在迴圈 for 敘述後面加上分號，這種迴圈即稱為空迴圈。空迴圈最主要的功能，是用來延遲程式的執行，而某些初學者，卻常常不小心在迴圈敘述後面加上分號，無意間造成空迴圈，進而發生程式邏輯的錯誤。如下面的 for 迴圈，是用來加總 1~10，卻不慎在 for 敘述後面加上分號，而造成錯誤的結果：

```
for(i=1;i<=10;i++);       加上分號即成空迴圈
  sum+=i;
```

下面的程式，是利用 for 空迴圈執行 99999999 次，進入迴圈前、後皆把迴圈控制變數 i 的值印出。部分的程式如下，請將它補上該有的程式，以完成本題的需要。

```
01   // hw5_19,
02   #include <iostream>
03   #include <cstdlib>
04   using namespace std;
05   int main(void)
06   {
07     int i=0;            // 迴圈控制變數
08
09     cout << "進入迴圈, i=" << i << endl;
10     // 請在此輸入程式碼，以完成本題的要求
11
12     cout << "離開迴圈, i=" << i << endl;
13
14     system("pause");
15     return 0;
16   }
```

5.4 迴圈的跳離

20. 假設有一條繩子長 3500 公尺，每天剪去一半的長度，請問需要花費幾天的時間，繩子的長度會短於 3 公尺（請用 break 敘述來撰寫）？

21. 試撰寫一程式，利用 continue 敘述，找出小於 45 的最大質數。

22. 試利用 continue 敘述，找出小於 100 的整數裡，所有可以被 2 與 3 整除，但不能被 12 整除的整數。

23. 試撰寫一程式，直接設定一個整數值，然後判別此數是否為質數（prime）。若是，則印出 "此數是質數" 字串，若不是，則印出 "此數不是質數" 字串（質數是指除了 1 和它本身之外，沒有其它的數可以整除它的數，例如，2, 3, 5, 7 與 11 等皆為質數）。

24. 老王養了一群兔子，但不知有幾隻。三隻三隻數之，剩餘一隻；五隻五隻數之，剩餘三隻；七隻七隻數之，剩餘二隻；試問最少有幾隻兔子？

5.5 可多重選擇的 switch 敘述

25. 試由程式中直接設定一個整數 day，代表星期一到星期日。若 day 的值是 1，印出 "星期一"，若 day 的值是 2，印出 "星期二"，...，若 day 的值是 7，即印出 "星期日"，若 day 的值不是 1~7，則印出 "不存在"。

26. 試由程式中直接設定一個整數 month，代表一年的 12 個月份。若 month 的值是 1，則印出 "一月"，若 month 的值是 2，即印出 "二月"，...，若 month 的值不是 1~12，則印出 "不存在"。

27. 試由程式中直接設定一個整數 month，代表一年的 12 個月份。若 month 的值是 1、2，印出 "寒假"，month 的值是 7、8，印出 "暑假"；若 month 的值是 9~12，印出 "上學期"，若 month 的值是 3~6，印出 "下學期"；若 month 的值不是 1~12，則印出 "不存在"。

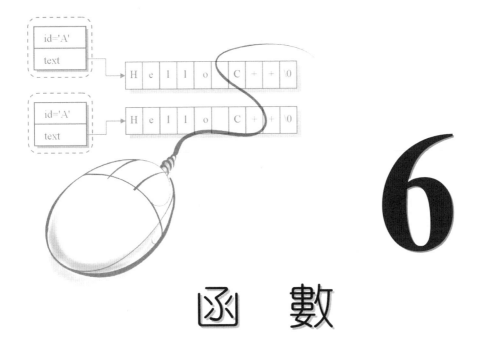

函　數

　　函數可以簡化主程式的結構，也可以節省撰寫相同程式碼的時間，達到程式模組化的目的。此外，根據變數宣告的位置與存放在記憶體中的方式，可以分成不同等級，認識如何使用不同的變數，也是學習的重點哦！

本章學習目標

- ↓　認識函數的基本架構
- ↓　學習 inline 函數
- ↓　認識變數的等級
- ↓　同時使用數個函數

使用函數的最大目的，就是簡化程式的結構，同時可以節省撰寫相同程式碼的時間，達到模組化的目的。一個完整的函數（function）基本架構包括函數的宣告、引數的使用、函數主體及傳回值，這些架構都可以在任何一個函數中找到。

6.1 函數的基本架構

在講解函數的架構之前，先來看一個簡單的實例，這個程式可以計算並印出整數 6 的平方值，且運算結果的前後各印有一列星號。

```
01   // prog6_1, 簡單的函數
02   #include <iostream>
03   #include <cstdlib>
04   using namespace std;
05   void star(void);                           // 函數原型的宣告
06   int main(void)
07   {
08      star();                                 // 呼叫自訂的函數，印出星號
09      cout << "6*6=" << 6*6 << endl;          // 印出 6 的平方值
10      star();                                 // 呼叫自訂的函數，印出星號
11      system("pause");
12      return 0;
13   }
14
15   void star(void)                            // 自訂的函數 star()
16   {
17      int j;
18      for(j=1;j<=8;j++)
19         cout << "*";                         // 印出*星號
20      cout << endl;
21      return;
22   }
```

```
/* prog6_1 OUTPUT---

********
6*6=36
********

--------------------*/
```

第 5 行宣告自訂的函數 star() 沒有傳回任何值（star() 前面加上一個 void 保留字），同時也不傳入任何值給 star() 函數使用（star() 括號內的引數為 void）。也就是說，這一行為宣告函數的基本法則（輸入與傳回型態），因此稱為函數原型（prototype）的宣告。

第 8 行、10 行，分別呼叫自訂的函數 star()。第 9 行，印出 6 的平方值。第 15~22 行，為自訂的 star() 函數主體，印出 8 個星號。

下圖中，當主程式呼叫 star() 函數時，控制權會先交給 star() 函數，等到函數執行完畢，即會回到原先呼叫該函數的下一個敘述，繼續執行主程式中的敘述。

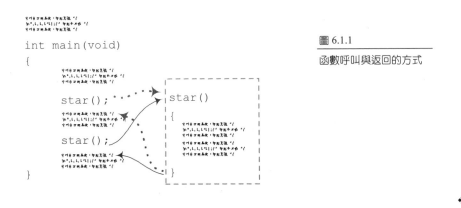

圖 6.1.1
函數呼叫與返回的方式

在 prog6_1 中使用自訂的 star() 函數，印出 8 個星號。這個程式雖然簡單，卻也傳遞不少 C++函數的基本觀念。接下來的章節中會分別介紹到函數的重要觀念，首先，我們來看看函數的基本架構及使用。

6.1.1　函數原型的宣告、撰寫與呼叫

想使用自訂的函數時也需要像使用變數般的宣告，但函數的宣告必須多費點工夫，因為程式設計師不僅要宣告函數的傳回型態，同時也要說明傳入函數的引數型態。下面為「函數原型」（prototype）的宣告格式：

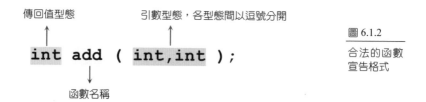

格式 6.1.1
函數原型的宣告格式

傳回值型態 函數名稱(引數型態 1, 引數型態 2,...);

所謂「函數原型」的宣告是指宣告函數時，除了將函數的傳回值告知編譯程式外，還將函數內所有的引數型態一起宣告。如此一來不但可以減少編譯程式判別函數引數與傳回值型態的時間，還可以增加程式執行的速度與效率。下面的格式為合法的函數宣告格式：

傳回值型態　　　　引數型態，各型態間以逗號分開

int add (int,int);

函數名稱

圖 6.1.2
合法的函數
宣告格式

自訂函數名稱的命名和變數的命名規則相同，函數名稱不能使用到 C++的關鍵字，當然最好能以有意義的名稱為函數命名。

函數的原型可置於 main() 函數的外面，也可置於 main() 函數的裡面。本書習慣上將函數原型置於 main() 函數之外。

若是不用傳遞任何訊息給被呼叫的函數時，在宣告函數原型時，可以在括號內加上 void 字樣，告訴編譯程式該函數沒有引數。舉例來說，在程式一開始即做出如下的宣告：

```
int star(void);        // 宣告一個名為 star 的函數，其傳回值為整數型態，沒有引數
```

上面的敘述中宣告一個名為 star 的函數，其傳回值為整數型態，括號內填入 void 字樣，表示該函數不需要傳遞任何的引數。

若是沒有宣告函數會發生什麼事呢？某些編譯程式仍然會讓程式繼續執行，但是並不保證這個程式移植到其它的 C++編譯系統後，可以正確無誤的執行，所以筆者建議您養成好習慣，在程式開始處一起將自訂的函數宣告進來。

在檢查較為嚴格的編譯器則會發出錯誤訊息，指出這是未經宣告的識別名稱（undeclared identifier），要求使用者補上宣告的部分。

您可以將自訂函數的本體放在程式中任意的位置，或者是照函數字母的順序擺放。一般而言，main() 函數會置於程式一開始處，自訂函數會在 main() 函數的後面。如果把自訂函數置於 main() 函數的前面，則不需宣告函數的原型。自訂函數撰寫方式和您已熟悉的 main() 函數類似，其定義格式如下所示：

```
傳回值型態 函數名稱(型態 1 引數 1，…，型態 n 引數 n)
{
    變數宣告;
    敘述主體;                          格式 6.1.2
    return 運算式;                     自訂函數的定義格式
}
```

呼叫函數的方式有兩種，一種是將傳回值指定給某個變數接收，如下面的格式：

```
                                    格式 6.1.3
變數 = 函數名稱(參數);              傳回值指定給某個
                                    變數接收的格式
```

另一種則是直接呼叫函數，不需要傳回值，如下面的格式：

```
                                    格式 6.1.4
函數名稱(參數);                    直接呼叫函數的格式
```

若是不需要傳遞任何訊息給函數，在定義及呼叫函數時，只要保留括號而不用填入任何的內容。舉例來說，目前我們所看到的 main() 函數並沒有傳遞任何的引數，所以括號裡是空的，雖然如此，我們還是要把括號寫出來。下面的敘述為常見的函數呼叫：

```
i=func();                    // 呼叫 func()函數,並將傳回值給 i 存放
star();                      // 直接呼叫 star()函數,沒有傳回值
myfunc(4);                   // 呼叫 myfunc()函數,並將引數 4 傳入函數中
```

下面的格式為典型的自訂函數 square() 的宣告、呼叫及其內容。這個函數的作用是將輸入 square() 函數內的引數平方，並傳回其值：

```
    ...
 int square(int);————→ 自訂函數的宣告
    ...
 int main(void)————→ 主函數
 {
    ...
    j=square(i);————→ 自訂函數的呼叫
    ...
 }
    ...
 int square(int i)
 {
    int squ;
    squ=i*i;              ————→ 自訂函數的內容
    return squ;
 }
```

圖 6.1.3
自訂函數的使用
範例說明

函數的撰寫方式和一般的程式沒有什麼不同，但如果想在函數內使用某些變數，卻不希望主程式或其它函數存取這個變數，就必須在此函數內宣告這些變數。宣告於函數內的變數稱為「區域變數」（local variable），如上面的程式片段中，square 函數的整數變數 squ 即為區域變數。

此外，在 square 函數中並沒有宣告變數 i，但是程式中卻可以使用它，這是因為在 int square(int i) 中，函數在接收引數時，就已經宣告變數 i 為整數型態，因此不必再次於 square 函數內宣告 i。關於這些細節，在後面的內容中會一一說明。

6.1.2　不使用函數原型的方式

使用函數原型的目的，是在向編譯器宣告一個還沒有定義，卻即將會用到的函數，因此，函數原型的宣告是放在 main() 的前面。如果我們直接將自訂函數的定義放在 main() 之前，則該函數的定義就同時具備宣告與定義的功能，而不必再宣告函數原型。

再以圖 6.1.3 中的範例為例，將自訂函數 square() 以不使用函數原型的方式撰寫，您可以將兩張圖對照比較：

```
int square(int i)
{
    int squ;
    squ=i*i;              ──▶ 自訂函數的定義與宣告
    return squ;
}

    ...
int main(void) ──▶ 主函數
{
    ...
    j=square(i); ──▶ 自訂函數的呼叫
    ...
}
    ...
```

圖 6.1.4
不使用函數原型
的範例說明

我們將上圖的內容實際撰寫成程式碼，就會有較為深刻的瞭解。

```
01   // prog6_2, 不使用函數原型的方式
02   #include <iostream>
03   #include <cstdlib>
04   using namespace std;
```

```
05    int square(int a)      // 自訂的函數 square()，計算平方值
06    {
07        int squ;
08        squ=a*a;
09        return squ;
10    }
11
12    int main(void)         // 主程式
13    {
14        cout << "square(6)=" << square(6) << endl; // 印出 square(6)的值
15        system("pause");
16        return 0;
17    }
```

/* prog6_2 OUTPUT---

square(6)=36

--------------------*/

雖然在此介紹這種直接將函數定義取代函數原型的撰寫方式，您可以依照自己的喜好
與習慣選擇程式的撰寫方式。本書仍將依照主程式在最前面，自訂函數在後面的方式，
介紹整個程式流程。

❖

6.1.3 函數的引數與參數

嚴格說來，當我們想把資料傳遞到函數時，要傳遞給函數的資料通常置於函數的括號
內，這些資料稱為函數的「引數」（argument），引數可以是變數、運算式、常數或是
位址；而函數所收到的資料稱為「參數」（parameter）。

我們並不會特別區分引數及參數的不同，它們所指的資料都是相同的，本書也把參數
都統稱為引數。此外，除非呼叫函數時所傳遞的資料是某個變數的位址（傳址呼叫，
call by address），否則都是以「傳值呼叫」（call by value）的方式將資料當做引數來
傳遞給函數。關於「傳址呼叫」的部分，我們將於第九章的內容裡另做討論。

使用「傳值呼叫」的方式時，編譯器會將欲傳入函數的引數另行複製一份，供呼叫的函數使用，因此不管如何改變這個傳進函數中的引數值，都不會更動到原先變數的值。

宣告函數的同時，也要將所有引數的型態一起宣告，C++並沒有限制引數的個數，但是在呼叫函數時，我們必須置入相同數目、型態的引數，將資料送到被呼叫的函數中，否則編譯程式會出現錯誤訊息，告訴您傳入太多的引數到函數裡，或是宣告的引數與定義的引數不同。

值得注意的是，在不同的編譯器裡，錯誤訊息會稍微不同，以 prog6_2 為例，若是故意將 2 個引數傳入到 square 函數，在 Dev C++中，會出現 too many arguments to functions 的訊息；而在 Borland C++則是出現 Extra parameter in call to square(int)。雖然錯誤訊息不同，但它們都是告訴您「傳入過多的引數到函數裡」。

下面是傳入兩個引數的例子。想將變數 a 及 b 的值傳遞到 func 函數中，並將 a 及 b 分別加 10，再印出運算的結果；同時，在呼叫 func 函數前後亦將變數 a 及 b 的值印出，藉以觀察變數值的變化，程式如下所述：

```
01    // prog6_3, 呼叫自訂函數
02    #include <iostream>
03    #include <cstdlib>
04    using namespace std;
05    void func(int,int);            // 函數原型的宣告
06    int main(void)
07    {
08       int a=3,b=6;
09       cout << "In main(),a=" << a << ",b=" << b << endl; // 印出a,b 的值
10       func(a,b);
11       cout << "After func(),a=" << a << ",b=" << b << endl;
12
13       system("pause");
14       return 0;
15    }
16
```

```
17   void func(int a,int b)              // 自訂的函數 func()，印出 a,b 的值
18   {
19      a+=10;
20      b+=10;
21      cout << "In func(),a=" << a << ",b=" << b << endl;
22      return;
23   }
```

/* prog6_3 OUTPUT----

```
In main(),a=3,b=6
In func(),a=13,b=16
After func(),a=3,b=6

--------------------*/
```

程式第 5 行宣告自訂的函數 func()，為 void 無傳回值型態，有兩個整數型態的引數。第 9 行及第 11 行，呼叫 func() 函數前後皆印出 a 及 b 的值。第 10 行，呼叫函數 func()，引數為 a 及 b。第 17 行為 func() 函數的起始處，傳回型態為 void，接收的引數為整數變數 a 及 b。第 18~23 行，為函數 func() 的主體。在函數中分別將 a、b 加 10 後，再印出 a、b 的內容。

由於程式中 a 及 b 的值為 3、6，當主程式呼叫 func() 函數時，可以看成 func(3,6) 傳遞到函數中，a 會接收 main() 函數裡 a 的值 3，b 會接收 main() 函數裡 b 的值 6，所以 a+=10 = 3+10 = 13，b+=10 = 6+10 = 16，印出 a、b 的值為 13 與 16。

函數執行完畢後，控制權交給原呼叫函數的下一敘述，程式第 11 行：印出 a、b 的值，由於 a 及 b 是區域變數，所以印出的結果仍然為 3、6，而不是 func() 函數中的 13、16。

❖

傳遞到函數的引數和接收的引數名稱若是相同，並不會影響到程式的進行，在程式中所宣告的變數都是屬於區域變數，只會在最近的左、右大括號中活動。有關於「區域變數」的部分，在本章稍後會有詳細的說明。

6.1.4 函數的傳回值

若是需要將函數處理後的資料傳回給原先呼叫它的函數時，可使用 return 指令，這個被傳回去的資料，稱為「傳回值」（return value），傳回值可以是各種型態的常數或變數，也可以是運算式。當然，並不是每次呼叫函數時，一定會有傳回值，因此可以視情況需要來使用 return 敘述。return 敘述的格式如下所示：

```
return 運算式;
```

格式 6.1.5
return 敘述的格式

在關鍵字 return 後面的運算式，為函數的傳回值，運算式可以是變數、常數或是運算式。若是不需要函數傳回任何資料時，在宣告函數時，可以直接填入「傳回值型態」為 void，在撰寫函數時，可以利用「return;」結束函數的執行，或是不加上 return 敘述，函數執行到右大括號時，即會自動結束該函數的執行，回到原先呼叫該函數的下一個敘述。

當宣告及定義函數的傳回值型態並非 void 型態，而函數裡並沒有使用到 return 敘述結束函數時，檢查較為寬鬆的編譯程式，如 Borland C++會出現警告訊息 Function should return a value，而檢查較為嚴格的編譯程式，如 Visual C++則會出現錯誤訊息 must return a value，皆是告訴您該函數應該要有，但是卻沒有傳回值。

以下面的程式為例，宣告兩個整數並設值，利用比較大小的函數 max() 傳回較大值後印出結果。

```cpp
01   // prog6_4, 傳回較大值
02   #include <iostream>
03   #include <cstdlib>
04   using namespace std;
05   int max(int,int);            // 函數原型的宣告
06   int main(void)
07   {
08      int a=12,b=35;
09      cout << "a=" << a << ", b=" << b << endl;    // 印出 a,b 的值
```

```
10      cout << "The larger number is " << max(a,b) << endl; // 印出較大值
11      system("pause");
12      return 0;
13   }
14
15   int max(int i,int j)        // 自訂的函數 max(),傳回較大值
16   {
17      if (i>j)
18         return i;
19      else
20         return j;
21   }
```

```
/* prog6_4 OUTPUT------

a=12, b=35
The larger number is 35

----------------------*/
```

第 5 行,宣告自訂的函數 max(),其傳回值型態為 int 整數型態,有兩個整數型態的引數。第 10 行,印出兩數中較大值,即印出 max 函數的傳回值。第 15 行,為 max() 函數的起始處,傳回值型態為整數型態,接收的引數為 i 及 j 兩個整數型態的變數。第 16~21 行,為函數 max 的主體。當 i 的值大於 j,傳回 i 的值;否則傳回 j 的值。

筆者將變數 a 及 b 的值設為 12、35,呼叫 max 函數時,可以看成 max(12,35) 傳遞到函數中,i 會接收 a 的值 12,j 會接收 b 的值 35,由於 i>j 不成立,傳回值即為 j 的值 35。

❖

使用 return 敘述的另一個目的,就是可以結束函數的執行,將程式執行的控制權交還給原先呼叫函數的下一個敘述。當函數沒有傳回值(函數型態為 void)的情況下,可以在函數結束的地方加上如下面的敘述:

`return;`	格式 6.1.6 return 敘述的格式

在沒有傳回值的情況下，可以不使用 return 敘述做為函數的結束，因為當函數執行到右大括號時，也會自動結束函數，回到原先呼叫函數的下一個敘述繼續執行。

以下面的程式為例，於鍵盤輸入欲列印的字元及列印的次數，利用函數處理列印的步驟後，再印出 Printed!!字串：

```
01   // prog6_5, 沒有傳回值的函數
02   #include <iostream>
03   #include <cstdlib>
04   using namespace std;
05   void myprint(int,char);          // 函數原型的宣告
06   int main(void)
07   {
08      int a=6;
09      char ch='%';
10      myprint(a,ch);                // 呼叫自訂的函數，印出 a 個字元
11      cout << "Printed!!" << endl;
12      system("pause");
13      return 0;
14   }
15
16   void myprint(int n,char c)       // 自訂的函數 myprint()
17   {
18      int i;
19      for(i=1;i<=n;i++)
20         cout << c;                 // 印出字元
21      cout << endl;
22      return;
23   }
```

```
/* prog6_5 OUTPUT---

%%%%%%
Printed!!

-------------------*/
```

第 5 行，宣告自訂的函數 myprint()，為 void 無傳回值型態，引數有兩個，分別為整數及字元型態。第 8、9 行，宣告整數變數 a 及字元變數 ch 並指定初值為 6、%。第 10 行，呼叫 myprint() 函數，其引數為 a（列印的次數）及 ch（欲列印的字元）。第 11 行，myprint() 函數處理完畢，再印出字串 Printed!!。

第 16 行，為 myprint() 函數的起始處，傳回值型態為 void，接收的引數為整數變數 n 及字元變數 c。第 17~23 行，為函數 myprint() 的主體。於函數中宣告一個區域變數 i，為迴圈控制變數。程式第 19~20 行，當 i 的值<=n 時，執行 for 迴圈主體，印出字元變數 c 的內容，直到 i>n 即跳離迴圈，再換行列印。

本例中將變數 a 及 ch 的值設為 6、%，當程式中呼叫 myprint() 函數時，可以看成 myprint(6,%) 傳遞到函數中，n 會接收 a 的值 6，c 會接收 ch 的值%，所以第一次進入迴圈時，i 的值為 1，當 i<=6，執行迴圈主體，印出字元%，i 的值加 1，再重複測試進入迴圈的條件，直到 i 為 7 不符合進入 for 迴圈的條件，即離開迴圈，繼續執行第 21 行的敘述：換行，結束 myprint() 函數的執行。

myprint() 函數結束執行後，控制權交還給原先呼叫 myprint() 函數的下一個敘述，即程式第 11 行，印出字串 Printed!!。

當函數宣告為 void 無傳回值型態時，不管是否使用到 return 敘述，都可以合法的結束函數的執行，而不會有警告或錯誤訊息；此外，您也可以由程式 prog6_5 很清楚的看到程式流程的控制。

函數的使用頻率是非常的高，因為函數不但可以重複使用，還可以簡化主程式的結構，提高執行的效率。此外，無論程式中呼叫某個函數幾次，該函數所產生的程式碼只會被編譯一次，並不會因呼叫次數的增加而增加，造成編譯後執行檔的膨脹。

6.2 特殊的 inline 函數

當函數被呼叫時，程式的主控權就交給這個被呼叫的函數，此時作業系統會建立一個堆疊（stack），暫時存放執行程式碼的返回呼叫程式之位址，等函數執行完畢，再回到原呼叫程式繼續執行。程式這樣前後跳來跳去，會因此而花費不少額外的時間。

C++的 inline 函數提供一個解決的方法。inline 函數會在一般的函數定義前加上關鍵字 inline，與一般的函數不同的是，inline 函數必須在該函數被呼叫前先行定義，因此 inline 函數的定義格式如下：

```
inline 傳回值型態 函數名稱(型態 1 引數 1,…,型態 n 引數 n)
{
    變數宣告;
    敘述主體;                              格式 6.2.1
    return 運算式;                         ─────────
}                                          inline 函數的定義格式
    ...
int main(void)
{    ...    }
```

要特別注意的是，有些書將 inline 函數翻譯為「行內函數」，為保留原意，本書直接使用原文，不予翻譯。舉例來說，如果想將傳回平方值的 square() 以 inline 函數定義，可以在 main() 函數之前寫出如下面的定義：

```
inline int square(int a)        // inline 函數，傳回平方值
{
    return a*a;
}
```

使用 inline 函數時，會將函數的程式碼複製一次，直接替代呼叫函數的敘述，這種方式就像把函數的程式碼 "嵌入" 原始程式中一般。您可以看到下圖中，編譯器直接將 inline 函數的程式碼，取代呼叫函數的方式。

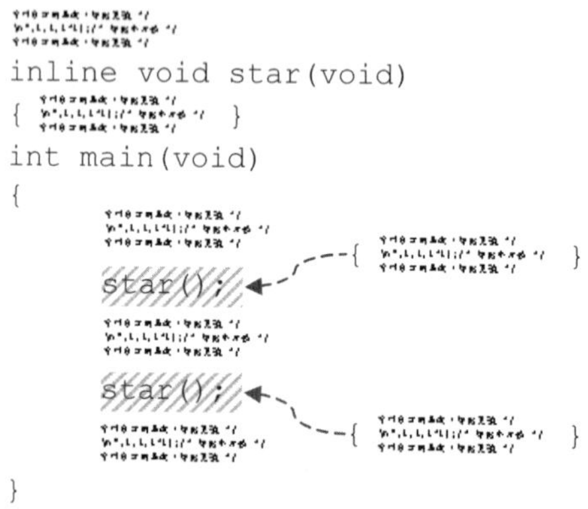

```
inline void star(void)
{          }
int main(void)
{

    star();

    star();

}
```

圖 6.2.1
inline 函數的使用

使用 inline 函數可以減少程式流程的主控權不停轉換的次數，因此程式的執行效率會比一般的函數高，但是 inline 函數也會使用較多的記憶體，來記錄這些被 "嵌入" 原始程式的程式碼。

在此舉一個簡單的範例來說明，下面的程式是將繪製星號的函數 star()，以 inline 函數的方式定義，並於主程式中呼叫。

```
01   // prog6_6, inline 函數
02   #include <iostream>
03   #include <cstdlib>
04   using namespace std;
05   inline void star(void)      // 自訂的函數 star()，繪製星號
06   {
07      cout << "************" << endl;
08   }
09
10   int main(void)              // 主程式
11   {
12      star();
13      cout << "Hello, C++" << endl;
14      star();
15      system("pause");
16      return 0;
17   }
```

```
/* prog6_6 OUTPUT---

* * * * * * * * * * * *
Hello, C++
* * * * * * * * * * * *

--------------------*/
```

雖然程式中並沒有定義 star() 的函數原型，但是根據 inline 函數的定義，以及將函數的
定義放在 main() 之前，這個函數的定義就同時具備宣告與定義的功能，就不必再使用
函數原型。

❖

值得一提的是，即使程式設計者將某函數定義成 inline 函數，是否使用 inline 函數，則
要看編譯器的決定。也就是說，編譯器遇到下列的情況時，可能會忽略 inline 函數的定
義，把該 inline 函數視為一般的函數，不嵌入程式：

1. inline 函數內容過大。

2. inline 函數使用遞迴函數的呼叫方式，呼叫自己本身。

3. 您所使用的編譯器本身不支援 inline 函數的使用。

inline 函數的最佳使用時機，就是在函數的內容很短，且程式碼嵌入程式之後的執行效
率，能夠高過原本處理函數時所需要的額外動作，如此使用 inline 函數才會發揮其最大
的功效。

6.3 變數的等級

C++依照變數宣告的所在，可分為「外部變數」及「區域變數」。這些變數依其存放在記憶體中的方式，又可以分為動態、靜態及暫存器三種。C++提供 auto、static auto、extern、static extern 及 register 等五種變數等級，在宣告變數時，可以一起將變數名稱及其等級同時宣告，如下面的敘述：

```
auto int i;            // 宣告區域整數變數 i
extern char ch;        // 宣告外部字元變數 ch
static float f;        // 宣告靜態浮點數變數 f
```

6.3.1 區域變數

「區域變數」（local variable）又稱為「自動變數」（automatic variable），它是利用關鍵字 auto 宣告。到目前為止所使用的變數均是屬於區域變數，由於最常使用，在宣告區域變數時，關鍵字 auto 可以省略。區域變數在編譯的過程中並不會配置一塊記憶體空間，而是在程式執行時會以堆疊（stack）的方式存放，因此它是屬於動態的變數。

在宣告變數時，若是沒有特別指明其變數等級，編譯程式會直接認定該變數是區域變數，如下面的宣告皆是屬於區域變數的一種：

```
auto int i;            // 宣告區域整數變數 i
char ch;               // 宣告區域字元變數 ch（省略關鍵字 auto）
```

區域變數的「活動範圍」（scope），只有在所屬的左、右大括號所包圍起來的區段（通常為一個函數），其它的區段都無法使用這個區域變數。區域變數的「生命週期」（life time），則只有在變數所屬的函數被呼叫時開始，到函數執行結束時也隨之結束。

舉例來說，若是在 abs() 函數中宣告整數變數 i，則當主函數呼叫 abs() 函數時，i 這個變數才開始在堆疊中佔有一個區塊，而當 abs() 函數執行完畢，控制權交還給原呼叫函數的下一敘述時，變數 i 所佔有的位置就會被釋放，而 i 的值也會消失。下圖是區域變數 i 在所屬區段中的活動範圍之示意圖：

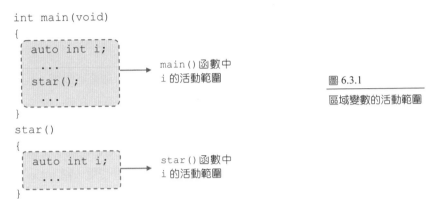

圖 6.3.1
區域變數的活動範圍

以下面的程式為例，於 main() 函數及 func() 函數裡各宣告一個整數變數 a，分別設值為 10 及 30，並在呼叫 func() 函數前後及函數中將 a 值印出，您可以仔細觀察在 main() 函數及 func() 函數裡 a 值的變化。

```cpp
01   // prog6_7, 區域變數
02   #include <iostream>
03   #include <cstdlib>
04   using namespace std;
05   void func(void);                                    // 函數原型的宣告
06   int main(void)
07   {
08      auto int a=10;
09      cout << "In Main(),a=" << a << endl;             // 印出 main() 中 a 的值
10      func();                                          // 呼叫自訂的函數
11      cout << "In Main(),a=" << a << endl;             // 印出 a 的值
12      system("pause");
13      return 0;
14   }
15
16   void func(void)                                     // 自訂的函數 func()
17   {
18      int a=30;
19      cout << "In func(),a=" << a << endl;             // 印出 func() 中 a 的值
20      return;
21   }
```

```
/* prog6_7 OUTPUT---
In Main(),a=10
In func(),a=30
In Main(),a=10

--------------------*/
```

在程式一開始時 a 設值為 10，呼叫 func() 函數，函數中亦有一個整數變數 a，其值為 30，當函數執行完畢回到原呼叫函數的下一敘述，印出 a 的值，a 仍然為 10。

程式中雖然有兩個變數 a，但這兩個變數 a 佔有的記憶體位置、活動範圍及生命週期都是不一樣的。在 main() 函數中的變數 a，只能在 main() 函數裡使用，當 main() 函數結束執行時，這個變數 a 的記憶體位置才會被釋放；而 func() 函數裡的變數 a，只有當 main() 函數呼叫 func() 函數時，變數 a 才開始在堆疊中佔有一個區塊，而當 func() 函數執行完畢，控制權交還給原呼叫函數的下一敘述時，變數 a 所佔有的位置就會被釋放，而 a 的值也會消失。所以呼叫 func() 函數完畢後再印出的 a 值仍然是 10。

即使沒有在宣告時加上變數的等級 auto，所宣告的變數仍然是區域變數。

6.3.2 靜態區域變數

「靜態區域變數」是在區段內部「宣告」，而且靜態區域變數是在編譯時就已配置固定的記憶體空間。下面的敘述為靜態區域變數的範例：

```
static float f;          // 定義靜態區域浮點數變數 f
```

值得注意的是，動態變數是在函數執行時以堆疊方式建立一個區塊供變數使用，並沒有固定的記憶體空間，以這種方式建立的變數稱為「宣告」（declaration），如 auto 的變數等級。而在編譯時就已配置有固定的記憶體空間的變數，則稱為「定義」（definition），如 static、extern、static extern 的變數等級。

靜態區域變數的活動範圍和區域變數相同，都是在所屬的左、右大括號中所包圍起來的區段（通常是函數或是迴圈），其它的區段無法使用這個變數。靜態區域變數的「生命週期」，則在被編譯時即被配置一個固定的記憶體開始，函數執行結束時靜態變數並不會隨之結束，其值也會被保留下來，若是再次呼叫該函數時，會將靜態變數存放在記憶體空間中的值取出來使用，而非定義的初值。

以下面的程式為例，func() 函數裡宣告一個靜態區域變數 a，並設初值為 10，於 main() 函數中連續呼叫 func() 函數三次，您可以看到靜態區域變數 a 的變化。

```
01   // prog6_8, 靜態區域變數
02   #include <iostream>
03   #include <cstdlib>
04   using namespace std;
05   void func(void);        // 函數原型的宣告
06   int main(void)
07   {
08      func();             // 呼叫自訂的函數
09      func();
10      func();
11      system("pause");
12      return 0;
13   }
14
15   void func(void)        // 自訂的函數 func()
16   {
17      static int a=10;
18      cout << "In func(),a=" << a << endl;   // 印出 func()中 a 的值
19      a+=20;
20      return;
21   }
```

/* prog6_8 OUTPUT---

In func(),a=10
In func(),a=30
In func(),a=50

--------------------*/

第一次呼叫 func() 函數時，印出 a 的值為 10，並將 a 的值加 20，成為 30。由於 a 為靜態區域變數，所以 a 的值（30）會保留在記憶體中直到函數執行完畢，所以第二次呼叫 func() 函數時，a 的值為 30，而不是初值 10，而第三次呼叫 func() 函數時，a 的值變成 50。

函數執行結束時靜態區域變數 a 並不會隨之結束，其值也會被保留下來，若是再次呼叫該函數時，a 的值將會再繼續使用。

6.3.3　外部變數

「外部變數」（external variable）是在函數外面所宣告的變數，又稱為「總體變數」或「全域變數」（global variable）。當變數定義成外部變數之後，函數及程式區段皆可使用這個變數。此外，從該定義敘述之後的所有程式區段及函數都能夠使用外部變數，若在定義敘述之前的區段想要使用時，就必須利用宣告的方式才能夠使用。

以下面的程式片斷為例，我們定義一個位於 main() 與 func() 函數之間的外部整數變數 a，func() 函數可以不經過宣告而使用 a，但是想在 main() 函數中使用時，就必須經過 extern int a 的宣告。

```
int main(void)
{
    extern int a;  ─────→ 宣告 a 為外部整數變數，即可
                          拓展外部變數 a 的活動範圍
    ...
}
    int a; ─────→ 定義 a 為外部整數變數
func()
{   ...   }
```

圖 6.3.2
────────────
外部變數的宣告範例

外部變數的活動範圍，由該變數的定義處開始向下到程式結束，若是不在活動範圍的區段想使用該外部變數，可以於區段內利用宣告的方式拓展變數的活動範圍。外部變

數的生命週期則是當程式一開始執行就開始，直到程式結束，變數值也會被共用。從下圖的內容中可以看到外部變數 i 的活動範圍：

```
int main(void)
{
    extern int i;
    ...
    star();                    經由宣告後才可
    ...                        使用外部變數 i
}
func()                         無法使用外部變數 i
{   ...   }
int i;                         定義外部變數 i

star()
{
    i++;                       外部變數 i 的活動範圍
    ...
}
```

圖 6.3.3
外部變數的活動範圍

由於外部變數的生命週期很長，可以作為函數與函數之間傳遞或共同使用的通道，但是也由於它的共通性，容易產生混亂而造成管理上的問題，所以在使用上要多加規劃，增加外部變數的方便性與安全性。

下面的程式裡，我們定義一個外部變數 pi，利用 pi 的值求圓周及圓面積，程式的撰寫如下：

```
01   // prog6_9, 外部變數
02   #include <iostream>
03   #include <cstdlib>
04   using namespace std;
05   void peri(double),area(double);    // 函數原型的宣告
06   int main(void)
07   {
08       extern double pi;              // 定義外部變數 pi
09       double r=1.0;
```

```
10      cout << "pi=" << pi << endl;
11      cout << "radius=" << r << endl;
12      peri(r);                          // 呼叫自訂的函數
13      area(r);
14      system("pause");
15      return 0;
16   }
17   double pi=3.14;                      // 外部變數 pi 設值為 3.14
18   void peri(double r)                  // 自訂的函數 peri()，印出圓周
19   {
20      cout << "peripheral length=" << 2*pi*r << endl;
21      return;
22   }
23
24   void area(double r)                  // 自訂的函數 area()，印出圓面積
25   {
26      cout << "area=" << pi*r*r << endl;
27      return;
28   }
```

```
/* prog6_9 OUTPUT-----

pi=3.14
radius=1
peripheral length=6.28
area=3.14

---------------------*/
```

程式很簡單，印出 pi、半徑的值，再呼叫 peri() 及 area() 函數，計算圓周及圓面積後印出。由於 pi 的值在 peri() 及 area() 函數中都會用到，所以在函數外部就先定義好，如此一來 main()、peri() 及 area() 三個函數皆可使用，而不必傳遞。半徑 r 為區域變數，所以當其它函數要使用時，就必須傳遞到函數中。

❖

外部變數不但可以在函數之間互通有無，還可以跨越檔案使用呢！您可以同時開啟數個程式檔，再於檔案中利用宣告外部變數的方式，將檔案連結在一起即可，有興趣的讀者可以先行試試。

6.3.4 靜態外部變數

靜態外部變數和外部變數很類似，但它只能在一個程式檔內使用。以宣告一個靜態外部整數變數 i 為例，其撰寫格式如下：

```
static int i;                // 定義靜態外部整數變數 i
```

靜態外部變數的活動範圍，由該變數的定義處開始向下到程式結束，並且僅限於變數所在的程式檔中。靜態外部變數的生命週期則是當程式一開始執行就開始，直到程式結束，變數值也會被保留下來，若是再次呼叫該函數時，會將變數存放在記憶體空間中的值取出來使用。以下圖為例，您可以看到靜態外部變數 i 的活動範圍。

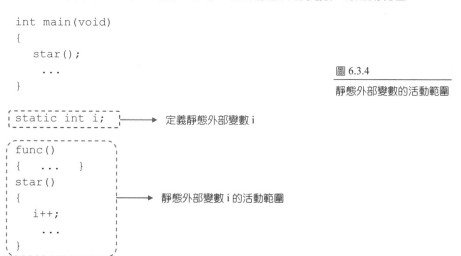

圖 6.3.4
靜態外部變數的活動範圍

值得注意的是，當您在沒有定義靜態外部變數的函數或區段中，是無法使用這個靜態外部變數的，所以為了避免發生問題，通常都會將靜態外部變數定義在程式一開始的地方，讓所有的函數皆可使用。

以下面的程式為例，宣告一個靜態外部變數 a，於 odd()函數裡設定 a 值後，再判斷該整數為奇數或是偶數，程式結束前再於 main() 函數中印出 a 的值，藉以認識靜態外部變數的生命週期與活動範圍。

```
01   // prog6_10, 靜態外部變數
02   #include <iostream>
03   #include <cstdlib>
04   using namespace std;
05   static int a;                    // 定義靜態外部整數變數 a
06   void odd(void);                  // 函數原型的宣告
07   int main(void)
08   {
09      odd();                        // 呼叫 odd()函數
10      cout << "after odd(), a=" << a << endl;
11      system("pause");
12      return 0;
13   }
14
15   void odd(void)                   // 自訂函數 odd()，判斷 a 為奇數或是偶數
16   {
17      a=10;
18      if(a%2==1)
19         cout << "a=" << a << ", a是奇數" << endl;    // 印出 a 為奇數
20      else
21         cout << "a=" << a << ", a是偶數" << endl;    // 印出 a 為偶數
22      return;
23   }
```

```
/* prog6_10 OUTPUT---

a=10, a 是偶數
after odd(), a=10

---------------------*/
```

第 15~23 行，為函數 odd 的主體。當 a%2 為 1 時，表示 a 為奇數，即印出所屬字串，否則即為偶數，再印出該項目所屬字串。執行結束之後，回到 main() 函數，印出 a 值，由於 a 為靜態外部變數，因此 a 並不會因為 odd() 函數結束而消失。

此外，在 main() 及 odd() 函數中都使用到變數 a，但是兩個函數裡都沒有宣告或定義變數，這是因為在程式一開始時就已經定義 a 為靜態外部變數，所以從程式第 6 行之後皆可以自由使用這個變數 a 的資料。

6.3.5　暫存器變數

暫存器變數是利用 CPU 的暫存器（register）來存放資料。CPU 中有一些不同種類的暫存器，它是記憶體的一種，用來處理及控制資料，暫存器的存取速度比主記憶體快，所以將暫存器用來存放變數內容時，處理的速度也會比較快。以宣告一個暫存器整數變數 i 為例，其撰寫格式如下：

```
register int i;              // 定義暫存器整數變數 i
```

暫存器變數的活動範圍，只有在所屬的左、右大括號中所包圍起來的區段，其它區段都無法使用這個變數。暫存器的生命週期很短，只有在變數所屬的函數被呼叫時開始，到函數執行結束時也隨之結束，也因為這個因素，變數不會佔用暫存器太久的時間。

利用暫存器存放的變數，其運算處理的速度較快，但是暫存器的數量有限，如果 CPU 正在忙碌，暫存器變數使用暫存器的控制權，會被迫交還給 CPU，此時變數仍會以一般的區域變數處理。以下圖為例，您可以看到暫存器變數 i 的活動範圍：

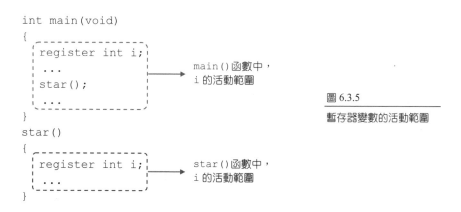

圖 6.3.5

暫存器變數的活動範圍

下面的範例是將整數變數 i 與 j 定義成暫存器變數，並計算執行完一個雙重迴圈所花費的時間。

```
01   // prog6_11, 暫存器變數的使用範例
02   #include <iostream>
03   #include <cstdlib>
04   #include <ctime>
05   #include <iomanip>
06   using namespace std;
07   int main(void)
08   {
09      time_t start,end;
10      register int i,j;                    // 定義暫存器整數變數 i 與 j
11      start=time(NULL);                     // 記錄開始時間
12      for(i=1;i<=50;i++)
13      {
14         for(j=1;j<=50;j++)
15         {
16            cout << setw(2) << i << "*" << setw(2) << j;
17            cout << "=" << setw(4) << i*j << "\t";
18         }
19         cout << endl;
20      }
21      end=time(NULL);                        // 記錄結束時間
22      cout << "It spends " << difftime(end,start) << " seconds";
23      system("pause");
24      return 0;
25   }
```

```
/* prog6_11 OUTPUT---------------------------------------------
 1* 1=    1     1* 2=    2     1* 3=    3     1* 4=    4     1* 5=    5
 1* 6=    6     1* 7=    7     1* 8=    8     1* 9=    9     1*10=   10
 1*11=   11     1*12=   12     1*13=   13     1*14=   14     1*15=   15
                                    ⋮

50*36=1800    50*37=1850    50*38=1900    50*39=1950    50*40=2000
50*41=2050    50*42=2100    50*43=2150    50*44=2200    50*45=2250
50*46=2300    50*47=2350    50*48=2400    50*49=2450    50*50=2500

It spends 1 seconds
---------------------------------------------------------------*/
```

於本範例中，第 9 行宣告兩個時間變數 start 及 end，分別記錄迴圈起始時間及結束時間。關於時間函數的使用，請參考附錄 B。第 11 行，呼叫時間函數 time()，將目前系統時間記錄並設定給變數 start 存放後，即進入迴圈。

第 12~20 行，為巢狀 for 迴圈，外層迴圈負責換行，內層迴圈負責計算並以 setw(2) 函數以固定寬度 2 格印出 i*j 的值。第 21 行，迴圈執行結束，呼叫時間函數 time()，將目前系統時間記錄並設定給變數 end 存放。第 22 行，印出迴圈所花費的時間，difftime() 函數會傳回第一個引數與第二個引數相減的結果。

您可以自行將第 10 行中宣告的暫存器變數更改為區域變數，重新編譯執行後，再與 prog6_11 的迴圈花費時間比較，將可以發現到，使用暫存器變數會使程式執行的速度加快。若是執行 prog6_11 時得到較慢的結果，有可能是因為當 CPU 正在忙碌，暫存器變數使用暫存器的控制權會交還給 CPU，而以區域變數的方式處理。

6.4 同時使用多個函數

當程式裡所有的功能都集中在 main() 函數時，會造成程式碼的冗長，以及不容易閱讀，反而增加除錯的困難度。因此適度將程式模組化，可以減輕除錯所花費的時間成本。模組化最簡單的方式，就是依功能的不同，將程式分割成不同的函數。C++並沒有規定函數呼叫的次數，也沒有限制呼叫函數的個數，在本節中，我們要來討論使用多個函數的情形。

6.4.1 呼叫多個函數

於函數中呼叫不同函數是經常發生的情況，就像一個公司會依工作性質的不同而分成數個不同的部門，這些部門的作業都是獨立的，卻又息息相關，它們各司其職，並且為達成公司所要求的目標前進，我們可以把這些部門看成程式中的函數，而主函數就是管理這些函數的統領者。下面的程式碼是在主程式裡，分別呼叫 fact() 與 sum() 函數計算$1 \times 2 \times \cdots \times a$及$1+2+\cdots+a$的結果。

```cpp
01   // prog6_12, 呼叫多個函數
02   #include <iostream>
03   #include <cstdlib>
04   using namespace std;
05   void sum(int),fact(int);
06   int main(void)
07   {
08      int a=5;
09      fact(a);
10      sum(a);
11      system("pause");
12      return 0;
13   }
14
15   void fact(int a)            // 自訂函數 fact()，計算 a!
16   {
17      int i,total=1;
18      for(i=1;i<=a;i++)
19        total*=i;
20      cout << "1*2*...*" << a << "=" << total <<  endl;//印出 a!的結果
21      return;
22   }
23
24   void sum(int a)            //自訂函數 sum()，計算 1+2+...+a 的結果
25   {
26      int i,sum=0;
27      for(i=1;i<=a;i++)
28        sum+=i;
29      cout << "1+2+...+" << a << "=" << sum << endl;  // 印出計算結果
30      return;
31   }
```

```
/* prog6_12 OUTPUT---

1*2*...*5=120
1+2+...+5=15

--------------------*/
```

從程式中可以看到 fact() 及 sum() 函數在程式裡是獨立完整的模組,當主函數呼叫這兩個函數時,被呼叫的函數就會立刻將主函數傳遞的資料接收,並開始執行函數的內容。值得注意的是,fact() 及 sum() 函數可以說是為了簡化 main() 函數的結構而撰寫出來的,這也是使用函數的目的之一。❖

在程式 prog6_12 裡,您可以看到 fact() 及 sum() 函數都是由主函數呼叫的,在其它程式裡也可以看到另一種呼叫函數的方式,就是函數與函數之間的相互呼叫,也就是說,函數並非一定要由主函數才能呼叫使用,接下來讓我們來看看函數之間的相互呼叫。

6.4.2　函數之間的相互呼叫

舉例來說,雖然公司的每個部門是由總經理掌理,但是在每個部門之間仍然有許多工作相互關聯,例如出納部門雖然可以發出員工的薪資,但是要人事部門將員工薪資明細彙總再交由會計部門作帳後,再將薪資帳目交給出納部門發薪。

因此,在 main() 函數裡可以呼叫 a、b 函數,同樣的在 a 函數中可以呼叫 b 函數,在 b 函數中也可以呼叫 a 函數。再以 prog6_12 為例,將程式修改為 main() 函數呼叫 fact() 及 sum() 函數,而 fact() 函數再呼叫 sum() 函數,請試著觀察程式執行的結果。

```
01   // prog6_13, 相互呼叫函數
02   #include <iostream>
03   #include <cstdlib>
04   using namespace std;
05   void sum(int),fact(int);
06   int main(void)
07   {
08      int a=5;
09      fact(a);
10      sum(a+5);
11      system("pause");
12      return 0;
13   }
14
```

```
15    void fact(int a)              // 自訂函數 fact()，計算 a!
16    {
17       int i,total=1;
18       for(i=1;i<=a;i++)
19          total*=i;
20       cout << "1*2*...*" << a << "=" << total << endl;//印出 a!的結果
21       sum(a);
22       return;
23    }
24
25    void sum(int a)               // 自訂函數 sum()，計算 1+2+...+a 的結果
26    {
27       int i,sum=0;
28       for(i=1;i<=a;i++)
29          sum+=i;
30       cout << "1+2+...+" << a << "=" << sum << endl; //印出計算結果
31       return;
32    }
```

/* prog6_13 OUTPUT-----

```
1*2*...*5=120
1+2+...+5=15 ───→ 由 fact() 函數呼叫的 sum() 函數
1+2+...+10=55 ───→ 由 main() 函數呼叫的 sum() 函數

-------------------------*/
```

這個例子很簡單的說明函數的呼叫方式，並不一定要由 main 函數來執行，a 可以呼叫 b，b 可以呼叫 c，…，C++並不會限制程式的流向，只要程式設計師能夠有辦法讓程式的控制權回到主函數，不會導致錯亂即可。也由於 C++所給予的彈性極大，很容易造成函數無限制的呼叫，在撰寫函數時應避免複雜的呼叫，否則 C++給予的方便反而造成程式設計上的不便，就不是程式設計的目的。　　　　　　　　　　　　❖

6.4.3 遞迴函數

函數呼叫自己的過程稱為「遞迴」（recursion），而具有這種特性的函數稱為「遞迴函數」（recursive function）。舉例來說，我們曾練習過的階乘 $1 \times 2 \times ... \times (n-2) \times (n-1) \times n$，就可以利用遞迴函數完成，以 4!為例，$4! = 4 \times 3 \times 2 \times 1 = 4 \times 3!$，$3! = 3 \times 2!$，$2! = 2 \times 1!$，

$1!=1\times0!$，$0!=1$，因此可以看到要計算 $n!$ 時，只要能夠計算出 $n\times(n-1)!$ 即可得到答案，從下圖中可以看到函數呼叫及返回的情形：

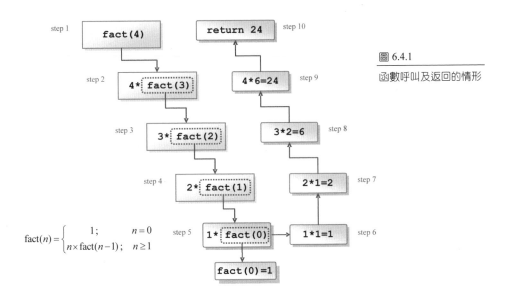

圖 6.4.1

函數呼叫及返回的情形

下面的程式是利用遞迴的方式計算階乘 fact(a) 的運算結果：

```cpp
01    // prog6_14, 遞迴函數,計算階乘
02    #include <iostream>
03    #include <cstdlib>
04    using namespace std;
05    int fact(int);
06    int main(void)
07    {
08       int a;
09       do
10       {
11          cout << "Input an integer:";
12          cin >> a;
13       } while (a<=0);          // 確定輸入的 a 為大於 0 的數
14       cout << "1*2*...*" << a << "=" << fact(a) << endl;
15       system("pause");
16       return 0;
17    }
```

```
18
19   int fact(int a)                // 自訂函數 fact()，計算 a!
20   {
21      if(a>0)
22        return (a*fact(a-1));
23      else
24        return 1;
25   }
```

/* prog6_14 OUTPUT---

Input an integer:-6
Input an integer:4
1*2*...*4=24

---------------------*/

下表列出遞迴函數 fact(a)的執行過程及所傳回的結果，其中 a 值為 4。

執行順序	a 的值	fact(a)的值	傳回值
1	4	fact(4)，未知	4*fact(3)
2	3	fact(3)，未知	3*fact(2)
3	2	fact(2)，未知	2*fact(1)
4	1	fact(1)，未知	1*fact(0)
5	0	fact(0)=1	1
6	1	fact(1)=1	1
7	2	fact(2)=2	2
8	3	fact(3)=6	6
9	4	fact(4)=24	24

當主函數第一次呼叫 fact() 函數時，會將 a 當成引數傳入函數中。本例中，由於 a=4
大於 0，傳回 4*fact(3)，要先求出 fact(3) 的值；呼叫 fact(3)，傳回 3*fact(2)，則必須先
求出 fact(2) 的值；呼叫 fact(2)，傳回 2*fact(1)，此時要先求出 fact(1)的值，當傳入的
引數值為 1 大於 0，傳回 1*fact(0)，最後求出 fact(0) 的值，由於 0 並沒有大於 0 本身，
直接傳回 1。再逐一返回原呼叫函數，最後得到 fact(4)=24 的結果。   ❖

程式中使用遞迴函數可以讓程式碼變得簡潔，但是使用時必須注意到遞迴函數一定要有可以結束函數執行的終止條件，使得函數得以返回上層呼叫的地方，否則容易造成無窮迴圈，最後因記憶體空間不足而停止。

此外，當我們呼叫一般的函數時，函數中的區域變數會因為函數結束而結束生命週期，但是在呼叫遞迴函數時，由於函數本身並未結束就又再次呼叫自己，所以每個未執行完畢的函數部分及區域變數，就會佔用大量的堆疊來存放，等到開始返回時再由堆疊中取出未完成的部分繼續執行，被佔用的堆疊才會一一被釋放。

當呼叫遞迴函數的層數很大時，就必須要有較大的堆疊空間，容易造成記憶體不足的情形，這也是使用遞迴函數要注意的地方。瞭解遞迴的概念後，再舉一個求次方的程式來練習遞迴函數的使用。

```cpp
01   // prog6_15, 遞迴函數,計算次方
02   #include <iostream>
03   #include <cstdlib>
04   using namespace std;
05   int power(int,int);
06   int main(void)
07   {
08      int a=2,b=3;
09      cout << a << "^" << b << "=";
10      cout << power(a,b) << endl;           // 印出 a^b 的結果
11      system("pause");
12      return 0;
13   }
14
15   int power(int a,int b)                    // 自訂函數 power(),計算 a^b
16   {
17      if(b==0)
18         return 1;
19      else return (a*power(a,b-1));
20   }
```

```
/* prog6_15 OUTPUT---

2^3=8

----------------------*/
```

下表列出遞迴函數 power() 的執行過程及所傳回的結果，a、b 的值分別為 2 及 3。

執行順序	a	b	power(a,b)	傳回值
1	2	3	power(2,3)，未知	2* power(2,2)
2	2	2	power(2,2)，未知	2* power(2,1)
3	2	1	power(2,1)，未知	2* power(2,0)
4	2	0	power(2,0)=1	1
5	2	1	power(2,1)=2	2
6	2	2	power(2,2)=4	4
7	2	3	power(2,3)=8	8

當主函數第一次呼叫 power() 函數時，會將 a、b 值（a 為 2，b 為 3）當成引數傳入函數中。由於 b=3 不為 0，傳回 2*power(2,2)，必須先求出 power(2,2) 的值；呼叫 power(2,2)，傳回 2*power(2,1)，因此要先求出 power(2,1) 的值；呼叫 power(2,1)，傳回 2*power(2,0)，則必須先求出 power(2,0) 的值；呼叫 power(2,0)，此時 b 為 0，直接傳回 1，所以 power(2,0)=1。再逐一返回原呼叫函數，最後得到 power(2,3)=8 的結果。

經由這些練習後，可以歸納出遞迴函數的特性，就是函數本身會一直呼叫自己，但是在程式中一定要有終止的條件讓函數得以返回上一層的呼叫。在生活中還可以找到許多利用遞迴函數完成的程式，如費氏數列（Fibonacci sequence）、Hanoi tower（河內塔）、二元樹搜尋法、十進位轉換成二進位、最大公因數，…，都是很有趣的題目哦！您可以再找出一些有自我相關聯的例子，試著寫成遞迴函數。

本章摘要

1. 函數可以化簡程式碼、精簡重複的程式流程，減少程式維護的成本。

2. 若是直接在 main() 之前定義自訂函數，則該定義同時具備宣告與定義的功能，不必再宣告函數原型。

3. 使用自訂的函數前，必須先宣告「函數原型」，自訂函數的名稱不能使用到 C++ 的關鍵字。

4. 利用 return 敘述可以將資料傳回給原先呼叫它的函數，這個被傳回去的資料，稱為「傳回值」，同時結束函數的執行。

5. inline 函數必須在該函數被呼叫前先行定義；使用 inline 函數可以減少程式流程的主控權不停轉換的次數。

6. 當 inline 函數內容過大、使用遞迴的方式呼叫自己，或是編譯器本身不支援 inline 函數的使用時，inline 函數可能不會被使用，而變成一般的函數。

7. 宣告於函數內的變數稱為「區域變數」。

8. 傳遞資料到函數時，是以「傳值呼叫」的方式將資料當做引數來傳遞。

9. C++的變數依照宣告的地方，可分為「區域變數」及「外部變數」。

10. 函數可以用遞迴的方式來撰寫。函數呼叫自己本身，就稱為「遞迴函數」，遞迴函數可以讓程式碼變得簡潔。

自我評量

6.1 函數的基本架構

1. 試撰寫 void proverb() 函數，當呼叫 proverb() 時，螢幕上會顯示出 "Two heads are better than one." 之字串。

2. 試撰寫 void proverb(int k) 函數，當呼叫 proverb(k) 時，螢幕上會顯示出 k 行的 "Live and learn."。

3. 試撰寫一函數，repeat(3)即印出 3 次"Hello, C++"，repeat(10)即印出 10 次"Hello, C++"。

4. 寫一函數 int cub(int x)，其作用為傳回引數 x 的 3 次方。

5. 試寫一函數 void mod(int x, int y)，來計算並列印整數 x/y 的商數及餘數。

6. 試撰寫一函數 bool primeQ(int n)，用來判別整數 n 是否為質數。若是，則傳回 true，否則傳回 false，並將結果印出。

7. 試利用習題 6 的結果找出小於 100 的所有質數。

8. 試寫一函數 power(x, n)來計算 x^n，其中 x 為浮點數，n 為正整數，而傳回值為浮點數。例如，power(5.0, 2)=25.0000。

9. 試利用上題中所定義的函數 power(x,n)來計算下列方程式的值。

$$\frac{1}{2}+\frac{1}{2^2}+\frac{1}{2^3}+\frac{1}{2^4}+\cdots+\frac{1}{2^{10}}$$

10. 試撰寫一程式，輸入本金 p、月利率 r 及存款期數 n（以月為單位），並依下列公式計算本利和 t。其中 n 為正整數，p、r、t 為浮點數型態。

$$t = p\times(1+r)^n$$

（註：您可以利用 power(a,b)函數求 a 的 b 次方，請參考習題 8）

11. 試撰寫 double centigrade(double f) method，傳入華氏溫度，計算並傳回對應的攝氏溫度。其轉換公式如下：

攝氏溫度=(5*華氏溫度-160)/9

12. 設 $f(x) = 3x^3 + 2x - 1$，試寫一函數 double f(double x) 來計算並傳回 $f(x)$ 的值，並利用 $f(x)$ 來求 $f(-3.2)$、$f(-2.1)$、$f(0)$、$f(2.1)$ 的值。

6.2 特殊的 inline 函數

13. 試將習題 7 的 primeQ() 撰寫成 inline 函數。

14. 試將習題 11 的 centigrade() 撰寫成 inline 函數，並分別計算當華氏溫度為-40、-30、-20、-10、0、10 及 20 時，對應的攝氏溫度。

15. 試將習題 12 的 $f(x)$ 撰寫成 inline 函數，並分別計算 $x = 0$、$x = 0.4$、$x = 0.8$、$x = 1.2$、$x = 1.6$ 及 $x = 2$ 的 $f(x)$ 的值。

6.3 變數的等級

16. 試利用 auto 宣告一個浮點數變數 f，請由鍵盤輸入其值，印出大於 f 的最小整數。請勿使用 C++提供的函數。

17. 試撰寫一函數 int total(int n)，並利用靜態區域變數 sum 用來計算 1+2+...+n 的總和。

18. 1 英哩=1.6 公里。試撰寫一函數 double miles(void)，用來計算公里轉換到英哩，請利用外部靜態變數 km（代表公里），計算當 km 值為 10、15、20、25、30 時，所對應的英哩數。

19. 試利用暫存器變數撰寫一轉換英哩至公里的函數 km()，並計算當英哩數為 60、70、80、90、100 時，所對應的公里數。

6.4 同時使用多個函數

20. 試利用程式 prog6_14 中所定義的函數 fact(n)來計算下列方程式的值。

$$\sum_{k=1}^{10} \frac{1}{k!} = \frac{1}{1!} + \frac{1}{2!} + \frac{1}{3!} + \frac{1}{4!} + \cdots + \frac{1}{10!}$$

21. 試利用習題 8 所定義的 power(x, n)與 prog6_14 中所定義的 fact(n)來計算下列方程式的值（設 x 為 0.1）。

$$\sum_{k=0}^{10} \frac{x^k}{k!} = \frac{x^0}{0!} + \frac{x^1}{1!} + \frac{x^2}{2!} + \frac{x^3}{3!} + \frac{x^4}{4!} + \cdots + \frac{x^{10}}{10!}$$

22. 試撰寫一函數 double avg(int a, int b, int c)，傳回三個整數的平均值，再於 avg()函數中呼叫 void show(int a, int b, int c)，印出這三個數的值。

23. 試以遞迴的方式計算 $1+2+3+4+\cdots+n$。

24. 試利用 do while 迴圈與 prog6_14 的 fact()函數，計算 $1!+2!+3!+\cdots+n!$ 的總和。

25. 費氏數列（Fibonacci sequence）的定義為

$$f_n = \begin{cases} 1 & n=1 \\ 1 & n=2 \\ f_{n-1}+f_{n-2} & n \geq 3 \end{cases}$$

其中 n 為整數，也就是說，費氏數列任一項的值等於前兩項的和，且 fib(1) = fib(2) = 1。

(a) 試撰寫一 int fib(int n) 函數，利用 for 迴圈計算第 48 個費氏數列的值。

(b) 試撰寫一 int fib(int n) 函數，利用遞迴的概念計算第 48 個費氏數列的值。

(c) 試比較以迴圈和遞迴的方式來計算費氏數列時，在執行的時間上會有什麼樣的差異？哪一種方式執行效率較好？為什麼？

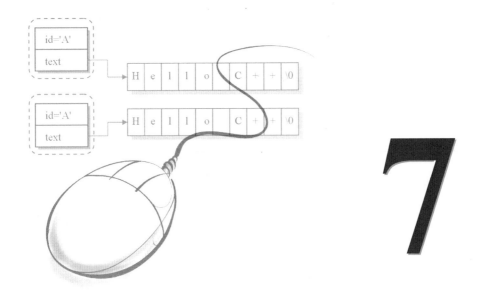

再談函數

參照在物件導向程式設計中,扮演著很特殊的角色,它不但能彌補指標的不足,還增加程式的活用性。C++的函數可以利用多載的方式,使用相同名稱來完成不同的功能,藉以重複使用某個函數。本章的內容裡還利用前置處理器的指令,完成簡單函數的定義,同時還可以含括所需要的檔案到程式裡。

本章學習目標

- ♦ 認識參照與函數
- ♦ 學習函數的多載
- ♦ 認識引數的預設值
- ♦ 使用前置處理器的指令

參照可以代替某個變數，也可以在函數之間傳遞，甚至傳回參照。於本節的內容裡，我們要討論如何將參照與函數產生互動。

7.1　參照與函數

在函數之間傳遞的引數，一般都是以「傳值呼叫」（call by value）的方式，編譯器會將欲傳入函數的引數值另行複製一份，供呼叫的函數使用，因此不管如何改變這個傳進函數中的引數值，都不會更動到原先變數的值。

以下面的程式為例，將變數 a、b 傳到 add10() 函數裡，於 add10() 函數內，將 a 與 b 的值分別加 10，再設回給 a 與 b，用來觀察其值的變化情形：

```
01   // prog7_1, 函數的傳值
02   #include <iostream>
03   #include <cstdlib>
04   using namespace std;
05   void add10(int,int);
06   int main(void)
07   {
08      int a=20,b=50;
09      cout << "before calling add10(): ";
10      cout << "a=" << a << ", b=" << b << endl;   // 印出 a、b 的值
11      add10(a,b);
12      cout << "after called add10(): ";
13      cout << "a=" << a << ", b=" << b << endl;   // 印出 a、b 的值
14      system("pause");
15      return 0;
16   }
17
18   void add10(int i,int j)
19   {
20      i=i+10;
21      j=j+10;
22   }
```

```
/* prog7_1 OUTPUT----------------
before calling add10(): a=20, b=50
after called add10(): a=20, b=50
-------------------------------*/
```

使用傳值呼叫時，引數會被複製一份到記憶體中，再傳入呼叫的函數裡。因此函數在處理引數時，就像是使用區域變數一樣，只不過這些區域變數的值，是直接由從記憶體中拷貝過來，因此不管如何更改引數的值，都不會影響呼叫端程式裡的變數值。以 prog7_1 為例，將函數傳值呼叫的方式繪製成圖，讀者會有較清楚的認識：

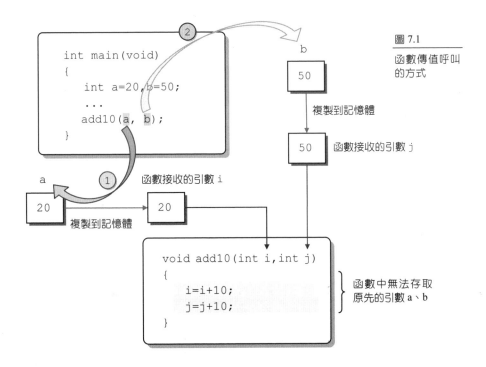

圖 7.1
函數傳值呼叫
的方式

此外，傳入函數的引數，其生命週期只有在函數的內部，在函數裡也不能存取或是使用原先的引數。以 prog7_1 為例，雖然變數 a、b 是 add10() 函數的引數，但是在 add10() 中是無法存取存在主函數中的 a、b。　　　　　　　　　　　　　　　❖

與「傳值呼叫」不同的是「傳址呼叫」與「以參照呼叫」，也就是直接將引數的位址傳遞到呼叫函數裡，因此，當呼叫函數對引數做任何的存取動作時，亦會直接更改原先變數的值。C++中「指標」是使用「傳址呼叫」傳遞引數；「參照」則是使用「以參照呼叫」來傳遞引數。於本節的內容裡，我們要先來認識「參照」，關於「指標」的使用與認識，可以參考第九章的說明。

7.1.1　參照的基本認識

「參照」（reference）就像是變數的暱稱或是別名（alias），它可以代替某個變數，也就是說，當一個變數有了它的參照之後，在程式中使用參照的名稱，即可直接存取這個變數。參照的宣告格式如下：

資料型態　變數名稱；	格式 7.1.1
資料型態　&參照名稱=變數名稱；	參照的宣告格式

格式 7.1.1 中，參照的型態，要與其參考的變數型態相同；在參照名稱前面的「&」稱為「參照運算子」（reference operator）。舉例來說，若是想為整數變數 a 使用參照 ref，可以做出如下的宣告：

```
int a;              // 宣告整數變數 a
int &ref=a;         // 宣告變數 a 的參照 ref，並使 ref 指向變數 a
```

如此一來，就可以使參照 ref 參考整數變數 a。值得注意的是，參照運算子&可以寫在參照名稱前面，亦可寫在資料型態後面，因此敘述 int &ref=a;可以寫成

```
int& ref=a;         // 宣告 ref 為變數 a 的參照
```

參照除了宣告時要在參照名稱前加上參照運算子&，並為它指向某個變數之外，在往後的程式內容裡，使用參照的方式，就像是一般的變數。以前面的範例來說，如果想將 ref 的值設成 10，可以寫出下面的敘述：

```
ref=10;                          // 將 ref 的值設為 10
```

因此當變數 a 的值更改時，a 的參照 ref 之值亦會隨之變更；同樣的，當 a 的參照 ref 之值變動時，變數 a 的值也就會跟著改變。

在此將上面的內容實際化為程式，以便有更清楚的認識。下面的程式中，宣告一個整數變數 num，以及 num 的參照 rm，再將參照 rm 加 10 後，分別印出 num 及 rm 的值。

```
01    // prog7_2, 參照的認識
02    #include <iostream>
03    #include <cstdlib>
04    using namespace std;
05    int main(void)
06    {
07       int num=5;
08       int &rm=num;                      // 宣告 rm 為 num 的參照
09
10       rm=rm+10;                         // 參照 rm 加 10
11       cout << "num=" << num << endl;    // 印出 num 的值
12       cout << "rm=" << rm << endl;      // 印出 rm 的值
13       system("pause");
14       return 0;
15    }
```

```
/* prog7_2 OUTPUT---

num=15
rm=15

--------------------*/
```

雖然在 prog7_2 的第 10 行裡，只將參照 rm 加上 10，印出 num 及 rm 的值時，兩個變數卻同時改變。由此可知，不管是變數或是該變數的參照，只要將其中一個值更改，另一個也會跟著變動。　　　　　　　　　　　　　　　　　　　　　　　　　　　❖

使用參照要注意的是，在宣告參照的時候，就必須為這個參照設定欲參考的變數；同時，一但設定指向的參考變數之後，這個參照就無法再指向其它的變數。

7.1.2　傳遞參照到函數

程式中需要傳回兩個以上的值時，就可以利用參照，將參照直接傳遞到呼叫函數裡，
當參照值更改時，原變數亦隨之改變，即可解決需要多個傳回值的要求，這種方式即
稱為「以參照呼叫」（call by reference）或是「傳遞參照」（pass by reference）。因此，
參照的另一個好處，就是解決在函數間傳遞多個傳回值的問題。

例如，若是想將整數及字元型態的變數，以參照的方式當做引數傳入函數 func() 中，
其傳回值的型態亦為整數，可以宣告出如下的函數原型：

```
int func(int &,char &);            // 將參照當成引數傳入函數的函數原型之宣告
```

在引數型態後面再加上參照運算子&，即告知編譯器所傳入函數的引數其型態為參照。
而在函數定義中的接收引數部分，假設接收的變數名稱為 ref1 及 ref2，只要在變數名
稱前加上參照運算子&即可，如下面的函數定義：

```
int func(int &ref1,char &ref2)    // 將參照當成引數傳入函數的函數之定義
{
   ...
}
```

經過宣告及定義後，即可將參照當成引數傳入函數。同時，由於參照的值即是所參考
的變數之位址，傳入函數的仍然是被指向變數的位址，因此不需經過 return 敘述即可更
改變數的值。

我們直接將 prog7_1 中的 add10() 函數，加以修改成以參照的方式傳遞到函數，請試著
比較兩個程式的差異。

```
01   // prog7_3, 傳參照到函數
02   #include <iostream>
03   #include <cstdlib>
04   using namespace std;
05   void add10(int &,int &);
06   int main(void)
07   {
08      int a=20,b=50;
09      cout << "before calling add10(): ";
10      cout << "a=" << a << ", b=" << b << endl;  // 印出 a、b 的值
11      add10(a,b);
12      cout << "after called add10(): ";
13      cout << "a=" << a << ", b=" << b << endl;  // 印出 a、b 的值
14      system("pause");
15      return 0;
16   }
17
18   void add10(int &i,int &j)
19   {
20      i=i+10;
21      j=j+10;
22      return;
23   }
```

```
/* prog7_3 OUTPUT----------------
before calling add10(): a=20, b=50
after called add10(): a=30, b=60

---------------------------------*/
```

在程式 prog7_3 中，雖然只有將 add10() 函數的部分稍做修改，也就是將函數的引數改成以參照的方式接收，如此一來，即是把 main() 函數裡的變數 a、b 之位址傳到 add10() 裡，當 add10() 函數中對參照存取時，原始變數 a、b 亦隨之更動其值。因此，在呼叫 add10() 函數之後，再次印出變數 a、b 的值，就會與呼叫 add10() 函數前不同。

以程式 prog7_3 為例，將參照的傳遞與使用的方式繪製成圖，讀者將會對函數以參照呼叫有較為清楚的認識。

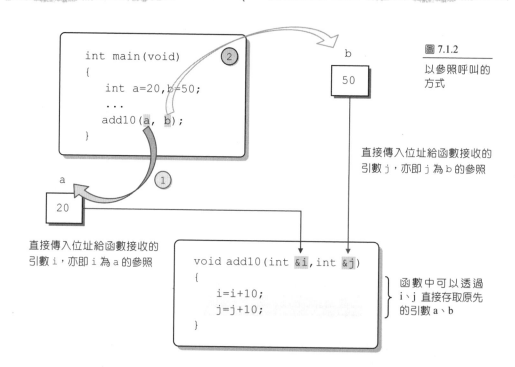

図 7.1.2

以參照呼叫的
方式

```
int main(void)            ②
{
    int a=20,b=50;
    ...
    add10(a, b);
}
```

b

50

直接傳入位址給函數接收的
引數 j，亦即 j 為 b 的參照

a

20

直接傳入位址給函數接收的
引數 i，亦即 i 為 a 的參照

```
void add10(int &i,int &j)
{
    i=i+10;
    j=j+10;
}
```

函數中可以透過
i、j 直接存取原先
的引數 a、b

傳入函數的引數，其生命週期只有在函數的內部，在函數裡也不能存取或是使用原先
的引數。由於傳入函數的是變數的位址，因此雖然在函數中更改的是參照的值，原先
傳入的引數也會跟著改變。以 prog7_3 為例，雖然變數 a、b 是 add10() 函數的引數，
在 add10() 中是無法存取存在主函數中的 a、b，但是透過它們的參照 i、j，即可更改 a、
b 的值。 ❖

再舉一個簡單的範例。下面的程式是利用自訂的 print() 函數，印出欲列印的字元，同
時計算 print() 函數總共被呼叫的次數。

```
01   // prog7_4, 參照的傳遞
02   #include <iostream>
03   #include <cstdlib>
04   using namespace std;
05   void print(char,int &);
06   int main(void)
```

```
07    {
08       int i,count=0;
09       for(i=0;i<3;i++)
10          print('*',count);
11       cout << endl;
12       for(i=0;i<5;i++)
13          print('$',count);
14       cout << endl;
15       cout << "print() function is called " << count << " times.";
16       cout << endl;
17       system("pause");
18       return 0;
19    }
20
21    void print(char ch, int& cnt)              // 自訂函數 print()
22    {
23       cout << ch;
24       cnt++;
25       return;
26    }
```

```
/* prog7_4 OUTPUT-------------------
***
$$$$$
print() function is called 8 times.
----------------------------------*/
```

上面的程式裡，print() 函數的引數為欲列印的字元，以及計數變數 count，並且將 count 以參照的方式接收。如此一來，即使離開函數，count 的參照 cnt 之值並不會重設，因此可以計算整個程式中 print() 函數被呼叫的次數。本例中，先印出 3 個*，再印出 5 個$，因此 print() 函數共被呼叫 8 次。　　　　　　　　　　　　　　❖

7.1.3　傳回值為參照的函數

傳回值為參照的函數有一個特殊之處，就是函數的傳回值可以在指定敘述的左邊，也就是說，我們可以將傳回值為參照的函數設值。

舉例來說，於程式中宣告一名為 max 的函數，其可傳回兩個整數中較大值之參照，因此函數原型可撰寫成如下的敘述：

```
int &max(int &,int &);            // 宣告函數原型，其傳回值為參照
```

此時，想將變數 i、j 傳入 max() 函數，並於主程式中呼叫 max() 函數後，將傳回的參照值重設為 100，即可寫出下面的敘述：

```
max(i,j)=100;                     // 將 max() 函數傳回的參照值重設為 100
```

當程式在執行上面的敘述時，若是 i 的值較大，即傳回 i 的參照，並將 i 的參照值重新設值為 100；如果是 j 的值較大，則傳回 j 的參照，並將 j 的參照值重新設值為 100。我們實際將上面的內容實際化為程式，讀者會有更清楚的認識。

```
01   // prog7_5, 傳回值為參照
02   #include <iostream>
03   #include <cstdlib>
04   using namespace std;
05   int &max(int &,int &);        // 宣告函數原型，其傳回值為參照
06   int main(void)
07   {
08      int i=10,j=20;
09      max(i,j)=100;              // 將 max() 函數傳回的參照值重設為 100
10      cout << "i=" << i << ",j=" << j << endl;
11      system("pause");
12      return 0;
13   }
14
15   int &max(int &a,int &b)
16   {
17      if(a>b)
18         return a;
19      else
20         return b;
21   }
```

```
/* prog7_5 OUTPUT---
i=10,j=100
-------------------*/
```

上面的程式裡，i、j 的值為 10、20，傳入 max() 函數後，會傳回 j 的參照 b，再將參照 b 設值為 100，因此印出 i、j 的值即為 10、100。　　　　　　　　　　　　❖

參照在物件導向中的使用就像是個小螺絲釘，有些地方缺少它還真是不能動作。在後面的章節裡，還會提到參照哦！

7.2 函數的多載

對您而言，多載（overloading）也許是個新的名詞，但在日常生活中，您可能早已經習慣它！手機的多機一體，一支手機便兼具電話、MP3 播放器、照相機和 PDA 等功能，這恰好符合「多載」的概念。

所謂的「多載」，是指相同的函數名稱，如果引數個數不同，或者是引數個數相同、型態不同的話，函數便具有不同的功能。就像一支多機一體的手機（函數名稱相同），只要按下不同的按鈕，或不同按鈕的組合（引數個數不同，或引數型態不同），便能使用照相、通話和聽音樂等不同的功能（函數有不同的功能）。

舉例來說，如果想設計一個函數，可用來列印單一變數，或者是一整個陣列的內容。在以往的函數撰寫風格裡，我們必須寫成兩個函數，一個用來列印單一變數，另一個用來列印整個陣列的內容，於是我們就必須替這些函數分別命名，如此一來，不僅造成程式設計者的麻煩，也不容易管理這些函數。

C++ 提供「多載」的功能，它將功能相似的函數，以相同名稱命名，編譯器會根據引數的個數與型態，自動執行相對應的函數。

以一個簡單的例子說明「函數的多載」該如何使用。下面的程式裡，宣告兩個名稱皆為 add 的函數，一個可以傳回兩個 int 型態之變數相加後的結果，另一個則是可以傳回兩個 double 型態之變數相加後的結果，於程式中分別呼叫它們。

```cpp
01    // prog7_6, 引數型態不同的函數多載
02    #include <iostream>
03    #include <cstdlib>
04    using namespace std;
05    int add(int,int);                        // 以多載的方式宣告函數原型
06    double add(double,double);
07    int main(void)
08    {
09       int  a=10,b=20;
10       double x=2.3,y=3.5;
11       cout << a << "+" << b << "=" << add(a,b) << endl;
12       cout << x << "+" << y << "=" << add(x,y) << endl;
13       system("pause");
14       return 0;
15    }
16
17    int add(int i,int j)                      // 自訂函數 add()
18    {
19       return i+j;                            // 傳回 i+j 的值
20    }
21
22    double add(double i,double j)             // 自訂函數 add()
23    {
24       return i+j;                            // 傳回 i+j 的值
25    }
```

```
/* prog7_6 OUTPUT---
10+20=30
2.3+3.5=5.8

---------------------*/
```

在使用函數的多載時，除了函數名稱一樣之外，其函數定義內容還是與一般函數相同；同時，各個功能類似的函數定義還是要全部寫出。這些名稱相同的函數，也可以稱為

多載化函數（overloaded function）。雖然函數多載的方式看起來並沒有精簡到程式碼，但是最大的好處，就是便於管理功能相似的函數。　　　　　　　　　❖

為了使編譯器能夠在任何情況下，皆可正確無誤地從引數的數目與資料型態中呼叫到適合的函數內容，那麼，使用多載就可以讓函數加以單純化。反之，如果函數的定義與宣告裡，若是有讓編譯器無法判別該執行哪一函數的情形，則會在編譯時期出現錯誤。舉例來說，某個函數的原型如下：

```
int func(int,int);              // 函數原型，傳回值型態為 int
```

這個函數原型會與下面的原型相衝突而產生錯誤：

```
long func(int,int);              // 函數原型，傳回值型態為 long
```

雖然兩個函數原型的傳回值型態不同，引數的個數與型態皆相同。只有傳回值型態不同時，會讓編譯器難以分辨到底該使用哪一個函數。因此在使用函數的多載時，要注意每一個多載化的函數，它們的引數內容都是獨一無二的。

接下來再看一個引數個數不同的函數多載。於程式 prog7_7 中，若是呼叫自訂的 print() 函數時沒有任何的引數，則印出 5 個*；若是引數為一整數，即印出相同數量的*；當引數為一字元與一整數，則印出與引數相同數量的指定字元。

```
01    // prog7_7, 引數個數不同的函數多載
02    #include <iostream>
03    #include <cstdlib>
04    using namespace std;
05    void print(void);              // 以多載的方式宣告函數原型
06    void print(int);
07    void print(char,int);
08    int main(void)
09    {
10       cout << "calling print(), ";
11       print();
```

```
12      cout << "calling print(8), ";
13      print(8);
14      cout << "calling print('+',3), ";
15      print('+',3);
16      system("pause");
17      return 0;
18   }
19
20   void print(void)              // 沒有引數的 print()，印出 5 個*
21   {
22      print(5);                  // 呼叫 26~33 行的 print()，並傳入整數 5
23      return;
24   }
25
26   void print(int a)             // 有一個引數的 print()，印出 a 個*
27   {
28      int i;
29      for(i=0;i<a;i++)
30         cout << "*";
31      cout << endl;
32      return;
33   }
34
35   void print(char ch,int a)     // 有二個引數的 print()，印出 a 個 ch
36   {
37      int i;
38      for(i=0;i<a;i++)
39         cout << ch;
40      cout << endl;
41      return;
42   }
```

```
/* prog7_7 OUTPUT---------

calling print(), *****
calling print(8), *******
calling print('+',3), +++

-------------------------*/
```

程式 prog7_7 裡的 print() 函數，根據引數的內容來決定印出指定數量之*或特定字元，這正是屬於「多載」的機制。特別注意的是，20~24 行的 printf() 函數中，22 行刻意呼叫有一個引數的 printf() 函數，也就是呼叫 26~33 行的 print()，在 C++中，函數與函數之間是可以相互呼叫的。　　　　　　　　　　　　　　❖

7.3　引數的預設值

函數的引數可以預先指定其值，當未傳入足夠的引數到函數時，預設的引數值就會被使用，這種方式稱為「預設引數」（default argument）。

舉例來說，有一個可以計算圓面積的函數 circle()，其引數有半徑 r 與圓周率 pi，若是想將 pi 之值預設為 3.14，則 circle() 函數之原型可以寫成：

```
double circle(double , double pi=3.14);   // 函數原型，第 2 個引數預設為 3.14
```

要注意的是，引數的預設值只能在函數原型宣告時，或是函數定義放在宣告的地方設定。不能在函數定義的部分設定預設值，當然亦無法同時在函數宣告及定義的部分為引數設定預設值。

根據 circle() 函數的原型宣告，其圓面積之計算公式為該函數的定義：

```
double circle(double r, double pi)      // circle()函數的定義
{
    return (pi*r*r);
}
```

當我們在呼叫 circle() 函數時，一般會傳入兩個引數值到函數中，由於該函數有預設引數值，因此在沒有寫出第 2 個引數值時，仍然可以執行。如下面的呼叫敘述：

```
area=circle(1.0);                       // 只有一個引數呼叫 circle()函數
```

上面的敘述中，雖然在 circle() 函數裡只有一個引數，由於在原型宣告時已經將第 2 個引數值預先設定，因此在沒有足夠引數的情況下，會自動使用預設值，即 pi=3.14。

我們實際將前面所描述的觀念化為程式，如此將會有更清楚的認識。下面的程式中，分別將一個及兩個引數傳入已有引數預設值的 circle() 函數，請試著加以觀察與比較程式執行的結果。

```
01   // prog7_8, 引數的預設值
02   #include <iostream>
03   #include <cstdlib>
04   using namespace std;
05   double circle(double,double pi=3.14);   // 函數原型,第 2 個引數預設為 3.14
06   int main(void)
07   {
08      cout << "circle(2.0,3.14159)=" << circle(2.0,3.14159) << endl;
09      cout << "circle(2.0)=" << circle(2.0) << endl;
10      system("pause");
11      return 0;
12   }
13
14   double circle(double r, double pi)   // circle()函數的定義,計算圓面積
15   {
16      return (pi*r*r);
17   }
```

```
/* prog7_8 OUTPUT---------

circle(2.0,3.14159)=12.5664
circle(2.0)=12.56

--------------------------*/
```

當 circle() 函數的引數有兩個時，原本預設的引數值就不會作用；當引數只有一個時，編譯器就會自動使用這個預設的引數值，使得函數能夠正常運作。

為了讓編譯器能夠正確無誤的找到所對應的引數，在函數的引數列中，有預設值的引數必須要放置在沒有使用預設值引數的後面，不可以混合放置。舉例來說，有一個可以傳入多個引數的函數，其函數原型如下：

```
void func(int, double, int n=3, char ch='k');          // 函數原型
```

也就是說，沒有使用預設值的引數，要放置在引數列的左邊，而有預設值的引數，要放在沒有預設值之引數的後面。

而在省略傳遞引數到函數時，只能從引數列的最右邊開始減少，不能跳過某個引數，沒有使用預設值的引數則一定要傳引數到函數，不可省略。因此下面的敘述都是合法的 func() 函數呼叫：

```
func(5, 1.9);                    // 合法的函數呼叫
func(8, 6.3, 4);                 // 合法的函數呼叫
func(4, 3.7, 9, 'a');            // 合法的函數呼叫
```

此外，下列的函數呼叫，會造成編譯時期或是邏輯上的錯誤：

```
func();                          // 錯誤的函數呼叫
func(6);                         // 錯誤的函數呼叫
func(2, 1.9, 'b');               // 邏輯錯誤的函數呼叫
```

由於 func() 函數的原型中，有 2 個引數沒有宣告預設值，因此在函數呼叫時，最少必須要傳入 2 個引數到函數中，因此像 func() 與 func(6) 這種不到 2 個引數的呼叫就不合法。而 func() 的第 3 個引數型態應該為 int 型態，若是要省略引數的傳遞，成為只有 3 個引數時，要先省略第 4 個引數，而不能跳著省略，func(2,1.9,'b')會使得第 3 個引數 n 接收字元 b 的值，如此一來，如果在程式中使用，會造成邏輯錯誤而不容易發現。

下面的程式裡，包含一個可以計算某區段數值的累加函數 sum()，函數的引數 start 是起始累加之數值，end 是結束數值，di 是累加的間隔，如 sum(1,10,2) 即是計算 1+3+5+7+9

的結果。sum() 函數的引數預設值為 sum(1,10,1)。在此,將不同個數的引數傳入該函數後,請觀察程式的執行。

```
01   // prog7_9, 引數的預設值
02   #include <iostream>
03   #include <cstdlib>
04   using namespace std;
05   int sum(int start=1,int end=10,int di=1);   // 函數原型
06   int main(void)
07   {
08      cout << "sum()=" << sum() << endl;
09      cout << "sum(2)=" << sum(2) << endl;
10      cout << "sum(2,8)=" << sum(2,8) << endl;
11      cout << "sum(1,15,3)=" << sum(1,15,3) << endl;
12      system("pause");
13      return 0;
14   }
15
16   int sum(int start,int end,int di)              // 計算數值的累加
17   {
18      int i,total=0;
19      for(i=start;i<=end;i+=di)
20         total+=i;
21      return total;
22   }
```

/* prog7_9 OUTPUT---

sum()=55
sum(2)=54
sum(2,8)=35
sum(1,15,3)=35

--------------------*/

沒有傳入任何引數到 sum() 函數時,函數會使用其預設值。當有引數傳入時,編譯器會自動從引數列的最左邊開始對應,因此被省略的引數會從引數列的最右邊開始減少。

❖

在 C++或是 C 的程式中，通常會於程式一開始處，加上如#include 的指令，在第二章裡曾稍微介紹過這個前置處理器的意義。C++所提供的前置處理器包括#define（巨集指令）、#include（含括指令）以及條件式編譯三種以#開頭的編譯指令，在本章裡我們先討論#define 及#include 兩種前置處理器，條件式編譯的部分留到第二十章再行介紹。

7.4 前置處理器--#define

一般的 C++程式指令是可以被編譯器翻譯成機器語言後，讓 CPU 能夠執行的指令，而前置處理器的指令是給編譯器 "看" 的，這些指令是在編譯的過程中，給編譯器的一些指示，所以並不會被翻譯成機器語言，也因為如此，我們才會稱這些以 # 開頭的編譯指令為前置處理程式。

7.4.1 #define 前置處理器

使用 #define 可以將常用的常數、字串替換成一個自訂的識別名稱，除此之外，還可以利用 #define 取代簡單的函數呢！所以我們常可以在一些大程式中看到程式設計師使用前置處理器的指令 #define，其格式如下：

```
#define 識別名稱 代換標記
```

格式 7.4.1
#define 的格式

在 #define 後面所使用的「識別名稱」，就是替換內容的縮寫，通常為了讓程式閱讀時能夠很容易的看出那些部分會被替換，都會以大寫表示。所自訂的識別名稱不能有空格，因為識別名稱會在第一個空格的地方做結束，空格後的文字視為代換標記的內容。而「代換標記」可以是常數、字串或是函數，此外，在代換標記的後面不需要加上分號。下面的範例皆為合法的 #define 定義：

```
#define MAX 65535          // 定義 MAX 為常數 65535
#define IOC "I love C++!"   // 定義 IOC 為字串 I love C++!
```

以下面的程式為例，將 PI 的值 3.14 以 #define 定義，利用 PI 值計算圓周及圓面積，
程式如下所示。

```cpp
01   // prog7_10, 使用#define
02   #include <iostream>
03   #include <cstdlib>
04   using namespace std;
05   #define PI 3.14
06   void peri(double),area(double);
07   int main(void)
08   {
09      double r=1.0;
10      cout << "pi=" << PI << endl;
11      cout << "radius=" << r << endl;
12      peri(r);                    // 呼叫自訂的函數
13      area(r);
14      system("pause");
15      return 0;
16   }
17
18   void peri(double r)            // 自訂的函數 peri()，印出圓周
19   {
20      cout << "peripheral length=" << 2*PI*r << endl;
21      return;
22   }
23
24   void area(double r)           // 自訂的函數 area()，印出圓面積
25   {
26      cout << "area=" << PI*r*r << endl;
27      return;
28   }
```

/* prog7_10 OUTPUT-----

pi=3.14
radius=1
peripheral length=6.28
area=3.14

----------------------*/

在程式第 5 行裡，我們利用 #define 定義 PI 為 3.14 後，在 main() 函數及其它的函數
中都不用再宣告即可使用，這是因為程式在進行編譯時，遇到 #define 前置處理器指
令，會先將程式裡所有的 PI 直接替換成 3.14 後，再行編譯。　　　　　　　　❖

當 #define 定義的內容很長時，可以利用反斜線（\）將定義分成幾行。下面的程式是
使用 #define 的範例，為了讓讀者能認識反斜線的使用，刻意將定義內容分為 2 行：

```
01   // prog7_11, 使用#define
02   #include <iostream>
03   #include <cstdlib>
04   using namespace std;
05   #define WORD "Absence diminishes little passions \
06   and increases great ones."
07   int main(void)
08   {
09      cout << WORD << endl;
10      system("pause");
11      return 0;
12   }
```

```
/* prog7_11 OUTPUT--------------------------------------------
Absence diminishes little passions and increases great ones.
-------------------------------------------------------------*/
```

上面的程式裡，利用 #define 定義一個名為 WORD 的巨集，前置處理器會將 cout 後面
的 WORD 以字串 "Absence diminishes little passions and increases great ones." 替換。在
第 5 行的最後加上反斜線（\）即可將定義換行，要注意的是，若是想將定義內容接連
著，就必須對齊最前面，不能縮排。　　　　　　　　　　　　　　　　　　❖

7.4.2　為什麼要用#define

使用 #define 最大的好處，就是可以增加程式的易讀性，往後當自己或其它人閱讀該
程式時，只要看到某個經過 #define 的識別名稱，即可很清楚的知道該識別名稱所代
表的意義，進而縮短閱讀程式的時間。

此外，將常用的常數或字串以一個特定的名稱表示，當程式中需要修改這個常數或字串的內容時，只要在相關的 #define 指令中更改即可。舉例來說，想將前面所定義的 PI 由原先所表示的 2 位精確值再加上 4 位數，只需要在 #define PI 3.14 指令裡的 3.14 後面再加上 1592 即可。同時，在程式中如果使用到相同的常數或字串時，若該常數或字串的內容很複雜，容易出現打字錯誤的情形，造成執行時的錯誤，使用 #define 定義將可以改善這方面的問題。

然而，在程式中用定義外部變數 PI 的方式也沒有什麼不妥，為什麼要用 #define 呢？雖然變數的內容可以是常數，但由於將常數當成變數，常會使得程式易讀性降低，甚至變得不易理解；再者，將常數當成變數會使得程式沒有效率，編譯器在編譯時，必須給與變數一個堆疊或是記憶體空間，而使用 #define 所定義的識別名稱在編譯前即會以所代表的常數置換，所以使用 #define 就像使用常數一般，程式碼會較為簡潔。

當然我們也可以直接使用常數達到同樣的目的，但是有時候使用 #define 所定義的識別名稱，要比常數來得容易理解。舉例來說，我們利用 #define 定義 MAX 為 32767（#define MAX 32767），在程式中要判斷無號短整數變數 num 是否大於無號短整數所能表示的最大值 32767 時，用 num>MAX 的寫法就會比 num>32767 來得好，因為只用常數表示通常要讓閱讀程式的人思考設計者的用意，而使用 #define 時，看到識別名稱通常就能夠明白所代表的意義。

7.4.3 const 修飾子

在 C++裡還可以利用 const 修飾子將所定義的變數，宣告為無法修改的「常數」，只要在宣告變數時，於型態前面加上 const 修飾子即可，如下面的範例：

```
const short int max=32767;     // 將 max 定義為短整數常數，其值為 32767
```

上面的敘述中，即是將 max 宣告為整數變數，並設值為 32767，同時該變數無法再被更改其值。利用 const 可以確保變數的值不會被更改，如果想要試圖修改經過 const 宣告後的變數值，則會收到編譯器的錯誤訊息告訴您該變數值無法被更改。舉例來說，在 Dev C++中會出現 assignment of read-only variable 訊息，而在 Borland C++中則是顯示 Cannot modify a const object，不管是在何種編譯器裡想要更改 const 變數的值，都會得到相同意義的錯誤訊息。

以下面的程式為例，分別計算 1~max 的平方值，並利用 const 宣告 max 為不能修改的整數變數。

```
01   // prog7_12, 使用 const
02   #include <iostream>
03   #include <cstdlib>
04   using namespace std;
05   int main(void)
06   {
07      const short int max=4;
08      int i;
09      for(i=1;i<=max;i++)          // 計算 i 的平方
10        cout << i << "*" << i << "=" << i*i << "\t";
11      system("pause");
12      return 0;
13   }
```

```
/* prog7_12 OUTPUT----------

1*1=1    2*2=4    3*3=9    4*4=16
---------------------------*/
```

利用 const 宣告 max 為無法修改的常數後，就可以達到和 #define 相同的定義效果，但是就實際的程式碼來說，用 #define 的程式碼會較為簡潔。

您可以試著在第 8 行與第 9 行中間加入下列敘述：

```
max=10;                              // 修改常數 max 的值
```

並試著編譯，編譯器會出現 assignment of read-only variable `max' 的訊息，告訴您這是不能被更改的常數。　　　　　　　　　　　　　　　　　　　　　　　　　❖

7.4.4 利用#define 定義簡單的函數

#define 除了可以簡單的替換常數、字串之外，#define 的另一個好用的功能就是巨集（macro）。簡單的說，函數是程式裡的模組，巨集則是在前置處理器中的模組。#define 可以替換常數或字串，也可以替換一個程式區段，所以適當的使用巨集可以取代簡單的函數。舉例來說，想計算 i 的 3 次方，即可以利用巨集完成，程式的撰寫如下所示：

```
01   // prog7_13, 使用巨集
02   #include <iostream>
03   #include <cstdlib>
04   using namespace std;
05   #define POWER i*i*i
06   int main(void)
07   {
08      int i;
09      cout << "Input an integer:";
10      cin >> i;
11
12      // 計算並印出 i 的 3 次方
13      cout << i << "*" << i << "*" << i << "=" << POWER << endl;
14      system("pause");
15      return 0;
16   }
```

```
/* prog7_13 OUTPUT---
Input an integer:3
3*3*3=27

----------------------*/
```

在上面的程式中，前置處理器會將程式裡有 POWER 的識別字以 i*i*i 替換，因此可以將程式第 13 行的敘述看成是

```
cout << i << "*" << i << "*" << i << "=" << i*i*i << endl;
```

7.4.5 使用有引數的巨集

資料在函數中傳遞是常有的事，同樣的巨集也可以使用引數，再以 prog7_13 為例，可以將 POWER 修改為帶有引數的巨集，程式的撰寫如下所示：

```
01   // prog7_14, 使用巨集
02   #include <iostream>
03   #include <cstdlib>
04   using namespace std;
05   #define POWER(X) X*X*X
06   int main(void)
07   {
08      int i;
09      cout << "Input an integer:";
10      cin >> i;
11
12      // 計算並印出 i 的 3 次方
13      cout << i << "*" << i << "*" << i << "=" << POWER(i) << endl;
14      system("pause");
15      return 0;
16   }
```

```
/* prog7_14 OUTPUT---

Input an integer:2
2*2*2=8
--------------------*/
```

帶有引數的巨集就好像是函數一般，前置處理器會將程式裡有 POWER(i) 的識別字以 i×i×i 替換，等到程式執行時確定 i 的值後，再計算運算式 i×i×i 的結果。

7.4.6 巨集括號的使用

接下來再將程式 prog7_14 的第 13 行稍做修改，將 POWER(i) 改成 POWER(i+1)，您可以觀察程式執行的結果。

```
01    // prog7_15, 使用巨集
02    #include <iostream>
03    #include <cstdlib>
04    using namespace std;
05    #define POWER(X) X*X*X
06    int main(void)
07    {
08       int i;
09       cout << "Input an integer:";
10       cin >> i;
11
12       // 計算並印出 i+1 的 3 次方
13       cout << i+1 << "*" << i+1 << "*" << i+1 << "=" << POWER(i+1) << endl;
14       system("pause");
15       return 0;
16    }
```

/* prog7_15 OUTPUT---

Input an integer:*2*
3*3*3=7

---------------------*/

程式執行的結果並不是原來所預期的那樣！經過前置處理器置換後的第 13 行，應該是下面的敘述：

```
cout << i+1 << "*" << i+1 << "*" << i+1 << "=" << i+1*i+1*i+1 << endl;
```

i 的值為 2，所以 $3^3 = i+1 \times i+1 \times i+1 = 2+1 \times 2+1 \times 2+1 = 7$ ，而不是正確的結果 27。這是因為前置處理器並不會先行計算引數內的值，而是直接將引數傳到巨集後再於程式中做替換，所以執行時造成乘法的優先權高於加法，得到的結果就不正確。

❖

解決這個問題的方法，只要加上括號即可。以前面的例子來說，只要在 X*X*X 各個運算元外加上括號，變成(X)*(X)*(X)，運算的結果就不會有錯誤。程式的修改如下所示：

```
01   // prog7_16, 修改 prog7_15
02   #include <iostream>
03   #include <cstdlib>
04   using namespace std;
05   #define POWER(X)  (X)*(X)*(X)
06   int main(void)
07   {
08      int i;
09      cout << "Input an integer:";
10      cin >> i;
11
12      // 計算並印出 i+1 的 3 次方
13      cout << i+1 << "*" << i+1 << "*" << i+1 << "=" << POWER(i+1) << endl;
14      system("pause");
15      return 0;
16   }
```

```
/* prog7_16 OUTPUT---
Input an integer:2
3*3*3=27

--------------------*/
```

由於程式裡傳入巨集中的是 i+1，因此前置處理器會替換成(i+1)*(i+1)*(i+1)，執行時輸入 i 的值為 2，運算結果就變成 3*3*3=27。為了確保執行結果的正確，在巨集裡必須將敘述中的每個變數以括號包圍起來。　　　　　　　　　　　　　　　　　❖

7.4.7 使用函數還是巨集？

巨集在使用上並不需要像函數一樣要宣告、定義傳回值及引數的型態，因為 #define 所處理的只是字串而已，前置處理器將「代換標記」的內容直接置入所定義的識別名稱裡，所以使用巨集時並不用特別考慮變數的型態問題，它可以處理整數、浮點數…各種型態，也因為如此，巨集可以直接代替簡單的函數。

假設程式裡會使用到某巨集十次，在編譯時就會產生十段相同的程式碼，但是無論程式裡呼叫函數幾次，只會有一段程式碼出現。在選擇使用函數或是巨集的同時，也需要程式設計師在時間與空間中做出取捨：選擇巨集，佔用的記憶體較多，但是程式的控制權不用移轉，因而程式執行的速度較快；選擇函數，程式碼較短，佔用的記憶體較少，但是程式的控制權必須要交給函數使用，所以執行速度會較慢。

此外，若是想要以巨集來增加執行的效率，而程式裡僅使用到該巨集一次，使用巨集的效果不會很明顯，因為編譯的程式碼和函數一樣，都只有一段，再加上現在 CPU 處理的速度比以前快上許多，基本上都不會有明顯的不同，在複雜巢狀迴圈裡使用巨集，就會比較容易感覺到執行效率的增加。

函數與巨集都是很好用的模組，但是不管哪一種，過度的濫用都會造成程式閱讀的困難。至於要明確的說出何種是最好的，除了視程式的實際需求外，也要依照個人的喜好而定，這是個見人見智的問題，並沒有一定的答案。

7.5　前置處理器--#include

在第二章裡我們曾簡單的介紹 #include 的意義，而在往後的程式裡也都有使用到這個含括指令，本節的內容將要再來看看 #include 前置處理器的使用。

7.5.1　標準的標頭檔

以 Dev C++為例，在 C:\Dev-Cpp\include 資料夾中可以看到許多的標頭檔，這些標頭檔包含一些巨集及定義，如常用的 cctype、cstdlib、cstring、ctime…等，這些都是 C++為使用者所撰寫的標頭檔，當程式裡有需要某個功能，或是 C++內建的函數時，只要將所屬的標頭檔含括進來，就可以立即享受，不需要使用者自行撰寫相關的功能。

舉個簡單的例子來說，下圖為 iostream 的一隅，您可以於 Dev C++安裝目錄下的「include」資料夾中找到檔案 iostream，然後用 Dev C++開啟它：

圖 7.5.1

標頭檔 iostream
的一隅

此處我們不需要瞭解這些定義的內容，當程式中需要使用到特定的函數時，必須先將該函數所屬的標頭檔含括進來，前置處理器即會自行將函數及引數置換，讓程式設計師方便使用。

7.5.2 使用自訂的標頭檔

如果在程式裡經常會使用到計算圓、長方形及三角形面積的公式，就可以利用 #define 將這些公式以巨集定義。如此一來，在程式裡即可重複使用這些公式。

但是如果在其它的程式裡也想使用時，只要將這些巨集的定義存放在一個附加檔名為.h 的原始檔案後，再於程式中以 #include 將該檔案含括進來即可使用。這也是 C++之所以受歡迎的地方，除了提供一些基本的標頭檔外，還可以讓使用者很自由的定義出適合自己的標頭檔。

以前面所提到的面積公式巨集為例，圓、長方形及三角形面積公式的巨集如下所示，您可以在任何的編輯器中編輯它們：

```
#define PI 3.14
#define CIRCLE(r) ((PI)*(r)*(r))
#define RECTANGLE(length,height) ((length)*(height))
#define TRIANGLE(base,height) ((base)*(height)/2)
```

將巨集於硬碟 C 的根目錄 C:\中儲存成 area.h，習慣上以附加檔名.h 代表標頭檔（header file），標頭檔就是放在程式最前面的檔案，通常都包含前置處理器的指令與敘述，最常使用的如基本輸出、輸入的標頭檔 iostream。儲存完畢後會在 C:\出現標頭檔 area.h。

圖 7.5.2：
自訂的標頭檔
area.h

當程式中需要用到面積公式時，只要在程式最前面加上如下面的含括指令，就可以使用自訂的巨集函數：

```
#include <area.h>            // 含括系統所設定的目錄之標頭檔 area.h
```

或是

```
#include "area.h"            // 含括指定的目錄之標頭檔 area.h
```

想將標頭檔含括在程式中時，可以使用前置處理器指令#include，在被含括的標頭檔名外，若是使用大於、小於（<、>）或是雙引號包圍起來，表示是由 C++所提供的標頭檔，前置處理器會到系統所設定的目錄找尋被含括的檔案；使用雙引號時，則是由使用者自己撰寫的標頭檔，前置處理器會依指定的目錄尋找該標頭檔案。

舉例來說，若是標頭檔 area.h 位在 c:\myprog 的資料夾中，當程式中要使用這個標頭檔時，其前置處理程式指令為 #include "c:\myprog\area.h"，前置處理器會直接在所指定的 c:\myprog 資料夾中尋找標頭檔 area.h。

接下來，我們就以剛才建立完成的標頭檔 area 為例，於程式裡將 C:\下的 area.h 含括進來，計算三角形的面積。

```
01    // prog7_17, 使用自訂的標頭檔 area.h
02    #include <iostream>
03    #include <cstdlib>
04    using namespace std;
05    #include "C:\area.h"
06    int main(void)
07    {
08       float base,height;
09       cout << "Input the base of triangle:";
10       cin >> base;
11       cout << "Input the height of triangle:";
12       cin >> height;
13       // 計算三角形面積
14       cout << "The area of triangle is " << TRIANGLE(base,height) << endl;
15       system("pause");
16       return 0;
17    }
```

```
/* prog7_17 OUTPUT------------

Input the base of triangle:3
Input the height of triangle:5
The area of triangle is 7.5

----------------------------*/
```

程式裡並沒有一個名為 TRIANGLE 的函數或巨集，但是仍然可以執行無誤，這是因為 TRIANGLE 的定義是放在 area.h 標頭檔中，由於程式一開始就將該檔案含括進來，所以呼叫 TRIANGLE 巨集函數時，前置處理器即把 TRIANGLE 的內容置換到第 14 行裡。

❖

利用這種方式可以節省處理許多相同工作的時間，在 C++ 裡除了可以使用自訂的標頭檔外，還有許多的標準配備哦！

7.6 命令列引數的使用

到目前為止，我們所撰寫的程式，若是在 MS-DOS 模式下執行時，只要直接鍵入編譯後的執行檔名稱即可看到執行結果。其實，C++ 還提供一個可以在命令列中將引數引入的功能，也就是說，我們可以在 MS-DOS 模式下，於執行檔名稱的後面，可以填入需要的引數。舉例來說，假設在 MS-DOS 模式下鍵入如下的指令：

```
type mytext.txt
```

我們知道 type 指令的作用是顯示檔案的內容，因此於本例中，mytext.txt 為 type 指令的引數，所以 type 指令會印出 mytext.txt 的內容，這就是命令列引數的使用。在 C++ 中，我們也可以因應程式的需求，在命令列中加入引數。

在主函數 main() 中，必須要有適合的格式加以配合，才能使主程式接收這些使用者輸入的引數，如下面所示：

```
int main(argc, argv)
int argc;
char *argv[];
{
    ...
}
```

格式 7.6.1
命令列引數的使用格式

或是

```
int main(int argc, char *argv[])
{
    ...
}
```

格式 7.6.2
命令列引數的使用格式

在上面的格式中，argc 與 argv 為 C++的關鍵字，是專門用在命令列的引數名稱。argc 是 argument count 的縮寫，代表包括指令本身的引數個數，系統會自動計算所輸入的引數個數。

argv 則是 argument value 的縮寫，代表引數值，就是使用者在命令列中輸入的資料，每個資料要以空白相隔，這些資料的型態都是字串。同時，系統會自動將程式本身的名稱指定給 argv[0]，再將程式名稱後面所接續的引數依序指定給 argv[1]、argv[2]…，也因為無法事先得知使用者會由命令列中輸入多少個引數，在宣告字元指標陣列 argv 時，並不需要限定陣列的大小。

我們實際舉個簡單的例子，讀者將可以很容易地瞭解，命令列引數的使用其實並不困難。下面的程式是在命令列中輸入引數後，由程式中印出 argc 與指標陣列 argv 的值，於此例中，程式的執行檔名稱為 sayhello，其所在的資料夾在 C:\。

```
01   // prog7_18, 命令列引數的使用
02   #include <iostream>
03   #include <cstdlib>
04   using namespace std;
05   int main(int argc, char *argv[])
06   {
07      int i ;
08      cout << "The value of argc is " << argc;  // 印出命令列引數的內容
09      cout << endl;
10      for(i=0;i<argc;i++)
11         cout << "argv[" << i << "]=" << argv[i] << endl;
12      system("pause");
13      return 0;
14   }
```

當您將程式撰寫完畢,並儲存成 C:\sayhello.cpp,完成編譯後,請選擇「開始」功能表
-「所有程式」-「附屬應用程式」-「命令提示字元」選項,將路徑切換到執行檔的所
在位置,再鍵入執行檔的名稱及引數即可看到程式執行的結果:

```
/* prog7_18 OUTPUT----------

C:\>sayhello How do you do?
The value of argc is 5
argv[0]=sayhello
argv[1]=How
argv[2]=do
argv[3]=you
argv[4]=do?

--------------------------*/
```

值得注意的是,由於執行檔的名稱本身也是一個字串,因此 argc 的值是執行檔名稱與
所有引數個數的總和;而指標陣列 argv 第 1 個元素 argv[0]的值為命令列中所輸入的第
1 個字串,亦即執行檔的名稱,雖然我們並未在命令列中將執行檔所在的路徑指出,但
是系統在取得執行檔名稱時,會自動將其路徑置入 argv[0]中。

接下來再舉一個簡單的例子。下面的程式是利用命令列輸入 2 個數字引數,再於程式
中將它們相加。此例中,程式的執行檔名稱為 sample,其所在的資料夾在 C:\。

```
01  // prog7_19, 命令列引數的使用
02  #include <iostream>
03  #include <cstdlib>
04  using namespace std;
05  int main(int argc, char *argv[])
06  {
07     int a=atoi(argv[1]);    // 將命令列引數轉換成數值
08     int b=atoi(argv[2]);
09     cout << a << "+" << b << "=" << a+b << endl;
10     system("pause");
11     return 0;
12  }
```

```
/* prog7_19 OUTPUT---

C:\>sample 2 5
2+5=7

--------------------*/
```

由於從命令列輸入的引數，不管 "看起來" 是什麼，其型態皆為字串。因此要用 C++ 提供的字串轉整數函數 atoi()，將資料轉換成需要的型態後，才能正確的使用。此外，atoi() 函數定義於 cstdlib 中，因此要將標頭檔 cstdlib 含括到程式中。

❖

除了主函數 main() 的定義中有引數的宣告之外，在程式中使用 argc 與 argv 時，可以將它們當成一般的變數來使用。由於 C++ 並沒有限制 argc 與 argv 的值不能於程式中更改，但是除非有很充分的理由，還是不要隨意更動這些引數的輸入值。

本章摘要

1. 「傳值呼叫」的方式不會更動到原先變數的值。「傳址呼叫」或「以參照呼叫」則會因為呼叫函數對引數做存取動作，而直接更改原先變數的值。

2. 參照是變數的暱稱或是別名，它可以代替某個變數。宣告時要在參照名稱前加上參照運算子&，並為它指向某個變數，於往後使用時，則與一般變數相同，不需加上任何的特殊符號。

3. 參照一但設定指向的參考變數之後，它就無法再指向其它的變數。

4. 傳回值為參照的函數，其傳回值可以在指定敘述的左邊，也就是說，傳回值為參照的函數可以設定其值。

5. 相同的函數名稱用在不同的函數宣告及定義之情況下，稱為「多載」，編譯器會根據引數的型態，自動執行適合的函數內容。

6. 兩個名稱相同的多載化函數，若是只有傳回值型態不同，會讓編譯器難以分辨到底該使用哪一個函數。

7. 函數的引數可以預先指定其值，稱為預設引數。引數的預設值只能在函數原型宣告的時候設定。

8. 函數的引數列中有預設值的引數時，就必須要放置在沒有使用預設值引數的後面，不可以混合放置。

9. 省略傳遞引數到函數時，只能從引數列的最右邊開始減少，沒有使用預設值的引數一定要傳引數到函數。

10. #define 可以將常數、字串替換成一個自訂的識別名稱，以及取代簡單的函數，利用 #define 可以增加程式的易讀性。

11. 宣告變數時，在型態前面加上 const，即可將該變數宣告為無法修改的「常數」。

12. C++提供的功能或是函數，可以利用#include 將其所屬的標頭檔含括到程式裡。

13. 將自訂的巨集定義存放在一個附加檔名為.h 的檔案後，再於程式中以#include 將該檔案含括進來即可使用。

14. 命令列引數的使用，就是在 main() 函數裡加入引數。使用時，只要在 MS-DOS 模式下，於執行檔名稱的後面，填入需要的引數。

15. 在命令列中輸入的各個資料，要以空白相隔，這些資料的型態都是字串。

自我評量

7.1 參照與函數

1. 試利用 void sum(int &,int &) 函數,傳入 a、b 兩個整數,於函數中計算 a+b 之值,並將計算結果存入 a 中。a 與 b 的值請自行設定。

2. 試撰寫一函數,將引數 a、b 以大到小排列。其函數的原型為
   ```
   void sort(int &,int &);
   ```

3. 試撰寫一函數 gcd(),傳入 a、b、g 三個整數之參照,計算 a 與 b 的最大公因數,再設給 g 存放。請於呼叫 gcd() 後,印出 g 的值。請計算 21 與 49 的最大公因數。

4. 試撰寫一函數 setvalue(),將 a、b 值傳入該函數後,將較小值的變數設為 100,將較大值的變數設為 10。

5. 試撰寫一函數 max(),傳入兩個整數,將較大值的參照傳回並列印出來。

7.2 函數的多載

6. 試撰寫 max() 函數的多載,其中 max 引數的型態為 int,且可以有兩個或三個引數,函數的傳回值為這些引數的最大值,傳回值的型態也是 int。

7. 試撰寫 min() 函數的多載,引數的型態為 double,且可以有兩個或三個引數,函數的傳回值為這些引數的最小值,傳回值的型態也是 double。

8. 試撰寫 proverb() 函數的多載,用來列印數行字串。當沒有引數傳入函數時,即印出字串 "Two heads are better than one.";當引數為整數 k 時,即印出 k 行上述字串。

9. 試撰寫一組可以計算梯形面積的多載化函數,格式為 trapezoid(upper, base, height),upper 、base 與 height 可同為 int 或 double,傳回值的型態皆為 double。
   (梯形面積 = (upper+base)* height/2)

10. 試撰寫 power(x,n) 函數的多載,用來計算 x 的 n 次方,n 為 int 型態,當引數 x 的型態為 int 時,函數的傳回值型態為 int;引數 x 的型態為 double,函數的傳回值型態即為 double。

7.3 引數的預設值

11. 試撰寫一函數 int max(int a, int b)，引數為 2 個整數，傳回較大值。若是只傳入 1 個引數時，則將第 2 個引數的預設值設為 10。

12. 試撰寫一函數 int power(int x, int n)，用來計算 x 的 n 次方。預設的 x 與 n 值皆為 1。請分別計算 power()、power(5)、power(3,2)之值。

13. 試撰寫一函數 double avg(int a, int b, int c)，可以於函數中印出 a、b、c 的值，並傳回三個整數的平均值。預設的第二個引數值為 5，預設的第三個引數值為 7。請分別計算 avg(13)、avg(9,16)、avg(8,17,3)之值。

14. 試撰寫一函數 double triangle(int base, int height)，可以於函數中印出三角形的底與高之值，並傳回三角形面積。預設的 base 值為 2，height 值為 1。請分別計算 triangle()、triangle(10)、triangle(12,3)之值。

7.4 前置處理器--#define

15. 試利用#define 指令，印出字串 "Rome was not built in a day."。

16. 試定義巨集函數 SUM，用來計算引數 X 與 Y 的和，並於程式中分別計算 10+5 與 4.6+3.8 之值。

17. 試利用條件運算子「?:」建立一個名為 MAX 的巨集，用來傳回 2 個引數中較大的值。並請分別比較 12、6 與 3.6、9.7 何者較大。

18. 試定義一巨集函數 VOLUMN，傳入半徑，即可計算球的體積。π 值請用#define 定義成 3.1415926，並計算當半徑為 1~5 時的球體積之值。

（ 球體積 $= (4/3) \times \pi \times r^3$ ）

7.5 前置處理器--#include

19. 試將習題 16 與習題 17 的巨集寫成自訂的標頭檔 myhfile.h，並利用#include 含括到程式中，由鍵盤輸入兩個浮點數後，分別計算這兩個數的和及較大值。

20. 試撰寫一個 head_math.h 的自訂標頭檔,裡面定義了下面的巨集:

   (1) PARA(B,H),可計算平行四邊形的面積

   (2) TRAPEZOID(UB,LB,H),可計算梯形的面積

   (3) PERIPHERY(R),可計算圓周長

   (4) VOLUMN(R),可計算球的體積

   (a) 利用 #include 將標頭檔 head_math.h 含括到程式中,由鍵盤輸入計算梯形所需要的資料後,計算梯形的面積。

   (b) 試利用 #include 將標頭檔 head_math.h 含括到程式中,由鍵盤輸入半徑值後,計算圓周長與球的體積。

7.6 命令列引數的使用

21. 試撰寫一程式,利用命令列引數,於檔案名稱後面輸入長方形的長與寬,可計算長方形的長、寬與面積之值(提示:可利用字串轉換整數函數 atoi() 完成)

22. 試利用命令列引數,於檔案名稱後面輸入 2 個數 x、n,請計算 x^n。其中 x 為倍精度浮點數,n 為整數。

23. 試利用命令列引數,於檔案名稱後面輸入 1 個整數,判斷該數為奇數、偶數還是 0。

24. 試利用命令列引數,於檔案名稱後面輸入 2 個整數 a、b,求 a/b 的餘數。

CHAPTER

8

陣列與字串

陣列可以存放一連串相關的資料,如全班的某科小考成績,或者是某一段
期間的體重等相同型態的資料。使用陣列可以簡化變數的數量,方便管
理使用者的資料。C++的字串有沿襲 C 而來的字元陣列,也有新型態的字串,
於本章的內容裡要分別學習它們。讀完本章,讀者將會對陣列與字串有更深一
層的瞭解。

本章學習目標

- 認識一維與二維以上的陣列
- 瞭解陣列元素的表示方法
- 迴圈與陣列的使用
- 學習傳遞陣列至函數裡
- 字串的認識與使用

陣列（array）是由一群相同型態的變數所組成的資料型態，它們以一個共同的名稱表示。陣列中的個別元素（element）則以註標（index）來標示存放的位置。陣列依存放元素的複雜程度，分為一維、二維與二維以上的多維陣列。

8.1 一維陣列

一維陣列（1-dimensional array）可以存放很多相同的資料，這些資料就像火車的一節節車廂，全部的資料串連起來就像一列火車。陣列和 C++裡的變數一樣需要經過宣告後才能使用。

8.1.1 一維陣列的宣告

陣列宣告後，編譯器分配給該陣列的記憶體是一個連續的區塊，此時即可在這個區塊裡存放型態相同的資料。一維陣列的宣告格式如下所示：

```
資料型態 陣列名稱[個數];      // 宣告一維陣列
```
格式 8.1.1
────────────────
一維陣列的宣告格式

陣列的宣告格式裡，「資料型態」是宣告陣列元素的型態，常見的型態有整數、浮點數與字元等；「陣列名稱」是用來統一這群相同資料型態的名稱，其命名規則和變數相同；「個數」則是陣列裡要存放多少的元素。

下面的範例都是合法的一維陣列宣告：

```
int score[6];            // 宣告一個整數陣列 score，元素個數為 6
float temp[7];           // 宣告一個浮點數陣列 temp，元素個數為 7
char name[12];           // 宣告一個字元陣列 name，元素個數為 12
```

變數名稱後面緊接著左、右中括號（[、]），即表示該變數的資料型態為陣列，中括號內所包含的數字，代表陣列可儲存的元素個數。

以 int score[6]為例，由於整數資料型態佔用 4 個位元組（bytes），而整數陣列 score 可儲存的元素有 6 個，所以佔用的記憶體共有 4*6=24 個位元組。下圖中將陣列 score 化為圖形表示，可以較容易理解陣列的儲存方式。

圖 8.1.1
陣列的儲存

我們可以利用 sizeof() 函數印出陣列 score 與其中任一個元素的長度，藉以驗證陣列在記憶體中配置的真實性。

```cpp
01   // prog8_1, 一維陣列
02   #include <iostream>
03   #include <cstdlib>
04   using namespace std;
05   int main(void)
06   {
07      int score[6];
08
09      // 印出陣列中個別元素的長度及陣列的總長度
10      cout << "sizeof(score[1])=" << sizeof(score[1]) << endl;
11      cout << "sizeof(score)=" << sizeof(score) << endl;
12      system("pause");
13      return 0;
14   }
```

```
/* prog8_1 OUTPUT------

sizeof(score[1])=4
sizeof(score)=24

-----------------------*/
```

sizeof() 函數可計算出陣列 score 及陣列中某個元素的長度，有興趣的讀者可以更改第 10 行裡，中括號所包含的數值（要在陣列的範圍 0~5 內）後，觀察執行結果是否相同。

此外，在較嚴格的編譯器中，可能會出現 unreferenced local variable 的警告訊息，告訴程式設計者這個陣列沒有設值。由於本程式只是將某個元素及陣列的大小列出，並沒有使用到陣列，因此可以忽略這個警告訊息。

8.1.2 陣列元素的表示方法

想要使用陣列裡的元素，可以利用註標（index）來完成。C++的陣列註標編號由 0 開始，以上一節中的 score 陣列為例，score[0]代表第零個元素，score[1]代表第一個元素，score[5]為陣列中第五個元素（也就是最後一個元素）。下圖為 score 陣列中元素的表示法及排列方式：

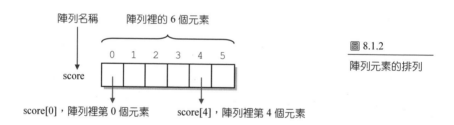

圖 8.1.2
陣列元素的排列

8.1.3 陣列初值的設定

如果想直接在宣告時就給與陣列初值，可以利用左、右大括號完成。只要在陣列的宣告格式後面再加上初值的設定即可，如下面的格式：

資料型態 陣列名稱[n]={初值 0,初值 1,...,初值 n-1};

格式 8.1.2
陣列初值的設定

在大括號內的初值會依序指定給陣列的第 0、1、⋯、n-1 個元素，如下面的陣列宣告及初值的設定範例：

```
int day[12]={31,28,31,30,31,30,31,31,30,31,30,31};
```

在上面的敘述中，我們宣告一個整數陣列 day，陣列元素有 12 個，大括號裡的初值會分別依序指定給各元素存放，day[0]為 31，day[1]為 28，…，day[11]為 31。如果想將陣列內所有的元素皆設值為同一個數時，在左、右大括號中只要填入一個數值，不管陣列元素有多少，都會被設成相同的數值，如下面的敘述：

```
int data[5]={100};                // 將陣列 data 內的所有元素值都設定為 100
```

上面的宣告中，會將陣列 data 的 5 個元素皆設值為 100。此外，若是於宣告的時候，並未將陣列元素的個數列出，編譯器會視所給予的初值個數來決定陣列的長度。如下面的陣列宣告及初值的設定範例：

```
int day[]={31,28,31,30,31,30,31,31,30,31,30,31};     // 宣告並設定初值
```

在上面的敘述中，我們宣告一個整數陣列 day，雖然沒有特別指明陣列的長度，但是由於大括號裡的初值有 12 個，編譯器會分別依序指定給各元素存放，day[0]為 31，day[1]為 28，…，day[11]為 31。

如果所宣告的陣列大小與實際的初值個數不同時，會發生什麼事呢？當初值個數比宣告的陣列元素少，剩餘未設值的元素會填入 0；若是初值個數比宣告的陣列元素多，編譯器則會出現警告或是錯誤訊息。當所設定的初值個數比宣告的陣列元素多時，大部分的編譯器會出現如下的錯誤訊息：

```
too many initializers              // 編譯器的錯誤訊息
```

這個錯誤訊息指出，在設定陣列的初值時有過多的元素存在，提醒程式設計師更改成正確的陣列內容設定。

prog8_2 是一維陣列設定初值的範例，於程式中並沒有直接設定陣列大小，但最後會將陣列的內容及元素的個數印出。

```
01    // prog8_2, 一維陣列的設值
02    #include <iostream>
03    #include <cstdlib>
04    using namespace std;
05    int main(void)
06    {
07       int i,a[]={15,6,8};
08       int length=sizeof(a)/sizeof(int);          // 計算陣列元素個數
09       for(i=0;i<length;i++)                        // 印出陣列的內容
10          cout << "a[" << i << "]=" << a[i] << ", ";
11       cout << endl << "array a has " << length << " elements";  // 印出 length
12       system("pause");
13       return 0;
14    }
```

```
/* prog8_2 OUTPUT------

a[0]=15, a[1]=6, a[2]=8,
array a has 3 elements

----------------------*/
```

除了在宣告時即設定初值之外,我們也可以在程式中為某個特定的陣列元素設值。以
程式 prog8_2 為例,我們可以將程式第 7 行修改並加入部分敘述:

```
07    int i,a[3];                              // 宣告整數陣列 a,其長度為 3
08    int length=sizeof(a)/sizeof(int);        // 計算陣列元素個數
09    a[0]=15;                                 // 第 0 個元素設值為 15
10    a[1]=6;                                  // 第 1 個元素設值為 6
11    a[2]=8;                                  // 第 2 個元素設值為 8
12    for(i=0;i<length;i++)                    // 印出陣列的內容
         ...
```

利用這種為陣列元素各別設值的方式,僅適用在陣列較小的時機,否則將容易造成程
式的冗長及不易閱讀,在使用上要特別注意。

❖

8.1.4 簡單的範例：找出陣列元素的最大值與最小值

由前面的範例可知，陣列的註標就好像飯店房間的編號一樣，想要找到某個房間時，就得先找到房間編號！接下來再舉一個例子，說明如何將陣列裡的最大及最小值列出：

```cpp
01   // prog8_3, 比較陣列元素值的大小
02   #include <iostream>
03   #include <cstdlib>
04   using namespace std;
05   int main(void)
06   {
07      int A[]={48,75,30,17,62};           // 宣告整數陣列A,並設定初值
08      int i,min=A[0],max=A[0];
09      int length=sizeof(A)/sizeof(int);   // 計算陣列元素個數
10      cout << "elements in array A are ";
11      for(i=0;i<length;i++)               // 印出陣列的內容
12      {
13         cout << A[i] << "  ";
14         if(A[i]>max)                     // 判斷最大值
15            max=A[i];
16         if(A[i]<min)                     // 判斷最小值
17            min=A[i];
18      }
19      cout << endl << "Maximum is " << max;            // 印出最大值
20      cout << endl << "Minimum is " << min << endl;    // 印出最小值
21      system("pause");
22      return 0;
23   }
```

```
/* prog8_3 OUTPUT-----------------------

elements in array A are 48  75  30  17  62
Maximum is 75
Minimum is 17

----------------------------------------*/
```

程式第 8 行宣告整數變數 i 做為迴圈控制變數及陣列的註標；另外也宣告存放最小值的變數 min 與最大值的變數 max，同時將 min 與 max 的初值設為陣列第 0 個元素。

第 9 行利用 sizeof() 函數計算陣列元素個數，也就是將陣列 A 的總長度除以 int 型態的
長度後，得到的結果即為陣列元素的個數。第 11~18 行逐一印出陣列裡的內容，並判
斷陣列裡的最大值與最小值，最後再印出比較後的最大值與最小值。

8.1.5　陣列界限的檢查

C++並不會檢查註標值的大小，也就是說當註標值超過陣列的長度時，C++並不會因此
而不讓使用者繼續使用該陣列，而是將多餘的資料放在陣列之外的記憶體中，如此一
來很可能會蓋掉其它的資料或是程式碼，造成不可預期的錯誤。這種錯誤是在執行時
才發生的（run-time error），而不是在編譯時期發生的錯誤（compile-time error），編
譯程式無法提出任何的警告訊息。

由於 C++為了增加執行的速度，並不會做這些如變數範圍，或是陣列界限等額外的檢
查，所以這類的範圍檢查工作將交給程式設計師來做。在程式中最好還是加上陣列界
限的檢查程式，以避免這種不可預期的錯誤發生。下面的程式裡，會將陣列界限的檢
查範圍加入程式中，用以確保程式執行的正確性。

```
01   // prog8_4, 陣列的界限檢查
02   #include <iostream>
03   #include <cstdlib>
04   using namespace std;
05   #define MAX 5
06   int main(void)
07   {
08      int score[MAX];
09      int i=0,num;
10      float sum=0.0f;
11      cout << "Enter 0 stopping input!!" << endl;
12      do
13      {
```

```
14        if(i==MAX)                // 當 i 的值為 MAX，表示陣列已滿，即停止輸入
15        {
16           cout << "No more space!!" << endl;
17           i++;
18           break;
19        }
20        cout << "Input score:";
21        cin >> score[i];
22     }while(score[i++]>0);        // 輸入成績，輸入 0 或負數時結束
23     num=i-1;
24     for(i=0;i<num;i++)
25        sum+=score[i];            // 計算平均成績
26     cout << "Average of all is " << sum/num << endl;
27     system("pause");
28     return 0;
29   }
```

```
/* prog8_4 OUTPUT--------

Enter 0 stopping input!!
Input score:68
Input score:93
Input score:84
Input score:71
Input score:63
No more space!!
Average of all is 75.8

-----------------------*/
```

本程式由鍵盤輸入學生成績，並將值指定給陣列的第 i 個元素存放，i 的初值為 0，當
成績為 0 或是負數時即結束輸入。進入迴圈後，先檢查 i 的值是否等於 MAX，如果相
等即表示存放在陣列裡的資料已滿，將 i 加 1 後利用 break 敘述中斷迴圈的執行。

將陣列長度設成 5 後，當程式執行時，輸入到第 5 筆資料結束，即使不是輸入 0，也會
強制結束輸入的動作，如此一來就能確保陣列界限不會超出範圍。看似小小的功能，
不但可以避免人為蓄意的破壞，還可以避免不可預期的錯誤呢！

❖

8.2 二維以上的多維陣列

一維陣列可以處理一般簡單的資料，但是在實際的應用上，二維陣列以上的多維陣列較能處理更為複雜的資料。學會使用一維陣列後，接著來看看二維陣列的使用。

8.2.1 二維陣列的宣告與配置記憶體

二維陣列（2-dimensional array）宣告的方式和一維陣列類似，其宣告格式如下所示：

資料型態　陣列名稱 [列的個數] [行的個數]；

格式 8.2.1
二維陣列的宣告格式

與一維陣列不同的是註標的宣告方式。在宣告格式中，「列的個數」是告訴編譯器，所宣告的陣列有多少列，「行的個數」則是一列中有多少行。下面的範例都是合法的陣列宣告：

```
int data[6][5];          // 宣告整數陣列 data，元素個數為 6*5=30
float score[3][7];       // 宣告浮點數陣列 score，元素個數為 3*7=21
```

變數名稱後面緊接著左、右中括號（[、]），表示該變數的結構為陣列，中括號內所包含的數字，即代表陣列元素共有幾行幾列。舉例來說，某汽車公司有兩個業務員，他們在本年度每季的銷售量可以整理成如下表的業績：

業務員	本年度銷售量			
	第一季	第二季	第三季	第四季
1	30	35	26	32
2	33	34	30	29

此時可以利用二維陣列將上表的資料儲存起來，將陣列宣告為 int sale[2][4]，由於整數資料型態所佔用的位元組為 4 個位元組（bytes），而整數陣列 sale 可儲存的元素有 2*4=8

個，佔用的記憶體共有 8*4=32 個位元組。下圖中我們將陣列 sale 化為圖形表示，讀者可以比較容易理解二維陣列的儲存方式：

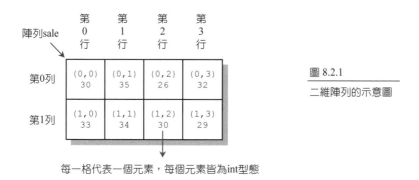

圖 8.2.1
二維陣列的示意圖

陣列中的「第 0 列」代表業務員 1，第 0 列的第 0 行~第 3 行為業務員 1 的第一季~第四季業績；「第 1 列」代表業務員 2，第 1 列的第 0 行~第 3 行為業務員 2 的第一季~第四季業績。兩個業務員的業績儲存在陣列後，就可以利用陣列計算本年度總業績或是某季的業績等。

如果想直接在宣告時就給予陣列初值，可以利用左、右大括號完成。只要在陣列的宣告格式後面再加上初值的設定即可，如下面的格式：

```
資料型態 陣列名稱[列的個數][行的個數]={{ 第 0 列初值 },
                               { 第 1 列初值 },
                               {    ...      },
                               { 第 n 列初值 }};
```

格式 8.2.2
二維陣列初值的
設定格式

在大括號內還有幾組大括號，每組大括號內的初值會依序指定給陣列的第 0、1、…、n-1 列元素。如下面的陣列 sale 宣告及初值的設定範例：

```
int sale[2][4]={{30,35,26,32},          // 二維陣列的初值設定
                {33,34,30,29}};
```

在上面的敘述中，我們宣告一個整數陣列 sale，陣列有 2 列 4 行共 8 個元素，大括號裡的幾組初值會分別依序指定給各列裡的元素存放，sale[0][0]為 30，sale[0][1]為 35，…，sale[1][3]為 29。

事實上，您可以把一個 m 列 n 行的陣列（即 m×n 陣列）想像成是由 m 個一維陣列所組成，其中每一個一維陣列都恰好有 n 個元素。以 sale 陣列來說，因 sale 是 2×4 的陣列，所以它是由 2 個一維陣列 {30,35,26,32} 與 {33,34,30,29} 所組成，您可以注意到每一個一維陣列恰有 4 個元素。利用這個觀念，二維陣列的初值設定便可很容易地依下面的說明來設定：

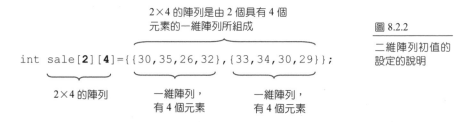

圖 8.2.2
二維陣列初值的
設定的說明

現在，二維陣列初值的設定應該不是難事！習慣上，我們會把上圖裡二維陣列初值的設定寫成兩行，並讓每一個一維陣列對齊，讓它看起來像是數學上二維的矩陣，如格式 8.2.2 裡的撰寫方式。

值得注意的是，C++允許二維以上的多維陣列不必定義陣列的長度，但是只有最左邊（第一個）的註標值可以省略不定義外，其它的註標都必須定義其長度。舉例來說，下面的宣告即為未定長度的陣列 temp 宣告及設值：

```
int temp[][4]={{30,35,26,32},          // 未定長度之二維陣列的初值設定
               {33,34,30,29},
               {25,33,29,25}};
```

以這種未定長度的陣列宣告方式，可以很方便的增加或縮短陣列的大小，但是也會花費較多的時間計算處理每個註標值及陣列的元素，這其中的優缺點就由程式設計師自行斟酌使用。

8.2.2 二維陣列元素的引用及存取

二維陣列元素的輸入與輸出方式與一維陣列相同，以上一小節中所練習的二維陣列 sale 為例，將兩個業務員的銷售業績於程式中直接設值後，再計算該公司本年度新車的總銷售量，程式及執行結果如下：

```cpp
01    // prog8_5, 二維陣列的使用
02    #include <iostream>
03    #include <cstdlib>
04    using namespace std;
05    int main(void)
06    {
07       int i,j,sum=0;
08       int sale[2][4]={{30,35,26,32},{33,34,30,29}};// 宣告陣列並設定初值
09       for(i=0;i<2;i++)                // 輸出銷量並計算總銷售量
10       {
11          cout << "業務員" << (i+1) << "的業績分別為 ";
12          for(j=0;j<4;j++)
13          {
14             cout << sale[i][j] << " ";
15             sum+=sale[i][j];
16          }
17          cout << endl;
18       }
19       cout << endl << "本年度總銷售量為" << sum << "輛車" << endl;
20       system("pause");
21       return 0;
22    }
```

```
/* prog8_5 OUTPUT------------

業務員 1 的業績分別為 30 35 26 32
業務員 2 的業績分別為 33 34 30 29

本年度總銷售量為 249 輛車

-----------------------------*/
```

於本例中，第 8 行宣告整數陣列 sale，並設定陣列的初值。第 9~18 行印出陣列裡各元素的內容，並加總各元素值，最後再印出 sum 的結果即為總銷售量。　　　　❖

8.2.3　多維陣列

經由前面的練習可以發現，陣列的註標值多一個，處理時就需要用到多一層的迴圈。若是想要提高陣列的維度，只要在宣告陣列的時候將中括號與索引值再加一組即可。所以如果要宣告一個第一維度為 2，第二維度為 4，第三維度為 3 的整數陣列 A（即 2×4×3 陣列），可以利用下面的語法來宣告：

```
int A[2][4][3];                    // 宣告 2×4×3 整數陣列 A
```

我們可以把三維陣列想像成是由數個二維陣列所組成，因此 2×4×3 的三維陣列可以解釋成此陣列是由 2 個 4×3 的二維陣列所組成，也就是說，如果把 4×3 的二維陣列想像成是由 4 個橫列，3 個直行的積木所疊成，則 2×4×3 的三維陣列就是兩組 4 個橫列，3 個直行的積木併在一起，即可組成一個立方體！

因此三維陣列就好比是疊成一個立方體的積木一樣，每一個積木即代表三維陣列裡的一個元素。我們把這個概念畫成下圖，從圖中可以更瞭解三維陣列是如何拆解的：

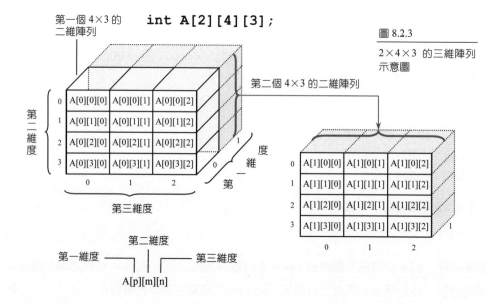

圖 8.2.3

2×4×3 的三維陣列示意圖

使用多維陣列時，存取陣列元素的方式和一、二維相同，但是每多一維，巢狀迴圈的
層數就必須多一層，所以維數愈高的陣列其複雜度也就愈高。下面的程式碼以 2×4×3
的三維陣列為例，說明如何在三維陣列裡，找出所有元素的最大值：

```cpp
01    // prog8_6, 三維陣列的使用
02    #include <iostream>
03    #include <cstdlib>
04    using namespace std;
05    int main(void)
06    {
07       int A[2][4][3]={{{21,32,65},          // 宣告陣列並設定初值
08                        {78,94,76},
09                        {79,44,65},
10                        {89,54,73}},                  設定 2×4×3
11                       {{32,56,89},                   陣列的初值
12                        {43,23,32},
13                        {32,56,78},
14                        {94,78,45}}};
15       int i,j,k,max=A[0][0][0];              // 設定 max 為 A 陣列的第一個元素
16
17       for(i=0;i<2;i++)
18          for(j=0;j<4;j++)                    利用三個 for 迴
19             for(k=0;k<3;k++)                 圈找出陣列的
20                if(max<A[i][j][k])            最大值
21                   max=A[i][j][k];
22       cout << "max=" << max << endl;         // 印出陣列的最大值
23
24       system("pause");
25       return 0;
26    }
```

```
/* prog8_6 OUTPUT---

max=94

-------------------*/
```

於本例中，7~14 行宣告一個 2×4×3 的三維陣列，並設定初值。三維陣列初值的設定
看似複雜，但如果把 2×4×3 的三維陣列看成是 2 個 4×3 的二維陣列所組成就容易得
多。下圖是仿照圖 8.2.3，繪製出本範例中，三維陣列 A 的示意圖：

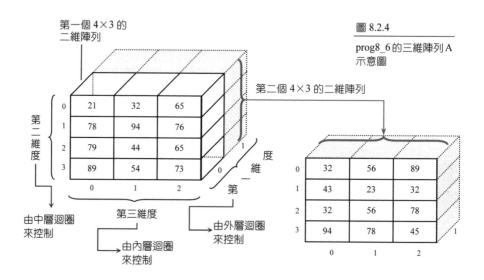

圖 8.2.4

prog8_6 的三維陣列 A
示意圖

由於 2×4×3 的三維陣列可以看成是 2 個 4×3 的二維陣列,因此三維陣列 A 的第一個
4×3 的二維陣列為

```
{{21,32,65},
 {78,94,76},
 {79,44,65},
 {89,54,73}}
```

第二個 4×3 的二維陣列為

```
{{32,56,89},
 {43,23,32},
 {32,56,78},
 {94,78,45}}
```

而 2×4×3 的三維陣列 A 可看成是這兩個陣列的組合,也就是說,2×4×3 的三維陣
列可以寫成

　　　2×4×3 的三維陣列 = { 4×3 的二維陣列,4×3 的二維陣列 }

因此陣列 A 初值的設定便可用下圖來表示:

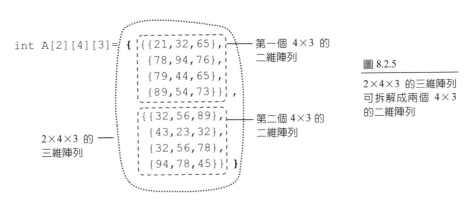

```
int A[2][4][3]= {  {{21,32,65},      第一個 4×3 的
                    {78,94,76},       二維陣列
                    {79,44,65},
                    {89,54,73}} ,

                   {{32,56,89},       第二個 4×3 的
                    {43,23,32},       二維陣列
 2×4×3 的          {32,56,78},
 三維陣列           {94,78,45}} }
```

圖 8.2.5

2×4×3 的三維陣列
可拆解成兩個 4×3
的二維陣列

在找尋陣列 A 的最大值時，由於陣列 A 是三維陣列，所以巢狀迴圈有三層，而索引值
也有三個，最外層的迴圈控制第一個維度，中層迴圈控制第二個維度，最內層的迴圈
控制第三個維度。利用這三個迴圈，便能把三維陣列 A 裡的每一個元素都走訪一次，
便能藉由 20~21 行的敘述找出陣列裡的最大值。

使用三維陣列時要用到的巢狀迴圈有三層，而索引值也有三個。若是一時無法想像三
維陣列，以所宣告的 p*m*n 陣列為例，可以想成有 p 個 m*n 的二維陣列；由於三維以
上的多維陣列比較難由圖形描繪出，所以僅能靠讀者自己的想像力。

8.3　傳遞陣列給函數

在 C++裡，除了可以傳遞變數、常數給函數之外，還可以將陣列當成引數傳遞到函數
中呢！我們來看看如何傳遞陣列給函數。

8.3.1　以一維陣列為引數來傳遞

以陣列當成引數傳遞到函數時，函數接收的是陣列的位址，而不是陣列的值。下面為
傳遞一維陣列至函數的格式：

```
傳回值型態 函數A(資料型態 []);        // 宣告函數原型
int main(void)
{
    資料型態 陣列名稱[個數];
        ...
    函數A(陣列名稱);
        ...
}

傳回值型態 函數A(資料型態 陣列名稱 [] )
{
        ...
}
```

格式 8.3.1

傳遞一維陣列至
函數的格式

中括號內可以不
填入元素的個數

在宣告函數原型的部分，所填入的陣列名稱，可以是任何使用者自訂之識別字，不一
定要與函數定義中的陣列名稱相同。當然亦可使用指標的寫法，這個部分留到第九章
再做討論。

在函數 A 定義的部分，如果所接收的引數為一維陣列時，則陣列名稱後面的中括號內
可以不填入元素的個數。也就是說，接收陣列的函數並不做陣列界限的檢查動作，而
是主程式直接把該陣列的位址傳遞到函數中，由函數自行處理陣列。

事實上，傳遞至函數的並不是一整個陣列，而是指向陣列位址的指標（pointer）。此時
只要知道函數原型的引數如何填寫，關於指標的部分，於第九章中將有更詳盡的介紹。

以下面的程式為例，將學生的成績存放在陣列中，利用 show() 函數將成績印出後，再
利用 average() 函數計算並傳回平均成績。

```
01  // prog8_7, 以一維陣列為引數
02  #include <iostream>
03  #include <cstdlib>
04  using namespace std;
```

```
05    #define SIZE 5
06    void show(int []);                      // 函數原型的宣告
07    double average(int []);                 // 函數原型的宣告
08    int main(void)
09    {
10       int score[SIZE]={89,54,73,95,71};    // 宣告陣列並設定初值
11       cout << "學生的成績為 ";
12       show(score);
13       cout << "平均成績=" << average(score) << endl;
14
15       system("pause");
16       return 0;
17    }
18
19    void show(int a[])                       // 顯示學生成績
20    {
21       for(int i=0;i<SIZE;i++)
22          cout << a[i] << " ";
23       cout << endl;
24       return;
25    }
26
27    double average(int a[])                  // 計算平均成績
28    {
29       double sum=0;
30       for(int i=0;i<SIZE;i++)
31          sum+=a[i];
32       return (sum/SIZE);
33    }
```

```
/* prog8_7 OUTPUT--------

學生的成績為 89 54 73 95 71
平均成績=76.4

-----------------------*/
```

於本例中，show() 與 average() 函數定義成可以接收一維陣列，因此在呼叫它們時，是
直接將陣列當成引數，傳遞到函數裡。請注意，如果要傳遞陣列到函數中，只要在函
數內填上陣列的名稱即可，如程式的第 12、13 行。　　　　　　　　　　　　　❖

8.3.2　傳遞多維陣列

同樣的若是想把二維以上的多維陣列當成引數傳遞到函數時,函數接收的仍是陣列的位址,而不是陣列的值。下面為傳遞二維陣列至函數的格式:

```
傳回值型態 函數 A(資料型態 [列的個數][行的個數]);        // 宣告函數原型
int main(void)
{                          中括號內可以不填入列的個數
    資料型態 陣列名稱[列的個數][行的個數];
    ...
    函數 A(陣列名稱);                                        格式 8.3.2
    ...                                                     傳遞二維陣列至
}                                                           函數的格式

傳回值型態 函數 A(資料型態 陣列名稱[列的個數][行的個數])
{
    ...              中括號內可以不        中括號內必須
}                    填入列的個數          填入行的個數
```

值得注意的是,不管陣列的維數是多少,在函數 A 定義與宣告的部分,陣列名稱後面的第一個中括號內可以不填入元素的個數,但是後面所有中括號內都必須填入數值,這是為了讓編譯程式能夠處理陣列內各元素的位置。

同樣的,在宣告函數原型的部分,所填入的陣列名稱,可以是任何的使用者自訂之識別字,不一定要與函數定義中的陣列名稱相同。

下面的範例是傳遞二維陣列到函數的練習,程式中將二維陣列 A 傳遞到 show() 函數裡,於函數中將陣列內容印出。

```
01    // prog8_8, 傳遞二維陣列
02    #include <iostream>
03    #include <cstdlib>
04    using namespace std;
```

```
05    #define LEN 2
06    #define WID 5
07    void show(int [LEN][WID]);                // 函數原型的宣告
08    int main(void)
09    {
10       int A[LEN][WID]={{81,52,13,96,27},     // 宣告陣列並設定初值
11                        {24,23,10,32,16}};
12       show(A);
13
14       system("pause");
15       return 0;
16    }
17
18    void show(int a[LEN][WID])                // 顯示陣列內容
19    {
20       for(int i=0;i<LEN;i++)
21       {
22          for(int j=0;j<WID;j++)
23             cout << a[i][j] << " ";
24          cout << endl;
25       }
26       return;
27    }
```

```
/* prog8_8 OUTPUT---

81 52 13 96 27
24 23 10 32 16

--------------------*/
```

程式第 18~27 行的 show() 函數，可以接收二維陣列，並利用兩個 for 迴圈將陣列的內容列印出來。讀者不難發現，即使是將陣列傳遞到函數中，存取陣列的方式都是相同的，並不會因為處理的函數不同而有所改變。　　　　　　　　　　　　　　　　❖

傳遞陣列到函數的方式其實和一般的變數差不多，但是由於陣列裡的資料比單一變數來得複雜，所以在處理上也就會比較煩雜，只要能夠釐清最重要的處理流程，相信任何問題都像是「庖丁解牛」，皆能輕易的迎刃而解，化繁為簡。

8.3.3 傳遞「值」還是「位址」到函數？

在 C++中呼叫函數時，若是沒有特別指明，都是以傳值呼叫的方式傳到函數中。在此或許會覺得有些疑問，為什麼將陣列當成引數時，傳到函數中的卻是陣列的位址？

程式在傳遞一般的變數名稱到函數時，接收的函數會將引數的內容複製一份，放在函數所使用的記憶體中，就像是函數裡的區域變數一樣，當函數結束後，原先在其它區段裡的變數並不會更改其值。

當傳遞的引數是陣列時，由於陣列的長度可能很大，而且是一塊連續的記憶體空間，為了避免寶貴的記憶體空間不足，就不再像一般的變數一樣，將陣列複製一份，而佔用過多的記憶體，也就是說，當陣列為引數時，傳遞到函數中的是該陣列實際的位址。

下面的程式是以簡單的例子來說明變數的傳值與陣列的傳址。程式裡宣告一整數變數，並將該變數當成引數傳遞到函數中，在主程式及函數內皆印出此變數的值及位址。

```cpp
01   // prog8_9, 印出變數的位址
02   #include <iostream>
03   #include <cstdlib>
04   using namespace std;
05   void func(int);              // 宣告函數原型
06   int main(void)
07   {
08      int a=13;
09      cout << "In main(),a=" << a << ",address=" << &a << endl;
10      func(a);
11      system("pause");
12      return 0;
13   }
14
15   void func(int a)             // 自訂函數 func()
16   {
17      cout << "In func(),a=" << a << ",address=" << &a << endl;
18      return;
19   }
```

```
/* prog8_9 OUTPUT----------------
In main(),a=13,address=0x22ff74
In func(),a=13,address=0x22ff50
-------------------------------*/
```

在 C++中若是想印出變數的位址，就要在變數名稱前面加上「位址運算子&」，如&a，
即是取出變數 a 的位址。此外，在不同的編譯器與電腦中取出變數的位址時，得到的
結果可能會有些許不同，這並不會影響程式的執行以及讀者對本範例的瞭解。

主程式中傳遞的是變數 a 的值到函數 func()，雖然函數接收的變數名稱亦為 a，但是函
數是將主程式裡的變數 a 的值複製一份到函數中，利用接收的引數 a 在函數中活動。下
圖為 prog8_9 的示意圖：

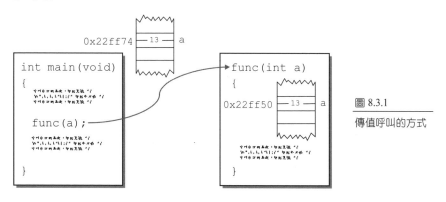

圖 8.3.1
傳值呼叫的方式

下面的程式是把陣列當做引數傳遞到函數時，在主程式及函數內分別印出陣列的值及
位址，請仔細地觀察程式執行的結果。

```
01   // prog8_10, 印出陣列的位址
02   #include <iostream>
03   #include <cstdlib>
04   #include <iomanip>
05   using namespace std;
06   void func(int []);                          // 宣告函數原型
07   int main(void)
08   {
```

```
09      int i,a[4]={20,8,13,6};
10      cout << "In main()," << endl;                    // 印出陣列 a 的值及位址
11      for(i=0;i<4;i++)
12      {
13          cout << "a[" << i << "]=" << setw(2) << a[i];
14          cout << ",address=" << &a[i] << endl;
15      }
16      func(a);
17      system("pause");
18      return 0;
19   }
20
21   void func(int b[])                                  // 自訂函數 func()
22   {
23      int i;
24      cout << "In func()," << endl;                    // 印出陣列 b 的值及位址
25      for(i=0;i<4;i++)
26      {
27          cout << "b[" << i << "]=" << setw(2) << b[i];
28          cout << ",address=" << &b[i] << endl;
29      }
30      return;
31   }
```

```
/* prog8_10 OUTPUT-------

In main(),
a[0]=20,address=0x22ff50
a[1]= 8,address=0x22ff54
a[2]=13,address=0x22ff58
a[3]= 6,address=0x22ff5c
In func(),
b[0]=20,address=0x22ff50
b[1]= 8,address=0x22ff54
b[2]=13,address=0x22ff58
b[3]= 6,address=0x22ff5c

------------------------*/
```

當傳遞陣列 a 到函數時，即使接收的引數與原先的名稱不同（如陣列 b），將陣列 b 各元素的值及位址印出後，可以看到和主程式中的陣列 a 各元素皆相同。下圖為 prog8_10 的示意圖：

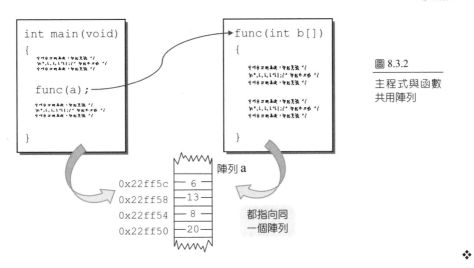

圖 8.3.2

主程式與函數
共用陣列

經過前面的練習不難發現,即使不傳回任何資料到主程式中,陣列的內容也會被更改,
也就是說,被呼叫的函數和原呼叫的函數共用相同一個陣列,亦即「傳遞到函數裡的
是陣列的位址」。關於位址的觀念,在第九章中還會有詳細的介紹。

8.4 字元陣列--C 型態字串

字元變數只能存放一個字元,若是想存放 2 個以上的字元,也就是一般所提到的字串,
則必須以字元陣列來處理。早期 C 語言在處理字串時是用字元陣列,本節要介紹的字
串是沿用 C 語法的字元陣列,稱為 C 型態字串(C-style string),關於 C++的字串型態,
我們留到下一節再做介紹。

8.4.1 字串常數

雖然在 C 語言裡並沒有字串的資料型態,但可以由字元陣列組成字串。字元常數是以
單引號(')所包圍,而字串常數則是以兩個雙引號(")包圍起來的資料,如下所示:

```
"Dev C++"
"Merry Christmas!"
"Computer"
```

字串常數儲存在記憶體時，在最後面會加上字串結束字元 '\0' 做結尾，如下圖：

M	y		f	r	i	e	n	d	\0

圖 8.4.1

字串常數會加上 \0 做結尾

在字串裡，每一個字元佔有 1 個位元組，再加上字串結束字元 '\0'，其字串總長度即為所有的字元數加 1，因此上圖中的字串 My friend 的長度為 9+1=10 個位元組。

字元常數所佔有的記憶體是 1 個位元組，如字元常數 'C'；但若是以雙引號包圍時，就會因為結尾處要加上字串結束字元 '\0'，而變為 2 個位元組。

8.4.2 字元陣列的宣告

要使用字串變數，就要宣告字元陣列，此類的字串稱為 C 型態字串。宣告字元陣列後，即可將該字元陣列視為字串變數，其宣告的格式如下：

> **char** 字元陣列名稱[字串長度];
>
> 格式 8.4.1
>
> 字元陣列的宣告格式

我們也可以在宣告時直接設定字串的內容，如下面的格式：

> **char** 字元陣列名稱[字串長度]="字串常數";
>
> 格式 8.4.2
>
> 字元陣列的宣告格式

宣告的字串長度必須比實際可存放的字元來得大，最少要大於 1，因為我們要預留一個
位元組給字串結束字元 '\0' 存放。也就是說，字串長度宣告為 10 時，實際上只能存放
9 個字元，最後一個字元必須是 '\0'。下面的範例為合法的字串變數宣告：

```
char mystr[30];                // 宣告字元陣列 mystr，長度為 30 個字元
char name[15]="Tippi Hong";    // 宣告字元陣列 name，初值為 Tippi Hong
```

上面的第一個敘述宣告一個字元陣列 mystr，其長度為 30（實際只能使用 29 個位元組）；
第二個敘述宣告字元陣列 name，長度為 15（實際只能使用 14 個位元組），初值設為
Tippi Hong。在使用雙引號時，編譯器會自動在字串結尾處加上字串結束字元 '\0'。

值得注意的是，C++的陣列長度經過宣告之後就是固定的，即使是沒有用到的部分，也
會佔用記憶體，如上面的範例裡，Tippi Hong 只有 10 個字元，加上 '\0'，也只用到其
中的 11 個字元，但字元陣列 name 的長度，都會是 15 個位元組，不會因為存放的內容
而有所差異，因此在宣告陣列時，要衡量可能存放的資料內容，以免造成不足或浪費。

下面的範例分別宣告 C 型態字串變數及字元變數，並設定初值，然後於程式中印出各
變數的長度：

```
01   // prog8_11, 印出字元及字串的長度
02   #include <iostream>
03   #include <cstdlib>
04   using namespace std;
05   int main(void)
06   {
07      char a[]="My friend";
08      char b='c',str[]="c";
09      cout << "sizeof(a)=" << sizeof(a) << endl;
10      cout << "sizeof(b)=" << sizeof(b) << endl;
11      cout << "sizeof(str)=" << sizeof(str) << endl;
12      system("pause");
13      return 0;
14   }
```

```
/* prog8_11 OUTPUT---
sizeof(a)=10
sizeof(b)=1
sizeof(str)=2

---------------------*/
```

字串 a 的內容為 My friend，包括空白只有 9 個字元，但是利用 sizeof() 函數求出來的
長度卻是 10 個位元組，這是因為字串的結尾是還加上一個字串結束字元 '\0'。此外，
雖然字元變數 b 與字串變數 str 的內容皆為 c，但長度卻不相同，由於字串變數 str 的設
值是以雙引號包圍，在字串結束時會自動加上 '\0'，因此 str 的長度會變成 2 個位元組，
而字元變數 b 的設值是以單引號包圍，並不會加上字串結束字元 '\0'。

在較為嚴格的編譯器中編譯本程式時，可能會出現警告訊息 xxx is assigned a value that
is never used，這是說該變數被設值後並未被使用過。由於本程式只是簡單地將字元變
數及字串的長度印出，因此讀者可以忽略這個訊息。

8.4.3 字串的輸出與輸入

與其它的資料型態一樣，利用 cout 及 cin 即可輸出與輸入字串。在使用 cout 輸出字串
時，也必須使用資料流插入運算子「<<」，如下面的程式片段：

```
cout << "It is a windy day!" << endl;
```

當程式執行時，字串常數 "It is a windy day!" 會先被輸出到螢幕上，接下來再送上換行
碼 endl，告訴電腦必須於此處換行。

除了輸出字串常數之外，也可以利用 cout 印出字串物件的內容，其用法與輸出一般的
變數相同，如下面的程式片段：

```
char str[20]="Time is money";        // 宣告字串 str 並設值
cout << "str=" << str;                // 印出 str 的內容
```

當程式執行時，會將字串常數 Time is money 設值給字元陣列 str 存放，再印出 str 的內容，下面為執行的結果：

```
str=Time is money
```

使用 cin 輸入字串時，則要使用資料流擷取運算子「>>」讀取鍵盤鍵入的字串。例如想由鍵盤中讀取一字串，並指定給 str 存放，可以寫出如下的敘述：

```
char str[20]                          // 宣告字串 str
cin >> str;                           // 由鍵盤中讀取字串給 str 存放
```

通常在使用 cin 輸入資料內容前，會先利用 cout 輸出一個提示訊息，讓使用者知道下一刻要準備輸入資料，如下面的程式片段：

```
cout << "Input a string:";            // 提示訊息，請使用者輸入資料
cin >> str;                           // 由鍵盤中讀取字串給 str 存放
```

下面的範例是利用 cout 及 cin 練習字串的輸出及輸入。程式中宣告一個字串變數 name，於執行時輸入名字，再將所輸入的字串內容印出，這樣的動作執行兩次。

```
01   // prog8_12, 輸入及輸出字串
02   #include <iostream>
03   #include <cstdlib>
04   using namespace std;
05   int main(void)
06   {
07     char name[15];
08     int i;
09     for(i=0;i<2;i++)
10     {
11       cout << "What's your name? ";
12       cin >> name;                  // 以 cin 輸入字串
13       cout << "Hi, " << name << ", how are you?" << endl << endl;
14     }
```

```
15      system("pause");
16      return 0;
17  }
```

/* prog8_12 OUTPUT----------

```
What's your name? Tippi
Hi, Tippi, how are you?

What's your name? Alice Wu
Hi, Alice, how are you?
```

--------------------------*/

第一次執行迴圈時，輸入 Tippi，執行結果是正確的，再次輸入時，輸入的是 Alice Wu，
印出的卻只有 Alice，為什麼呢？這是因為利用 cin 輸入字串時，cin 讀到 **Enter** 鍵或是
第一個空白，就以為字串已經輸入完畢，即結束讀取的動作，因此利用 cin 輸入字串時，
必須確定字串的內容沒有空白，否則就會出現如同本範例的錯誤。

如果不能確定使用者輸入時是否會輸入帶有空白的字串，就必須使用 cin.getline() 來輸
入字串，以確保資料讀入的正確性。C 型態字串的 cin.getline() 的使用格式如下：

> cin.getline(字串名稱, 最大字串長度, 字串結束字元);
>
> 格式 8.4.3
> ────────────
> cin.getline()的使用格式

格式 8.4.3 中，「字串結束字元」的預設值為 \n，如果不需要加以更改字串結束字元，
則不必特別指出該結束字元，如下面的敘述：

```
cin.getline(str,10);        // 由鍵盤輸入一長 10 個字元的字串，並指定給 str 存放
```

雖然沒有寫出「字串結束字元」，當使用者輸入完畢，C++會自動將 \n 加到字串 str
的後面。再以 prog8_12 為例，利用 cin.getline()函數修正該程式可能出現的錯誤。

```
01    // prog8_13, 修正 prog8_12 可能出現的錯誤
02    #include <iostream>
03    #include <cstdlib>
04    using namespace std;
05    int main(void)
06    {
07       char name[15];
08       int i;
09       for(i=0;i<2;i++)
10       {
11          cout << "What's your name? ";
12          cin.getline(name,15);           // 以 cin.getline() 輸入字串
13          cout << "Hi, " << name << ", how are you?" << endl << endl;
14       }
15       system("pause");
16       return 0;
17    }
```

```
/* prog8_13 OUTPUT------------

What's your name? Lucy Wang
Hi, Lucy Wang, how are you?

What's your name? Minnie Hong
Hi, Minnie Hong, how are you?

-----------------------------*/
```

利用 cin.getline() 即可將字串中的空白當成一般的字元輸入,而不會造成任何的錯失,
因此在字串的輸入上,其使用的頻率會遠高於 cin。

❖

此外,在輸入單一字元的情況下,就可以使用 cin.get(),其格式如下:

cin.get(字元變數名稱);

格式 8.4.4
cin.get()的使用格式

舉例來說，程式中宣告一個字元變數 ch，再由鍵盤輸入一個字元，並指定給 ch 存放，可以用下列敘述完成：

```
char ch;                              // 宣告字元變數 ch
cin.get(ch);                          // 由鍵盤輸入一個字元，並指定給 ch 存放
```

在輸入資料時，字元、數值及字串等型態的資料，經常會混合著使用，尤其是將字串與數值混合在一起輸入時，可能會發生問題。我們先來看下面的程式：

```
01   // prog8_14, 字串與數值混合輸入
02   #include <iostream>
03   #include <cstdlib>
04   using namespace std;
05   int main(void)
06   {
07      int age;
08      char name[20];
09      cout << "How old are you? ";
10      cin >> age;
11      cout << "What's your name? ";
12      cin.getline(name,20);
13      cout << name << " is " << age << "-years-old!" << endl;
14      system("pause");
15      return 0;
16   }
```

```
/* prog8_14 OUTPUT-----------------

How old are you? 18
What's your name?  is 18-years-old!

----------------------------------*/
```

當程式執行時，鍵入整數變數 age 的內容，按下 **Enter** 鍵後，接著再輸入字串，會發現這個字串並沒有被讀入程式就直接跳到下一個步驟。這是由於 cin 讀入整數變數 age 時，將 \n 留在輸入序列中，而後面接著利用 cin.getline() 讀入字串時，字元陣列接收 \n，成為空白字串。

解決問題的方法很簡單，只要在輸入字串之前，利用 cin.get() 將前面輸入資料所留下的 \n 吸收，資料就可以正確的輸入。程式 prog8_14 的第 11 行可以更改為下面的敘述：

```
11    cin >> age;
12    cin.get();              // 接收多餘的\n
13    cout << "What's your name? ";
```

或是將上面 2 行敘述寫成一行：

```
11    (cin >> age).get();
```

經過更改後的程式執行結果如下所示：

```
/* prog8_14 OUTPUT------------
How old are you? 18
What's your name? Tippi Hong
Tippi Hong is 18-years-old!
----------------------------*/
```

雖然只是加上一個很簡單的敘述，卻能解決程式語意上的錯誤。當程式在輸入上發生類似的問題時，不妨參考 prog8_14 的解決方法哦！

❖

8.5 字串類別--C++型態字串

除了使用 C 型態字串之外，C++提供另一種使用字串的方式，就是用 string 類別（class），此類的字串稱為 C++型態字串（C++-style string）。雖然到目前為止，我們並沒有討論到類別的觀念，不過在此可以先用較為簡單的思維來看待本節所要介紹的 string 類別。在使用 string 類別前我們要先將 string 含括到程式中，如下面的敘述：

```
#include <string>
```

8.5.1 字串的宣告

一般在程式中使用基本資料型態宣告的，稱為變數（variable），而在物件導向程式設計（object oriented programming）裡以類別宣告的，稱為「物件」（object）。在此不妨暫且將 string 類別看成是一種資料型態，就像是使用 int 宣告整數變數，而以 string 類別宣告的就是字串，宣告格式如下：

> **string** 字串名稱；
>
> 字串名稱="字串常數"；
>
> 格式 8.5.1
> 字串的宣告格式

或是

> **string** 字串名稱="字串常數"；
>
> 格式 8.5.2
> 字串的宣告格式

利用 string 宣告字串時，不需要像字元陣列結束時要加上字串結束字元 '\0'，這樣的方式顯得人性化，也較為方便許多。下面的範例為合法的字串宣告：

```
string str1;                // 宣告 string 類別物件 str1
str1="Hello C++!";          // 為 str1 設值為"Hello C++!"

string str2="Hello C++!";   // 宣告 string 類別物件 str2，並直接設值

string str3="";             // 宣告 string 類別物件 str3，並設值為空字串
```

由於 string 不需要字串結束字元，因此若是出現如上面範例中 str3 的空字串，則 str3 的長度為 0；C 型態字串的字元陣列裡的空字串會因為字串結束字元而長度為 1。

除了上面的格式之外，字串還有其它的宣告、設值的方式，在一般的 C++程式中都可以經常看到，只要選擇其中一種使用即可。本書在介紹範例時，以格式 8.5.1 及格式 8.5.2.為主。下表整理出常用的格式，並將該格式及對應的範例列出：

表 8.5.1　C++型態的字串宣告格式

格式	意義	範例解說
string 字串名稱("字串常數");	宣告 string 類別物件，並直接設值為括號裡的字串常數	string str("Time flies."); // str 的值為 Time flies.
string 字串名稱 1(字串名稱 2);	宣告名為字串名稱 1 的 string 類別物件，將其值設為括號裡的字串名稱 2 之值	string str1(str2); // str1 的值就等於 str2
string 字串名稱(n,'字元常數');	宣告名為字串名稱的 string 類別物件，將其初值設為 n 個字元常數	string str(6,'s'); // str 的值即為 ssssss

要取得字元陣列的長度，可以使用 sizeof()函數，而在 C++型態字串的 string 物件裡則要使用 length() 函數，它是 string 類別裡用來取得物件長度的函數，其用法如下：

```
字串名稱.length();
```

格式 8.5.3
length()函數的
使用格式

格式中的句點是成員存取運算子（member access operator），在此是取得 string 類別裡的成員 length()函數。若是要取得 str3 的長度，可以用 str3.length() 完成。我們把上面的觀念化為範例，讓您有較為深刻的認識。

```
01   // prog8_15, 印出空字元陣列及空字串的長度
02   #include <iostream>
03   #include <cstdlib>
04   #include <string>
05   using namespace std;
06   int main(void)
07   {
08      char str1[]="";
09      string str2;
```

```
10
11     cout << "str1=" << str1 << endl;
12     cout << "sizeof(str1)=" << sizeof(str1) << endl;
13     cout << "str2=" << str2 << endl;
14     cout << "length=" << str2.length() << endl;
15     system("pause");
16     return 0;
17  }
```

/* prog8_15 OUTPUT---

```
str1=
sizeof(str1)=1
str2=
length=0

---------------------*/
```

由執行結果可知，C 型態的空字串長度為 1，就是字串結束字元所佔用的位元組，而
C++型態的空字串不需要字串結束字元，因此它的長度為 0。

對 C++型態字串有初步的瞭解之後，我們再接著看看字串的輸出與輸入。利用字串的
輸出與輸入，不但可以處理資料，還可以增加與使用者互動的良好關係。

8.5.2 字串的輸出與輸入

利用 cout 即可印出字串物件的內容，其用法與輸出一般的變數相同。使用 getline() 來
輸入字串，可以讀取帶有空白的字串，確保資料讀入的正確性。雖然 iostream 標頭檔
裡並沒有提供 C++型態字串的 cin.getline()函數，卻有一個很類似的 getline()函數，可以
讀取有空白字元的字串，格式如下：

getline (cin, 字串物件);

格式 8.5.4
getline()的使用格式

以 C++型態的字串 str 為例，若想由使用者輸入含有空白的字串，可以寫出如下的敘述：

```
getline(cin,str);                    // 由鍵盤輸入字串，並指定給 str 存放
```

如此一來在執行時就能得到正確的輸入。在輸入資料時，字元、數值及字串等型態的
資料，經常會混合著使用。在討論 C 型態字串時，曾經看到將字串與數值混合在一起
輸入時，可能會發生問題，C++型態字串也不例外，因此使用時也要避免這個問題。下
面的程式是將欲重複列印的次數輸入後，輸入欲列印的字串，再將字串重複列印。

```
01   // prog8_16, C++型態字串與數值混合輸入
02   #include <iostream>
03   #include <cstdlib>
04   #include <string>
05   using namespace std;
06   int main(void)
07   {
08      int num;
09      string proverb;
10      cout << "輸入欲重複的次數: ";
11      (cin >> num).get();
12      cout << "輸入欲列印的字串: ";
13      getline(cin,proverb);
14      for(int i=1;i<=num;i++)
15         cout << proverb << endl;
16
17      system("pause");
18      return 0;
19   }
```

```
/* prog8_16 OUTPUT--------------------

輸入欲重複的次數: 3
輸入欲列印的字串: Practice makes perfect
Practice makes perfect
Practice makes perfect
Practice makes perfect

---------------------------------------*/
```

利用 get() 函數吸收 Enter 鍵按下後產生的 \n，即可避免資料輸入時發生的錯誤，進而
讓程式順利執行，get()是個簡單又方便的函數哦！　　　　　　　　　　　　❖

8.6 字串的處理

一般的 C++編譯程式均附有一個標準的函數庫（library），裡面收集有相當完整的函數供程式設計師使用。由於 C 型態字串使用的是字元陣列，在處理字串時，可以使用標準函數庫裡的字串處理函數，礙於篇幅的關係，本書將 C 型態字串的相關處理函數列於附錄 B，在此要介紹的是 C++型態的字串處理。

8.6.1 字串的運算

C++的字串有一些簡單的運算，用來做字串的合併及判斷字串之間的異同。這些的運算功能簡單整理成下表，您可以根據程式的需求加以選擇。

表 8.6.1　常用的字串運算子

運算子	範例	說　明
+	str1+str2	合併字串 str1 與 str2
=	str1=str2	將 str2 的值指定給 str1 存放
+=	str1+=str2	合併字串 str1 與 str2，結果存放在 str1
>	str1>str2	兩個字串逐字元相比，相同時再比較下一個字元，直到字元不同時，即比較該字元的 ASCII 值，由此判斷 str1 是否大於 str2
>=	str1>=str2	以字元的 ASCII 值之順序，判斷 str1 是否大於等於 str2
<	str1<str2	以字元的 ASCII 值之順序，判斷 str1 是否小於 str2
<=	str1<=str2	以字元的 ASCII 值之順序，判斷 str1 是否小於等於 str2
==	str1==str2	以字元的 ASCII 值之順序，判斷 str1 是否等於 str2
!=	str1!=str2	以字元的 ASCII 值之順序，判斷 str1 是否不等於 str2

表 8.6.1 所列的運算子和基本資料型態的運算子是相同的，只是作用的對象是字串。此外，利用>、<、!=、...判斷字串的大小，是根據字元的 ASCII 值加以判斷，兩字串逐字

相比,同一位置的字元若是相同,就繼續下一個字元,直到同一位置的字元不一樣時,才來比較該字元的 ASCII 值,藉以判別字串的大小。我們舉一個簡單的例子來說明字串的運算。

```cpp
01   // prog8_17, 字串的運算
02   #include <iostream>
03   #include <cstdlib>
04   #include <string>
05   using namespace std;
06   int main(void)
07   {
08      string first="Junie";
09      string last="Hong";
10      cout << "full name=" << first+" "+last << endl;
11      first+=" ";                    // 字串 first 加上" "
12      first+=last;                   // 字串 first=first+last
13      cout << "full name=" << first << endl;
14
15      system("pause");
16      return 0;
17   }
```

```
/* prog8_17 OUTPUT----

full name=Junie Hong
full name=Junie Hong

----------------------*/
```

程式第 11 行將 first 先加上一個空白,是為了讓 2 個字串相加時,中間能有空白隔開,若是不加上空白,則 2 個字串相加時就會緊接在一起。

字串的運算處理和一般的資料型態差不多,唯一不同的,就是字串只能使用加法運算,沒有其他的減法、乘法、除法等運算,在使用時要特別注意。

8.6.2　字串類別裡的成員函數

在撰寫程式時，有一些函數可以幫助我們更輕易地處理 C++型態的字串。由於 C++型態字串是屬於 string 類別，在物件導向程式設計裡，在類別裡的函數，稱為成員函數（member function），看起來好像很深奧，除了呼叫的方式稍有不同之外，目前不妨把它看成一般的函數。

C++型態的字串成員函數可以讓我們進行字串的連結、複製、計算長度、比較等處理，下面列出常用的字串處理函數：

表 8.6.2　常用的字串成員函數

成　員　函　數	說　明
str1.assign(str2)	將 str2 的值指定給 str1 存放
str1.assign(str2, index, length)	從 str2 的第 index 個字元開始取出 length 個字元指定給 str1 存放
str1.at(index)	從 str1 取出第 index 個字元，若 index 超過字串長度，即會立即終止取出的動作
str1.append(str2)	將 str2 附加在 str1 之後
str1.append(str2, index, length)	從 str2 的第 index 個字元開始，取出 length 個字元，附加在 str1 之後
str1.erase(index, length)	從 str1 的第 index 個字元開始，取出 length 個字元刪除
str1.find(str2)	於 str1 裡尋找 str2，並傳回 str2 在 str1 的位置
str1.find(str2, index)	從 str1 的第 index 個字元開始，尋找是否有 str2，並傳回 str2 在 str1 的位置
str1.insert(index, str2)	於 str1 的第 index 個字元開始，插入 str2
str1.substr(index)	取出從 str1 的第 index 開始，到字串結束為止的字元
str1.substr(index, length)	從 str1 的第 index 開始，取出 length 個字元

成 員 函 數	說 明
str1.length()	求取 str1 的長度
str1.max_size()	取出 str1 可使用的最大長度
str1.empty()	測試 str1 是否為空字串，若是，傳回 1（false），否則傳回 0（true）
str1.clear()	將 str1 的內容清除
str1.swap(str2)	將 str1 與 str2 的內容交換
str1.compare(str2)	將 str1 與 str2 相比，相同傳回 0，否則傳回 1
str1.compare(str1_index, str1_length, str2, str2_index, str2_length)	從 str1 的第 str1_index 個字元開始，取出長度為 str1_length 的子字串，與 str2 的第 str2_index 個字元開始，長度為 str2_length 的子字串之 ASCII 值相比。傳回值為 0，兩字串相等；小於 0，表示 str1 小於 str2；大於 0，str1 大於 str2
str1.replace(index, length, str2)	從 str1 的第 index 個字元開始，取出長度為 length 的子字串，以 str2 取代

由表 8.6.2 可以看到有不少函數有用到多載，像 compare()、substr()...等，其實 string 類別裡還有更多的多載函數，這裡僅介紹較為常用的函數及用法。接下來我們來實際看個範例，讓您瞭解字串處理函數的運作。

```
01   // prog8_18, 字串函數的練習
02   #include <iostream>
03   #include <cstdlib>
04   #include <string>
05   using namespace std;
06   int main(void)
07   {
08      string str1="Hank ";
09      string str2="Wang";
10      string str3=", 2010/12/25";
11      cout << "str1=" << str1 << ", str2=" << str2;
12      cout << ", str3=" << str3 << endl;
13      cout << "執行 str1.append(str2)" << endl;
```

```
14      str1.append(str2);
15      cout << "str1=" << str1 << endl;
16      cout << "執行 str1.append(str3,0,6)" << endl;
17      str1.append(str3,0,6);
18      cout << "str1=" << str1 << endl;
19      cout << "取出 str1 第 5 個字元之後的子字串--> ";
20      cout << str1.substr(5) << endl;
21      cout << "str1 長度=" << str1.length() << endl;
22
23      system("pause");
24      return 0;
25  }
```

```
/* prog8_18 OUTPUT---------------------

str1=Hank , str2=Wang, str3=, 2010/12/25
執行 str1.append(str2)
str1=Hank Wang
執行 str1.append(str3,0,6)
str1=Hank Wang, 2010
取出 str1 第 5 個字元之後的子字串--> Wang, 2010
str1 長度=15

---------------------------------------*/
```

程式第 14 行利用 append() 將 2 個字串合併，而 17 行則是取出 str3 的部分字串後再與 str1 合併，合併之後的結果會由呼叫函數儲存，本例是由 str1 呼叫，因此合併字串的結果會存放在 str1 之中。

❖

string 類別裡提供有許多函數，都是很實用的工具，讓我們在處理字串時能夠節省開發的時間，專注於其他更重要的項目，如果您需要更多的字串處理函數，不妨參考 C++ 的書籍、上網搜尋相關的函數或是求助於 C++的求助檔，相信能得到最好的支援。

8.7 字串陣列

和整數、字元、浮點數一樣，我們也可以把字串放在陣列中。C++提供二種字串陣列，一種是字元陣列形成的字串陣列，稱為 C 型態字串陣列，另一種就是用 string 類別的字串陣列，稱為 C++型態字串陣列。本節的內容要來討論這二種字串陣列。

8.7.1 C 型態字串陣列

字串本身就是一個陣列，而字串陣列，就如同是二維陣列，或是字元陣列的陣列。字串陣列也和所有的變數、陣列一樣，都需要事先經過宣告才能使用。字串陣列的宣告及初值設定的格式如下：

> char 字串陣列名稱[陣列大小][字串長度];
>
> 格式 8.7.1
> 字串陣列的宣告格式

或是在宣告陣列時直接設值：

> char 字串陣列名稱[陣列大小][字串長度]=
> 　　{"字串常數 0", "字串常數 1",..., "字串常數 n"};
>
> 格式 8.7.2
> 字串陣列的宣告及
> 初值設定的格式

字串陣列中的第一個註標「陣列大小」，代表陣列中的字串數量，而第二個註標「字串長度」則表示每個字串最大可存放的長度。由於每個字串的長度並不可能會完全相同，所以多多少少都會造成空間的浪費。下面的範例為合法的字串陣列之宣告：

```
char customer[6][15];     // 宣告一個字串陣列 customer，可以容納 6 個字串，每
                          //    個字串為 15 個字元
```

上面的敘述即代表我們宣告一個字串陣列 customer，可以容納 6 個字串，而每個字串的長度為 15 個位元組。

當我們直接設定字串陣列的初值時，在左、右大括號裡所包圍的部分即為陣列的初值。要特別注意的是，以雙引號包圍的字串常數本身就是一維陣列，並不需要像一般的二維陣列一樣，將每個字元都以左、右大括號包圍，但是每個字串常數之間要以逗號分隔。下面的範例即為合法的字串陣列宣告與初值的設定：

```cpp
char students[3][10]={"David","Jane Wang","Tom Lee"};
// 宣告一個名為 students 的字串陣列，並設定其初值
```

上面的敘述表示我們宣告一個名為 students 的字串陣列，可以容納 3 個字串，而每個字串的長度為 10 個位元組，其初值分別為 David、Jane Wang 及 Tom Lee。

字串陣列實際上就是二維陣列，但是其元素的輸入與輸出方式與一維陣列較為類似。以下面的程式為例，將陣列 name 所有的元素列印出來，並印出每列元素的位址，程式及執行結果如下：

```cpp
01   // prog8_19, 字串陣列
02   #include <iostream>
03   #include <cstdlib>
04   using namespace std;
05   int main(void)
06   {
07     int i;
08     char name[3][10]={"David","Jane Wang","Tom Lee"};
09     for(i=0;i<3;i++)                    // 印出字串陣列內容
10       cout << "name[" << i << "]=" << name[i] << endl;
11     cout << endl;
12     for(i=0;i<3;i++)                    // 印出字串陣列元素的位址
13     {
14       cout << "address of name[" << i << "]=" << &name[i] << endl;
15       cout << "address of name[" << i << "][0]=";
16       cout << (name+i) << endl << endl;
17     }
18
19     system("pause");
20     return 0;
21   }
```

```
/* prog8_19 OUTPUT--------------
name[0]=David
name[1]=Jane Wang
name[2]=Tom Lee

address of name[0]=0x22ff40
address of name[0][0]=0x22ff40

address of name[1]=0x22ff4a
address of name[1][0]=0x22ff4a

address of name[2]=0x22ff54
address of name[2][0]=0x22ff54

-------------------------------*/
```

由執行結果不難發現，name[i] 的位址其實就是 name[i][0] 的位址；name+i 就等於 name[i][0] 的位址。在列印字串陣列的時候，只要將第一個註標寫出即可指向相對應的陣列內容。在此將字串陣列 name 化為圖形表示，您可以比較容易理解字串陣列的儲存方式。

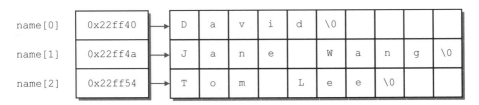

圖 8.7.1

字串陣列 name 化為圖形

此外，由於宣告陣列時，編譯器會分配給該陣列一塊連續的區域，所以name[0]與name[1]剛好差 10 個位元組，而 name[1]與 name[2]也是差 10 個位元組。

瞭解字串陣列的儲存方式後，接下來再練習字串陣列的輸入與輸出。下面的程式中，由鍵盤輸入 3 個學生的名字，存放在字串陣列裡，再將字串陣列的內容逐一印出。

```
01   // prog8_20, 字串陣列
02   #include <iostream>
03   #include <cstdlib>
04   using namespace std;
05   int main(void)
06   {
07      int i;
08      char students[3][15];
09      for(i=0;i<3;i++)
10      {
11         cout << "Input student" << i << "'s name:";
12         cin.getline(students[i],15);
13      }
14      cout << "***OUTPUT***" << endl;
15      for(i=0;i<3;i++)
16         cout << "students[" << i << "]=" << students[i] << endl;
17
18      system("pause");
19      return 0;
20   }
```

```
/* prog8_20 OUTPUT-------------
Input student0's name:Mary Wang
Input student1's name:Queens
Input student2's name:Jerry Ho
***OUTPUT***
students[0]=Mary Wang
students[1]=Queens
students[2]=Jerry Ho

-------------------------------*/
```

為了避免使用者輸入帶有空白的字串，在程式第 12 行，特別使用 cin.getline() 函數來輸入字串，不管是用 cin 或是 cin.getline() 函數，字串陣列 students 都要加上註標，標明輸入的字串要放在陣列的哪一個位置裡。

❖

8.7.2 C++型態的字串陣列

C++型態的字串陣列在宣告和使用上和一般的陣列相同。以一個簡單的範例來做說明，
下面的程式是將字串陣列的內容複製到另一個字串陣列裡。

```cpp
01   // prog8_21, 字串陣列的複製
02   #include <iostream>
03   #include <cstdlib>
04   #include <string>
05   using namespace std;
06   int main(void)
07   {
08      int i,j;
09      string students[3]={"David","Jane Wang","Tom Lee"};
10      string copystr[3];
11      for(i=0;i<3;i++)              // 將陣列 students 的內容複製到 copystr
12         copystr[i]=students[i];
13
14      for(i=0;i<3;i++)             // 印出陣列 copystr 的內容
15         cout << "copystr[" << i << "]=" << copystr[i] << endl;
16
17      system("pause");
18      return 0;
19   }
```

```
/* prog8_21 OUTPUT---

copystr[0]=David
copystr[1]=Jane Wang
copystr[2]=Tom Lee

--------------------*/
```

於程式第 12 行，C++型態字串陣列的複製很容易，只要使用等號運算子即可。使用 C++
型態的字串陣列比 C 型態字串陣列要簡便許多，因此在撰寫 C++程式時，大部分都會
使用 C++型態的字串來滿足程式的需求。

在處理日常生活的資料上，不是數值就是文字，而陣列皆可以儲存這兩種資料型態，協助我們處理資料。同時，陣列在 C++裡是個相當重要的資料型態，除了可以存放相同型態的資料外，還可以在資料結構的應用上找到陣列哦！

本章摘要

1. 陣列是由一群相同型態變數所組成的資料型態，以一個共同的名稱表示。陣列依存放元素的複雜程度，分為一維及二維以上的多維陣列。陣列註標編號由 0 開始。

2. 利用 sizeof() 函數可印出陣列或其中任一個元素的長度。

3. 如果想直接在宣告時就給予陣列初值，只要在陣列的宣告格式後面再加上初值的設定即可，其語法請參考格式 8.1.2。

4. C++不會檢查註標值的大小，當註標值超過陣列的長度時，會將多餘的資料放在陣列之外的記憶體中，如此一來很可能會發生不可預期的錯誤。這種錯誤是在執行時才發生的，編譯程式無法提出任何的警告訊息。

5. C++允許二維以上的陣列在定義陣列長度時，可以省略最左邊（第一個）的註標值。

6. 陣列當成引數傳遞到函數時，函數接收的是陣列的位址。

7. 字串是由雙引號所包圍的一串字元。字串儲存在記憶體時，在最後面會加上字串結束字元 \0。

8. 使用 C 型態字串相關的函數，如輸出、輸入、轉換函數等，必須含括適當標頭檔。

9. 要取得 C++型態字串的長度，可以用 "字串名稱.length()" 完成。

10. C++型態的字串透過加法運算可以合併兩個字串。

11. 字串也可以宣告屬於它的陣列，即字串陣列。

自我評量

8.1 一維陣列

1. 試撰寫一程式，找出一維陣列元素最大值與最小值的註標，並計算最大值與最小值的差與和。

2. 試撰寫一程式，將兩個各有 5 個整數的陣列，合併成一個由大至小排列的新陣列，新陣列長度為 10。

3. 試撰寫一程式，由鍵盤輸入 5 個倍精度浮點數存放到陣列，並計算其平均值。

4. 如果事先並不知道要輸入多少資料時，可以利用 do-while 迴圈，判斷當輸入值符合條件時才得以繼續輸入。試撰寫一程式，輸入全班同學的成績並計算平均值，當成績為 -1 時即結束輸入。學生人數最多設定為 100 個。

8.2 二維以上的多維陣列

5. 假設某一公司有五種產品 A、B、C、D 與 E，其單價分別為 12、16、10、14 與 15 元；而該公司共有三位銷售員，他們在某個月份的銷售量如下所示：

銷售員	產品 A	產品 B	產品 C	產品 D	產品 E
1	33	32	56	45	33
2	77	33	68	45	23
3	43	55	43	67	65

試寫一程式來計算：

(a) 每一個銷售員的銷售總金額。

(b) 每一項產品的銷售總金額。

(c) 有最好業績（銷售總金額為最多者）的銷售員。

(d) 銷售總金額為最多的產品。

6. 試撰寫一程式，找出二維陣列中最小值的註標，印出這個註標的值。陣列的大小與內容請自行設定。

7. 請宣告一個 $2 \times 2 \times 2$ 的三維陣列，於宣告陣列時即設定初值，再將其元素值印出並計算總和。陣列元素值請自行設定。

8. 複習一下矩陣是如何相乘的。矩陣 $m \times n$ 階的矩陣與 $n \times p$ 階的矩陣相乘，會得到 $m \times p$ 階的矩陣，如下列的運算所示：

$$\underbrace{\begin{bmatrix} a_{11} & a_{12} & \cdots & a_{1n} \\ a_{21} & a_{22} & \cdots & a_{2n} \\ \vdots & \vdots & \ddots & \vdots \\ a_{m1} & a_{m2} & \cdots & a_{mn} \end{bmatrix}}_{m \times n \ 矩陣} \underbrace{\begin{bmatrix} b_{11} & b_{12} & \cdots & b_{1p} \\ b_{21} & b_{22} & \cdots & b_{2p} \\ \vdots & \vdots & \ddots & \vdots \\ b_{n1} & b_{n2} & \cdots & b_{np} \end{bmatrix}}_{n \times p \ 矩陣} = \underbrace{\begin{bmatrix} c_{11} & c_{12} & \cdots & c_{1p} \\ c_{21} & c_{22} & \cdots & c_{2p} \\ \vdots & \vdots & \ddots & \vdots \\ c_{m1} & c_{m2} & \cdots & c_{mp} \end{bmatrix}}_{m \times p \ 矩陣}$$

矩陣內各元素是依照下列的法則來相乘的：

$$c_{11} = a_{11}b_{11} + a_{12}b_{21} + \cdots + a_{1n}b_{n1}$$
$$c_{12} = a_{11}b_{12} + a_{12}b_{22} + \cdots + a_{1n}b_{n2}$$
$$\cdots$$
$$c_{1p} = a_{11}b_{1p} + a_{12}b_{2p} + \cdots + a_{1n}b_{np}$$
$$\cdots$$
$$c_{mp} = a_{m1}b_{1p} + a_{m2}b_{2p} + \cdots + a_{mn}b_{np}$$

試撰寫一程式，於程式中宣告出如下面的陣列：

```
int a[][]={{3,2,1},{5,6,7},{2,4,6}};
int b[][]={{2,3},{3,4},{6,2}};
int c[][]={0};
```

再將陣列 a 乘以陣列 b，將 a*b 的結果放在陣列 c 後，印出陣列 c 的內容。

8.3 傳遞陣列給函數

9. 試撰寫一函數，傳入一個一維陣列，尋找並傳回該陣列的最大值，並測試此函數。

10. 試撰寫一個可接收一維陣列的函數，並印出最大值與最小值的註標，同時可傳回最大值與最小值的差值。

11. 設計一函數，找出二維陣列最小值的註標，並傳回最小值。

12. 試撰寫一程式，將一維陣列當成引數傳遞到 count() 函數中，計算陣列中的奇數及偶數的個數，請在呼叫 count() 函數前，先將陣列的內容印出。

13. 試將二維陣列傳遞到函數後，尋找該陣列中的最大值與最小值。

8.4 字元陣列--C 型態字串

14. 試說明 'w' 與 "w" 有何不同？

15. 試撰寫一程式，宣告一字元陣列 a，利用迴圈為陣列設值為 A~Z。

16. 試將習題 15 中建立的字元陣列之內容，以列印字串的方式印出。

17. 試撰寫一程式，宣告一字元陣列，初值設定為英文字母 a~z，再詢問使用者要印出奇位數字元還是偶位數字元，輸入 1 為選擇奇位數字元，即印出英文字母的奇位數字元 a c e g i k m o q s u w y；輸入 2 為選擇偶位數字元，則印出英文字母的偶位數字元 b d f h j l n p r t v x z。下面為輸出範例：

　　請選擇列印(1)奇位數字元　(2)偶位數字元：*2*
　　偶位數字元:b d f h j l n p r t v x z

18. 試撰寫一程式，由鍵盤輸入一字串，並傳遞該字串到 reverse() 函數，將字串以前後顛倒的順序重新排列後，再於主程式中印出來。舉例來說，輸入的字串為"milk"，輸出即為"klim"。

8.5 字串類別--C++型態字串

19. 試撰寫一程式，由鍵盤輸入一字串後，分別計算該字串出現母音字母 A、E、I、O、U 及 a、e、i、o、u 與其它字元的次數。

20. 試撰寫一函數，repeat(3,"Hello, C++")即印出 3 次 "Hello, C++"，repeat(10,"I love C++")即印出 10 次 "I love C++"。請將欲列印的次數及字串直接當成引數傳入 repeat() 函數。

21. 試利用表 8.5.1 中介紹的字串宣告格式，分別為 str1 設值為 "Time flies"、為 str2 設值為 str1 之值、為 str3 設值為 10 個 'x'，再將它們印出。

8.6 字串的處理

22. 試撰寫一程式，由鍵盤輸入 2 個字串，分別印出字串的長度，並判別這 2 個字串是否相同。

23. 試撰寫一程式,利用 assign() 函數為 2 個字串分別設值 "Practice makes perfect"、"Haste makes waste",再利用 compare() 函數判別這 2 個字串是否相同。

24. 試撰寫一程式,由鍵盤輸入一個字串,於該字串裡尋找是否包含 "the",若是有,請印出 "the" 在字串中出現的位置。

8.7 字串陣列

25. 試撰寫一程式,宣告一陣列來存放 12 個月份的英文名稱,由使用者輸入 1~12 任意一個整數,印出相對應的月份。例如輸入 5,即印出 5 月份的英文名稱 May。

26. 試由鍵盤輸入 5 個字串,存放在一字串陣列後,計算該字串陣列裡所有的字元數目。

27. 試宣告一字串陣列,利用設值的方式,存放 5 個學生的名字,另宣告一整數陣列用來儲放學生的數學成績。於程式中直接顯示學生的名字,做為提示字串,輸入成績後,計算平均成績,再以下列的方式顯示所有學生的名字與成績。

```
Richard    Amy Lee    Paul Yang  Mary Wang  Jean Fen
  85          90          78          95        70
```

註:在標頭檔 iomanip 裡的函數 setw(int length)可以設定數值顯示的寬度為 length

28. 試宣告一字串陣列,直接利用設值的方式,存放四個季節,再由使用者輸入月份,將對應的季節顯示在螢幕上。

```
3、4、5月:Spring
6、7、8月:Summer
9、10、11月:Autumn
12、1、2月:Winter
```

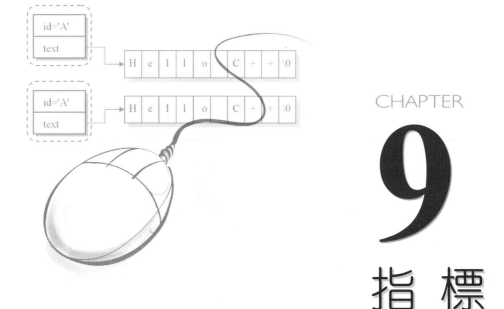

CHAPTER

9

指　標

由於指標總是隔著一層面紗，令人摸不著邊際，因此許多學過 C 或 C++的人都覺得指標並不容易學習與使用。在此我們並不強調指標的困難，只要釐清觀念，再稍加練習，便可以揭開指標的神祕面紗。

本章學習目標

- 認識指標的概念及指標變數的使用
- 學習指標運算子的運算方式
- 熟悉指標的運算
- 利用函數傳遞指標與陣列

9.1　指標概述

指標是 C++提供的一種存取變數之特殊方式，透過指標，可以不必用到變數的名稱，卻可以存取到變數的內容，聽起來有點奇怪，但事實上它就是如此。使用指標之前，我們先來瞭解指標的基本概念。

9.1.1 什麼是指標

指標（pointer）是一種特殊的變數，用來存放變數在記憶體中的位址。當我們宣告一個變數時，編譯器便會配置一塊足夠儲存這個變數的記憶體給它。每個記憶體空間均有它獨一無二的編號，這些編號稱為記憶體的「位址」（address），程式便是利用記憶體的位址來存取變數的內容。位址有如住家的門牌號碼，它在程式裡是獨一無二。系統可以依位址來存取變數，就如同郵差可以依門牌號碼來送達信件一樣。

在 C++中，指標是用來儲存變數位址的一種特殊變數。如果指標 ptr 存放變數 a 的位址，則我們可以說

> " 指標 ptr 指向變數 a "

當指標 ptr 指向變數 a 之後，如果需要存取變數 a 時，便可以利用指標 ptr 先找到該變數 a 的位址，再由該位址取出所儲存的變數值。這種依照位址來存取變數值的方式，稱為「間接定址取值法」。下面是指標 ptr 指向變數 a 的示意圖：

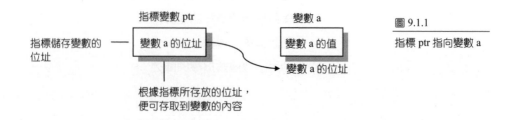

圖 9.1.1
指標 ptr 指向變數 a

舉例來說，假設程式裡宣告整數變數 a，以及指標變數 ptr。假設變數 a 的值為 20，存放變數 a 的記憶體位址為 1400。如果指標 ptr 指向變數 a（也就是指標 ptr 存放的是變數 a 的位址），則指標的內容即為 1400。

因為指標變數也是變數的一種，所以編譯器也會安排一塊適當大小的記憶體來存放它，所以指標變數本身也會有一個屬於它自己的位址。於本例中，假設指標變數 ptr 的位址為 1408，則變數 a 與指標變數 ptr 於記憶體內的配置情形可由下圖來表示：

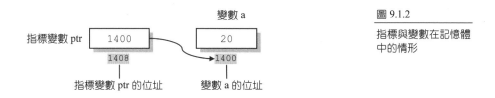

圖 9.1.2

指標與變數在記憶體中的情形

上圖顯示變數 a 的位址為 1400，指標變數 ptr 的位址為 1408。由於指標 ptr 是指向變數 a，所以它存放變數 a 的位址，也就是 1400。

通常編譯程式是採「位元組定址法」來決定變數的位址，也就是把記憶體內每個位元組依序編號，而變數的位址即是它所佔位元組裡，第一個位元組的位址。以變數 a 為例，a 為整數，在記憶體中佔有 4 個位元組，假設這 4 個位元組於記憶體內的編號是 1400~1403，如下圖所示：

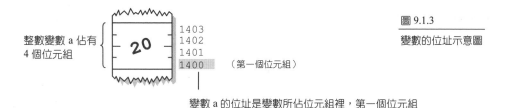

圖 9.1.3

變數的位址示意圖

變數 a 的位址是變數所佔位元組裡，第一個位元組

由於 C++是採「位元組定址法」，因此變數 a 的位址是 1400~1403 裡的第一個位元組，也就是 1400。

9.1.2 為什麼要用指標？

指標只是轉個彎來存取變數，因此腦筋也要拐個彎來學習指標。雖然有些場合即使不用指標，依然可以撰寫出不錯的程式，但是有些情況下如果使用指標，不但可以解決程式設計上的一些難題，同時也可增進程式執行的效率：

(1) 利用指標可以使得函數在傳遞陣列或字串時更有效率。

(2) 較複雜的資料結構，如鏈結串列（linked list）或二元樹（binary tree）等，均需要指標的協助才能將資料鏈結在一起。

(3) 許多函數必須利用指標來傳達記憶體的訊息，例如記憶體配置函數 malloc() 與檔案開啟函數 fopen() 等，都必須借助指標的幫忙。

指標之所以讓人覺得難以親近，最主要的原因就是因為它和記憶體的位址有很大的關聯，而記憶體的位址又得要靠想像才能描繪出來。但是當您學會指標之後，就會因為方便而使得指標在程式中頻頻出現，這就是 C++獨特且迷人的地方。

9.1.3 記憶體的位址

指標與記憶體位址有密不可分的關係，因此在還沒正式介紹指標之前，我們先來看看編譯器是如何配置記憶空間給變數使用。

下面是一個簡單的範例，於程式中宣告三個變數 a、b 與 c，然後分別印出它們的值、所佔記憶體的大小與變數的位址等資訊：

```
01   // prog9_1, 印出變數於記憶體內的位址
02   #include <iostream>
03   #include <cstdlib>
04   using namespace std;
05   int main(void)
06   {
```

```
07      int a,b=5;                  // 宣告變數 a 與 b，但變數 a 沒有設定初值
08      double c=3.14;
09
10      cout << "a=" << a << ", sizeof(a)=" << sizeof(a);
11      cout << ", 位址為" << &a << endl;
12      cout << "b=" << b << ", sizeof(b)=" << sizeof(b);
13      cout << ", 位址為" << &b << endl;
14      cout << "c=" << c << ", sizeof(c)=" << sizeof(c);
15      cout << ", 位址為" << &c << endl;
16
17      system("pause");
18      return 0;
19   }
```

```
/* prog9_1 OUTPUT-------------------
a=2, sizeof(a)=4, 位址為 0x22ff74
b=5, sizeof(b)=4, 位址為 0x22ff70
c=3.14, sizeof(c)=8, 位址為 0x22ff68
------------------------------------*/
```

由於變數 a 並沒有設定初值，因此第 11 行印出變數 a 的值是留在記憶體內的殘值，因此您的執行結果可能會和本書所得的 2 不一樣。下圖為本例中，變數於記憶體內配置的情形：

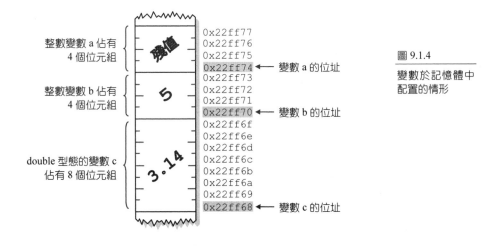

整數變數 a 佔有 4 個位元組

整數變數 b 佔有 4 個位元組

double 型態的變數 c 佔有 8 個位元組

0x22ff77
0x22ff76
0x22ff75
0x22ff74 ← 變數 a 的位址
0x22ff73
0x22ff72
0x22ff71
0x22ff70 ← 變數 b 的位址
0x22ff6f
0x22ff6e
0x22ff6d
0x22ff6c
0x22ff6b
0x22ff6a
0x22ff69
0x22ff68 ← 變數 c 的位址

圖 9.1.4

變數於記憶體中配置的情形

值得注意的是，變數的位址是編譯器依據程式執行時的環境而自動設定的，我們無法改變它們，因此您的執行結果中，得到的變數位址也可能與本書不一樣。此外，不同的編譯器對於列印位址時的格式設定，也會有不同的規定與顯示的方式。　　　❖

9.2　指標變數

在 C++ 裡凡是要使用的變數都需要事先經過宣告，指標變數也不例外。在本節中，我們要學習如何宣告及使用指標變數。

9.2.1　指標變數的宣告

指標變數所存放的內容，並不是一般的資料，而是存放變數的位址。因為指標所存放的是某個資料在記憶體中的位址，所以根據指標所存放的位址，即可找到它所指向之變數的內容。指標變數的宣告格式如下所示：

```
資料型態 *指標變數；        // 宣告指標變數
```

格式 9.2.1
指標變數的宣告格式

於上面的格式中，在變數的前面加上指標符號「*」，即可將變數宣告成指標變數，而指標變數之前的資料型態，則是代表指標所指向之變數的型態。下面的敘述即為指標變數宣告的範例：

```
int *ptr;               // 宣告指向整數的指標變數 ptr
```

上面的敘述宣告指標變數 ptr，它所存放的位址必須是一個整數變數的位址。宣告完指標變數 ptr 之後，如果想把指標 ptr 指向整數變數 num（也就是存放變數 num 的位址），可以利用如下的敘述：

```
int num=20;             // 宣告整數變數 num，並設值為 20
ptr=&num;               // 把指標 ptr 設為變數 num 的位址，即把 ptr 指向 num
```

於上面的敘述中，如果 num 的位址為 1400，則上面的語法就相當於把 num 的位址 1400
設定給 ptr 存放，因此這時候 ptr 的值即為 1400，如下圖所示：

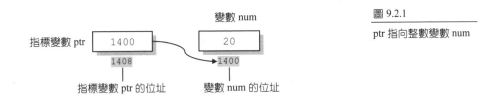

圖 9.2.1

ptr 指向整數變數 num

C++也允許在宣告指標變數時，便立即將它指向某個整數，如下面的敘述：

```
int value=12;          // 宣告整數變數 value，並設值為 12
int *ptr=&value;       // 宣告指標變數 ptr，並將它指向變數 value
```

上面的範例是以指向整數的指標為例來說明指標的應用。事實上，只要是 C++所提供
的資料型態，都可以設定指標變數來指向它。本書稍後也會提及，陣列與指標也有密
不可分的關係。

9.2.2 指標變數的使用

使用指標變數時，不是取用存放在指標裡的位址，就是取用指標所指向位址的資料內
容，這兩種工作可以經由下列兩種指標運算子完成：

(1) 位址運算子「&」：

位址運算子「&」可用來取得變數的位址。舉例來說，如果宣告一整數變數 num，
則 &num 即代表取出 num 在記憶體中的位址：

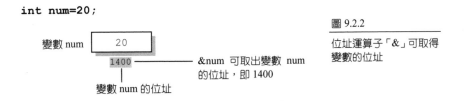

圖 9.2.2

位址運算子「&」可取得
變數的位址

(2) **依址取值運算子「*」：**

依址取值運算子「*」可取得指標所指向變數的內容。舉例來說，假設宣告一個整數型態的指標 ptr，ptr 內所存放的位址是變數 num（假設 num=20）的位址 1400，則 *ptr 便可取得 num 的值（num 值為 20）：

```
int num=20;
int *ptr=&num;
```

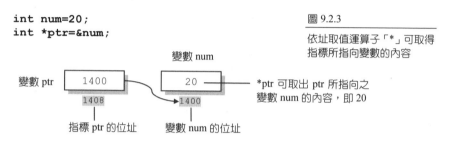

圖 9.2.3
依址取值運算子「*」可取得指標所指向變數的內容

下面的範例宣告整數變數 num 與指標變數 ptr，並將 ptr 指向 num 的位址，然後於程式中印出變數的位址與變數值：

```
01    // prog9_2, 指標變數的宣告
02    #include <iostream>
03    #include <cstdlib>
04    using namespace std;
05    int main(void)
06    {
07       int *ptr,num=20;              // 宣告變數 num 與指標變數 ptr
08
09       ptr=&num;                     // 將 num 的位址設給指標 ptr 存放
10       cout << "num=" << num << ", &num=" << &num << endl;
11       cout << "*ptr=" << *ptr << ", ptr=" << ptr;
12       cout << ", &ptr=" << &ptr << endl;
13
14       system("pause");
15       return 0;
16    }
```

```
/* prog9_2 OUTPUT--------------------

num=20, &num=0x22ff70
*ptr=20, ptr=0x22ff70, &ptr=0x22ff74

-----------------------------------*/
```

程式第 7 行宣告指向整數的指標 ptr，以及整數變數 num，並將 num 設值為 20。經過宣告後，記憶體位址的配置如下所示：

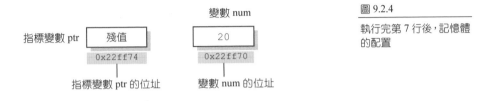

圖 9.2.4

執行完第 7 行後，記憶體的配置

程式第 9 行，將 ptr 設值為 num 的位址，如此一來，ptr 的內容即為 num 的位址，也就是將指標 ptr 指向變數 num：

圖 9.2.5

執行完第 9 行後，記憶體的配置

程式第 10 行，印出 num 的內容 20 及位址 0x22ff70。程式第 11~12 行，印出 ptr 所指向的變數值 20、ptr 的內容 0x22ff70，及 ptr 本身的位址 0x22ff74。

由本例可以得知，ptr 是指標變數，它可用來存放變數的位址；*ptr 是用來取出 ptr 所指向的變數值，而 &ptr 則是指標變數本身的位址。 ❖

把指標指向某個變數之後，我們依然可以重新設定它指向另一個相同型態的變數，如下面的範例：

```
01    // prog9_3, 指標變數的使用
02    #include <iostream>
03    #include <cstdlib>
04    using namespace std;
05    int main(void)
06    {
07        int a=5,b=3;
08        int *ptr;                          // 宣告指標變數 ptr
09
```

```
10      ptr=&a;                         // 將 a 的位址設給指標 ptr 存放
11      cout << "&a=" << &a << ", &ptr=" << &ptr;
12      cout << ", ptr=" << ptr << ", *ptr=" << *ptr << endl;
13      ptr=&b;                         // 將 b 的位址設給指標 ptr 存放
14      cout << "&b=" << &b << ", &ptr=" << &ptr;
15      cout << ", ptr=" << ptr << ", *ptr=" << *ptr << endl;
16
17      system("pause");
18      return 0;
19   }
```

```
/* prog9_3 OUTPUT------------------------------
&a=0x22ff74, &ptr=0x22ff6c, ptr=0x22ff74, *ptr=5
&b=0x22ff70, &ptr=0x22ff6c, ptr=0x22ff70, *ptr=3
---------------------------------------------*/
```

程式第 7 行，宣告整數變數 a 與 b，並分別設值為 5 與 3。第 8 行宣告指向整數的指標 ptr。經過宣告後，記憶體位址的分配如下所示：

圖 9.2.6
執行完第 8 行後，記憶體的配置

程式第 10 行，將 ptr 設值為變數 a 的位址，也就是讓指標 ptr 指向變數 a，如此一來，ptr 的內容即為 a 的位址，此時記憶體的配置如下圖所示：

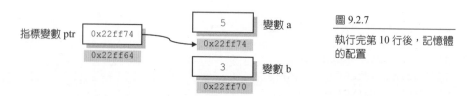

圖 9.2.7
執行完第 10 行後，記憶體的配置

第 11~12 行分別印出 a 的位址、指標 ptr 的位址、ptr 的值與 ptr 所指向之變數值。您可以把第 11~12 行的輸出與上圖做個比較，更可以瞭解指標運作的方式。

程式第 13 行，重新設定 ptr 的值，使得它指向變數 b，如此一來，ptr 的內容就變成 b 的位址，此時記憶體的配置如下圖所示：

圖 9.2.8
執行完第 13 行後，記憶體的配置

最後程式第 14~15 行印出變數 b 與指標 ptr 的位址，以及 ptr 的值與它所指向之變數值。從本例中可以學習到，只要是變數的型態相同，指標是可以更改它的指向，使它指向另一個變數。

指標變數不論它指向之變數的型態為何，編譯器配置給指標變數的空間都是 4 個位元組。以下面的程式為例，於程式中分別宣告指向整數與字元的指標變數，然後利用 sizeof() 求出指標變數所佔的位元組：

```cpp
01   // prog9_4, 指標變數的大小
02   #include <iostream>
03   #include <cstdlib>
04   using namespace std;
05   int main(void)
06   {
07      int *ptri;              // 宣告指向整數的指標 ptri
08      char *ptrc;             // 宣告指向字元的指標 ptrc
09
10      cout << "sizeof(ptri)=" << sizeof(ptri) << endl;
11      cout << "sizeof(ptrc)=" << sizeof(ptrc) << endl;
12      cout << "sizeof(*ptri)=" << sizeof(*ptri) << endl;
13      cout << "sizeof(*ptrc)=" << sizeof(*ptrc) << endl;
14
15      system("pause");
16      return 0;
17   }
```

```
/* prog9_4 OUTPUT----
sizeof(ptri)=4    ⎫ 指標變數皆佔有 4 個
sizeof(ptrc)=4    ⎭ 位元組
sizeof(*ptri)=4
sizeof(*ptrc)=1
--------------------*/
```

於本例中，第 7 行與第 8 行分別宣告指向整數與字元的指標，由於指標存放的是記憶體的位址，與位址內存放的資料型態無關，所以無論它是指向何種型態，指標變數均佔有 4 個位元組，因此程式碼的第 10 行與第 11 行的輸出皆為 4 個位元組。

另外，第 12 行利用 sizeof() 求出 *ptri 所佔的位元組。由於第 7 行已宣告 ptri 是指向整數的指標，所以 *ptri 也就是 ptri 所指向的整數，因此 *ptri 佔有 4 個位元組。相同的，*ptrc 代表 ptrc 所指向的字元，所以 *ptrc 佔有 1 個位元組。

❖

下面是一個簡單的範例，其中宣告 a 與 b 兩個整數，同時宣告指向整數的指標 ptr1 與 ptr2，並在程式裡加入一些敘述，用來更改變數的內容，藉以熟悉指標的操作：

```
01    // prog9_5, 指標的操作練習
02    #include <iostream>
03    #include <cstdlib>
04    using namespace std;
05    int main(void)
06    {
07       int a=5,b=10;
08       int *ptr1,*ptr2;
09       ptr1=&a;            // 將 ptr1 設為 a 的位址
10       ptr2=&b;            // 將 ptr2 設為 b 的位址
11       *ptr1=7;            // 將 ptr1 指向的內容設為 7
12       *ptr2=32;           // 將 ptr2 指向的內容設為 32
13       a=17;               // 設定 a 為 17
14       ptr1=ptr2;          // 設定 ptr1=ptr2
15       *ptr1=9;            // 將 ptr1 指向的內容設為 9
16       ptr1=&a;            // 將 ptr1 設為 a 的位址
```

```
17      a=64;                   // 設定 a 為 64
18      *ptr2=*ptr1+5;          // 將 ptr2 指向的內容設為*ptr1+5
19      ptr2=&a;                // 將 ptr2 設為 a 的位址
20
21      cout << "a=" << a << ", b=" << b;
22      cout << ", *ptr1=" << *ptr1 << ", *ptr2=" << *ptr2 << endl;
23      cout << "ptr1=" << ptr1 << ", ptr2=" << ptr2 << endl;
24
25      system("pause");
26      return 0;
27   }
```

```
/* prog9_5 OUTPUT-------------------
a=64, b=69, *ptr1=64, *ptr2=64
ptr1=0x22ff74, ptr2=0x22ff74
------------------------------------*/
```

於本例中，第 7 行宣告兩個整數 a 與 b，第 8 行則是宣告兩個指向整數的指標 ptr1 與 ptr2。9~19 行做一些設定，例如將指標指向另一個變數，或者是更改指標所指向之變數的內容等。最後程式碼 21~23 行印出變數 a 的值為 64，b 的值為 69，*ptr1 與 *ptr2 皆為 64，另外，ptr1 與 ptr2 的值皆為 0x22ff74。

下表是在執行 7~19 行時，每執行完一行，變數 a、b 與指標 ptr1、ptr2 之值的變化情形，其中變數 a 的位址假設為 ff74，變數 b 的位址假設為 ff70：

表 9.2.1　執行 7~19 行時，變數變化的情形（&a=ff74，&b=ff70）

行號	程式碼	a	b	ptr1	*ptr1	ptr2	*ptr2
07	int a=5,b=10;	5	10				
08	int *ptr1,*ptr2;	5	10	殘值	殘值	殘值	殘值
09	ptr1=&a;	5	10	ff74	5	殘值	殘值
10	ptr2=&b;	5	10	ff74	5	ff70	10
11	*ptr1=7;	7	10	ff74	7	ff70	10
12	*ptr2=32;	7	32	ff74	7	ff70	32
13	a=17;	17	32	ff74	17	ff70	32

行號	程式碼	a	b	ptr1	*ptr1	ptr2	*ptr2
14	ptr1=ptr2;	17	32	ff70	32	ff70	32
15	*ptr1=9;	17	9	ff70	9	ff70	9
16	ptr1=&a;	17	9	ff74	17	ff70	9
17	a=64;	64	9	ff74	64	ff70	9
18	*ptr2=*ptr1+5;	64	69	ff74	64	ff70	69
19	ptr2=&a;	64	69	ff74	64	ff74	64

建議讀者應依循上面的步驟，一步步的探討表格內的數據是如何得來的，同時建議讀者修改 prog9_5，使得每執行完一行，程式碼裡便能印出所有變數的值，用來驗證上表的正確性。 ❖

由 prog9_5 可知，不管是利用變數或是指標，都可以更改變數裡的值，但是不管如何，變數的位址卻是無法更改的，因為它是由編譯器所配置的，若是隨意更改變數的位址，很可能不小心就佔用到作業系統的位址，而造成不可預期的錯誤。

9.2.3 宣告指標變數所指向之型態的重要性

在宣告指標變數時，我們便會賦予指標所指向的資料型態。一旦確定指標變數所指向的資料型態之後，我們便不能夠再更改它。若是把 A 型態的指標指向 B 型態的變數，在編譯時編譯器會發出警告訊息，告訴您指標和指向變數的型態不合，此時程式執行時就會發生資料被不正常截取的問題，因而造成指向的變數內容不正確。

我們實際舉個簡單的例子來說明。下面的程式分別宣告整數變數 a1、指向整數的指標 ptri、浮點數變數 a2，以及指向倍精度浮點數的指標 ptrf，並讓 ptrf 指向 a1，ptri 指向 a2，再於程式中印出它們的值：

```
01   // prog9_6, 錯誤的指標型態
02   #include <iostream>
03   #include <cstdlib>
```

```
04   using namespace std;
05   int main(void)
06   {
07      int a1=100, *ptri;
08      double a2=3.2, *ptrf;
09      ptri=&a2;            // 錯誤，將 int 型態的指標指向 double 型態的變數
10      ptrf=&a1;            // 錯誤，將 double 型態的指標指向 int 型態的變數
11
12      cout << "sizeof(a1)=" << sizeof(a1) << endl;
13      cout << "sizeof(a2)=" << sizeof(a2) << endl;
14      cout << "a1=" << a1 << ", *ptri=" << *ptri << endl;
15      cout << "a2=" << a2 << ", *ptrf=" << *ptrf << endl;
16
17      system("pause");
18      return 0;
19   }
```

於本例中，ptri 宣告成指向 int 型態的指標，但第 9 行卻把它指向 double 型態的變數。相同的，ptrf 宣告成指向 double 型態的指標，而第 10 行卻把它指向 int 型態的變數。因此編譯器便會在編譯時發出

```
cannot convert 'double' to 'int' in assignment
cannot convert 'int' to 'double' in assignment
```

兩個錯誤訊息，告訴使用者指標所指向的型態不同，無法正確的使用指標。此時只要將指標指向相同型態的變數，即可更正錯誤，第 9、10 行的程式應修改成：

```
09      ptri=&a1;            // 將 int 型態的指標 ptri 指向 int 型態的變數 a1
10      ptrf=&a2;            // 將 double 型態的指標 ptrf 指向 double 型態的變數 a2
```

prog9_6 經過修正、編譯後的執行結果如下：

```
/* prog9_6 OUTPUT----
sizeof(a1)=4
sizeof(a2)=8
a1=100, *ptri=100
a2=3.2, *ptrf=3.2
--------------------*/
```

當指標宣告的型態與其所指向之變數的型態不同時，程式便會發生錯誤。所以在使用指標時，其型態要和所指向的變數型態一樣。

9.3 指標與函數

指標可以在函數之間傳遞，也可以從函數傳回指標。在許多情況下，函數的引數藉由指標的傳遞，不但可以簡化程式碼的撰寫、增加程式執行的效率，同時還可以解決一些程式設計裡無法達成的難題呢！

9.3.1 傳遞指標到函數中

如果想要把指標傳入函數裡，可利用如下的語法：

```
傳回值型態 函數名稱 (資料型態 *指標變數)
{
    // 函數的本體
}
```

格式 9.3.1
將指標傳入函數的格式

例如，若是想設計一個函數 address()，它可接收一個指向整數的指標，且沒有傳回值，則函數 address() 可以定義成如下的敘述：

```
void address(int *ptr)          // 定義函數 address()
{
    // 函數的內容
}
```

另外，因為函數 address() 原型的括號內不必填上引數名稱，所以括號內只保留指標所指向變數之型態，以及一個星號「*」，代表傳入的是一個指向整數的指標即可：

```
void address(int *);            // 宣告函數 address()的原型
```

在呼叫 address() 時，由於 address() 必須接收一個指向整數的指標，因此我們可以把整數的位址，或者是指向整數的指標當成引數傳入函數內，如下面的敘述：

```
int a=12;
int *ptr=&a;                  // 將指標 ptr 指向變數 a
address(&a);                  // 傳入 a 的位址
address(ptr);                 // 傳入指向整數的指標 ptr
```

下面是函數 address() 的完整範例。於此範例中，address() 可以接收一個指向整數的指標（即整數變數的位址），然後在函數內將位址與該位址內存放的變數值列印出來：

```
01   // prog9_7, 傳遞指標到函數裡
02   #include <iostream>
03   #include <cstdlib>
04   using namespace std;
05   void address(int *);          // 宣告 address() 函數的原型
06   int main(void)
07   {
08      int a=12;                  // 設定變數 a 的值為 12
09      int *ptr=&a;               // 將指標 ptr 指向變數 a
10
11      address(&a);              // 將 a 的位址傳入 address() 函數中
12      address(ptr);             // 將 ptr 傳入 address() 函數中
13
14      system("pause");
15      return 0;
16   }
17   void address(int *p1)
18   {
19      cout << "於位址" << p1 << "內，儲存的變數內容為" << *p1 << endl;
20      return;
21   }
```

```
/* prog9_7 OUTPUT-------------------
於位址 0x22ff74 內，儲存的變數內容為 12
於位址 0x22ff74 內，儲存的變數內容為 12

-----------------------------------*/
```

於本例中，17~21 行定義函數 address()，它可接收指向整數型態的指標（也就是可以接收一個存放整數的位址）。在主程式中，第 8 行宣告整數變數 a，並設值為 12，第 9 行宣告指向整數的指標 ptr，並將它指向變數 a。

程式第 11 行呼叫函數 address()，並傳入變數 a 的位址，傳入的位址由第 17 行的指標變數 p1 所接收，並於第 19 行印出傳入的位址，以及該位址內的變數值。由程式的輸出可知，變數 a 的位址是 0x22ff74，而此位址內，儲存的變數值為 12，當然也就是變數 a 的值，如下圖所示：

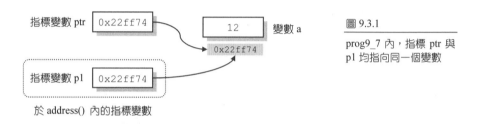

圖 9.3.1
prog9_7 內，指標 ptr 與 p1 均指向同一個變數

另外，第 12 行呼叫函數 address()，同時傳入指標 ptr。由於第 9 行已將 ptr 指向變數 a，因此 ptr 存放的實際上就是 a 的位址，所以函數 address() 的執行結果也就和第 11 行的執行結果相同。　　　　　　　　　　　　　　　　　　　　　　　　　　　❖

既然函數可以藉由指標的傳遞來得知變數的位址，因此也就可以在函數內透過位址來改變呼叫端變數的內容。以下面的範例為例，於程式中定義一個 add10() 函數，它可接收一個整數變數。當 add10() 函數被呼叫，呼叫端傳入 add10() 的變數便會被加 10：

```
01   // prog9_8, 傳遞指標的應用
02   #include <iostream>
03   #include <cstdlib>
04   using namespace std;
05   void add10(int *);        // add10()函數的原型
06   int main(void)
07   {
08      int a=5;               // 設定變數 a 的值為 5
```

```
09
10       cout << "呼叫 add10()之前, a=" << a << endl;
11       add10(&a);
12       cout << "呼叫 add10()之後, a=" << a << endl;
13
14       system("pause");
15       return 0;
16   }
17   void add10(int *p1)
18   {
19       *p1=*p1+10;
20       return;
21   }
```

/* prog9_8 OUTPUT------

呼叫 add10()之前, a=5
呼叫 add10()之後, a=15

---------------------*/

於本例中，第 11 行把變數 a 的位址傳遞給函數 add10()，並由第 17 行的指標變數 p1
所接收，此時記憶體的配置如下圖所示：

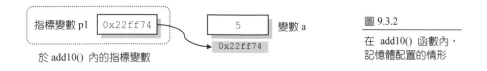

於 add10() 內的指標變數

圖 9.3.2

在 add10() 函數內，
記憶體配置的情形

第 19 行設定 *p1=*p1+10；由於 p1 是指向變數 a，因此第 19 行也就相當於把變數 a
的值加 10，變成 15，所以執行流程回到主程式時，12 行便會印出 a 的值為 15。

在 C++ 裡，有些運算必須透過指標的傳遞才能達成。舉例來說，想利用函數將變數 a
與 b 的值互換，便無法以傳值（pass by value）的方式來撰寫，而必須以指標的傳遞（pass
by address）來完成。下面為錯誤程式的示範：

```
01   // prog9_9, 將 a 與 b 值互換 (錯誤示範)
02   #include <iostream>
03   #include <cstdlib>
04   using namespace std;
05   void swap(int,int);              // swap()函數的原型
06   int main(void)
07   {
08      int a=5,b=20;
09      cout << "交換前... a=" << a << ", b=" << b << endl;
10      swap(a,b);
11      cout << "交換後... a=" << a << ", b=" << b << endl;
12
13      system("pause");
14      return 0;
15   }
16   void swap(int x,int y)           // 定義 swap()函數
17   {
18      int tmp=x;
19      x=y;
20      y=tmp;
21      return;
22   }
```

```
/* prog9_9 OUTPUT---

交換前... a=5, b=20
交換後... a=5, b=20
--------------------*/
```

程式第 5 行宣告 swap() 函數原型，它沒有傳回值，可接收兩個整數。第 8 行，宣告兩個整數變數 a、b，並分別設值為 5、20。變數 a 及 b 在記憶體中的配置如下圖所示：

圖 9.3.3

執行完第 8 行後，記憶體配置的情形

程式第 10 行呼叫 swap() 函數，並傳入變數 a 與 b。此時程式的流程進入函數 swap() 內，a 與 b 的值分別由變數 x 與 y 所接收，此時記憶體的配置如下圖所示：

於主函數裡的變數

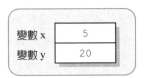

於 swap() 裡的變數

圖 9.3.4

進入 swap() 函數時，
記憶體配置的情形

程式第 18 行宣告一個 tmp 變數，並把 x 的值設給它，此時記憶體的配置如下：

於主函數裡的變數

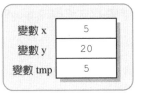

於 swap() 裡的變數

圖 9.3.5

執行完第 18 行後，
記憶體配置的情形

程式第 19 行設定 x=y，此時記憶體的配置如下：

於主函數裡的變數

於 swap() 裡的變數

圖 9.3.6

執行完第 19 行後，
記憶體配置的情形

程式第 20 行設定 y=tmp，讀者可發現，在 swap() 裡的變數 x 與 y 的值已被交換，此時
變數在記憶體中的配置如下：

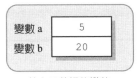

於主函數裡的變數

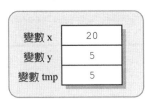

於 swap() 裡的變數

圖 9.3.7

執行完第 20 行後，
記憶體配置的情形

當函數 swap() 執行結束，在 swap() 裡的區域變數 x、y 與 tmp 會被銷毀，程式執行流
程回到 main() 函數內，讀者可以發現，在主程式裡的變數 a 與 b 的值並沒有被對調。

為什麼變數 a、b 的值並沒有被更改到呢？在函數 swap() 中，我們不是也有將 x、y 的值調換嗎？這就牽涉到變數的等級問題！傳遞到 swap() 函數裡的只是 a、b 的值，而接收 a、b 的是函數內的區域變數 x、y，雖然 18~20 行執行交換的動作，但這個交換並不會變更到 main() 函數內的變數 a 與 b，因此當函數執行完畢， a 與 b 的值並沒有任何的變動。　　　　　　　　　　　　　　　　　　　　　　　　　　　　　　　❖

針對程式 prog9_9 的錯誤，我們將程式修改成 prog9_10，利用傳遞指標的方式來處理變數內容的交換：

```
01   // prog9_10, 將 a 與 b 值互換(正確範例)
02   #include <iostream>
03   #include <cstdlib>
04   using namespace std;
05   void swap(int *,int *);           // 函數 swap()原型的宣告
06   int main(void)
07   {
08      int a=5,b=20;
09      cout << "交換前... a=" << a << ", b=" << b << endl;
10      swap(&a,&b);                    // 呼叫 swap()函數,並傳入 a 與 b 的位址
11      cout << "交換後... a=" << a << ", b=" << b << endl;
12
13      system("pause");
14      return 0;
15   }
16   void swap(int *p1,int *p2)      // swap()函數的定義
17   {
18      int tmp=*p1;
19      *p1=*p2;
20      *p2=tmp;
21      return;
22   }
```

```
/* prog9_10 OUTPUT---

交換前... a=5, b=20
交換後... a=20, b=5

--------------------*/
```

程式第 5 行宣告 swap() 函數原型，它沒有傳回值，可接收兩個指向整數的指標。第 8 行宣告兩個整數變數 a、b，與前例一樣設值為 5、20。變數 a 及 b 在記憶體中的配置如下圖所示（記憶體的位址為假設值）：

圖 9.3.8
執行完第 8 行後，記憶體配置的情形

程式第 10 行呼叫 swap() 函數，並傳入變數 a 與 b 的位址，此時進入 swap() 函數，變數 a 與 b 的位址分別由指標 p1 與 p2 接收，此時記憶體的配置如下圖所示：

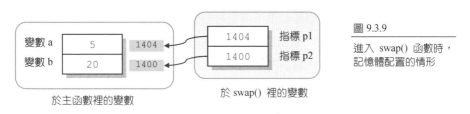

圖 9.3.9
進入 swap() 函數時，記憶體配置的情形

第 18 行宣告 tmp 變數，並設值為指標 p1 所指向的變數值，此時記憶體的配置如下圖：

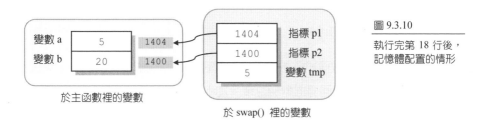

圖 9.3.10
執行完第 18 行後，記憶體配置的情形

第 19 行將指標 p2 所指向的變數值設定給 p1 所指向的變數存放，記憶體的配置如下圖：

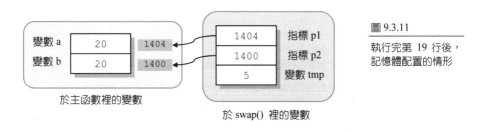

圖 9.3.11
執行完第 19 行後，記憶體配置的情形

程式第 20 行把 tmp 的值設定給 p2 所指向的變數存放,此時變數在記憶體中的配置如下,由此圖中,讀者可看出主函數內的變數 a 與 b 的值已被交換:

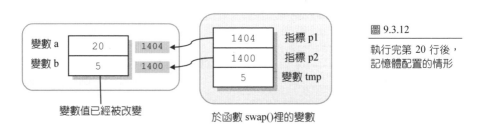

圖 9.3.12

執行完第 20 行後,
記憶體配置的情形

程式 prog9_9 與 prog9_10 最大的不同,就是傳入 swap() 函數的引數,prog9_9 是以變數 a、b 的值傳入函數中,這是屬於「傳值呼叫」的方式,而 prog9_10 則是將變數 a、b 的位址傳入函數,是屬於「傳址呼叫」。由本例可知,利用傳址呼叫的方式,即可直接將傳入函數的變數 a、b 內容更改。　　　　　　　　　　　　　　　　　❖

指標的好處之一是在於即使函數沒有傳回值,指標還是可以更改傳入的引數值,因此善用指標傳遞的特性,可以撰寫出相當實用的程式哦!

9.3.2 傳回值為指標的函數

除了可以把指標當成引數傳給函數之外,我們也可以從函數傳回指標。如果要從函數傳回指標,只要在函數傳回值的型態之後,加上一個星號「*」即可,如下面的格式:

格式 9.3.2

由函數傳回指標

舉一個實例來說明如何從函數傳回指標。下面的範例裡設計一個 max() 函數,它可接收兩個變數的位址,而傳回值則是這兩個變數中,數值較大之變數的位址,再利用傳回的位址印出該位址內存放的值。本範例程式的撰寫如下:

```
01   // prog9_11, 由函數傳回指標
02   #include <iostream>
03   #include <cstdlib>
04   using namespace std;
05   int *max(int *,int *);            // 宣告函數 max()的原型
06   int main(void)
07   {
08      int a=12,b=17,*ptr;
09      ptr=max(&a,&b);
10      cout << "max=" << *ptr << endl;
11
12      system("pause");
13      return 0;
14   }
15   int *max(int *p1, int *p2)
16   {
17      if(*p1>*p2)
18         return p1;           傳回 p1 與 p2 所指向之整數中,
19      else                    數值較大之整數的位址
20         return p2;
21   }
```

```
/* prog9_11 OUTPUT---

max=17
---------------------*/
```

於本例中,第 5 行宣告 max() 函數的原型,它可接收兩個指向整數的指標,傳回值則是整數的位址(即指向整數的指標)。在程式執行時,第 8 行宣告變數 a、b 與指標變數 *ptr,此時變數於記憶體內配置的情形如下圖所示(位址為假設值):

圖 9.3.13

執行完第 8 行後,
記憶體配置的情形

第 9 行呼叫 max() 函數,變數 a 的位址由指標 p1 接收,變數 b 的位址由指標 p2 接收,執行完第 15 行後,變數於記憶體內配置的情形如下圖所示:

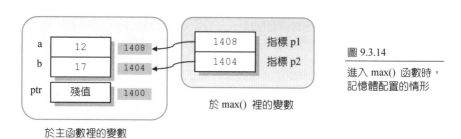

圖 9.3.14
進入 max() 函數時，
記憶體配置的情形

接下來執行 17~20 行的判斷敘述。由於 p1 所指向的變數之值（a 的值為 12）小於 p2
所指向的變數之值（b 的值為 17），因此第 20 行的敘述會被執行，傳回 p2，也就是變
數 b 的位址，並在第 9 行由指標 ptr 所接收，於是此時 ptr 指向變數 b，如下圖所示：

圖 9.3.15
執行完第 9 行後，
記憶體配置的情形

最後第 10 行印出 ptr 所指向之變數的內容，因為 ptr 已指向變數 b，所以程式的輸出會
印出 max=17。

❖

9.3.3 函數指標

函數與一般的資料型態之變數一樣具有位址。函數的位址，是經過編譯後所產生的機
器碼之起始處；也就是說，函數名稱本身即記錄著函數的起始位址，就如同陣列名稱
也記錄著陣列的起始位址。

C++的指標不但可以指向變數，還可以指向函數，這種指標稱為函數指標（function
pointer），其定義格式如下：

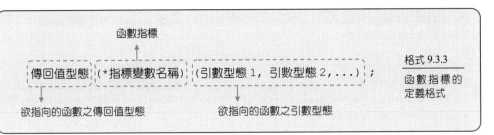

格式 9.3.3
函數指標的
定義格式

格式 9.3.3 中，第一項以虛線框起的部分為傳回值型態，是指標欲指向的函數之傳回值型態。第二項以虛線框起的部分（*指標變數名稱），即函數指標，此處必須以括號括起。由於括號的優先順序大於*運算子，若是不加括號，則會變成為函數的傳回值為指標，而不是函數指標。第三項以虛線框起的部分（引數型態 1, 引數型態 2,...）則是欲指向的函數之引數型態，亦可在定義格式中加入引數的變數名稱，成為（引數型態 1 變數名稱 1, 引數型態 2 變數名稱 2,...）。

舉例來說，有一個計算平方值的函數 square()，傳回值型態為 int，而引數型態亦為 int，其函數原型的定義如下：

```
int square(int);            // 定義 square()函數的原型
```

此時欲利用函數指標 pf，使該指標指向 square() 函數，其定義格式可寫成下面的敘述：

```
int (*pf)(int);            // 定義函數指標 pf
```

最後再將函數指標 pf 指向函數 square() 即可：

```
pf=square;                 // 使函數指標 pf 指向 square()
```

如此一來在程式中想要呼叫 square() 函數時，即可利用函數指標 pf 完成。下面將完整的程式碼列出，如此可以較容易瞭解函數指標的使用。

```
01   // prog9_12, 函數指標的使用
02   #include <iostream>
03   #include <cstdlib>
04   using namespace std;
```

```
05    int square(int);                    // 定義 square()函數的原型
06    int main(void)
07    {
08        int (*pf)(int);                  // 定義函數指標 pf
09        pf=square;                       // 使函數指標 pf 指向 square()
10        cout << "square(5)=" << (*pf)(5) << endl; // 印出 square(5)的值
11        system("pause");
12        return 0;
13    }
14
15    int square(int a)                    // 自訂函數 square()，計算平方值
16    {
17        return (a*a);
18    }
```

```
/* prog9_12 OUTPUT---

square(5)=25

---------------------*/
```

程式 prog9_12 可以很清楚的認識函數指標的用法。如果覺得函數指標有點複雜，不妨
將欲指向的函數之函數原型先撰寫好，再將（*指標變數名稱）取代函數名稱，即可得
到函數指標。

❖

9.3.4 傳遞函數到其它函數中

由前面的介紹可知，函數名稱本身可以看成是個指標，因此函數也可以當成引數傳遞
到另一個函數。假設有一個名為 triangle() 的函數，引數為三角形的底（base）與高
（height），可以傳回三角形的面積，其函數的原型如下：

```
double triangle(double,double);          // triangle()函數的原型
```

同時有另一個名為 showarea() 的函數，用來印出 triangle() 函數的傳回值，showarea()
函數的原型可寫成下面的敘述：

欲指向 triangle()函數指標

```
void showarea( double,double, double (*pf)(double,double) );
```

triangle()函數的引數

由於 triangle() 當成引數傳遞到其它函數時，要以函數指標的方式傳入，因此 triangle() 的兩個引數要變成 showarea() 函數的引數，才能將 triangle() 的引數一起傳入呼叫它的函數中。showarea() 函數的定義如下：

```cpp
void showarea(double x,double y,double (*pf)(double,double))
{
   cout << (*pf)(x,y) << endl;            // 呼叫函數指標所指向的函數
}
```

舉例來說，假設有二個可計算三角形與長方形面積的函數，以及一個專門用來印出它們的函數 showarea()，分別將這二個計算面積的函數當成引數，傳遞到 showarea() 中，印出三角形及長方形的面積。

```cpp
01   // prog9_13, 傳遞函數到其它函數中
02   #include <iostream>
03   #include <cstdlib>
04   using namespace std;
05   double triangle(double,double),rectangle(double,double);
06   void showarea(double,double,double (*pf)(double,double));
07   int main(void)
08   {
09      cout << "triangle(6,3.2)=";
10      showarea(6,3.2,triangle);            // 呼叫 triangle()，並印出其值
11      cout << "rectangle(4,6.1)=";
12      showarea(4,6.1,rectangle);           // 呼叫 rectangle()，並印出其值
13
14      system("pause");
15      return 0;
16   }
17
18   double triangle(double base,double height)      // 計算三角形面積
19   {
```

```
20        return (base*height/2);
21    }
22
23    double rectangle(double height,double width)   // 計算長方形面積
24    {
25        return (height*width);
26    }
27
28    void showarea(double x,double y,double (*pf)(double,double))
29    {
30        cout << (*pf)(x,y) << endl;
31        return;
32    }
```

```
/* prog9_13 OUTPUT-----
triangle(6,3.2)=9.6
rectangle(4,6.1)=24.4
----------------------*/
```

其實 showarea() 函數的作用並不大,這個程式可以用其它簡單的方式完成。筆者的目的只是用一個簡單易懂的範例,來介紹傳遞函數的指標到另一個函數的方式。

9.4 指標與陣列

陣列也可以看成是指標的分身,不同的是,陣列是固定長度的記憶體區塊,而指標是一個變數,用來記錄所指向變數的位址。此外,陣列的元素排列還可以利用指標運算來存取,在本節的內容裡,我們來看看陣列和指標之間的關係。

9.4.1 指標的算術運算

指標的算術運算(arithmetic operation),指的是指標內所存放的位址做加法或減法運算。指標執行加法或減法運算時,是針對它所指向之資料型態的大小來處理。舉例來

說，如果指標 ptr 指向一個整數，則 ptr+1 並不是將位址的值加 1 ，而是加上 4 個位元組，這是因為指標 ptr 指向整數之故（整數佔有 4 個位元組）。

指標的減法與加法類似。例如，若 ptr 指向一個字串裡的某個字元，由於字元型態佔有 1 個位元組，ptr-1 會把指標的值減去一個位元組，使得指標指向字串裡的前一個字元。

指標的算術運算多半是用在存取陣列元素的操作上，這是因為編譯器是以連續的記憶體空間來配置給陣列元素存放，所以陣列元素的位址彼此之間有高度的關聯性，因此相當適合利用指標來存取。另外，陣列有個巧妙的設計，也就是

" 陣列名稱本身是一個存放位址的「指標常數」，它指向陣列的位址 "

稍早我們已經提及，陣列第一個元素的位址即代表陣列的位址。因此對於一維陣列而言，一維陣列的位址當然就是一維陣列裡，第 0 個元素的位址；而二維陣列的位址則是陣列裡，第 0 行第 0 列之元素的位址。

另外，陣列名稱之所以是一個指標常數（pointer constant），而非指標變數，這是由於陣列名稱雖是一個指標，它指向陣列的位址，但是我們不能夠更改陣列名稱的指向，因為它是一個常數，如下圖所示：

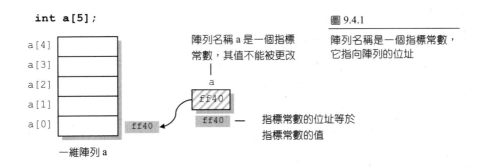

圖 9.4.1

陣列名稱是一個指標常數，它指向陣列的位址

有趣的是，於上圖中，陣列名稱 a 雖然是一個指標常數，但是如果把指標常數 a 的位址
列出來，將會發現 a 的位址等於它本身所存放的位址，這個精巧的設計有助於將指標
常數的應用擴展到二維以上的陣列，關於這個部分稍後再做討論。下面以簡單的程式
碼來驗證陣列名稱 a 是一個指向陣列位址的指標常數：

```
01   // prog9_14, 指標常數的值與位址
02   #include <iostream>
03   #include <cstdlib>
04   using namespace std;
05   int main(void)
06   {
07       int i,a[5]={32,16,35,65,52};
08
09       cout << "a=" << a << endl;
10       cout << "&a=" << &a << endl;
11       for(i=0;i<5;i++)
12         cout << "&a[" << i << "]=" << &a[i] << endl;
13
14       system("pause");
15       return 0;
16   }
```

```
/* prog9_14 OUTPUT--------------------
a=0x22ff40      ——— 指標常數 a 的值
&a=0x22ff40     ——— 指標常數 a 的位址
&a[0]=0x22ff40  ⎫
&a[1]=0x22ff44  ⎪
&a[2]=0x22ff48  ⎬  陣列元素的位址
&a[3]=0x22ff4c  ⎪
&a[4]=0x22ff50  ⎭
-------------------------------------*/
```

於本例中，第 7 行宣告具有 5 個元素的整數陣列 a，第 9 行印出 a 的值，得到 0x22ff40，
由於 a 是指標常數，它指向陣列 a，因此可知陣列 a 的位址為 0x22ff40。另外，第 10
行印出指標常數 a 的位址，讀者可以觀察到，指標常數 a 的位址和指標常數的值相同，
均是 0x22ff40。

程式 11~12 行印出陣列 a 每一個元素的位址，我們把這些元素與位址繪製於下圖，從圖中讀者可以觀察到，一維陣列 a 的位址正是陣列 a 裡第一個元素的位址：

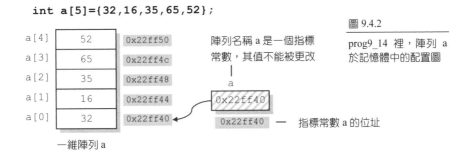

圖 9.4.2

prog9_14 裡，陣列 a 於記憶體中的配置圖

現在我們已經知道陣列名稱是一個指標常數，它儲存陣列第一個元素的位址。既然陣列名稱是一個指標常數，就可以利用它配合指標的算術運算來存取陣列的元素，如下面的範例：

```
01   // prog9_15, 利用指標常數來存取陣列的內容
02   #include <iostream>
03   #include <cstdlib>
04   using namespace std;
05   int main(void)
06   {
07      int a[3]={5,7,9};
08      cout << "a[0]=" << a[0] << ", *(a+0)=" << *(a+0) << endl;
09      cout << "a[1]=" << a[1] << ", *(a+1)=" << *(a+1) << endl;
10      cout << "a[2]=" << a[2] << ", *(a+2)=" << *(a+2) << endl;
11
12      system("pause");
13      return 0;
14   }
```

```
/* prog9_15 OUTPUT---

a[0]=5, *(a+0)=5
a[1]=7, *(a+1)=7
a[2]=9, *(a+2)=9

--------------------*/
```

第 7 行宣告可存放 3 個整數的陣列 a。因為陣列名稱本身是一個指標常數，所以陣列名稱 a 也可拿來做指標的算術運算。由於編譯器知道陣列 a 的資料型態為 int，亦即知道每一個元素佔有 4 個位元組，所以在程式裡 a+i 即代表 a[i] 的位址，而 *(a+i) 則可以把存於位址為 a+i 的整數值取出，也就是 a[i] 的元素值。利用指標的加減法運算，即可改變指標的指向，進而控制陣列的各個元素，如下圖所示：

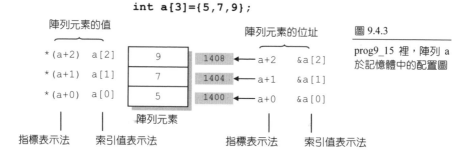

圖 9.4.3

prog9_15 裡，陣列 a 於記憶體中的配置圖

由本例可以看出，利用指標指向的陣列內容，與利用索引值取得的陣列元素值是相同的；也就是說，*(a+1) 與 a[1] 都是指向陣列的第 2 個元素，而 &a[1] 與 a+1 都是指向記憶體 1404 的位址。　　　　　　　　　　　　　　　　　　　　　❖

9.4.2　利用指標存取一維陣列的元素

瞭解指標與陣列的關係之後，我們來做個簡單的練習。下面的程式係利用指標的表示方式，計算一維陣列內所有元素的總和。

```
01    // prog9_16, 利用指標求陣列元素和
02    #include <iostream>
03    #include <cstdlib>
04    using namespace std;
05    int main(void)
06    {
07       int a[3]={5,7,9};
08       int i,sum=0;
09       for(i=0;i<3;i++)
10          sum+=*(a+i);            // 加總陣列元素的總和
11       cout << "sum=" << sum << endl;
```

```
12
13      system("pause");
14      return 0;
15    }
```

```
/* prog9_16 OUTPUT---
sum=21
--------------------*/
```

於程式第 10 行中，由於 *(a+i) 就等於是 a[i] 的元素值，因此可以將程式寫成如下面的敘述：

```
    sum+=*(a+i);              // 此行相當於 sum=sum+a[i]
```

因此經過 9~10 行 for 迴圈的計算後，陣列元素的總和便可計算出來。   ❖

值得注意的是，陣列 a 的位址是由編譯器所決定，我們無法在程式裡修改它。因此雖然陣列名稱 a 可看成是一個指標，但是我們不能更改 a 的值（更改 a 的值就相當於變更陣列 a 的位址）。由於陣列 a 的位址不能被更改，因此陣列名稱 a 可以看成是一個指標常數，也就是說，程式碼裡若是出現如下的敘述，則會發生錯誤：

```
    a=a+1;                   // 錯誤，陣列名稱 a 是一個指標常數，不能變更它的值
```

雖然如此，若是宣告一個指向整數的指標來指向陣列 a，如下面的敘述：

```
    int *ptr=a;          // 宣告指向整數的指標 ptr 來指向陣列 a
```
則
```
    ptr=ptr+1;                // 將指標 ptr 指向陣列 a 下一個元素的位址
```

的敘述是合語法的。經指標的加法運算後，此時的 ptr 便指向陣列元素 a[1] 的位址。

下面的範例修改自 prog9_16，改以指標變數 ptr 來指向陣列 a，並利用它來進行陣列元素的加總：

```
01   // prog9_17, 利用指標求陣列元素和
02   #include <iostream>
03   #include <cstdlib>
04   using namespace std;
05   int main(void)
06   {
07      int a[3]={5,7,9};
08      int i,sum=0;
09      int *ptr=a;                    // 設定指標 ptr 指向陣列 a
10      for(i=0;i<3;i++)
11         sum+=*(ptr++);              // 陣列元素值的累加
12      cout << "sum=" << sum << endl;
13
14      system("pause");
15      return 0;
16   }
```

```
/* prog9_17 OUTPUT---
sum=21
--------------------*/
```

於本例中，程式第 9 行宣告指向整數的指標 ptr，並設定它指向陣列 a 的第一個元素。
程式 10~11 行利用 for 迴圈進行陣列元素值的累加，於第 11 行中，因為 ptr++ 相當於
ptr=ptr+1，所以每執行完一次迴圈的主體，ptr 便會指向下一個陣列元素，因此利用 for
迴圈便可將陣列內的元素加總。

值得一提的是，我們不能把程式第 11 行寫成這樣的敘述：

```
   sum+=*(a++);                        // 錯誤，因為 a 是指標常數
```

由於陣列 a 以指標的方式表示時，a 會被視為指標常數，a++ 就相當於 a=a+1，但是 a
的值不能被更改，所以在編譯時會出現錯誤，但是指標變數 ptr 就不一樣，由於 ptr 是
指標變數，所以 ptr++ 處理時並不會有問題。

9.4.3 利用指標傳遞一維陣列到函數裡

經由前面的討論，現在我們已經知道指標與陣列之間密切的關係。稍早曾提及，如果將陣列傳遞到函數裡，所傳遞的事實上是陣列的位址，而不是陣列每一個元素的值。利用這個概念，我們可以把傳遞一維陣列的函數之語法，改成以傳遞指標的方式來撰寫，如下面的格式：

```
傳回值型態 函數名稱(資料型態 *陣列名稱)              格式 9.4.1
{                          |
    // 函數的內容           用來接收一維陣列          可接收一維陣列之函數
                          的位址                   的定義格式
}
```

例如，要設計一個可接收一維的整數陣列，且沒有傳回值的函數 func()，則 func() 的定義可以撰寫成如下的格式：

```
void func(int *arr)                // 函數 func()，可接收一維的整數陣列
{
    // 函數的內容
}
```

函數 func() 原型的宣告雖不必填上引數的名稱，但在函數原型的括號內還是要保留資料型態與一個星號「*」，用以告知編譯器這個引數是一個指標，如下面的敘述：

```
void func(int *)                   // 函數 func()原型的宣告
```

在呼叫函數 func() 時，因為 func() 必須接收陣列的位址，而陣列名稱本身存放的即是陣列的位址，所以 func() 的括號內只要填上陣列名稱即可，如下面的敘述：

```
int A[]={12,43,32,18,98};          // 宣告整數陣列 A，並設定初值
func(A);                           // 呼叫 func 函數，並傳入陣列 A
```

接下來我們以一個簡單的範例，來說明如何以指標傳遞一維陣列。下面的程式定義 replace(a,n,num) 函數，可將整數陣列 a 裡，第 n 值元素的值更改為 num：

```
01   // prog9_18, 將陣列第 n 個元素的值取代為 num
02   #include <iostream>
03   #include <cstdlib>
04   using namespace std;
05   void replace(int *,int,int);              // 宣告 replace() 函數的原型
06   int main(void)
07   {
08     int a[5]={1,2,3,4,5};
09     int i,num=100;
10     cout << "置換前，陣列的內容為 ";
11     for(i=0;i<5;i++)                         // 置換前印出陣列的內容
12       cout << a[i] << " ";
13     cout << endl;
14     replace(a,4,num);                        // 呼叫函數 replace()
15     cout << "置換後，陣列的內容為 ";
16     for(i=0;i<5;i++)                         // 置換後印出陣列的內容
17       cout << a[i] << " ";
18     cout << endl;
19
20     system("pause");
21     return 0;
22   }
23   void replace(int *ptr,int n,int num)
24   {
25     *(ptr+n-1)=num;                          // 將陣列第 n 個元素設值為 num
26     return;
27   }
```

```
/* prog9_18 OUTPUT------------
置換前，陣列的內容為 1 2 3 4 5
置換後，陣列的內容為 1 2 3 100 5

------------------------------*/
```

程式第 23~27 行定義 replace() 函數，可將陣列第 n 個元素的值更改為 num。程式第 14 行呼叫 replace() 函數，並傳入陣列 a，以及整數 4 與 num；此時陣列 a 的位址會被指標 ptr 所接收，且 n 的值等於 4。第 25 行的 *(ptr+n-1) 相當於 *(ptr+4-1)=*(ptr+3)，它代表陣列第 4 個元素，因此把它設值為 num（num 的值為 100），就相當於陣列第 4 個元素的值被更改為 100。 ❖

稍早曾提及，函數可以傳回指標型態的變數，其做法是在宣告函數原型及定義函數時，在函數名稱前面加上指標符號（＊），即可傳回指標。下面的程式是利用函數傳回指標的方式，傳回陣列中數值最大之元素的位址，再利用此位址，印出位址內存放的值：

```
01    // prog9_19, 函數傳回值為指標
02    #include <iostream>
03    #include <cstdlib>
04    using namespace std;
05    int *maximum(int *);              // 宣告 maximum()函數的原型
06    int main(void)
07    {
08       int a[5]={3,1,7,2,6};
09       int i,*ptr;
10       cout << "陣列的內容為 ";
11       for(i=0;i<5;i++)              // 印出陣列的內容
12          cout << a[i] << " ";
13       cout << endl;
14       ptr=maximum(a);              // 呼叫 maximum()函數，並傳入陣列 a
15       cout << "最大值為 " << *ptr << endl;
16
17       system("pause");
18       return 0;
19    }
20    int *maximum(int *arr)           // 定義 maximum()函數
21    {
22       int i,*max;
23       max=arr;                      // 設定指標 max 指向陣列的第一個元素
24       for(i=1;i<5;i++)
25          if(*max < *(arr+i))
26             max=arr+i;
27       return max;                   // 傳回最大值之元素的位址
28    }
```

```
/* prog9_19 OUTPUT----

陣列的內容為 3 1 7 2 6
最大值為 7

----------------------*/
```

第 5 行宣告函數 maximum() 的原型，它可接收一個指向整數的指標（此處為一個整數陣列的位址），且傳回值也是指向整數的指標。20~28 行是函數 maximum() 的定義，經過 24~26 行的 for 迴圈計算後，指標 max 便會指向陣列 a 內，數值最大之元素的位址，於 27 行傳回此位址。於主程式內，第 15 行便可依此位址印出陣列內的最大值。

雖然 maximum() 的傳回值為一個指向整數的指標，但是在呼叫 maximum() 時，還是像一般的函數呼叫的方式，並不需要在函數名稱前面加上指標符號；而在函數中，使用 return 敘述傳回呼叫程式時，所傳回去的是指標所指向的位址，而不是指標所指向的變數內容，如此一來接收傳回值的指標變數，才會收到正確的位址，再根據該位址找到陣列的元素值。

9.5　指標與字串

C++裡的字串是由字元陣列所組成，因此指標在字串裡所扮演的角色也就非常的重要。本節將探討指標變數與字串之間的關係。

9.5.1　以指標變數指向字串

在第八章裡曾經提到 C 型態字串的設定，是先宣告一個字元陣列，然後再把字串設給這個字元陣列。例如，字串 "How are you?" 可以利用字元陣列來儲存，如下面的範例：

```
char str[]="How are you?";          // 宣告字元陣列 str，並設定初值
```

事實上，C++還提供另一種設定方式，也就是設定一個指向字元的指標，然後把這個指標指向一個字串，格式如下：

```
char *指標變數;                                         格式 9.5.1
指標變數="字串常數";                                    字串的宣告格式
```

或者是在宣告指標時直接設定字串的內容，如下面的格式：

```
char *指標變數="字串常數";                              格式 9.5.2
                                                        字串的宣告格式
```

下面的範例為合法的指標字串變數宣告。

```
char *ptr;                    // 宣告字元指標變數 ptr
ptr="How are you?";           // 將 ptr1 指向字串"How are you?"的起始處
```

或是

```
char *ptr="How are you?";     // 將指向字元的指標 ptr 指向字串
```

現在，我們有兩種方式來儲存字串，一是利用字元陣列，另一種是利用指向字元的指標。事實上，這兩種方式在使用上並無太大的差異，其主要的差別在於，如果是以字元陣列 str 來儲存字串時，str 的值是字串裡第一個字元的位址。此時 str 是一個指標常數，我們無法修改它。

如果是以指向字元的指標 ptr 來指向字串時，則編譯器會配置一個記憶空間給指標 ptr 存放，而 ptr 的內容則儲存字串裡第一個字元的位址。與 str 不同的是，ptr 是一個指標變數，因此可以更改它所儲存的值。您可以參考下圖，即可瞭解利用字元陣列來儲存字串，和利用指標指向字串這二者之間的差異：

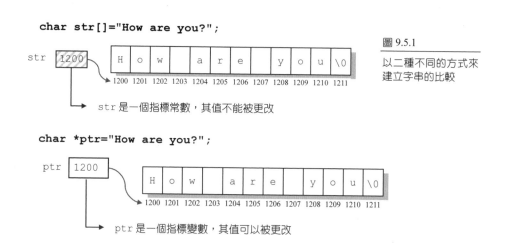

圖 9.5.1

以二種不同的方式來
建立字串的比較

由前面的探討可知，以字元陣列 str 來建立字串時，str 的值為指標常數，因此不能被更
改，相反的，如果以指標 ptr 來建立字串，則 ptr 是指標變數，因此可以更改 ptr 的值。
例如，若執行下面的敘述：

```
ptr=ptr+4;          // 更改 ptr 的值，使它指向第 5 個字元（即字元 a）
cout << ptr;        // 印出 ptr 所指向的字串
```

則會於螢幕上印出字串 "are you"。

下面是利用指標來指向字串的練習。於程式中，使用者可輸入一個英文名字，程式的
輸出則會印出相對應的問候語。本範例程式的撰寫如下：

```
01   // prog9_20, 以指標變數指向字串
02   #include <iostream>
03   #include <cstdlib>
04   using namespace std;
05   int main(void)
06   {
07      char name[20];
08      char *ptr="How are you?";          // 將指標指向字串"How are you?"
09
10      cout << "What's your name? ";
```

```
11      cin.getline(name,20);                              // 輸入字串
12      cout << "Hi, " << name << ", " << ptr << endl;     // 輸出
13
14      system("pause");
15      return 0;
16  }
```

```
/* prog9_20 OUTPUT------------
What's your name? Tippi Hong
Hi, Tippi Hong, How are you?
----------------------------*/
```

於本例中，第 7 行宣告字元陣列 name，第 8 行宣告一個指向字元的指標，並設定它指向字串 "How are you?"。第 11 行可由鍵盤讀取字串，並把它存放在字元陣列 name 裡。第 12 行則利用字元陣列 name，與指向字串的指標 ptr 來印出問候語。

於本例中，name 是指標常數，它的值不能更改，而 ptr 是指標變數，我們可以更改它的值。讀者可以試試，在程式碼的第 13 行分別加上

```
    cout << (++name) << endl;       // 先將 name 的值加 1，然後印出字串
```

或是

```
    cout << (++ptr) << endl;        // 先將 ptr 的值加 1，然後印出字串
```

敘述，看看哪一個可以正確的編譯，並探討為什麼會有這樣的執行結果。

9.5.2 指標陣列

指標也可以像其它型態的變數一樣宣告成陣列，成為「指標陣列」。指標陣列的宣告綜合指標與陣列的宣告方式。也就是說，當我們宣告指標陣列時，在陣列名稱前再加上「*」運算子，所宣告的陣列即為指標陣列，如下面的一維指標陣列的宣告格式：

> 資料型態 *陣列名稱[元素個數]; // 宣告指標陣列
>
> 格式 9.5.3
> 指標陣列的宣告格式

例如，若於程式碼裡宣告如下的敘述：

```
int *ptr[3];      // 宣告指標陣列 ptr，可存放 3 個指向整數的指標
```

則我們便有三個指向整數的指標（分別為 ptr[0]、ptr[1] 與 ptr[2]）可以使用。

一維的指標陣列常用在字串陣列初值化的設定。過去我們是以二維的字元陣列來儲存字串陣列，如下面的敘述：

```
char str[3][10]={"Tom", "Lily", "James Lee"};
```

上面的敘述即宣告字串陣列 str，可以儲存 3 個字串，每個字串的可容納 10 個字元（含字串結束字元），並分別設定初值為 "Tom"、"Lily" 及 "James Lee"。

我們也可以把上面的敘述改成以指標陣列的方式來撰寫，如下面的敘述：

```
char *ptr[3]={"Tom", "Lily", "James Lee"};
```

此時 ptr[0] 即是指向字串 "Tom" 的指標，ptr[1] 則是指向 "Lily"，ptr[2] 則是指向 "James Lee"。

上述兩種儲存字串的方式，看似相同，但儲存字串的方式卻有差別。以二維的字元陣列來儲存字串時，由於每一個字串的長度不一，因而常會造成陣列空間的浪費。如下圖中，在字串結束字元「\0」之後的空間雖然沒有使用，但是由於字串在宣告的時候，直接宣告一塊足夠空間大小的記憶體，即使沒有用到，也是閒置在那兒：

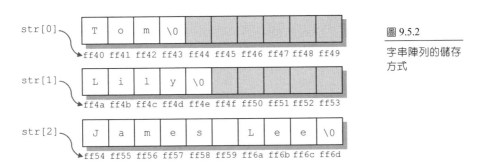

圖 9.5.2

字串陣列的儲存
方式

如果是以一維的指標陣列來指向字串陣列時，則編譯器會自動配置恰可容納該字串的
空間來存放字串，因此不會有浪費記憶空間的問題，如下圖所示：

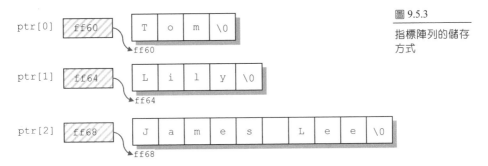

圖 9.5.3

指標陣列的儲存
方式

下面的範例是使用指標陣列的練習。於程式中，我們宣告指標陣列 ptr，並將它們分別
指向不同長度的字串，然後印出這些字串的內容。本範例的程式碼如下：

```
01   // prog9_21, 指標陣列
02   #include <iostream>
03   #include <cstdlib>
04   using namespace std;
05   int main(void)
06   {
07      char *ptr[3]={"Tom", "Lily", "James Lee"};
08      for(int i=0;i<3;i++)
09         cout << ptr[i] << endl;
10
11      system("pause");
12      return 0;
13   }
```

```
/* prog9_21 OUTPUT---

Tom
Lily
James Lee

-------------------*/
```

於本例中，第 7 行宣告指標陣列 ptr[3]，並設定 ptr[0] 指向字串 "Tom"，ptr[1]指向字串 "Lily"，而 ptr[2] 指向字串 "James Lee"。8~9 行則是利用 for 迴圈印出每一個指標所指向的字串。

於本例中，我們是在宣告指標陣列的時候便一併讓指標指向字串。事實上，您也可以先宣告指標陣列，然後再分別設定每個指標所指向的字串，如下面的敘述：

```
char *ptr[3];             // 宣告指標陣列 ptr
ptr[0]="Tom";             // 設定 ptr[0]指向字串 "Tom"
ptr[1]="Lily";            // 設定 ptr[1]指向字串 "Lily"
ptr[2]="James Lee";       // 設定 ptr[2]指向字串 "James Lee"
```

❖

利用指標陣列可節省這些沒有用到的空間，當儲存的資料量小時，大概不會覺得有什麼不妥，但是當資料量大到上千萬筆，這些被浪費掉的記憶體可是相當的可觀哦！這時指標陣列就可以發揮它的功效，達到節省記憶空間的目的。

本章摘要

1. 指標是用來存放變數在記憶體中的位址。這種依位址來取值的特殊方式，稱之為「間接定址取值法」。

2. 不得不學以及不得不用指標的理由：(1)當函數必須傳回一個以上的值，(2)使得陣列或字串在函數間的傳遞更有效率，(3)較複雜的資料結構需要指標的協助才能將資料鏈結在一起，(4)必須利用指標來傳達記憶體的訊息才能使函數正常的工作。

3. 使用指標變數時，可以經由「位址運算子--&」與「依址取值運算子--*」完成。位址運算子可以取得變數在記憶體中的位址；依址取值運算子則可以取得指標所指向的記憶體位址的內容。

4. 假設 ptri 為指標變數，則 *ptri 是用來取出於 ptri 位址內所存放的變數值，而 &ptri 則是指標變數本身的位址。

5. 在 Dev C++中，無論指標指向何種資料型態，指標變數均佔有 4 個位元組。

6. 指標的三種運算，分別是設定運算、加減法運算及差值運算。加法與減法運算是針對指標內的位址所做的運算；差值運算的運算結果為兩個指標之間的距離。

7. 經過指標的加減運算後所指向的陣列內容，與利用註標值所取得的陣列元素值是相同的。

8. 傳回值為指標的函數只要在宣告原型及定義時，在函數名稱前面加上指標符號（*），即可傳回指標。

9. 函數名稱本身記錄函數的起始位址，指向函數的指標稱為函數指標。將欲指向的函數之函數原型先寫好，再將（*指標變數名稱）取代函數名稱，即可得到函數指標。

10. 藉由字串指標陣列的協助，不但可以減少空間的浪費，還可增加程式的可讀性與執行的效率。

自我評量

9.1 指標概述

1. 若指標變數 ptr 指向整數變數 a，a 的位址為 1300，a 的值為 12，指標變數 ptr 的位址為 1360，試仿照圖 9.1.2 繪出指標 ptr 與變數 a 在記憶體中的配置情形。

2. 假設於程式中做出如下的宣告

   ```
   short a=3;
   int b=20;
   double f=2.365;
   ```

   請試著印出 a、b 及 f 的值、所佔記憶體的大小及其位址，並仿照圖 9.1.4 繪出變數於記憶體裡的配置情形。

3. 假設在程式碼裡宣告下面的敘述：

   ```
   float f;
   int sum=100;
   ```

   試印出變數 f 與 sum 的位址，並仿照圖 9.1.4 繪出變數於記憶體裡的配置情形。

9.2 指標變數

4. 假設 var 為 short 型態的變數，ptr 為指向 var 的指標，該如何做出宣告與設定？

5. 試指出下列敘述錯誤的地方，同時加以改正。

   ```
   double f;
   int *ptr;
   ptr=f;
   ```

6. 若要設定 ptr 是指向整數變數 i 的指標，則下列的設定何者正確？

   (1) i=*ptr   (2) ptr=&i
   (3) ptr=*i   (4) *ptr=i

7. 假設於程式中做出如下的宣告

   ```
   int *ptr;
   ```

   請問下列敘述各代表什麼意義？

   (1) &ptr   (2) ptr   (3) *ptr

9.3 指標與函數

8. 試撰寫一程式，於程式裡宣告三個整數，並將這三個數傳入函數中，由大至小排列，請利用指標完成。

9. 試撰寫一程式，輸入公分（cm）後轉換成英吋（inch），請利用指標傳入函數的方式完成。其轉換公式為 1 cm=0.394 inch。

10. 試撰寫一程式，輸入公升（liter）後轉換成加侖（gallon），請利用指標傳入函數的方式完成。其轉換公式為 1 liter=0.264 gallon。

11. 試撰寫一程式，傳入 3 個整數到函數中，傳回 3 個數中最小值的指標，並利用指標印出最小值。

9.4 指標與陣列

12. 假設 a 值為 5、b 值為 3，皆為 int 型態的變數，ptr1 為指向 a 的指標，ptr2 為指向 b 的指標，試利用指標的方式計算 a+b 的結果後，再存放於 ptr1 所指向的位址中。

13. 試撰寫一程式，定義一整數型態的陣列，其大小為 10，由鍵盤輸入其元素值後，試利用指標的方式計算該陣列的平均值。

14. 假設有一個 int 型態的陣列 a，其大小為 10，另有一個 int 型態的變數 b，請將變數 b 與陣列 a 所有元素的位址印出來，並計算陣列 a 與變數 b 在位址上的差值。請用指標的方式處理陣列。

15. 試撰寫一函數 void square(int *arr)，在呼叫 square() 函數後，一維陣列 arr 裡的每一個元素皆會被平方。請用指標的方式處理陣列。

9.5 指標與字串

16. 試撰寫一函數 void display(char *ptr, int n)，它可接收一個指向字串的指標變數 ptr，以及一個整數 n，並於函數內印出 ptr 所指向的字串中，從第 n 個字元開始，到字串結束。

17. 試輸入一個字串，利用指標的方式將該字串的小寫字母轉換成大寫。

18. 試由鍵盤輸入一字串，利用指標的方式將該字串中所有的空白以星號*代替。

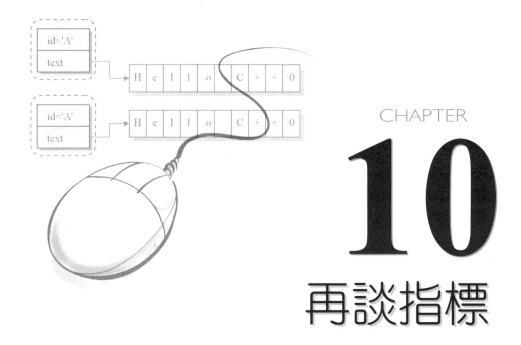

CHAPTER

10

再談指標

認識指標的用法及它與函數、陣列的關係後,於本章的內容裡還要再進一步學習另一種特殊的指標—雙重指標的用法,以及 C++特有的動態記憶體配置,最後還要瞭解指標與參照的差異,與它們在函數之間傳遞的方式。

本章學習目標

- 學習雙重指標的使用
- 認識動態記憶體配置
- 瞭解指標與參照的不同
- 認識指標與參照在函數之間的傳遞方式

10.1 指向指標的指標─雙重指標

指標是指向某個變數的位址，也就是說，只要透過指標內所存放的位址，即可存取該變數的內容。很特殊的是，在 C++裡，指標不但可以指向任何一種資料型態的變數，還可以指向指標，這種指向指標的指標（pointer to pointer），稱為雙重指標。

雙重指標內所存放的是某個指標變數的位址，透過這個位址即可找到雙重指標所指向的指標變數，再間接存取指標變數所指向變數的內容，如下圖所示：

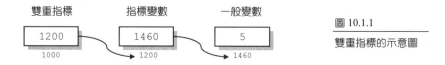

圖 10.1.1

雙重指標的示意圖

由上圖可知，雙重指標變數所存放的內容，並不是一般的變數位址，而是存放另一個指標變數的位址，也就是說，雙重指標變數所存放的是某個指標在記憶體中的位址。雙重指標變數的宣告格式如下所示：

> 資料型態 **雙重指標;
>
> 格式 10.1.1
>
> 雙重指標的宣告格式

在變數名稱的前面加上兩個指標符號，即可將變數宣告成雙重指標，也就是說，這個被宣告的變數就是一個指向指標的指標變數。下面的敘述為宣告雙重指標的範例：

```
int **ptri;            // 宣告一個指向整數的雙重指標 ptri
double **ptrf;         // 宣告一個指向倍精度浮點數的雙重指標 ptrf
```

上面的敘述分別宣告一個整數型態的雙重指標 ptri，以及倍精度浮點數型態的雙重指標 ptrf。我們也可以在兩個指標符號之間加上括號，使它們成為如下的敘述：

```
int *(*ptri);          // 宣告一個指向整數的雙重指標 ptri
double *(*ptrf);        // 宣告一個指向倍精度浮點數的雙重指標 ptrf
```

您可以依照自己的習慣及程式的撰寫情況決定是否加上括號。

我們舉一個簡單的例子來說明雙重指標的使用。下面的程式宣告整數變數 n、指標變數 p 及雙重指標 pp，並設定 p 指向 n，pp 指向 p，並於程式裡印出它們的內容及位址：

```
01   // prog10_1, 雙重指標的範例
02   #include <iostream>
03   #include <cstdlib>
04   using namespace std;
05   int main(void)
06   {
07      int n=20,*p,**pp;
08      p=&n;
09      pp=&p;
10      cout << "n=" << n << ", &n=" << &n << ", *p=";
11      cout << *p << ", p=" << p << ", &p=" << &p << endl;
12      cout << "**pp=" << **pp << ", *pp=" << *pp;
13      cout << ", pp=" << pp << ", &pp=" << &pp << endl;
14
15      system("pause");
16      return 0;
17   }
```

```
/* prog10_1 OUTPUT--------------------------------
n=20, &n=0x22ff74, *p=20, p=0x22ff74, &p=0x22ff70
**pp=20, *pp=0x22ff74, pp=0x22ff70, &pp=0x22ff6c
-------------------------------------------------*/
```

在上面的程式裡，pp 為整數型態的雙重指標，pp 所存放的內容即為指標 p 的位址 0x22ff70；而 *pp 代表 pp 所指向之指標變數 p 的內容 0x22ff74。由於 **pp 可以拆解成 *(*pp)，(*pp) 的值為 0x22ff74，因此 *(*pp) 就代表把位址為 0x22ff74 的變數值取出，也就是 n 的值 20。您可以參考下圖的記憶體配置：

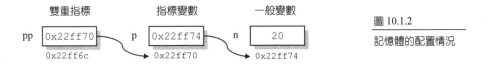

圖 10.1.2

記憶體的配置情況

由此可知，**pp 的值就是雙重指標 pp 最後所指向的變數（即變數 n）的內容，pp 的值是指標 p 的位址，p 的值是變數 n 的位址，*pp 的值就是雙重指標 pp 所指向的變數（即變數 p）的內容。 ❖

二維陣列與雙重指標之間的關係

由前所述，陣列的名稱是一個指向陣列位址的指標常數；此外，對於指標常數而言，指標常數的位址等於指標常數的內容。有了這個概念之後，我們以 3×4 的二維陣列 num 為例，來解釋雙重指標與二維陣列之間的關係。

3×4 的二維陣列 num 可以看成是由 3 個一維陣列所組成，每個一維陣列裡各有 4 個元素。也就是因為這個原因，在宣告 num 陣列時，編譯器會自動配置一個「指標常數」的陣列 num[0]、num[1] 與 num[2]，讓它們分別指向每一個一維陣列，同時並把陣列名稱 num 指向這一個指標常數陣列。

為了方便讀者理解，下圖繪製出二維陣列 num 的示意圖，並假設位址為十進位，同時將每個元素的值與位址標示出來：

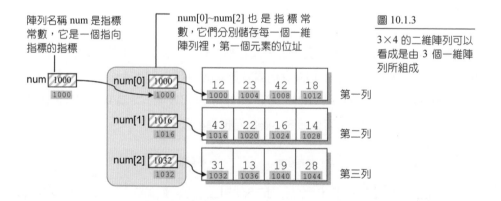

圖 10.1.3
3×4 的二維陣列可以看成是由 3 個一維陣列所組成

由上圖可知，num 是一個雙重指標常數，因為它指向另一個指標。此外，num[0]~num[2] 是指標常數陣列，它們分別指向一維陣列。

下面簡單的範例可用來驗證在二維陣列 num 中,陣列名稱 num 是一個雙重指標常數,它指向另一個指標 num[0],同時也驗證 num[0]~num[2] 是指標常數陣列,它們分別指向一維陣列:

```
01   // prog10_2, 印出陣列的位址
02   #include <iostream>
03   #include <cstdlib>
04   using namespace std;
05   int main(void)
06   {
07       int num[3][4];                      // 宣告 3×4 的二維陣列 num
08
09       cout << "num=" << num << endl;       // 印出雙重指標 num 的值
10       cout << "&num=" << &num << endl;     // 印出雙重指標 num 的位址
11       cout << "*num=" << *num << endl;   //印出雙重指標 num 所指向之指標的值
12
13       cout << "num[0]=" << num[0] << endl; //印出指標常數 num[0]的值
14       cout << "num[1]=" << num[1] << endl; //印出指標常數 num[1]的值
15       cout << "num[2]=" << num[2] << endl; //印出指標常數 num[2]的值
16
17       cout << "&num[0]=" << &num[0] << endl; //印出指標常數 num[0]的位址
18       cout << "&num[1]=" << &num[1] << endl; //印出指標常數 num[1]的位址
19       cout << "&num[2]=" << &num[2] << endl; //印出指標常數 num[2]的位址
20
21       system("pause");
22       return 0;
23   }
```

```
/* prog10_2 OUTPUT----------------

num=0x22ff40
&num=0x22ff40
*num=0x22ff40
num[0]=0x22ff40  ⎫
num[1]=0x22ff50  ⎬ 指標常數的值
num[2]=0x22ff60  ⎭
&num[0]=0x22ff40 ⎫
&num[1]=0x22ff50 ⎬ 指標常數的位址
&num[2]=0x22ff60 ⎭
-------------------------------*/
```

程式第 7 行宣告 3×4 的整數陣列 num，9~11 行印出雙重指標常數 num 的值與位址，以及它所指向之指標的值。讀者可以參考圖 10.1.4，就可以瞭解為什麼這三者的值都是 0x22ff40（下圖的位址均省略變數位址的前 4 個數字）：

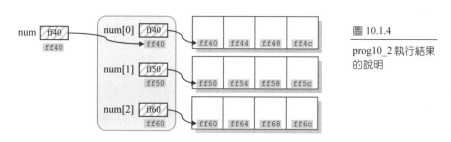

圖 10.1.4
prog10_2 執行結果的說明

程式 13~15 行印出指標常數 num[0]~num[2] 的值，17~19 行印出指標常數 num[0]~num[2] 的位址，從程式碼的輸出中，讀者也可以驗證指標常數的值就等於它的位址。

二維陣列的指標表示方式

由於編譯器知道二維陣列裡，每一列有多少行，如此一來，編譯器就很容易進行指標的加法。於圖 10.1.3 中，陣列名稱 num 是雙重指標常數，它指向指標常數陣列的起始位址，所以 num 的值為 1000。值得一提的是，這個值不但是指標常數陣列第一個元素的位址，同時也是 3×4 的二維陣列 num 裡第一列第一個元素的位址。

在 C++ 裡，把雙重指標常數 num 的值加 1，就相當於把 num 的指向移到指標常數陣列的下一個元素，也就是 num[1]，因此 num+1 相當於第二列的位址。因為 num 是一個 3 列 4 行的二維陣列，且整數佔有 4 個位元組，因此每一列佔有 4*4=16 個位元組，所以 num+1 的值會等於 1000+4*4=1016。

相同的，num+2 代表第三列的位址，因此 num+2 的值會等於 num[2] 的值。因為第三列第一個元素與第一列第一個元素相距 8 個元素，所以 num+2 的值會等於 1000+8*4=1032，您可以從下圖的位址來驗證這些計算：

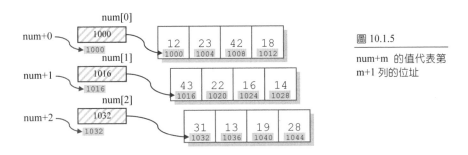

圖 10.1.5

num+m 的值代表第 m+1 列的位址

由上圖的介紹裡可以知道要如何取得二維陣列裡每一列的位址。若是要取得每一列裡特定的元素，該如何處理呢？以陣列的第 2 列為例，num+1 指向指標常數 num[1]，因此如果在(num+1) 之前加上一個星號（*），即可取得 (num+1) 所指向之位址的內容，因此 *(num+1) 實際上取得的是指標常數陣列 num[1] 的內容，即 1016，如下圖所示：

圖 10.1.6

*(num+1) 可取得 num[1] 的內容

也許您已經注意到，num+1 與 *(num+1) 的值同為 1016，為何 C++要用不同的表示方式來表示相同的值呢？事實上，它們之間的差異是在於尺度（scale）上的不同。num+1 是指向指標常數 num[1] 的指標，如果把 num+1 的值再加 1，則會使得它指向下一個指標常數 num[2]，因此會指向 1032 這個位址。所以把 num+1 的值再加 1，事實上是把 num+1 的值再加上 4*4=16 個位元組，變成 1032。

然而，*(num+1) 代表第二列第一個元素的位址，如果把 *(num+1) 的值再加 1，即 *(num+1)+1，則代表第二列第二個元素的位址（1020），因此，*(num+1)+1 事實上是把位址加上 4*1=4 個位元組，如下圖所示：

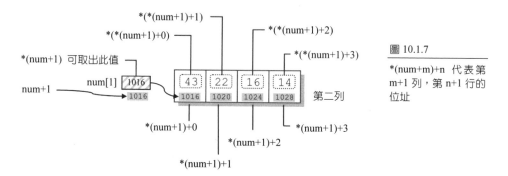

圖 10.1.7

*(num+m)+n 代表第 m+1 列，第 n+1 行的位址

由上面的討論可知，*(num+1) 代表第二列，第一行的位址，而 *(num+2)+1 則代表第三列，第二行的位址，由此可推測得，要取出陣列裡，第 m+1 列，第 n+1 行的內容時，可用下列的語法：

```
*(*(num+m)+n);    // 取出陣列 num 裡，第 m+1 列，第 n+1 行的值
```

也就是說，如果想用指標來表示陣列元素 num[m][n]，可以把它寫成 *(*(num+m)+n)，如下面的語法：

```
*(*(num+m)+n);    // 用指標表示陣列元素 num[m][n]
```

格式 10.1.2

用指標表示陣列元素

下面的程式裡宣告 3×4 的二維陣列 num，並印出指標常數、指標常數所指向的變數值，以及每一個元素的位址，您可以仔細觀察程式執行的結果，並與圖 10.1.3 做比較：

```cpp
01   // prog10_3, 印出陣列的位址
02   #include <iostream>
03   #include <cstdlib>
04   using namespace std;
05   int main(void)
06   {
07      int num[3][4]={{12,23,42,18},
08                     {43,22,16,14},
09                     {31,13,19,28}};
10      int m,n;
```

```
11      for(m=0;m<3;m++)
12         for(n=0;n<4;n++)
13         {                                                    num[m][n] 的值
14            cout << "num[" << m << "][" << n << "]=" << *(*(num+m)+n);
15            cout << ", 位址=" << *(num+m)+n << endl;
16         }
17                                num[m][n] 的位址
18      cout << "**num=" << **num << endl;
19
20      system("pause");
21      return 0;
22   }
```

```
/* prog10_3 OUTPUT-------------

num[0][0]=12, 位址=0x22ff40
num[0][1]=23, 位址=0x22ff44
num[0][2]=42, 位址=0x22ff48
num[0][3]=18, 位址=0x22ff4c
num[1][0]=43, 位址=0x22ff50
num[1][1]=22, 位址=0x22ff54
num[1][2]=16, 位址=0x22ff58
num[1][3]=14, 位址=0x22ff5c
num[2][0]=31, 位址=0x22ff60
num[2][1]=13, 位址=0x22ff64
num[2][2]=19, 位址=0x22ff68
num[2][3]=28, 位址=0x22ff6c
**num=12
-----------------------------*/
```

從本節的探討可知，對於二維陣列 num 而言，*(num+m)+n 代表陣列元素 num[m][n] 的
位址，而 *(*(num+m)+n) 則代表陣列元素 num[m][n] 的值。下圖繪出本例中，陣列元
素的內容與位址，讀者可與本例的執行結果做一個對照比較：

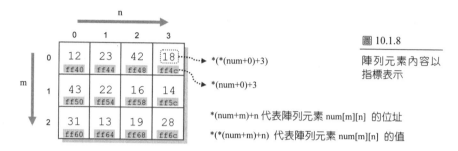

圖 10.1.8

陣列元素內容以
指標表示

另外，程式第 14 行印出 **num 的值。因為 num 是雙重指標常數，所以 *num 是它所指向之指標的值，也就是指標常數 num[0] 之值，而 **num 則是 num[0] 所指向變數之值，即 12，如下圖所示：

圖 10.1.9

**num 的值即為
num[0][0] 的值

由上圖可知，**num 的值即是 num[0][0] 的值。事實上，如果把 m=0，n=0 代入格式 10.1.2 中，可得 num[0][0]=*(*(num+m)+n)= *(*(num+0)+0)=**num。由此可知，num[0][0] 的值若以指標來表示，也可以寫成 **num。❖

接下來我們再練習一個範例，用以熟悉如何將陣列元素以指標來表示。下面的程式可將二維陣列中，所有大於 40 的元素值均以 40 來取代：

```
01   // prog10_4, 利用指標將大於 40 的陣列元素設值為 40
02   #include <iostream>
03   #include <cstdlib>
04   using namespace std;
05   int main(void)
06   {
07      int num[3][4]={{12,23,42,18},
08                     {43,22,16,14},
09                     {31,13,19,28}};
10      int m,n;
11      for(m=0;m<3;m++)
12      {
```

```
13        for(n=0;n<4;n++)
14        {
15            if(*(*(num+m)+n)>40)          // 判別 num[m][n]的值是否大於 40
16              *(*(num+m)+n)=40;           // 如果是,則將元素值設為 40
17            cout << *(*(num+m)+n) << " ";  // 印出元素 num[m][n]的值
18        }
19        cout << endl;
20    }
21
22    system("pause");
23    return 0;
24 }
```

```
/* prog10_4 OUTPUT---
 12 23 40 18
 40 22 16 14
 31 13 19 28
--------------------*/
```

本例以一個巢狀的 for 迴圈,並配合指標來判別陣列元素 num[m][n]是否大於 40。如果
是,則第 16 行將 num[m][n] 的值設為 40。第 17 行印出每個陣列元素的值。當程式執
行完整個巢狀迴圈之後,陣列裡所有的元素值也就都被判別過,且已列印在螢幕上。

雖然二維陣列可以用雙重指標來表示,但是函數並不能接受雙重指標。也就是說,如
果想設計一個傳回值型態為 void,且可接收二維整數陣列的函數 func(),我們不能將它
定義成如下的格式:

```
void func(int **)                          // 錯誤,函數不能接收雙重指標
{
    // 函數的內容
}
```

不管陣列的維度為何,對雙重指標來說,都是一個元素接著一個元素儲存的,因此編
譯器無法轉換二維以上的陣列成雙重指標,所以如果想傳遞二維或二維以上的多維陣
列到函數裡,必須依照第 8 章所介紹的方法來傳遞。

指標的優點在於它的彈性很大，不管是一維陣列、二維陣列、指標陣列、或者是雙重指標，都可以用來表示相同的元素內容。您可以依照個人的習慣或是程式的實際需求，決定要使用陣列或是指標。

10.2　動態記憶體配置

C++的基本資料型態，如 bool、char、int、float、double，以及陣列、指標等型態，都是在編譯時期即配置完成其所需要的記憶體，待程式執行時使用，這種記憶體配置的方式稱為靜態記憶體配置（static memory allocation）。

使用靜態記憶體配置時，編譯器會在編譯碼中預留一塊資料區供所有宣告的變數使用，在程式執行時，不管是否有用到這些變數，它們都已經佔用固定的記憶體空間，沒有用到也不能讓其它的程式使用這些空間，甚至不夠使用時也無法再加入新的變數，造成不夠使用或是配置過多等缺乏彈性的情形。下圖為靜態記憶體配置示意圖：

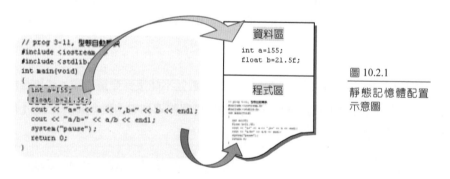

圖 10.2.1

靜態記憶體配置
示意圖

由上圖可知，使用靜態記憶體配置時，原始程式在經過編譯後會分為「程式區」與「資料區」兩個區塊。程式區記錄著程式編譯後的機械碼，而資料區則記載著程式中所使用到的各種資料內容及呼叫函數之位址等資訊，這些訊息足以供程式執行時使用。

若是能夠在執行時期彈性的調動所需要的記憶體，將更能合理的使用寶貴的記憶體資源，這種彈性的調派記憶體的方式，稱為動態記憶體配置（dynamic memory allocation）。

使用動態記憶體配置時，作業系統會另外由未被使用的空間中，找尋一塊適合的記憶體區塊供該程式使用，這個未被使用的空間（即「未用空間」，free store）稱為記憶堆（heap）。下圖為動態記憶體配置示意圖：

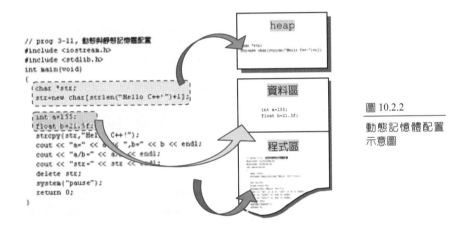

圖 10.2.2
動態記憶體配置
示意圖

使用動態記憶體配置時，原始程式在經過編譯後也會分為「程式區」與「資料區」兩個區塊。在程式執行時，才會另外從「記憶堆」中劃分一個區塊給動態記憶體配置的資料使用。

對動態記憶體配置有基本的概念之後，我們來看看如何在 C++ 裡實作，先從較簡單的基本資料型態開始，再利用陣列做動態記憶體配置的處理。

10.2.1　使用基本資料型態做動態配置

要完成動態記憶體配置的工作，只要利用 C++ 提供的 new 和 delete 運算子即可。欲使用基本資料型態做動態記憶體配置時，new 運算子的使用格式如下：

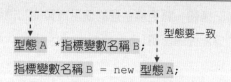

型態要一致

型態 A *指標變數名稱 B；

指標變數名稱 B = new 型態 A；

格式 10.2.1
new 運算子的使用格式

由上面的格式裡可以看到，在利用 new 運算子做動態記憶體配置時，其 new 後面所接續的型態，必須要與指標變數的宣告型態相同，如此才能使指標指向該記憶體。舉例來說，如果想在執行時期使用一個整數型態的記憶體區塊，則可以利用指標指向該區塊，其相關的程式敘述如下所示：

```
int *ptr;          // 宣告 int 型態的指標 ptr
ptr=new int;       // 於執行時配置一個 int 型態的記憶體區塊，並使指標 ptr 指向它
```

如此一來，當程式執行時，指標 ptr 就會指向記憶堆裡的某個記憶體區塊，其型態為 int，長度為 4 個位元組。

當我們使用 new 運算子來配置動態的記憶體時，這個記憶體會一直被佔用，即使程式結束也無法被其它程式使用，因此，必須利用 delete 運算子來釋放所佔用的空間，其使用的格式為：

delete 指標變數名稱；

格式 10.2.2
delete 運算子的使用格式

當程式裡使用大量的動態記憶體配置，可以在不需要使用時，將指向這個配置的指標用 delete 運算子釋放所佔用的記憶體。不管如何，在程式結束前一定要將所有存放在記憶堆裡的變數釋放，否則這些記憶體將一直被佔用，直到關閉電腦為止。下面的敘述為 delete 運算子的使用範例：

```
delete ptr;        // 釋放指標 ptr 所指向的動態記憶體配置區域
```

要特別注意的是，使用 delete 運算子來釋放指標所指向的記憶體時，必須一次釋放一個，而不能全部將所有欲釋放的指標都寫在同一行敘述裡，如下面的敘述：

```
delete ptr1,ptr2,ptr3;   // 本敘述僅會釋放第一個指標所指向的動態記憶體配置區域
```

上面的敘述裡，雖然將所有要釋放的指標都寫在同一個 delete 運算子後面，但是實際上只會釋放第一個指標所指向的動態記憶體配置區域，在使用時要特別小心。因此上面的敘述應該分成三次使用 delete 運算子來釋放記憶體空間，而改為下列的敘述：

```
delete ptr1;            // 釋放指標 ptr1 所指向的動態記憶體配置區域
delete ptr2;            // 釋放指標 ptr2 所指向的動態記憶體配置區域
delete ptr3;            // 釋放指標 ptr3 所指向的動態記憶體配置區域
```

下面的程式中，利用指標變數 a 指向一個在記憶堆裡的記憶體區塊，設值為 5，並計算其平方值，最後在釋放該記憶體區塊後，印出指標變數 a 所指向的值。

```
01   // prog10_5, 基本資料型態之動態記憶體配置
02   #include <iostream>
03   #include <cstdlib>
04   using namespace std;
05   int main(void)
06   {
07       int *a;         // 宣告 int 型態的指標變數 a
08       a=new int;      // 配置 int 型態的動態記憶體，並將起始位址給指標 a 存放
09       *a=5;           // 將指標 a 所指向的位址之內容設值為 5
10       cout << "*a=" << *a << endl;          // 印出 a 所指向位址的內容
11       cout << *a << "*" << *a << "=" << (*a)*(*a) << endl;
12       delete a;       // 釋放指標 a 所指向的動態記憶體配置區域
13       cout << "*a=" << *a << endl;          // 印出 a 所指向位址的內容
14       a=NULL;                                // 將 a 指向 NULL
15
16       system("pause");
17       return 0;
18   }
```

```
/* prog10_5 OUTPUT---
*a=5
5*5=25
*a=0
--------------------*/
```

程式裡宣告一個 int 型態的指標變數 a，並在執行時將配置 int 型態的動態記憶體之起始位址設值給指標 a 存放。也就是說，經過動態記憶體配置後，指標變數 a 會指向這個存放在記憶堆裡的 int 型態的空間。隨後於第 12 行將指標 a 所指向的位址釋放，再於 13 行印出指標 a 所指向位址的內容，由於指標 a 所指向的位址已經被釋放，因此最好不要再使用指標 a，同時將指標 a 指向 NULL，以避免不預期的錯誤發生。

值得注意的是，在不同的編譯環境中執行第 13 行，印出指標 a 所指向位址的內容，會有不同的結果，這是因為在第 12 行中已經將指標釋放，即沒有任何程式使用該記憶體區塊之處，所印出的內容為原先存在於記憶體中的殘值。

❖

10.2.2 使用陣列做動態配置

C++裡最常使用動態記憶體配置的資料型態就屬陣列。陣列在宣告後，其長度與佔用的記憶體是固定的，若是陣列大小宣告的過長，於程式中並未完全使用到，對於那些沒有使用到部分，又不能釋放其空間讓其它程式使用，無形中佔用記憶體而造成浪費。

因此若是能夠利用動態記憶體配置的方式，就可以將有限的資源做最有效的利用。欲使用陣列做動態記憶體配置時，new 運算子的使用格式如下：

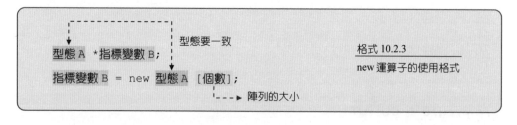

格式 10.2.3
new 運算子的使用格式

和一般的陣列宣告相同的是，使用動態配置時也要在 new 所接續的型態後面，加上一對中括號，中括號裡面填入的是陣列元素的個數，也就是陣列的大小。同樣的，new 所接續的型態也必須要與指標變數的宣告型態相同。

舉例來說,如果想在執行時期使用一個整數型態的陣列記憶體區塊,則可以利用指標指向該區塊,其相關的程式敘述如下所示:

```
int *ptr;        // 宣告 int 型態的指標 ptr
ptr=new int[5];  // 於執行時配置一個 int 型態的陣列記憶體區塊,其大小為 5,並使
                 //    指標 ptr 指向它
```

如此一來,當程式執行時,指標 ptr 就會指向記憶堆裡的某個記憶體區塊,其陣列型態為 int,共有 5 個元素,長度為 20 個位元組。

當我們使用 new 運算子來為陣列配置動態的記憶體之後,必須利用 delete 運算子來釋放所佔用的空間,其使用的格式為:

delete[] 指標變數名稱;	格式 10.2.4 delete 運算子的使用格式

使用 delete 運算子將陣列所佔用的記憶體釋放時,只要在 delete 後面加上一對中括號,中括號裡不需要填入任何的內容。

假設於程式中動態配置一個陣列,並使用指標 ptr 指向該陣列,欲釋放指標 ptr 所指向的動態記憶體配置區域,可以寫出如下面的程式片段:

```
delete[] ptr;                   // 釋放指標 ptr 所指向的動態記憶體配置區域
```

值得注意的是,如果在釋放記憶體空間時還沒有到程式結尾處,最好還是將原先指向該記憶體空間的指標,重新設定成 NULL,即不指向任何地方,如此才能確保使用指標的安全性,如下面的敘述:

```
ptr=NULL;                       // 使指標 ptr 不指向任何地方
```

下面的程式裡利用動態記憶體配置的方式，配置一個陣列，並使用指標 a 指向該陣列，
為陣列設值後印出其內容，最後再釋放動態記憶體配置區域。

```
01   // prog10_6, 整數陣列之動態記憶體配置
02   #include <iostream>
03   #include <cstdlib>
04   using namespace std;
05   int main(void)
06   {
07       int i,*a;
08       a=new int[5];        // 為陣列配置動態記憶體, 並使指標 a 指向該記憶體
09       for(i=0;i<5;i++)     // 為陣列元素設值
10         a[i]=i*2;
11       for(i=0;i<5;i++)     // 印出陣列的內容
12         cout << "a[" << i << "]=" << a[i] << "\t";
13       cout << endl;
14       delete[] a;          // 釋放陣列的動態記憶體配置區域
15       a=NULL;              // 使指標 a 不指向任何地方
16
17       system("pause");
18       return 0;
19   }
```

```
/* prog10_6 OUTPUT-------------------
a[0]=0  a[1]=2  a[2]=4  a[3]=6  a[4]=8
------------------------------------*/
```

這個程式很簡單，其目的只是要讓您能夠瞭解如何配置及使用陣列。由於使用動態記
憶體配置的方式配置陣列時，是用指標指向這個陣列的起始位址，所以可以將指標名
稱當成陣列名稱來使用，當然也可以使用指標的方式表示，因此 a[i]可以用*(a+i)替代。
至於要使用何種方式表示陣列元素，就由使用者的習慣與喜好而定。

❖

再舉一個使用動態記憶體配置方式配置字串的範例。下面的程式裡，將欲做動態配置
的字串傳入 setString() 函數，於該函數中做動態配置後，再將指向該字串的指標傳回。

```
01   // prog10_7, 動態記憶體配置
02   #include <iostream>
03   #include <cstdlib>
04   using namespace std;
05   char *setString(char *);
06   int main(void)
07   {
08       char *str;
09       str=setString("Hello C++!");   // 將欲做動態配置的字串傳入函數
10       cout << str << endl;           // 印出字串內容
11       delete[] str;                  // 釋放字串的動態記憶體配置區域
12
13       system("pause");
14       return 0;
15   }
16
17   char *setString(char *text)
18   {
19       char *ptr;
20       ptr=new char[strlen(text)+1];  // 動態配置後,將位址指定給 ptr 存放
21       strcpy(ptr,text);              // 將 text 的內容複製到 ptr
22       return ptr;
23   }
```

```
/* prog10_7 OUTPUT---

Hello C++!

--------------------*/
```

在 setString() 函數中,欲做動態配置的字串傳入後,為了要得到最適合的配置長度,於第 20 行的中括號裡,填入的是傳入字串的長度加 1,這是因為 strlen() 函數取得字串長度時,會忽略字串結束字元 \0,因此要將 \0 所佔用的 1 個位元組加進去。

此外,第 21 行是利用 strcpy() 函數,將 text 的內容複製到 ptr,也就是說,將傳入函數的字串 text 之內容複製到指標 ptr 所指向的位址。在此不能以 ptr=text 取代,如果是 ptr=text,則表示將 ptr 所指向的位址,設值成 text 所指向的位址,如此一來就沒有使用到配置的記憶體區塊,而只是將字串傳進函數裡,再接著傳回去而已。

最後，在第 11 行中釋放字串的動態記憶體配置區域後，已經執行到程式結束的地方，是否將原先指向字串的指標重設為 NULL，就不是那麼的重要。但是如果程式還會繼續執行下去，最好將該指標重設，以保證指標在使用上的安全。若是您不瞭解 strlen() 及 strcpy() 函數的用法，可以參考本書的附錄 B。

10.3 指標、參照與函數

指標與參照看起來有點相似，卻又不太一樣。在本節的內容裡，我們要將指標與參照做個比較，讓您對它們能有更清楚的認識。

10.3.1 指標與參照

指標是利用「位址運算子&」以及「依址取值運算子*」來取得指向變數的位址及其內容。舉例來說，我們宣告一個整數變數 i，與整數指標變數 ptr，將 i 設值為 30，並使得指標 ptr 指向變數 i 的位址，其程式敘述如下：

```
int i=30,*ptr;              // 宣告整數變數 i、整數指標變數 ptr
ptr=&i;                     // 使得指標 ptr 指向變數 i
```

將指標 ptr 指向整數變數 i 之後，利用「依址取值運算子*」即可變更或修改變數 i 的值。舉例來說，假設想將 i 的值加 5，可以利用指標運算完成，如下面的敘述：

```
*ptr=*ptr+5;                // 將 ptr 指向變數值加 5
```

雖然沒有直接使用 i=i+5 來做變數 i 的運算，透過指標同樣可以達到目的。在程式中宣告指標時，不需要在宣告時就設定欲指向的變數；而在程式進行當中，也可以變更所指向的變數，也就是說，假設指標 ptr 原本指向變數 i，我們可以經由設定運算子，將 ptr 指向其它的變數，只要程式有此需要，指標可以指向任意的同型態變數。

參照則是利用「參照運算子&」取得欲參考變數的位址，直接代替該變數。舉例來說，
假設宣告一個整數變數 i，與可以參考變數 i 的參照 ref，將 i 設值為 15，程式敘述如下：

```
int i=15;              // 宣告整數變數 i
int &ref;              // 宣告 int 型態之參照，此為錯誤示範
```

在宣告參照的同時，即必須為它做初始化的動作，也就是設定初值。因此上面的敘述
必須更改為：

```
int i=15;              // 宣告整數變數 i
int &ref=i             // 宣告 ref 為 i 的參照
```

參照在宣告時就必須為它設定參考的變數。不但如此，參照所參考的對象一經設定，
就無法改變，必須從一而終。

指標與參照還有一點不同之處，就是當函數傳回值為指標時，函數呼叫不能放置在設
定敘述中的左邊；但若是函數傳回值為參照，則該函數呼叫就可以位於設定敘述的左
邊，如下列的敘述：

```
int *func1(int *);     // 宣告 func1()函數原型，傳回值為指標
int &func2(int &);     // 宣告 func2()函數原型，傳回值為參照
...
func1(a)=100;          // 錯誤的設定敘述，func1()不能被指定其值
func2(a)=100;          // 合法的設定敘述，可將 func2()傳回的參照設值
```

因此，若是當程式中需要將函數裡的某個變數位址傳回，並為它設值時，指標就無用
武之地，只能使用參照完成。

利用一個簡單的範例，讓您複習指標與參照的使用方式。下面的程式裡，宣告 2 個變
數 a、b，並分別使用參照與指標來代替兩個變數做加法運算。

```
01    // prog10_8, 指標與參照
02    #include <iostream>
03    #include <cstdlib>
04    using namespace std;
05    int main(void)
06    {
07        int a=10,&ref=a;                    // 宣告變數 a 及其參照 ref
08        int b=15,*ptr;                      // 宣告變數 b 及指標 ptr
09        ptr=&b;                             // 將 ptr 指向 b
10        cout << a << "+" << b << "=";       // 印出 a+b 的結果
11        cout << ref+*ptr << endl;           // 利用指標與參照完成
12
13        system("pause");
14        return 0;
15    }
```

```
/* prog10_8 OUTPUT---
10+15=25
--------------------*/
```

使用參照時，必須在宣告的地方直接給與其參考的變數；而在宣告指標之後，不需要立即給予指向的變數位址，只要在使用前將它指向正確的變數即可。

由於指標不需要給予初值，如果它指向作業系統或其它重要的記憶體，而不小心更改到這些區域內的值，可能會發生不可預期的錯誤，使得指標在使用上具有某些程度的危險，最好在宣告指標之初就給予初值，或是直接指向 NULL，減低使用指標的風險。

10.3.2 引數的傳遞方式

引數在函數之間傳遞的方式分為三種，分別是傳值（pass by value）、傳址（pass by address）與傳參照（pass by reference）。於本節的內容裡，我們將這幾種傳遞引數的方式略做整理，讓您在撰寫開發程式時，能夠有個清楚的對照與認識。

為了避免重複的格式與方便說明，我們以 int 型態為代表，func() 為函數名稱的代表（在實際使用時，您可以任意地選用不同型態，以及不同的函數名稱）。同時，做出下列的定義，以方便描述：

```
int num=10;                // num 為 int 型態的變數
int array[5]={1,3,5,7,9};  // array 為 int 型態陣列，有 5 個元素，並設有初值
int *ptr1=&num;            // ptr1 為指向 num 的指標變數
int *ptr2=array;           // ptr2 為指向陣列 array 的指標
char *ptr3="Hi, C++!!";    // ptr3 為指向字串"Hi, C++!!"的指標
int func2(int);            // func2()的傳回值與引數型態皆為 int
```

表 10.3.1 引數的傳遞方式比較

函數原型	函數呼叫方式	傳遞方式說明	參考本書範例
int func(int);	func(num);	傳值	prog6_3
int func(int *);	func(ptr1);	傳址（使用指標）	prog9_7
int func(int *);	func(ptr2);	傳址（使用指標）	prog9_18
int func(char *);	func(ptr3);	傳址（使用指標）	習題 9_16
int func(int *);	func(array);	傳址（使用陣列名稱）	prog9_19
int func(int []);	func(array);	傳址（使用陣列名稱）	prog8_7
int func(int []);	func(ptr2);	傳址（使用指標）	prog9_10
int func(int *);	func(&num);	傳址	prog9_8
int func(int &);	func(num);	傳參照	prog7_4
int func(int(*p)(int));	func(func2);	傳址（使用函數指標）	prog9_12

如果在撰寫函數時，對於函數的引數傳遞方式有不瞭解之處，可以參閱上表的說明，相信有助於釐清您的觀念，也可以加深您對函數、指標與參照之間的認識。

本章摘要

1. 指向指標的指標稱為雙重指標。雙重指標內所存放的是某個指標變數的位址。

2. 使用靜態記憶體配置時，原始程式經過編譯後會分為程式區與資料區兩個區塊。

3. 在執行時期彈性的調動所需要的記憶體之方式，稱為動態記憶體配置。

4. 使用動態記憶體配置時，作業系統會從未用空間（亦稱記憶堆，heap）中找尋一塊適合的記憶體區塊供該程式使用。

5. 利用 C++提供的 new 和 delete 運算子即可完成動態記憶體配置與釋放。

6. 指標與參照的不同之處：

    (1) 指標是利用「&」及「*」運算子取得變數的位址及其內容；參照則是利用「&」運算子取得變數的位址，直接代替該變數。

    (2) 指標*ptr 代表指向變數的值；參照 ref 直接代替變數。

    (3) 在使用指標前將它指向正確的變數即可，指標可以在程式中指向任意的同型態變數；參照在宣告時就必須設定參考的變數，而且無法再次改變參考的對象。

    (4) 傳回值為指標的函數，不可以在設定敘述中的左邊；傳回值為參照的函數，則可以在設定敘述中的左邊。

自我評量

10.1 指向指標的指標--雙重指標

1. 試利用雙重指標的表示方式，將兩個 2×3 的陣列相加。陣列的內容請自行設值。

2. 請利用雙重指標的表示方式，找出二維陣列中的最大值與最小值後，將它們相減。陣列的內容請自行於程式中設值。

3. 如果在程式裡有如下的宣告：

   ```
   int arr[2][4]={{2,3,4,5},{6,7,8,9}};
   ```

   假設 arr[0][0] 的位址為 1200，試回答下列各題：

   (a) arr 的值為何？

   (b) arr[0] 與 arr[1] 的值各是多少？

   (c) arr+1 的值為何？

   (d) *(arr+0) 與 *(arr+1) 的值為何？

   (e) *(arr+1)+0、*(arr+1)+1、*(arr+1)+2 與 *(arr+1)+3 的值各是多少？

   (f) *(*(arr+1)+0)、*(*(arr+1)+1)、*(*(arr+1)+2)與 *(*(arr+1)+3) 的值各是多少？

   (g) 試撰寫一程式碼，用來驗證 (a)~(f) 小題裡每一項的數據。

   (h) 試仿照圖 10.1.4，繪出本題中，陣列 arr 元素於記憶體內的配置圖。記憶體位址請用 (g) 小題裡所求得的真實位址。

10.2 動態記憶體配置

4. 試利用動態記憶體配置的方式，輸入兩個整數，並將它們存放在同一個整數陣列後，印出兩個整數相乘的結果。

5. 請參考 prog10_7，利用動態記憶體配置的方式，將指標 ptr1 與 ptr2 分別指向字串 "Rome was not built in a day." 與 "Knowledge is power." 後，將它們交換。

6. 試利用動態記憶體配置的方式，將兩個相同長度的一維整數陣列相加，並將運算結果存放到另一個整數陣列中。

10.3 指標、參照與函數

7. 試撰寫一程式,分別設定三個整數變數 a、b、c 的值為 3、5、2,將這三個數傳入函數中以大至小排列,請利用參照完成。

8. 下面的程式是將 2 個整數傳入函數中,將較小的變數傳回,並將該變數設值為 100。請試著閱讀下列的程式敘述,依下列題意修改程式的錯誤:

```
01   // hw10_8, 找出程式的錯誤
02   #include <iostream>
03   #include <cstdlib>
04   using namespace std;
05   int *min(int *,int *);
06   int main(void)
07   {
08      int a=32,b=59;
09      cout << "a=" << a << ", b=" << b << endl;
10      min(a,b)=100;
11      cout << "a=" << a << ", b=" << b << endl;
12
13      system("pause");
14      return 0;
15   }
16
17   int *min(int *x,int *y)
18   {
19      if(x>y)
20         return y;
21      else
22         return x;
23   }
```

(a) 請以參照的方式修改程式。

(b) 請以指標的方式修改程式。

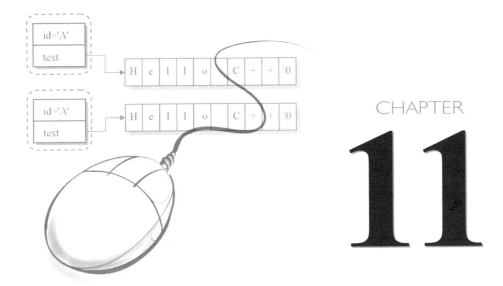

CHAPTER

11

結構與其它資料型態

如果想將一些有相關性卻又不同型態的資料，如好友的姓名、電話、生日等內容存放在一起，結構就比陣列實用許多。C++在整數、字元等資料型態之外，還提供結構與共同空間這兩種型態，不但如此，使用者還可以定義新的資料型態呢！

本章學習目標

- 學習與使用結構
- 傳遞結構到函數
- 認識共同空間與列舉型態
- 使用自訂的資料型態

11.1 結構

利用 C++所提供的結構（structure），即可將一群型態不同的資料組合在一起。在本節中，我們要學習結構的宣告及使用，首先，來看看如何宣告結構變數。

11.1.1 結構的宣告

如果想同時儲存學生的姓名（字串型態）、學號（字串型態）、數學（整數型態）及英文（整數型態）成績，由前面所學到的章節裡，只能利用四個不同的變數來儲存資料。「結構」可以將這些有關聯性，型態卻不同的資料存放在一起。結構的定義及宣告格式如下：

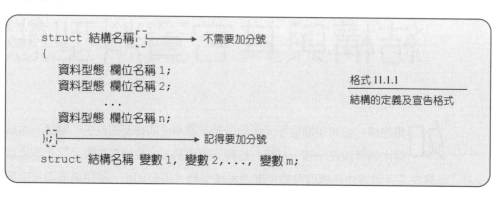

格式 11.1.1
結構的定義及宣告格式

結構的定義以關鍵字 struct 為首，struct 後面所接續的識別字，即為所定義結構的名稱；而左、右大括號所包圍起來的內容，就是結構裡面的各個欄位，由於每個欄位的型態可能不同，所以各欄位就如同一般的變數宣告方式一樣，要定義其所屬型態。如下面的結構定義及宣告範例：

```
struct mydata              // 定義結構 mydata
{
    string name;           // 各欄位的內容
    string id;
    int math;
    int eng;
};
```

```
struct mydata student;                    // 宣告結構 mydata 型態之變數 student
```

上面的敘述是定義一個名為 mydata 的結構，結構內的欄位包括學生的姓名（字串型態）、學號（字串型態）、數學（整數型態）及英文（整數型態）成績。定義完結構之後，還是要宣告結構變數，在敘述最後一行中，我們宣告一個名為 student 的 mydata 結構變數。除了前面所使用的宣告格式外，您也可以用下列的格式來宣告結構：

```
struct 結構名稱         → 不需要加分號
{
    資料型態 欄位名稱 1;
    資料型態 欄位名稱 2;                    格式 11.1.2
              ...                          結構的定義及宣告格式
    資料型態 欄位名稱 n;
} 變數 1, 變數 2,..., 變數 m;
```

如果想在定義結構內容之後直接宣告該結構的變數，就可以使用第二個定義格式，這兩種定義及宣告格式的效果是相同的。下面的結構定義及宣告範例即為合法的格式：

```
struct mydata                         // 定義結構 mydata
{
  string name;                        // 各欄位的內容
  string id;
  int math;
  int eng;
} student;                            // 宣告結構 mydata 型態之變數 student
```

在上面的範例中所定義及宣告的效果，和前面所舉的例子是相同的，右大括號後面接的識別字，是結構變數的名稱，也就是說，結構變數 student 的內容欄位就是結構 mydata 所定義的內容。下圖為結構變數 student 在記憶體中的情形：

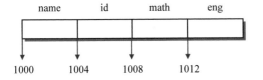

圖 11.1.1

結構變數 student 在記憶體中的情形

也許您會覺得奇怪，為什麼每個欄位都是 4 個位元組？這是因為字串欄位裡儲存的是實際指向字串的位址。編譯器會根據這個位址存取字串的內容。

11.1.2 結構變數的使用及初值的設定

宣告結構變數後就可以利用小數點（.）來存取變數內的欄位，在小數點前寫上結構變數的名稱，小數點後則是欲存取的欄位名稱，如下面的格式：

結構變數名稱 ．欄位名稱　　　　　　　　　　　格式 11.1.3 　　　　　　　　　　　　　　　　　　　　　結構變數的使用格式

以前面所宣告的結構變數 student 為例，結構內的成員可以利用小數點（.）來存取，如 student.name、student.id、student.math 及 student.eng。以下面的程式為例，於程式中定義並宣告一結構變數後，由鍵盤中分別輸入資料，再將結構變數中的內容印出。

```
01   // prog11_1, 結構變數的輸入與輸出
02   #include <iostream>
03   #include <cstdlib>
04   #include <string>
05   using namespace std;
06   struct mydata                              // 定義並宣告結構變數
07   {
08      string name;
09      int math;
10   } student;
11   int main(void)
12   {
13      cout << "Student's name:";              // 輸入結構變數
14      getline(cin,student.name);
15      cout << "Math score:";
16      cin >> student.math;
17      cout << "*****Output*****" << endl;     // 輸出結構變數內容
18      cout << student.name << "'s Math score is " << student.math;
19
20      system("pause");
21      return 0;
22   }
```

```
/* prog11_1 OUTPUT-------------

Student's name:Tippi Hong
Math score:95
*****Output*****
Tippi Hong's Math score is 95

------------------------------*/
```

使用結構變數的方式和一般的變數差不多，您可以把小數點前面的結構變數名稱當成
陣列名稱，小數點後面的欄位名稱當成註標，以陣列的排列方式來想像結構，如此一
來就比較容易熟悉結構變數的組成。

❖

結構所佔用的記憶體有多少呢？以程式 prog11_2 為例，於程式中定義一個包括字串（使
用 4 個位元組）及整數變數（使用 4 個位元組）欄位的結構，利用 sizeof() 函數求出該
結構所佔用的記憶體空間。

```
01   // prog11_2, 結構的大小
02   #include <iostream>
03   #include <cstdlib>
04   using namespace std;
05   struct mydata            // 定義結構
06   {
07      string name;
08      int math;
09   } student;
10   int main(void)
11   {
12      cout << "sizeof(student)=" << sizeof(student) << endl;
13
14      system("pause");
15      return 0;
16   }
```

```
/* prog11_2 OUTPUT---

sizeof(student)=8

--------------------*/
```

在 student 結構變數中，字串 name 佔有 4 個位元組，整數變數佔有 4 個位元組，利用 sizeof() 函數所取得的資料型態長度是 8 個位元組。由於字串欄位裡只是儲存字串實際存放的位置，因此無論字串欄位是否有設值，結構變數的長度並不會因為字串長度而改變。　❖

結構變數經過宣告後，即可使用設定運算子（＝）來設定結構變數的初值。變數內容以左、右大括號包圍起來，再依照結構內容的定義型態，分別給予各個欄位初值，字元以單引號將值包圍，字串以雙引號包圍，數值則直接填入，各欄位以逗號分開。

以下面的程式片段為例，敘述中定義一個名為 mygood 的結構內容，同時宣告結構變數 first 並設值給該結構變數：

```
struct mygood                      // 定義結構 mygood
{
   string good;                    // 貨品名稱
   int cost;                       // 貨品成本
};
struct mygood first={"cracker",32};
// 宣告結構 mygood 型態之變數 first，並設定結構內欄位 good 的初值為 cracker，
   欄位 cost 的初值為 32
```

在上面的敘述中設定結構變數 first 的初值為：「good」（貨品名稱）為"cracker"，「cost」（貨品成本）為 32，結構中的每個欄位以逗號分開，欄位內容因各型態的不同而有不同的設值方式，但設值方式仍然依照 C++的規則訂定。當然您也可以在結構定義之後，直接宣告並設定變數的初值，以上面的程式敘述為例，結構的定義、宣告及設值可以寫成如下面的敘述：

```
struct mygood                      // 定義結構 mygood
{
   string good;                    // 貨品名稱
   int cost;                       // 貨品成本
} first={"cracker",32};            // 同時宣告變數 first,並設定初值
```

您可以依照個人的喜好選擇設值的撰寫方式。以 prog11_1 所定義的結構為例,我們實際來看看在程式中如何設定結構變數的初值,設值完成後再將該變數的內容印出:

```
01   // prog11_3, 結構變數的初值設定
02   #include <iostream>
03   #include <cstdlib>
04   #include <string>
05   using namespace std;
06   struct mydata                                // 定義並宣告結構變數
07   {
08      string name;
09      int math;
10   } student={"Mary Wang",74};                  // 設定結構變數初值
11   int main(void)
12   {
13      cout << "Student's name:" << student.name;  // 輸出結構變數內容
14      cout << endl << "math score=" << student.math << endl;
15
16      system("pause");
17      return 0;
18   }
```

```
/* prog11_3 OUTPUT-------
Student's name:Mary Wang
Math score=74

-----------------------*/
```

結構變數的設值方式與字串很類似,但由於結構可以包含不同的資料型態,在使用時還是有些許的差異與彈性。

下面的程式中,宣告兩個相同的結構 x、y,其中結構變數 y 已先行設值。在此範例中,我們要把結構變數 x 內的每一個欄位值設成與結構變數 y 相同。

```
01    // prog11_4, 結構的設值
02    #include <iostream>
03    #include <cstdlib>
04    #include <string>
05    using namespace std;
06    struct mydata                      // 定義結構
07    {
08       string name;
09       int age;
10    } x;                               // 宣告結構變數
11    int main(void)
12    {
13       struct mydata y={"Lily Chen",18};
14       x=y;
15       //輸出結構變數內容
16       cout << "x.name=" << x.name << ", x.age=" << x.age << endl;
17       cout << "y.name=" << y.name << ", y.age=" << y.age << endl;
18
19       system("pause");
20       return 0;
21    }
```

```
/* prog11_4 OUTPUT---------

x.name=Lily Chen, x.age=18
y.name=Lily Chen, y.age=18

--------------------------*/
```

由上面的程式可以看到，當結構的欄位都相同時，我們就可以像一般變數一樣，直接以 x=y 的方式，將 y 的值指定給 x 存放。

11.2 以結構為引數傳遞到函數

想將結構當成引數傳遞到函數中，其實就和其它的資料型態的傳遞方式相同。在本節中我們將以程式範例來說明如何將結構傳遞到函數中。

11.2.1　將整個結構傳遞到函數

直接將整個結構變數傳遞到函數時，就像是一般的變數，是以傳值呼叫的方式傳遞，
也就是說傳遞到函數中的結構變數，並不是傳入該結構變數的位址，而只是它的值。
下面列出將結構傳遞到函數中的格式範例：

```
struct 結構名稱 1
{
    資料型態 欄位名稱 1;
        ...
    資料型態 欄位名稱 n;
} 變數 1, 變數 2,..., 變數 m;

傳回值型態 函數名稱(struct 結構名稱 1 變數名稱 1);        // 函數原型

int main(void)
{
        ...
    函數名稱(結構變數名稱);
}

傳回值型態 函數名稱(struct 結構名稱 1 變數名稱 1)
{        ...        }
```

格式 11.2.1
將結構傳遞到
函數中的格式

以下面的程式為例，在 main() 函數中將結構變數 woman 當成引數傳入函數 func() 後，
在 func() 函數裡更改結構變數的值，請仔細觀察程式執行的結果。

```
01  // prog11_5, 結構與函數
02  #include <iostream>
03  #include <cstdlib>
04  #include <string>
05  using namespace std;
06  struct mydata                          // 定義結構
07  {
08     string name;
09     int age;
10  };
11  void func(struct mydata);              // 函數原型
12  int main(void)
```

```
13   {
14       struct mydata woman={"Mary Wu",5};        // 宣告結構變數
15       cout << "before process..." << endl;
16       cout << "In main(), " << woman.name;      // 印出結構變數內容
17       cout << "'s age is " << woman.age << endl;
18       cout << "after process..." << endl;
19       func(woman);                              // 呼叫 func()函數
20       cout << "In main(), " << woman.name;
21       cout << "'s age is " << woman.age << endl;
22
23       system("pause");
24       return 0;
25   }
26
27   void func(struct mydata a)                    // 自訂函數 func()
28   {
29       a.age+=10;
30       cout << "In func(), " << a.name;          // 印出結構變數內容
31       cout << "'s age is " << a.age << endl;
32       return;
33   }
```

```
/* prog11_5 OUTPUT --------------

before process...
In main(), Mary Wu's age is 5
after process...
In func(), Mary Wu's age is 15
In main(), Mary Wu's age is 5

-------------------------------*/
```

由於傳入 func() 函數的結構變數是以傳值呼叫的方式傳遞，所以在呼叫函數前、後所印出的結構變數 woman 的內容皆是相同的，而在 func() 函數內對 age 欄位所做的運算，就只會影響函數內的區域變數，函數執行完畢後並不會更改呼叫函數的引數值。

❖

值得一提的是，為了避免重複定義相同的型態，可以用外部變數的型式定義結構，也就是說，只要將結構定義在函數的外面，如在 prog11_5 中所定義的 mydata 結構，即是

以外部變數的型式定義。如此即可讓程式中所有的函數共用這個定義，不但使程式碼
變得較為簡潔，也提升不少程式編譯時的效率。

11.2.2 將結構欄位分別傳遞

如果只使用到結構變數中的某些欄位，在傳入函數時只要傳遞需要的結構欄位即可，
而在接收函數的引數宣告部分，也只需要視傳入的結構欄位型態加以分別宣告。下面
的程式中僅將結構變數 num 的 math 及 eng 欄位傳入 avg() 函數，計算並傳回平均值。

```
01    // prog11_6, 將結構欄位分別傳遞到函數
02    #include <iostream>
03    #include <cstdlib>
04    #include <string>
05    using namespace std;
06    struct mydata                      // 定義結構
07    {
08       string name;
09       int math;
10       int eng;
11    };
12    float avg(int,int);                // 函數原型
13    int main(void)
14    {
15       struct mydata num={"Alice",71,80};              // 宣告結構變數
16       cout << num.name << "'s Math score=" << num.math;// 印出結構變數內容
17       cout << endl << "English score=" << num.eng << endl;
18       cout << "average=" << avg(num.math,num.eng) << endl;
19
20       system("pause");
21       return 0;
22    }
23
24    float avg(int a,int b)             // 自訂函數 avg()
25    {
26       return (float)(a+b)/2;
27    }
```

```
/* prog11_6 OUTPUT ------

Alice's Math score=71
English score=80
average=75.5

-----------------------*/
```

雖然傳入函數中的引數是結構變數 num 的欄位，但是由於引數是分別傳遞，則會被視為一般的變數，因此在函數接收的引數宣告時，只要將相對應的引數型態依序宣告即可。同樣的，以這種分開傳遞結構變數欄位的方式時，也是為傳值呼叫。

11.2.3 傳遞結構的位址

以指標傳遞結構時，就是以傳址呼叫的方式，直接傳入該結構變數的位址，使得函數在處理時可以立即更改該變數的內容。下面的程式是利用指標的方式傳遞結構變數 first 到 change() 函數裡，並將結構變數中，欄位 a、b 的值互換。

```
01   // prog11_7, 以指標傳遞結構到函數
02   #include <iostream>
03   #include <cstdlib>
04   #include <string>
05   using namespace std;
06   struct data                                    // 定義結構
07   {
08      string name;
09      int a,b;
10   };
11   void change(struct data *),prnstr(struct data);   // 函數原型
12   int main(void)
13   {
14      struct data first={"David Young",9,2};        // 宣告結構變數
15      prnstr(first);
16      cout << "after process..." << endl;
17      change(&first);
18      prnstr(first);
```

```
19
20      system("pause");
21      return 0;
22  }
23
24  void change(struct data *ptr)              // 自訂函數 change()
25  {
26      int temp;
27      temp=ptr->a;                // ptr->a 可取出 ptr 所指向之結構的欄位 a 之值
28      ptr->a=ptr->b;              // 取出欄位 b 的值，並設定給欄位 a 存放
29      ptr->b=temp;                // 將 temp 設定給 ptr 所指向之結構的欄位 b 存放
30      return;
31  }
32
33  void prnstr(struct data in)                // 印出結構變數內容
34  {
35      cout << "name=" << in.name << endl;
36      cout << "a=" << in.a << "\t";
37      cout << "b=" << in.b << endl;
38      return;
39  }
```

```
/* prog11_7 OUTPUT ----

name=David Young
a=9     b=2
after process...
name=David Young
a=2     b=9

--------------------*/
```

由本範例讀者可以觀察到，若是要以傳址呼叫的方式傳遞引數，在呼叫函數的括號中，
變數名稱前要加上位址運算子&，如程式第 17 行，同時要將被呼叫函數裡的引數宣告
成指標型態，如第 24 行。另外，假設指標 ptr 指向某一個結構變數，如果想要取出該
結構變數的某個欄位時，可以使用「ptr->欄位名稱」的語法，如 27~29 行所示。

結構最常用到的地方就是資料結構中的節點（node），由於每個節點都至少需要記錄下一個指向的位址及節點內所存放的值，而這些資料的型態又都不儘相同，利用結構是最方便不過的，關於這個部分，有興趣的讀者可以參考資料結構等相關的書籍。

11.3　共同空間

共同空間（union）型態也稱為聯合或者是同位，它和結構的使用方式類似，都可以使用不同型態的資料，而共同空間則是利用一塊共用的空間來存放資料。舉例來說，在日常生活中我們常會填寫一些表格，如果直接將這些表格以電腦化的方式輸入，有些欄位就會遇到不用填或是要填其它內容的情況，此時共同空間就可以發揮它的功用。

假設有一個欄位為「性別」，如果這個欄位填入的是男性，就出現「是否服過兵役」欄位，若是填入的是女性，則出現「是否申請育嬰假」欄位，如此一來即可節省這些不必要的空間，當資料量很大時就會發現省下來的空間也是相當可觀的。

11.3.1　共同空間的定義及宣告

共同空間的定義及宣告方式與結構相同，其格式如下：

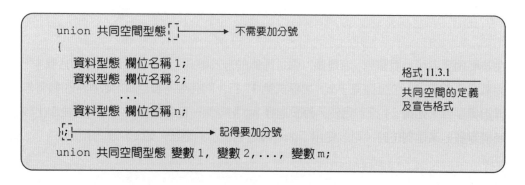

格式 11.3.1
共同空間的定義及宣告格式

共同空間的定義以關鍵字 union 為首，union 後面所接續的識別字，即為自訂的共同空間型態名稱；而左、右大括號所包圍起來的內容，就是共同空間裡面的各個欄位，由於每個欄位的型態可能不同，所以各欄位就如同一般的變數宣告方式一樣，要定義其所屬型態。如下面的共同空間定義及宣告範例。

```
union mydata              // 定義共同空間 mydata
{
   char grade;
   int score;
};
union mydata student;     // 宣告共同空間 mydata 型態之變數 student
```

上面的敘述是定義一個名為 **mydata** 的共同空間，包括成績（整數型態）及年級（字元型態）兩個欄位。共同空間定義完畢後，若是想要使用，還是得宣告共同空間變數，在敘述最後一行中，我們宣告一個名為 student 的 mydata 共同空間變數。除了前面所使用的格式外，也可以用下列的格式來定義及宣告共同空間：

```
union 共同空間型態 ┌─┐──→ 不需要加分號
                  └─┘
{
   資料型態 欄位名稱 1;
   資料型態 欄位名稱 2;
        ...
   資料型態 欄位名稱 n;
} 變數 1, 變數 2,..., 變數 m;
```

格式 11.3.2
共同空間的定義
及宣告格式

如果想在定義共同空間內容之後直接宣告變數，就可以使用第二個定義格式，這兩種定義及宣告格式的效果是相同的。下面的共同空間定義及宣告範例為合法的格式：

```
union mydata        // 定義共同空間 mydata
{
   char grade;
   int score;
} student;          // 直接於定義後面宣告共同空間 mydata 型態之變數 student
```

在上面的範例中所定義及宣告的結果，和前面所舉的例子是相同的，右大括號後面接的識別字，是共同空間變數的名稱，也就是說，共同空間變數 student 的內容欄位就是共同空間型態 mydata 所定義的內容。

11.3.2　共同空間的使用及初值的設定

雖然共同空間變數內部定義許多的資料型態，但是這些資料型態卻不是同時存在的，使用時它們只能有一個欄位存在於共同空間變數，也就是說，若是使用欄位 A，就無法再使用其它的欄位，同樣的，如果使用欄位 B，其它的欄位也是無法再利用。如果使用者執意要存放資料，就會造成資料被覆蓋的情況。

下面的程式是以性別決定輸入的資料，我們以共同空間為例說明：

```
01   // prog11_8, 共同空間的使用
02   #include <iostream>
03   #include <cstdlib>
04   using namespace std;
05   union mydata                        // 定義共同空間
06   {
07     char grade;
08     int score;
09   } student;                          // 宣告共同空間變數
10   int main(void)
11   {
12     char sex;
13     do {
14       cout << "Your sex is (1)Male (2)Female:";        // 輸入性別
15       cin.get(sex);
16       cin.get();                      // 吸收多餘的 enter 值
17     }while((sex>'2') || (sex<'1'));
18     if (sex=='1')
19     {
20       cout << "Input score:";
21       cin >> student.score;
22     }
```

```
23      else
24      {
25         cout << "Input grade:";
26         cin.get(student.grade);
27      }
28      cout << "**** Output ****" << endl;          // 輸出
29      if (sex=='1')
30         cout << "student.score=" << student.score << endl;
31      else
32         cout << "student.grade=" << student.grade << endl;
33
34      system("pause");
35      return 0;
36   }
```

```
/* prog11_8 OUTPUT --------------
Your sex is (1)Male (2)Female:9
Your sex is (1)Male (2)Female:1
Input score:78
**** Output ****
student.score=78

-----------------------------*/
```

程式中定義 mydata 型態的共同空間，包括等級與分數二個欄位，同時宣告該型態之共同空間變數 student。由於 grade 與 score 只會有一個存在，所以可以定義成共同空間型態，如此一來即可節省不必要的記憶體空間。

❖

共同空間變數 student 的長度為 4 個位元組，若是定義成結構，則需要 8 個位元組。當資料量小時，並不覺得共同空間的好用，但若是儲存 100 個、1000 個，甚至更多的資料時，所省下的記憶體空間就會相當的可觀，這也是設計共同空間的目的。

要如何才能設定共同空間變數的初值呢？於宣告共同空間變數後，以設定運算子（＝）來設定變數的初值。變數內容以左、右大括號包圍起來，再依照共同空間內容的定義型態，給予欄位初值，字元以單引號將值包圍，字串以雙引號包圍，數值則直接填入，但要注意的是，不管共同空間所定義的欄位有多少，都只能為其中一個欄位設定初值。

以下面的程式片段為例，定義一個名為 mygood 的共同空間，同時宣告共同空間變數 first 並設值給該共同空間變數：

```
union mygood                           // 定義共同空間 mygood
{
    char good[15];                     // 貨品名稱
    int cost;                          // 貨品成本
};
union mygood first={"cracker"};    // 宣告共同空間 mygood 型態之變數 first,
並設初值為 cracker
```

在上面的敘述中，設定共同空間變數 first 的初值為"cracker"。當然您也可以在共同空間定義之後，直接宣告並設定變數的初值，以上面的程式敘述為例，共同空間的定義、宣告及設值可以寫成如下面的敘述：

```
union mygood                           // 定義共同空間 mygood
{
    char good[15];                     // 貨品名稱
    int cost;                          // 貨品成本
} first={"cracker"};                   // 於定義後宣告變數 first,並設定初值
```

您可以依照個人的喜好選擇設值的撰寫方式。再來看看在程式中如何設定共同空間變數的初值，設值完成後再將變數內容印出：

```
01   // prog11_9, 共同空間的設值
02   #include <iostream>
03   #include <cstdlib>
04   using namespace std;
05   union mydata          // 定義共同空間
06   {
07       int score;
08       char grade;
09   } student={65};        // 宣告共同空間變數
```

```
10   int main(void)
11   {
12       cout << "sizeof(student)=" << sizeof(student) << endl;
13       cout << "student.score=" << student.score << endl;
14
15       system("pause");
16       return 0;
17   }
```

```
/* prog11_9 OUTPUT---
sizeof(student)=4
student.score=65
-------------------*/
```

為共同空間變數設值時，編譯器怎麼知道我們是要為哪一個欄位設值呢？由於各欄位是共用一個區塊，所以資料存放在這個區塊後，就看使用者要以何種欄位取出。

以程式 prog11_9 為例，我們所設定的初值為 65，雖然是整數型態，但若是將它以 grade 欄位（字元型態）印出時，所得到的結果就會是字元 A，因為 A 的 ASCII 值為 65，以字元印出就變成 A，以數值印出就為 65。您可以試著將第 9 行的 student 變數設值為字元型態，再重新編譯執行：

```
09   } student={'A'};
```

得到的執行結果還是相同的，由於 C++中字元可以視為整數型態，因此於本例中無論以哪一個欄位印出，皆是可以被接受的，但如果所設定的初值是浮點數或是字串等型態時，以不同的型態印出就會發生資料不正確的問題，這個部分的檢查就必須交由程式設計師執行。

❖

11.3.3　共同空間與結構的差異

結構和共同空間最大的不同就是在記憶體安排。現在我們以變數 student 來說明共同空間與結構的差異。

您可以看到，下圖中每一格代表記憶體裡的一個位元組。共同空間是以欄位中最長的型態為該共同空間的長度，由於欄位 math（short 型態）佔有 2 個位元組，avg（float 型態）佔有 4 個位元組，所以共同空間變數 student 的長度為 4 個位元組，至於 math 欄位是由低位元組還是高位元組開始存放，則由編譯程式自行決定。

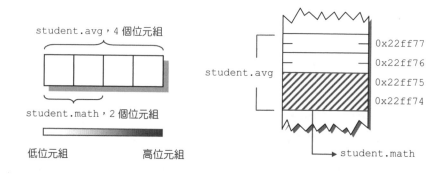

圖 11.3.1

共同空間在記憶體內的配置情形

什麼是低位元組及高位元組呢？記憶體的位址編號是由 00000000、00000001、…陸續增加，一般來說在存放資料時，會由編號較小的位址開始存放，再依序放到編號較大的位址，編號較小的位址就可以稱為低位元組，編號較大的位址就可以稱為高位元組。

以整數變數 avg 為例，假設 avg 的位址為 0x22ff74，即表示 avg 所佔用的記憶體位址為 0x22ff74、0x22ff75、0x22ff76 及 0x22ff77 四個位元組，0x22ff74 稱為 avg 的低位元組，0x22ff77 就稱為 avg 的高位元組。而我們所使用的位址表示法，皆是取該變數的低位元組為代表。

我們將圖 11.3.1 撰寫成下面的程式,您可以相互參考圖文的解說:

```
01   // prog11_10, 共同空間的大小及位址
02   #include <iostream>
03   #include <cstdlib>
04   using namespace std;
05   union mydata                 // 定義共同空間
06   {
07      short math;
08      float avg;
09   } student;
10   int main(void)
11   {
12      cout << "sizeof(student)=" << sizeof(student) << endl;
13      cout << "address of student.math=" << &student.math << endl;
14      cout << "address of student.avg=" << &student.avg << endl;
15
16      system("pause");
17      return 0;
18   }
```

```
/* prog11_10 OUTPUT ----------------
sizeof(student)=4
address of student.math=0x443010
address of student.avg=0x443010

---------------------------------*/
```

共同空間的所有欄位都是共用相同一塊記憶體,而要使用多少的記憶體,視所定義欄位中長度最長的資料型態而定,且會以 4 的倍數來配置的記憶體。由上面的程式可以看到共同空間 mydata 中,float 型態佔有 4 個位元組,是所有欄位裡長度最長的資料型態且為 4 的倍數,所以共同空間變數 student 的長度為 4 個位元組。

接下來我們再來看看結構的記憶體安排。下面是將前面所定義的共同空間更改為結構的程式片段,我們要以它們做為範例說明結構的記憶體安排:

```
struct mydata                  // 定義結構 mydata
{
   short math;
   float avg;
} student;                     // 宣告結構 mydata 型態之變數 student
```

結構是以欄位的數量總乘上 4 個位元組，因此結構的長度為所有欄位數量的 4 倍數。
下圖中 student.avg 佔有記憶體中的 4 個位元組，而 student.math 佔有 2 個位元組，由於
結構內的欄位共有 2 個（avg 及 math），因此結構變數 student 的長度為 8 個位元組。

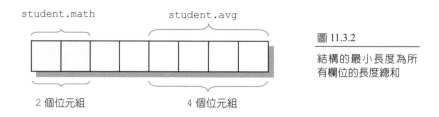

圖 11.3.2
結構的最小長度為所
有欄位的長度總和

值得一提的是，若是利用 sizeof() 函數取出個別欄位的長度時，各欄位的長度仍然維持
原先所屬型態的長度。再將上圖撰寫成下面的程式，您可以相互參考圖文的解說：

```
01   // prog11_11, 結構的大小及位址
02   #include <iostream>
03   #include <cstdlib>
04   using namespace std;
05   struct mydata                  // 定義結構
06   {
07      short math;
08      float avg;
09   } student;
10   int main(void)
11   {
12      cout << "sizeof(student)=" << sizeof(student) << endl;
13      cout << "address of student.math=" << &student.math << endl;
14      cout << "address of student.avg=" << &student.avg << endl;
15
16      system("pause");
17      return 0;
18   }
```

```
/* prog11_11 OUTPUT ---------------
sizeof(student)=8
address of student.math=0x443010
address of student.avg=0x443014

-------------------------------*/
```

由上面的執行結果裡可以看到，欄位 math 與 avg 的位址並不像共同空間，使用同一個記憶體區塊，如下圖所示：

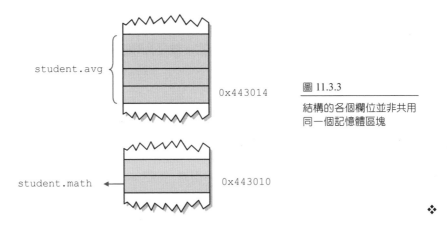

圖 11.3.3

結構的各個欄位並非共用同一個記憶體區塊

11.4 列舉型態

列舉型態（enumeration）是一種特殊的常數定義方式，藉由列舉型態的宣告，即可以將某個有意義的名稱代表整數常數，使得程式的可讀性提高，進而減少程式的錯誤。

11.4.1 列舉型態的定義及宣告

列舉型態的定義及宣告方式與結構類似，其格式如下：

```
enum 列舉型態名稱 [ ]  ───→ 不需要加分號
{
    列舉常數 1,
    列舉常數 2,
    . . .
    列舉常數 n
} [ ; ]  ─────────────→ 記得要加分號
enum 列舉型態名稱 變數 1, 變數 2,..., 變數 m;
```

格式 11.4.1
列舉型態的定義
及宣告格式

列舉型態的定義以關鍵字 enum 為首，enum 後面所接續的識別字，即為自訂的列舉型態名稱；而左、右大括號所包圍起來的內容，就是列舉序列中要列舉的常數。如下面的列舉型態定義及宣告範例：

```
enum desktop                    // 定義列舉型態 desktop
{pen,pencil,eraser,book,tape};
enum desktop mine;              // 宣告列舉型態 desktop 之變數 mine
```

上面的敘述是定義一個名為 desktop 的列舉型態，包括 pen、pencil、eraser、book 與 tape 五個列舉常數。列舉型態定義完畢後，若是想要使用，還是要宣告列舉型態變數，在敘述最後一行中，我們宣告一個名為 mine 的 desktop 列舉型態變數。

除了前面所使用的格式外，還可以用下列的格式來定義及宣告列舉型態：

```
enum 列舉型態名稱 [ ]  ───→ 不需要加分號
{
    列舉常數 1,
    列舉常數 2,
    . . .
    列舉常數 n
} 變數 1, 變數 2,..., 變數 m;
```

格式 11.4.2
列舉型態的定義
及宣告格式

如果想在定義之後直接宣告該列舉型態的變數，就可以使用第二個定義格式，這兩種定義及宣告格式的效果是相同的。下面的列舉型態定義及宣告範例為合法的格式：

```
enum desktop                          // 定義列舉型態 desktop
{   pen,pencil,eraser,
    book,tape
} mine;                               // 宣告列舉型態 desktop 之變數 mine
```

在上面的範例中所定義及宣告的結果，和前面所舉的例子是相同的，右大括號後面接的識別字，是列舉型態變數的名稱，也就是說，列舉型態變數 mine 的內容就是列舉型態 desktop 所定義的內容。

11.4.2　列舉型態的使用與初值的設定

宣告列舉型態變數後，這個變數的可能值就會是所列出的列舉常數中的一個。通常在沒有特別指定的情況下，C++會自動給與列舉常數一個整數值，列舉常數 1 的值為 0，列舉常數 2 的值為 1，…。舉例來說，我們定義及宣告出如下的列舉型態變數：

```
enum month                            // 定義列舉型態 month
{
    January,February,March,
    April,May,June
} six;                                // 宣告列舉型態 month 之變數 six
```

上面的敘述中，我們定義一個列舉型態 month，並宣告該列舉型態變數 six，在沒有特別指定時，列舉常數 January 的值為 0，February 的值為 1，March 的值為 2，April 的值為 3，May 的值為 4，June 的值為 5。

為什麼這些列舉常數會有一個整數值呢？編譯器其實是將列舉型態的變數當成整數型態，在列舉序列中的列舉常數，就等於是一連串由 0 開始排列的整數。因此使用列舉型態變數時，並不是以列舉常數的名稱輸入或輸出，而是以一整數值來處理。

要特別注意的是，列舉型態會自動轉換成整數型態，但是整數型態卻不會自動轉換成為列舉型態，此時可以利用下列的格式做轉換動作：

	格式 11.4.3
列舉型態變數=static_cast<列舉型態名稱>(欲轉換之內容);	整數與列舉型態 的轉換格式

在上面的格式裡,我們可以在小括號裡填入欲轉換之內容,該內容可以是整數常數,也可以是整數型態的變數。如果小括號裡的整數值不在列舉型態所定的範圍裡,雖然可以完成編譯,但實際上是沒有任何的意義的,反而容易造成程式在邏輯上的錯誤。

以前面所宣告的列舉型態變數 six 為例,若是想將 six 設值為 3,則在 C 語言裡我們可以寫出下列的敘述:

```
six=3;                          // 將列舉型態變數 six 設值為 3
```

上面的敘述在 C++裡是無法完成編譯的,此時就必須利用格式 11.4.3 做轉換動作。因此可以將敘述 six=3 修改成

```
six=static_cast<month>(3);      // 利用型態轉換將列舉型態變數 six 設值為 3
```

以前面所定義的列舉型態 month 及宣告的列舉型態變數 six 為例,下面列出合法與不合法的設值方式:

```
six=May;                        // 合法的列舉型態變數設值
six=static_cast<month>(3);      // 合法的列舉型態變數設值
six=static_cast<month>(six+2);  // 合法的列舉型態變數設值
six=4;                          // 不合法的列舉型態變數設值
six="May";                      // 不合法的列舉型態變數設值
six=July;                       // 不合法的列舉型態變數設值
```

由於列舉變數的型態就是整數,因此為變數設值時,必須是整數值或是所定義的列舉常數名稱,所以列舉變數的長度與整數型態相同(一般為 4 個位元組,但也有例外,如在 Borland C++ Builder 裡,列舉變數只佔 1 個位元組)。

若是在設值時所使用的並非定義中的列舉常數名稱，就會出現錯誤訊息。此外，列舉
常數是無法直接輸出、輸入的，我們只能在程式中使用這些列舉常數，以提高程式的
可讀性。

在下面的程式中，我們宣告一列舉型態 month 的變數 six，於程式裡印出該變數的長度，
並印出列舉序列中列舉常數的值。

```
01   // prog11_12, 列舉型態的使用
02   #include <iostream>
03   #include <cstdlib>
04   using namespace std;
05   enum month  // 定義列舉型態
06   {  January,February,March,
07      April,May,June } six;
08   int main(void)
09   {
10      cout << "sizeof(six)=" << sizeof(six) << endl; // 列舉型態的長度
11      cout << "January=" << January << endl;         // 印出列舉常數的值
12      cout << "February=" << February << endl;
13      cout << "March=" << March << endl;
14      cout << "April=" << April << endl;
15      cout << "May=" << May << endl;
16      cout << "June=" << June << endl;
17
18      system("pause");
19      return 0;
20   }
```

```
/* prog11_12 OUTPUT---

sizeof(six)=4
January=0
February=1
March=2
April=3
May=4
June=5

---------------------*/
```

由程式執行的結果可以看到，列舉型態變數的長度與整數型態相同，皆為 4 個位元組。
在沒有特別設定的狀況下，第 1 個列舉常數 January 的值為 0，第 2 個列舉常數 February
的值為 1，… 。

若是在定義列舉型態時，另行設定列舉常數的值，則後面的列舉常數值會由所設定的
值開始遞增，如下面的程式：

```cpp
01    // prog11_13, 列舉常數的設值
02    #include <iostream>
03    #include <cstdlib>
04    using namespace std;
05    enum month   // 定義列舉型態
06    {  January,February,March=4,                    // 將 March 設值為 4
07       April,May,June } six;
08    int main(void)
09    {
10       cout << "January=" << January << endl;    // 印出列舉常數的值
11       cout << "February=" << February << endl;
12       cout << "March=" << March << endl;
13       cout << "April=" << April << endl;
14       cout << "May=" << May << endl;
15       cout << "June=" << June << endl;
16
17       system("pause");
18       return 0;
19    }
```

```
/* prog11_13 OUTPUT------

January=0
February=1
March=4
April=5             列舉常數值因設
May=6               定而隨之更改
June=7

-----------------------*/
```

在列舉型態定義中，將 March 的值設定為 4，即表示在 March 之後的列舉常數值，也會因為設定而更改，所以印出列舉常數 March 的值為 4，April 的值為 5，May 的值為 6，June 的值為 7。而在 March 之前的列舉常數值仍為原先預設的值。

❖

如果希望能夠印出列舉常數的名稱或是其它的訊息時，可以利用程式的技巧完成。以下面的程式為例，想將列舉型態中的列舉常數印出，我們利用字元陣列存放列舉常數的名稱後，再利用 for 迴圈印出。

```
01   // prog11_14, 列舉型態的使用
02   #include <iostream>
03   #include <cstdlib>
04   #include <string>
05   using namespace std;
06   enum month                    // 定義列舉型態
07   {  January,February,March,
08      April,May,June } six;
09   int main(void)
10   {
11      string a[6]={"January","February","March",
12                   "April","May","June"};
13      for(six=January;six<=June;six=static_cast<month>(six+1))
14         cout << "six(" << six << ")=" << a[six] << endl;
15
16      system("pause");
17      return 0;
18   }
```

```
/* prog11_14 OUTPUT----

six(0)=January
six(1)=February
six(2)=March
six(3)=April
six(4)=May
six(5)=June

--------------------*/
```

上面的程式裡，是利用字串陣列的方式來儲存相關的資訊，除此之外，還可以利用 switch
敘述完成相同的動作。

下面的程式是利用列舉型態模擬滑鼠的三個按鈕，當按下數字鍵 0 時，即模擬滑鼠左
鍵，數字鍵 1 代表滑鼠右鍵，而數字鍵 2 為滑鼠的中間按鍵。

```cpp
01   // prog11_15, 列舉型態的使用
02   #include <iostream>
03   #include <cstdlib>
04   using namespace std;
05   int main(void)
06   {
07      enum mykey                          // 定義列舉型態
08      {
09         left,right,middle
10      } mouse;                            // 宣告列舉型態變數
11      int key;
12      do                                  // 輸入 0~2 的值
13      {
14         cout << "Button press?(0)Left (1)Right (2)Middle: ";
15         cin >> key;
16      } while((key>2)||(key<0));
17      mouse=static_cast<mykey>(key);
18      switch(mouse)                       // 根據 key 的值印出字串
19      {
20         case left:  cout << "Left Button Pressed!" << endl;
21                  break;
22         case right: cout << "Right Button Pressed!" << endl;
23                  break;
24         case middle:cout << "Middle Button Pressed!" << endl;
25      }
26
27      system("pause");
28      return 0;
29   }
```

```
/* prog11_15 OUTPUT ------------------------
Button press?(0)Left (1)Right (2)Middle: 5
Button press?(0)Left (1)Right (2)Middle: 2
Middle Button Pressed!
-------------------------------------------*/
```

在視窗程式設計裡，常會使用列舉型態的定義來處理滑鼠的按鍵，這是因為我們可以利用列舉常數來代替難以記憶的 0、1、…等數字。以上面的程式為例，使用 left 就比用 0 來得好，當我們要用到滑鼠左鍵時，若是一時忘記 0 代表左鍵，就把 1 當成左鍵，不但會造成程式執行時發生語意上的錯誤，同時也會使得程式的可讀性減低，使用 left 代替左鍵，就可以避免這種錯誤。

要如何才能設定列舉變數的初值呢？於宣告列舉變數後，只要以設定運算子（＝）直接設定列舉變數的值為某一特定的列舉常數，如下面的敘述：

```
enum sports            // 定義列舉型態 sports
{
   tennis,swimming,baseball,ski
} favorite=ski;        // 宣告列舉型態 sports 之變數 favorite,並設初值為 ski
```

在程式中該如何設定列舉變數的初值？下面的程式定義一個列舉型態及其變數，將變數設值完成後再把所對應的內容印出。

```
01   // prog11_16, 列舉變數的設值
02   #include <iostream>
03   #include <cstdlib>
04   using namespace std;
05   enum sports                          // 定義列舉型態
06   {
07      tennis,swimming,baseball,ski
08   } favorite=ski;                      // 宣告列舉變數並設值
09   int main(void)
10   {
11      cout << "favorite=";              // 印出列舉變數所對應的內容
```

```
12      switch(favorite)
13      {
14      case 0:cout << "tennis" << endl;
15              break;
16      case 1:cout << "swimming" << endl;
17              break;
18      case 2:cout << "baseball" << endl;
19              break;
20      case 3:cout << "ski" << endl;
21      }
22
23      system("pause");
24      return 0;
25  }
```

```
/* prog11_16 OUTPUT---

favorite=ski

--------------------*/
```

您可以將程式第 8 行的 favorite 之值設定為 baseball 或是其它的列舉常數，就可以很快的瞭解到列舉常數的好用性，它的確可以增加程式的可讀性。

❖

簡單的介紹列舉型態的觀念及使用方式，希望對讀者在設計程式時能夠有些許的幫助，接下來，我們還要再討論另一種使用者自訂的型態─typedef。

11.5 使用自訂的型態─typedef

typedef 是 type definition 的縮寫，顧名思義，就是型態的定義。利用 typedef 可以將已經有的資料型態重新定義其識別名稱，也就是說，它可以讓我們定義屬於自己的資料型態，如此一來可以使程式的宣告變得較為清楚，也可以提高程式的遷移性。typedef 的使用格式如下所示：

	格式 11.5.1
typedef 資料型態 識別字;	typedef 的使用格式

自訂型態的定義以關鍵字 typedef 為首，typedef 後面所接續的資料型態，即原先 C++
所定義的型態，最後面的識別字，為自訂的型態名稱。如下面的型態定義及宣告範例：

```
typedef int clock;          // 定義 clock 為整數型態
clock hour,second;          // 宣告 hour,second 為 clock 型態
```

第一行敘述是定義 clock 為整數型態，經過定義之後，clock 就像 C++中內定的資料型
態一樣，即可將變數宣告成 clock 型態，如第二行敘述，宣告之後變數 hour、second 為
clock 型態，亦為整數型態的變數。

當我們想將程式移到其它的機器或是編譯器時，只要稍做修改，甚至不需修改 typedef
這一行的指令，如果一來，便不需要更改到其它的資料型態。這種將某個資料型態以
另一個自訂的識別字來稱呼的方法，將可以提高程式的可攜性。

typedef 發生作用的區域，視其定義的位置而定，若是放置在函數之中，則利用 typedef
定義的型態就只能在函數之內使用，若是放在函數之外，所定義的型態就會是全域，
其它的函數皆可使用這個新定義的型態，和一般變數的生命週期與活動範圍的規定是
相同的。

程式 prog11_17 是利用 typedef 自訂資料型態的範例，攝氏（c）轉換成華氏（f）溫度
的公式 f=(9/5)*c+32，由鍵盤輸入攝氏溫度，即可求出華氏溫度。

```
01   // prog11_17, 自訂型態—typedef 的使用
02   #include <iostream>
03   #include <cstdlib>
04   using namespace std;
05   int main(void)
06   {
```

```
07      typedef float temper;                    // 定義自訂型態
08      temper f,c;                              // 宣告自訂型態變數
09      cout << "Input Celsius degrees:";
10      cin >> c;
11      f=(float)(9.0/5.0)*c+32;                 // 轉換公式
12      cout << c << " Celsius is equal to ";    // 印出轉換後的結果
13      cout << f << " Fahrenheit degrees" << endl;
14
15      system("pause");
16      return 0;
17  }
```

```
/* prog11_17 OUTPUT--------------------------

Input Celsius degrees:0
0 Celsius is equal to 32 Fahrenheit degrees

--------------------------------------------*/
```

程式第 7 行定義屬於自訂的資料型態 temper，再宣告變數 f、c 為 temper 型態的變數，
而 temper 的型態為浮點數。利用新的 temper 型態來宣告變數 f、c，會比直接使用 float
宣告來得容易理解其變數的意義。　　　　　　　　　　　　　　　　　　　　　　　❖

在某些情況下可以發現 #define 可以取代 typedef，如本節前面所使用的敘述：

```
typedef int clock;           // 定義 clock 為整數型態
clock hour,second;           // 宣告 hour,second 為 clock 型態
```

在此即可將#define 取代為 typedef，而成為如下面的敘述。

```
#define CLOCK int            // 定義識別名稱 CLOCK 為 int
CLOCK hour,second;           // 前置處理器會將 CLOCK 替換為 int
```

在簡單的情形之下，#define 的確可以達到與 typedef 相同的功能，但是如果我們要用來
定義較為複雜的資料型態，如指標、結構等，#define 就無用武之地。此外，值得注意
的是，在程式中使用 typedef 時是由編譯器來執行，而#define 則是由前置處理器主導，
兩者的處理時機不同。

要如何利用 typedef 來定義一個新的結構型態呢？我們實際舉一個例子來說明，如下面的程式片段：

```
typedef struct          → 欲定義的資料型態
{
   float real;
   float image;
} complex;
          → 新的資料型態名稱
```

圖 11.5.1

typedef 的使用範例

在上面的敘述中，定義以關鍵字 typedef 為首，typedef 後面所接續的資料型態，就是原先 C++ 所定義的型態，由於我們要定義的是結構型態，所以 typedef 後面的資料型態即為 struct，最後面的識別字 complex，即為自訂的型態名稱。經過定義之後，我們就可宣告 complex 型態的結構變數。

下面的程式是定義一個 mytime 型態的結構，同時宣告 mytime 型態的結構陣列 t，利用函數計算 t[2]=t[0]+t[1] 的結果後，將整個陣列印出來。

```
01   // prog11_18, 自訂型態—typedef 的使用
02   #include <iostream>
03   #include <cstdlib>
04   #include <iomanip>              // 將標頭檔 iomanip 含括進來
05   using namespace std;
06   typedef struct                 // 定義自訂型態
07   {
08      int hour;
09      int minite;
10      float second;
11   } mytime;
12   void subs(mytime t[]);         // 函數原型
13   int main(void)
14   {
15      int i;
16      mytime t[3]={{6,24,45.58f},{3,40,17.43f}};
17      cout << setfill('0');
18      subs(t);                    // 呼叫 subs()函數，計算 t[0]+t[1]
19      for(i=0;i<3;i++)            // 印出陣列內容
```

```
20      {
21         cout << "t[" << i << "]=" << setw(2) << t[i].hour << ":";
22         cout << setw(2) << t[i].minite << ":";
23         cout << setw(5) << t[i].second << endl;
24      }
25
26      system("pause");
27      return 0;
28   }
29
30   void subs(mytime t[])                    // 自訂函數 subs()
31   {
32      int count2=0,count3=0;
33      t[2].second=t[0].second+t[1].second;           // 秒數相加
34      while(t[2].second>=60)
35      {
36         t[2].second-=60;
37         count3++;
38      }
39      t[2].minite=t[0].minite+t[1].minite+count3;    // 分數相加
40      while(t[2].minite>=60)
41      {
42         t[2].minite-=60;
43         count2++;
44      }
45      t[2].hour=t[0].hour+t[1].hour+count2;          // 時數相加
46      return;
47   }
```

```
/* prog11_18 OUTPUT----

t[0]=06:24:45.58
t[1]=03:40:17.43
t[2]=10:05:03.01

----------------------*/
```

在 subs() 函數主體中，count2 及 count3 分別用來存放分數、秒數相加後的進位值，其初值皆為 0；第 34~45 行，分別計算秒數、分數及時數，再將超過 60 秒的部分減去後進位。另外，第 17 行所使用的 setfill() 與 22~23 行所使用的 setw() 函數，均是 C++ 裡，用來格式化輸出的函數，關於它們詳細的用法，讀者可以參考附錄 C 的說明。   ❖

除了可以計算兩個時間的相加之外，還可以試著計算兩個時間的相減，很有趣吧！利用 typedef 可以使程式閱讀起來更有其意義，同時提高程式的可攜性，這也是 C++迷人的原因之一哦！

本章摘要

1.　結構裡的各項資料型態可以完全不同。結構的長度為所有欄位的 4 倍數位元組。

2.　使用結構時，利用小數點（.）可存取變數內的欄位，在小數點前寫上結構變數的名稱，小數點後則是欲存取的欄位名稱。

3.　傳遞到函數中的結構變數，和一般的變數一樣，並不是傳入該結構變數的位址，而只是它的值。使用指標傳遞結構時，則是以傳址呼叫的方式，直接傳入該結構變數的位址。

4.　共同空間型態也稱為聯合或者是同位，它和結構一樣，都可以使用不同型態的資料，共同空間卻是利用一塊共用的空間來存放資料，使用時只能有一個欄位存在於共同空間變數中，因此，共同空間是以欄位中最長的型態為該共同空間的長度。

5.　列舉型態可以將某個有意義的名稱代表整數常數，其變數的長度與整數型態相同，皆為 4 個位元組。

6.　列舉型態會自動轉換成整數型態，但是整數型態卻不會自動轉換成為列舉型態，此時可以參考格式 11.4.3 做轉換。

7.　typedef 可以定義自訂的資料型態，若是想將程式移到其它的機器或是編譯器時，只要稍做修改，甚至不需修改 typedef 這一行的指令即可。

8.　利用 typedef 所定義的型態，其生命週期與活動範圍與一般變數相同。

自我評量

11.1 結構

1.　試撰寫一程式，由鍵盤輸入學生資料，其項目包括學號、姓名、期中考成績、期末考成績及平時成績，其學期成績是以期中、期末考佔 30%，平時成績佔 40%計算。輸出項目除了該生的資料之外，還要顯示學期成績。

2.　試撰寫一程式，使其能夠完成下列功能：
　　建立一日期結構，其結構欄位包括日、月及年。
　　由鍵盤輸入值，並將值指定給該結構存放。
　　以 mm/dd/yyyy 的格式印出結構值。mm 代表月，佔有 2 格；dd 代表日，佔有 2 格；
　　　yyyy 代表年，佔有 4 格，如 06/18/2000。

3.　試建立一個名為 temperature 的結構，其成員包括華氏與攝氏溫度變數 f 及 c，由使用者選擇欲顯示的溫度計量方式，再從鍵盤輸入溫度，計算華氏與攝氏的轉換溫度。請參考下面的程式執行結果。

```
    (1)華氏->攝氏
    (2)攝氏->華氏
請選擇(1)或(2)：1
請輸入華氏溫度： 60

**** 輸出 ****
華氏 60 度=攝氏 15.5556 度
```

　　註: 華氏溫度=(9/5)*攝氏溫度+32
　　　　攝氏溫度=(5/9)*華氏溫度-160/9

11.2 以結構為引數傳遞到函數

4.　試利用長方體的長、寬及高建立一個結構，並將該結構值傳入函數，計算並傳回體積。

5.　修改習題 1 的程式，使其一次可以輸入 3 筆學生資料。資料輸入完畢後，再輸入學號查詢，請顯示該生的學期成績。

6. 試著修改上題，將這 3 筆學生資料以下列方式列印在螢幕上。

　　(a) 以學號由小至大的順序

　　(b) 學期成績由高至低的順序

11.3 共同空間

7. 請利用共同空間型態，於程式中宣告下列的人事結構型態。

　　　姓名：　　　　字串型態

　　　人事代號：　　字串型態

　此外，還依照填寫者的性別而有不同的欄位：女性填入中文打字速度，男性則填是否役畢。

8. 試宣告一個可以存放 int 及 float 變數的共同空間型態，利用該共同空間變數計算其平方值，請於程式中向使用者詢問要使用何種型態。

11.4 列舉型態

9. 試撰寫一程式，利用列舉型態將一年的 12 個月份以英文定義，同時，當使用者輸入 1~12 的整數時，才印出相對應的月份，如輸入 6，印出 6 月的英文 June。

10. 試撰寫一程式，利用列舉型態將一個星期的英文列出。

11. 試修改上題，當使用者輸入 1~7 的整數時，才印出相對應的星期，如輸入 5，印出星期五的英文 Friday。

12. 試將 prog11_14 修改成以 switch 敘述完成。

11.5 使用自訂的型態—typedef

13. 請參考 prog11_18 的程式碼，定義一個 my_time 型態的結構，同時宣告 my_time 型態的結構陣列 t，利用函數計算 t[2]=t[0]-t[1]的結果後，將整個陣列印出來。

14. 下面的程式是利用 typedef 定義一個點在（x,y）座標上的位置之結構，其結構成員包括 x 座標值與 y 座標值，並利用此結構求出兩點之間的距離。請將程式空白的部分填入正確的答案。

```cpp
#include <iostream>
#include <cstdlib>
#include <math>
using namespace std;
typedef struct
{
    double x;
    double y;
} point;
int main(void)
{
    double square;
    _____ p1,p2;
    p1.x=p1.y=0;
    p2.x=0;
    p2.y=3;
    cout << "p1=(" << _____ << "," << _____ << "), ";
    cout << "p2=(" << _____ << "," << _____ << ")" << endl;
    square=_____;
    cout << "distance(p1,p2)=" << sqrt(_____) << endl;
    system("pause");
    return 0;
}
```

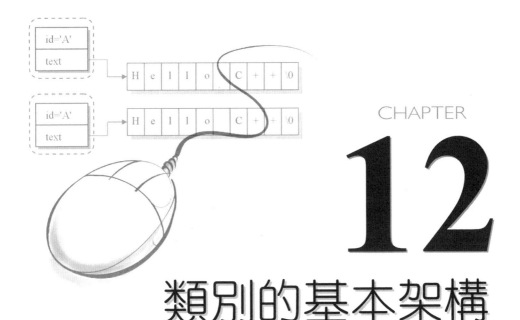

12

類別的基本架構

到目前為止，我們所介紹到的語法均屬於 C++基本的功能，包括資料的基本型態、程式的控制流程等。隨著外界對程式功能的要求日趨複雜，物件導向（object oriented）的概念也就跟著孕育而生。類別（class）為物件導向程式設計最重要的觀念之一，本節將介紹類別的基本架構，進而引導您踏入物件導向程式設計的殿堂。

本章學習目標

- 學習類別的觀念
- 認識與撰寫成員函數
- 認識引數的傳遞與多載的方式
- 建立公有與私有成員
- 瞭解友誼函數

12.1　認識類別

也許您對類別（class）的概念還相當陌生，其實它的基本觀念是相當的簡單。到目前為止，我們已知道該如何以 struct 定義結構，進而組成多種資料型態的變數。類別有點類似結構（structure），但它的實用性卻遠非結構所能比擬。

類別可看成是結構的擴充。在結構裡，我們可以定義不同資料型態的變數，類別也具有相似的功能；不僅如此，在類別裡尚可定義函數（function），使得它能做一些特定的運算。物件導向程式設計（object oriented programming，OOP）的許多特徵，便是建立在類別的基礎上，例如封裝（encapsulation）、繼承（inheritance）與多型（polymorphism）等技術。

結構可以做到的事，類別都能做到，不但如此，類別還可以做到結構所無法完成的事。於本節裡，我們先來看一下如何利用結構來描素一個視窗（window），並計算其面積。並於稍後的內容裡，會把這個程式修改成以類別的方式來表示。

我們所知悉 windows 裡的視窗通常為矩形，因此寬（width）和高（height）自然就成為視窗最重要的屬性（attributes）。當然，一個基本的視窗尚有其它的屬性，如視窗的編號（id）、視窗的標題（title）、視窗的顏色（color），以及視窗內其它的成員，如按鈕（button）等。

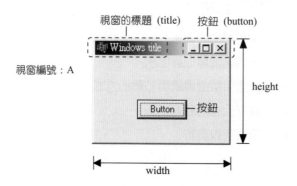

圖 12.1.1

視窗示意圖。右圖繪出視窗常見的屬性，如視窗的標題、視窗的寬和高，以及按鈕等

下面的範例只考慮視窗的編號 id，用來識別不同的視窗，以及 width 和 height 這兩個用來描述視窗寬與高的屬性。為了簡化起見，我們把 id 的資料型態設為字元（char），把 width 和 height 設為整數（int）。

根據 width 和 height 這兩個屬性，視窗的面積（area）便可求出（area=width*height）。如果要以結構來描述此問題，最直覺的方法是把 id、width 和 height 當成是結構的成員，再定義一個函數 area()，用來計算視窗的面積即可。依照此觀念，程式的撰寫如下：

```cpp
01   // prog12_1, 利用結構來表示視窗
02   #include <iostream>
03   #include <cstdlib>
04   using namespace std;
05   struct Win                          // 利用結構來定義視窗(Window)
06   {
07      char id;
08      int width;                       // Win 結構的 width 成員
09      int height;                      // Win 結構的 height 成員
10   };
11
12   int area(struct Win w)              // 面積函數
13   {
14      return w.width*w.height;         // 面積=寬*高
15   }
16
17   int main(int)
18   {
19      struct Win win1;                 // 宣告 Win 結構的物件 win1
20
21      win1.id='A';
22      win1.width=50;                   // 設定寬為 50
23      win1.height=40;                  // 設定高為 40
24
25      cout << "Window " << win1.id << ", area=" << area(win1) << endl;
26      system("pause");
27      return 0;
28   }
```

```
/* prog12_1 OUTPUT---

Window A, area=2000
--------------------*/
```

prog12_1 簡單的說明如何利用結構來描述一個視窗，並另外定義 area() 函數來計算其面積。這個程式平凡無奇，但它可是學習類別基本概念的好幫手喔！

稍早我們曾提及，結構可以做到的事，類別都能做到。prog12_1 把 area() 函數定義在結構 Win 之外，然而 area() 是用來計算視窗物件的面積，因此它與 Win 結構息息相關，所以如果能把 area() 函數和 width 與 height 這兩個屬性封裝在同一個程式區塊內，似乎是很自然的事。怎樣做？利用類別即可達到此一要求。在類別內不但可以定義視窗的長與寬，更可以把 area() 函數封裝在類別內，並利用它來取視窗的長與寬成員，進而計算其面積。

12.1.1 類別的基本概念

類別的發展，是為了讓程式語言能更清楚地描述出日常生活的事物。例如前述的「視窗」便可利用類別來表示。也就是說，我們可以定義一個「視窗」類別，以方便描述視窗的一些特性。類別是由「資料成員」與「成員函數」封裝而成的，它們的基本概念分述如下：

資料成員 （data member）

每一個視窗，不論尺寸的大小，均具有「寬」與「高」這兩個屬性，這兩個屬性自然就可選為「視窗」類別的資料成員（data member）。當然，視窗類別還可能有其它的資料成員，如顏色、標題等。

成員函數 （member function）

對於「視窗」類別而言，除了「寬」與「高」這兩個資料之外，計算其面積是我們感興趣的事。因此可以把計算面積的函數納入視窗類別裡，變成類別的成員函數（member function）。在傳統的程式語言裡，諸如計算面積等相關的功能通常可交由獨立的函數（function）來處理，但在物件導向程式設計（object oriented programming，OOP）裡，這些函數是封裝在類別之內，成為類別的成員之一。

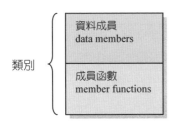

圖 12.1.2

類別是由「資料成員」與「成員函數」封裝而成

資料成員、成員函數與封裝

依據前述的概念可知，所謂的「類別」是把事物的資料與相關函數封裝（encapsulate）在一起，形成一種特殊的結構，用以表達真實事物的一種抽象概念。「encapsulate」的原意是「將...裝入膠囊內」，現在膠囊就是類別，而資料成員與成員函數便是被封入的東西。下圖為「視窗」類別的示意圖：

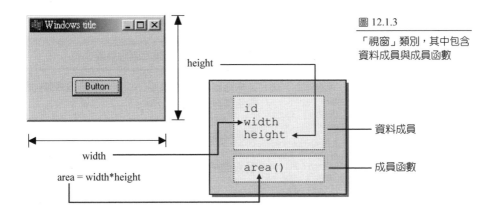

圖 12.1.3

「視窗」類別，其中包含資料成員與成員函數

由圖 12.1.3 可知，視窗類別的資料成員有 width 與 height，而成員函數為計算面積的 area()。像這種把資料成員 width、height 與成員函數 area() 包裝在同一個類別內的作法，在 OOP 的術語裡稱之為封裝（encapsulation）。

12.1.2 類別的宣告

要使用類別之前，必須先定義它，然後才可利用所定義的類別來宣告變數，並建立物件。類別定義的語法如下：

```
class 類別名稱
{
  public:
     資料型態 變數名稱;        } 宣告資料成員
     ...

     傳回值型態   函數名稱(型態 1 引數 1, 型態 2 引數 2,...)
     {
        程式敘述 ;              } 函數的本體（body）
        return 運算式;
     }
     ...
};  ── 這兒必須要加分號
```

格式 12.1.1
類別的定義

以前述的視窗為例，我們可定義如下的「視窗」類別：

```
class CWin                    // 定義視窗類別 CWin
{
  public:                     // 在此以下宣告之成員的屬性皆屬公有
     char id;                 // 宣告資料成員 id
     int width;               // 宣告資料成員 width          宣告資料成員
     int height;              // 宣告資料成員 height

     int area()               // 定義成員函數 area(),計算面積
     {
        return width*height;  // 計算面積                    定義成員函數
     }
};
```

附帶一提，本書習慣上均以大寫 C 為開頭（C 為 Class 的縮寫）的識別字（如 CWin）當成類別的名稱，以方便和其它變數做區隔。

成員存取的控制權

在類別定義格式中出現 public 關鍵字。事實上，public 這個關鍵字設定在它之後的成員，其屬性均為公有（public），也就是這些成員，可隨意的在類別外部做存取。類別成員的屬性也可設定為 private（私有），如此一來，這些成員則只能在類別內部做存取的動作。有關 private 的設定，本章稍後再做詳細地討論它的作用。

這兒有一點要提醒您，類別內的成員，其內定的屬性為 private，這點與結構不同（結構的內定存取屬性為 public）。也就是說，如果您省略 public 關鍵字，則所有的成員均將視為具有 private 的屬性。

12.1.3　建立新的物件

現在我們已學會如何定義一個類別，並且撰寫相關的成員。但如果要讓程式動起來，單單有類別還不夠，因為類別只是一個模版，我們必須用它來建立屬於該類別的物件（object）。以視窗類別來說，從定義類別到建立新的物件，您可以把它想像成：

先打造一個「視窗」的模版（定義類別），再以此模版打造「視窗」（建立物件）

宣告與建立物件

有了上述的概念之後，我們便可著手撰寫程式碼。欲建立屬於某個類別的物件，把該類別當成是一種資料型態，再以該資料型態來宣告變數即可。舉例來說，如果要建立視窗類別的物件，可用下列的語法來建立：

```
CWin win1;                // 宣告 CWin 類別型態的變數 win1
```

經過這個步驟，便可透過變數 win1，存取到物件裡的內容。當然，我們也可以同時宣告兩個或兩個以上的類別變數：

```
CWin win1,win2;            // 同時宣告 CWin 類別型態的變數 win1 與 win2
```

新建立好的物件 win1 與 win2，因為是由 CWin 類別所建立，所以生來即具有 id、width 與 height 變數，同時也包括 area() 這個計算面積的函數。下圖是由「視窗」類別所建立出具有該類別特性的「視窗」物件：

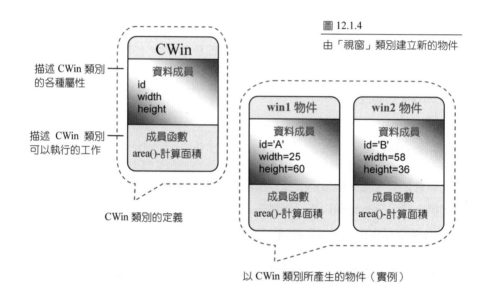

圖 12.1.4

由「視窗」類別建立新的物件

透過 C++ 程式的撰寫，「類別」的抽象概念可以轉化成實體的物件。於 OOP 的術語裡，由類別所建立的物件稱為 instance。有些書把 instance 譯為「實例」或「實體」，但本書還是使用「由類別所建立的物件」，或是直接用「物件」來稱呼它；在某些場合裡，我們也會以「類別型態的變數」或「變數」來稱呼。

存取物件的內容

如果要存取物件裡的某個資料成員時，可以透過下面語法來達成：

格式 12.1.2
物件名稱.特定的資料成員

存取物件中的資料成員

例如，物件 win1 的資料成員可藉由下列的語法來指定：

```
win1.id='A';              // 設定 win1 物件的 id 成員為 A
win1.width=50;            // 設定 win1 物件的寬為 50
win1.height=40;           // 設定 win1 物件的高為 40
```

因此，如果想要把物件 win1 的 id 設為 'A'，寬設定為 50，高設定為 40，其程式碼的撰寫如下：

```
int main(void)
{
   CWin win1;                // 建立物件 win1

   win1.id='A';              // 設定 win1 物件的 id 成員
   win1.width=50;            // 設定 win1 物件的 width 成員
   win1.height=40;           // 設定 win1 物件的 height 成員
    ....
}
```

參照上述程式碼與下圖的內容，讀者可以瞭解到 C++是如何對物件的資料成員進行存取的動作：

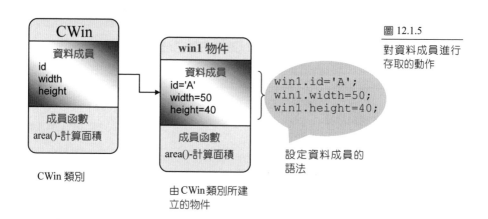

圖 12.1.5

對資料成員進行
存取的動作

12.1.4 使用類別來設計完整的程式

簡單的認識類別之後，我們將利用前幾節所學過的基本概念，來實際撰寫一個含有類別的程式。為了簡化程式起見，下面的程式碼只考慮資料成員，關於函數的部份，將留到 12.2 節再做介紹。

```cpp
01   // prog12_2, 第一個類別程式
02   #include <iostream>
03   #include <cstdlib>
04   using namespace std;
05   class CWin                    // 定義視窗類別 CWin
06   {
07     public:                     // 設定資料成員為公有
08       char id;
09       int width;
10       int height;
11   };
12   int main(void)
13   {
14      CWin win1;                 // 宣告 CWin 類別型態的變數 win1
15
16      win1.id='A';
17      win1.width=50;             // 設定資料成員
18      win1.height=40;
19
20      cout << "Window " << win1.id << ":" << endl;
```

```
21      cout << "win1.width = " << win1.width << endl;
22      cout << "win1.height = " << win1.height << endl;
23
24      system("pause");
25      return 0;
26   }
```

```
/* prog12_2 OUTPUT---
Window A:
win1.width = 50
win1.height = 40
--------------------*/
```

於 prog12_2 中，程式一開始便定義 CWin 類別（5~11 行），此類別僅包含資料成員。由於 C++的執行是從 main() 開始，因此程式執行到第 14 行時，便會根據 CWin 類別所提供的資訊來建立 win1 物件。第 16~18 行把 win1 物件裡的資料成員分別設值後，第 20~22 行將設值之後的結果印出。

要特別注意的是，CWin 類別定義的位置必須放在 main() 函數的前面，否則 main() 函數在編譯時，將會找不到 CWin 類別的定義而發生錯誤。　　　　　　　　　❖

12.1.5 同時建立多個物件

程式 prog12_2 只用類別建立一個新的物件。如要同時建立數個物件，只要依相同的方式再建立物件即可，如下面的程式碼：

```
01   // prog12_3, 建立物件與資料成員的存取
02   #include <iostream>
03   #include <cstdlib>
04   using namespace std;
05   class CWin                    // 定義視窗類別 CWin
06   {
07     public:                     // 設定資料成員為公有
08       char id;
```

```
09       int width;
10       int height;
11    };
12    int main(void)
13    {
14        CWin win1,win2;              // 宣告 CWin 類別型態的變數 win1 與 win2
15
16        win1.id='A';            ⎫
17        win1.width=50;          ⎬  設定 win1 物件的資料成員
18        win1.height=40;         ⎭
19
20        win2.id='B';                    ⎫
21        win2.width=win1.width+20;       ⎬  設定 win2 物件的資料成員
22        win2.height=win1.height+10;     ⎭
23
24        cout << "Window " << win2.id << ":" << endl;
25        cout << "win2.width = " << win2.width << endl;
26        cout << "win2.height = " << win2.height << endl;
27
28        system("pause");
29        return 0;
30    }
```

```
/* prog12_3 OUTPUT---

Window B:
win2.width = 70
win2.height = 50
--------------------*/
```

程式第 14 行宣告兩個 CWin 類別型態的物件 win1 與 win2。16~22 行分別設定這兩個
物件之資料成員的值，24~26 行則在螢幕上顯示 win2 物件資料成員的值。

值得一提的是，雖然 win1 與 win2 具有相同名稱的資料成員，但彼此並不會混淆，因
為它們儲存於不同的記憶體區塊內，彼此並不相關，如圖 12.1.6 所示。讀者可試著印
出 win1 資料成員的值，看看它們是否會因為 20~22 行的設定而被更改。

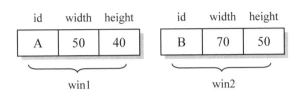

圖 12.1.6

不同物件的資料成
員是存放於不同的
記憶體區塊內

12.1.6　物件所佔的位元組

也許您會好奇，以前例的 CWin 類別而言，它所建立的物件佔有多少位元組（bytes）？

如要查證這個結果，我們只要利用 sizeof() 函數來查詢即可，如下面的範例：

```
01   // prog12_4, 物件與類別所佔的位元組
02   #include <iostream>
03   #include <cstdlib>
04   using namespace std;
05   class CWin                    // 定義視窗類別 CWin
06   {
07     public:                     // 設定資料成員為公有
08       char id;
09       int width;
10       int height;
11   };
12   int main(void)
13   {
14     CWin win1;                  // 宣告 CWin 類別型態的變數 win1
15
16     cout << "sizeof(win1) = " << sizeof(win1) << " bytes" << endl;
17     cout << "sizeof(CWin) = " << sizeof(CWin) << " bytes" << endl;
18
19     system("pause");
20     return 0;
21   }
```

```
/* prog12_4 OUTPUT------

sizeof(win1) = 12 bytes
sizeof(CWin) = 12 bytes
-----------------------*/
```

於 prog12_4 中，第 16 行利用 sizeof() 函數求出 win1 物件所佔有的位元數，結果為 12 個位元組（bytes）。除了用 sizeof() 函數來查詢 win1 物件外，也可以直接查詢 CWin 類別所佔用的位元組，如 17 行所示，其結果亦為 12 個位元組。

也許您會感到好奇，在大部分的 C++ 編譯程式中，每一個整數佔有 4 個位元組，字元佔有 1 個位元組，但在 CWin 類別裡，width 與 height 資料成員皆為整數，id 為字元，應該總共佔有 9 個位元組，為何顯示的結果卻是 12 個位元組？這是因為編譯器是以資料成員內，佔最多位元組的資料型態之位元組為單位來配置物件的記憶空間，而於本例中，整數佔最多位元組，所以是以 4 個位元組為單位，少於 4 個位元組時還是配上 4 個位元組的空間，因此 CWin 所建立的物件共佔有 12 個位元組。

12.2 撰寫成員函數

本章一開始我們便提過，類別是集合資料成員與成員函數的一種架構。為了讓您對類別有一個初步的認識，於程式 prog12_2 與 prog12_3 中所宣告的 CWin 類別，都沒有提到如何在類別裡定義函數，本節我們將在 CWin 類別中加入計算面積的功能，以說明如何定義與使用類別裡的函數。

12.2.1 定義與使用函數

在前幾章裡已介紹過函數定義的格式，在此我們再將它做一個複習。成員函數和資料成員都是屬於類別的成員（member），在類別裡定義函數的方式類似一般函數的定義，只不過 OOP 的技術把它們封裝在類別裡，形成一個獨立的個體。類別裡的函數可用如下的語法來定義：

```
傳回值型態 函數名稱(型態 1 引數 1, 型態 2 引數 2,...)
{                                                    格式 12.2.1
    程式敘述 ;                    }  函數的主體（body）    宣告函數,並定義其
    return 運算式;                                     內容
}
```

物件要呼叫封裝在類別裡的函數時,只要用下列的語法即可:

　物件名稱.函數名稱(引數 1, 引數 2,...)

要特別注意的是,如果不需要傳遞引數到函數中,可在括號內填上 void 關鍵字。

程式 prog12_5 是延續 prog12_2 而來,所不同的是,prog12_5 在類別的定義裡加入 area()
函數,可用來計算 CWin 物件的面積。

```cpp
01   // prog12_5, 加入 area()函數到類別的定義裡
02   #include <iostream>
03   #include <cstdlib>
04   using namespace std;
05   class CWin                    // 定義視窗類別 CWin
06   {
07     public:
08       char id;
09       int width;
10       int height;
11
12       int area(void)            // 定義成員函數 area(), 用來計算面積
13       {
14           return width*height;
15       }
16   };
17
18   int main(void)
19   {
20     CWin win1;                  // 宣告 CWin 類別型態的變數 win1
21     win1.id='A';
```

```
22      win1.width=50;                  // 設定 win1 的 width 成員為 50
23      win1.height=40;                 // 設定 win1 的 height 成員為 40
24
25      cout << "Window " << win1.id << ":" << endl;
26      cout << "Area = " << win1.area() << endl;          // 計算面積
27      cout << "sizeof(win1) = " << sizeof(win1) << " bytes" << endl;
28
29      system("pause");
30      return 0;
31   }
```

```
/* prog12_5 OUTPUT------

Window A:
Area = 2000
sizeof(win1) = 12 bytes
----------------------*/
```

程式 12~15 行定義 area() 函數,用來計算視窗物件的面積。20~23 行建立 CWin 物件,
並將成員設值之後,第 26 行透過物件 win1 呼叫 area() 函數,並把結果列印在螢幕上。
注意 area() 傳回整數值,必須在第 12 行指明 area() 的傳回型態為 int。此外,area() 不
需輸入引數即可執行其功能,因此第 12 行的 area() 定義中,括號內加上 void 關鍵字,
代表它不用任何的參數。事實上,即使不填上 void,亦即括號內保留空白,多數的編
譯器仍可正常的編譯。

有趣的是,加入函數到類別之後,並不會影響到它所建立之物件的大小,如程式 27 行
顯示 win1 物件佔有 12 個位元組,與 prog12_4 的結果相同。很顯然的,編譯器會將類
別的成員函數寫到記憶體的某個地方,由該類別所建立的物件來共享,也就是無論在
程式裡建立多少個物件,其成員函數只會有一份,由所有的物件所共用。

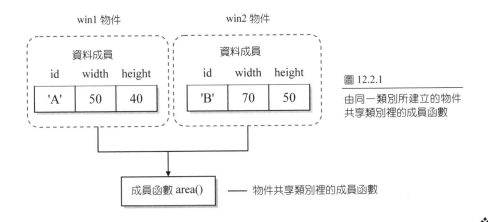

圖 12.2.1

由同一類別所建立的物件
共享類別裡的成員函數

12.2.2 於類別裡定義多個函數

接下來再看一個同時具有兩個成員函數的例子。程式 prog12_6 是 prog12_5 的延伸，其中加入另一個 perimeter() 函數，可用來計算矩形視窗的周長：

```cpp
01   // prog12_6, 於類別裡定義多個函數
02   #include <iostream>
03   #include <cstdlib>
04   using namespace std;
05   class CWin                  // 定義視窗類別 CWin
06   {
07     public:
08       char id;
09       int width;
10       int height;
11
12       int area()              // 定義成員函數 area(), 用來計算面積
13       {
14           return width*height;
15       }
16       int perimeter()         // 定義成員函數 perimeter(), 用來計算周長
17       {
18           return 2*(width + height);
19       }
```

```
20    };
21
22    int main(void)
23    {
24      CWin win1;                // 宣告 CWin 類別型態的變數 win1
25
26      win1.id='A';
27      win1.width=50;           // 設定 win1 的 width 成員為 50
28      win1.height=40;          // 設定 win1 的 height 成員為 40
29
30      cout << "Window " << win1.id << ":" << endl;
31      cout << "Area = " << win1.area() << endl;              // 計算面積
32      cout << "Perimeter = " << win1.perimeter() << endl;    // 計算周長
33
34      system("pause");
35      return 0;
36    }
```

```
/* prog12_6 OUTPUT---

Window A:
Area = 2000
Perimeter = 180
--------------------*/
```

在 prog12_6 中，我們為 CWin 類別設計兩個函數，分別為計算面積的 area() 與計算周長的 perimeter() 函數。由本例可看出，如要在類別裡設計多個函數，只要將函數依序加到類別裡即可。　　　　　　　　　　　　　　　　　　　　　　　　　　　　❖

12.2.3 函數的位置

於前幾個範例中，成員函數皆定義在類別內。然而這並不是它唯一的選擇，成員函數也可以定義在類別之外。如果成員函數定義在類別之外，只需在類別的定義內加入函數的原型即可，如下面的範例：

```
01    // prog12_7, 將函數定義於類別之外
02    #include <iostream>
```

```
03    #include <cstdlib>
04    using namespace std;
05    class CWin                          // 定義視窗類別 CWin
06    {
07      public:
08        char id;
09        int width;
10        int height;
11        int area(void);                 // 成員函數 area() 的原型
12    };
13
14    int CWin::area(void)                // 定義 area() 函數
15    {
16       return width*height;
17    }
18
19    int main(void)
20    {
21       CWin win1;                       // 宣告 CWin 類別型態的變數 win1
22
23       win1.id='A';
24       win1.width=50;
25       win1.height=40;
26
27       cout << "Window " << win1.id << ":" << endl;
28       cout << "Area = " << win1.area() << endl;
29
30       system("pause");
31       return 0;
32    }
```

```
/* prog12_7 OUTPUT---

Window A:
Area = 2000
--------------------*/
```

程式第 11 行宣告成員函數 area() 的原型，而 area() 的本體則是定義在 14~17 行，注意它是定義在 CWin 類別之外。既然是定義在類別之外，則必須有方法讓編譯器知道這個函數是附屬於 CWin 類別，其解決的方法是利用「範疇解析運算子」（scope resolution operator）「::」。

於 14 行中，CWin::area(void) 用來表示 area() 函數是屬於 CWin 類別，其中是以「範疇解析運算子」來連接 CWin 類別與 area() 函數。本例的執行結果並不令人意外，也可正確的計算出面積。

```
               範疇解析運算子，用來表示 area()函數
               是屬於 CWin 類別
                      |
int  CWin::area(void)           // 定義 area()函數
{
    return width*height;
}
```

圖 12.2.2
範疇解析運算子
的用法

那麼，把函數定義在類別內部，或者是類別的外部，這二者有什麼不同呢？事實上，定義在類別內部的函數，編譯器會把它視為行內函數（inline function）來處理，在某些情況下，它可獲得較佳的執行效能。但把函數定義在類別外面，雖然編譯器會把它當成一般函數來處理，但這種寫法可讓類別的定義更為簡潔，因此相當適合程式碼較長的函數來使用。

於本例中，我們可以在 14 行的前面加上 inline 關鍵字，告訴編譯器把宣告在類別外部的 area() 用 inline 的方式來編譯，如下面的程式碼片段：

```
         也可以在函數前面加上 inline 關鍵字
         |
inline  int  CWin::area(void)           // 定義 area()函數
{
    return width*height;
}
```

然而在這兒提醒讀者，inline 通常只適合較簡短的函數，雖然我們把宣告在類別外部的函數設為 inline，編譯器還是會自己決定是不是要用 inline 的方式來編譯。

12.2.4 類別內資料成員的存取方式

細心的讀者可能已經注意到，在主程式內若是需要存取資料成員（如 width, height）時，可透過下面的語法來進行：

> 指向物件的變數.資料成員名稱

例如，利用下面的語法即可對 width 與 height 進行存取的動作：

```
int main(void)
{
   CWin win1;
   win1.id='A'          ┐ id、width 與 height 均
   win1.width=5;        ├ 為 win1 物件的資料成員
   win1.height=12;      ┘
   ....
}
```

然而，如果是在類別宣告的內部使用這些資料成員，則可直接取用資料成員的名稱，而不需加上呼叫它的物件名稱（事實上，在撰寫類別的定義時，我們根本不知道哪一個物件要呼叫它），如下面的程式碼：

```
class CWin                 // 定義視窗類別 CWin
{
   public:
     char id;
     int width;
     int height;

     int area()            // 定義成員函數 area()
     {
        return width * height;
     }                            可直接使用資料成員的名稱
};
```

總而言之，如果在類別的定義之外需要用到公有資料成員的名稱時，則必須指明是哪一個物件變數，也就是用「物件名稱.資料成員名稱」的語法來存取。相反的，若是在類別定義的內部使用這些資料成員時，由於此時已是站在類別的角度來看待資料成員，因此也就不必指出資料成員之前的物件名稱。

this 指標

如果要刻意強調「物件本身的資料成員」的話，也可以在資料成員前面加上 this 這個關鍵字，即「this->資料成員名稱」，此時的 this 即代表指向「取用此一資料成員之物件」的指標。

例如，下面的程式碼片段是把 CWin 類別的資料成員名稱之前冠上 this 的寫法：

```
class CWin                    // 定義視窗類別 CWin
{
  public:
    char id;
    int width;
    int height;

    int area()                // 定義成員函數 area()
    {
       return this->width * this->height;
    }
};
```

在資料成員前面加上 this，此時的 this 即代表指向「取用此一資料成員之物件」的指標

如果以上述的程式碼來定義 CWin 類別時，若在主程式裡有下面的敘述：

```
win1.area();                  // 利用 win1 物件呼叫 area() 函數
```

則在類別定義裡的保留字 this 即代表指向 win1 物件的指標。

請注意，this 關鍵字是一個指標，而非物件，因此我們不能使用

　　this.資料成員名稱　　　　　　　　　　// 錯誤的使用 this 指標

的方式來存取類別裡的成員，而必須使用

　　this->資料成員名稱　　　　　　　　　　// 正確的使用 this 指標

的語法，這點和稍早所提及的結構成員的存取方式是一樣的。

12.2.5　在類別定義的內部呼叫函數

到目前為止，我們所學過的函數均是在類別定義的外部被呼叫，其所採用的語法為：

　　物件名稱.函數名稱(引數 1，引數 2,...);

例如，prog12_7 中的第 28 行即是在 CWin 類別宣告的外部呼叫 area()，讀者可看到程式的敘述為：

　　win1.area()　　　　　　　　　　// 在 CWin 類別定義的外部呼叫 area()

事實上在類別定義的內部，函數與函數之間也可以相互呼叫，我們先來看一個簡單的程式：

```
01    // prog12_8, 在類別定義的內部呼叫函數
02    #include <iostream>
03    #include <cstdlib>
04    using namespace std;
05    class CWin                    // 定義視窗類別 CWin
06    {
07      public:
08        char id;
09        int width;
10        int height;
11
12        int area(void)            // 定義成員函數 area()，用來計算面積
```

```
13        {
14            return width*height;
15        }
16        void show_area(void)        // 定義成員函數 show_area()，顯示面積
17        {
18            cout << "Window " << id << ", area=" << area() << endl;
19        }
20   };                                                  呼叫 area() 函數
21
22   int main(void)
23   {
24      CWin win1;
25
26      win1.id='A';
27      win1.width=50;
28      win1.height=40;
29      win1.show_area();              // 顯示面積
30
31      system("pause");
32      return 0;
33   }
```

```
/* prog12_8 OUTPUT---

Window A, area=2000
--------------------*/
```

本範例中，area() 與 show_area() 函數皆是定義在 CWin 類別內，而 show_area() 函數則是透過 18 行呼叫同一類別內的 area() 函數。由此例可知，在同一個類別的定義裡面，函數之間仍可相互呼叫。

如同前一節所提到的資料成員一樣，如果要刻意強調「物件本身的函數」的話，也可在函數前面加上 this 這個保留字，即「this->函數名稱」。此時的 this 即代表指向「取用此一函數的物件」之指標。讀者可自行將 prog12_8 的 show_area() 改成如下的敘述，執行之後應會得到相同的結果：

```
void show_area(void)            // 定義成員函數 show_area()，用來顯示面積
{
    cout << "Window " << id << ", area=" << this->area() << endl;
}
```

在類別的定義內呼叫其它的函數，可在該函
數之前加上 this 關鍵字，此時的 this 即代表指
向「取用此一函數的物件」之指標

經過上面的更改之後，假設在 main() 主程式裡有這麼一行敘述：

```
win1.show_area();               // 利用 win1 物件呼叫 show_area()函數
```

則在類別宣告裡的保留字 this 即代表指向 win1 物件的指標。　　　　　　❖

值得注意的是，雖然到目前為止 this 關鍵字看似多餘，但在某些場合卻非得用它不可，例如比較兩個物件的是否相同時，便必須藉由 this 的幫忙。這個部分留到下一章再做討論。

12.3 函數引數的傳遞與多載

到目前為止，我們所撰寫的函數均沒有傳遞任何引數，例如 prog12_6 的 perimeter() 與 area() 函數均是。如果函數不需傳遞任何引數，在定義它時，其括號內可填上 void，或是保留空白，什麼也不用填，如下面的語法：

沒有傳遞任何引數，括號內可　　　　　　　　圖 12.3.1
填上 void，或不填上任何文字　　　　　　　　沒有傳遞任何引數
　　　　　　　　　　　　　　　　　　　　　　的函數

```
int area(void)
{
    return width*height;
}
```

事實上，函數也可加上各種資料型態的引數，以因應各種不同的計算需求。此外，類別裡的函數也允許多載，以下我們分幾個小節來討論這些相關的主題。

12.3.1 引數的傳遞

呼叫函數並傳遞引數時，引數是置於函數的括號內來進行傳遞。引數可以是數值、字串，甚至是物件。下面的範例中，在 CWin 類別內加上一個用來設定物件資料成員的函數 set_data()，它可接收一個字元與兩個整數型態的引數，用來設定資料成員的值。

```cpp
01   // prog12_9, 傳遞引數到函數裡
02   #include <iostream>
03   #include <cstdlib>
04   using namespace std;
05   class CWin                        // 定義視窗類別 CWin
06   {
07     public:
08       char id;
09       int width;
10       int height;
11
12       int area()                    // 定義成員函數 area()，用來計算面積
13       {
14          return width*height;
15       }
16       void show_area(void)
17       {
18          cout << "Window " << id << ", area=" << area() << endl;
19       }
20       void set_data(char i,int w,int h)       // set_data() 函數
21       {
22          id=i;                       // 設定 id 成員
23          width=w;                    // 設定 width 成員
24          height=h;                   // 設定 height 成員
25       }
26   };
27
28   int main(void)
29   {
30     CWin win1;
31
32     win1.set_data('B',50,40);
33     win1.show_area();
```

```
34
35      system("pause");
36      return 0;
37   }
```

```
/* prog12_9 OUTPUT---
Window B, area=2000
--------------------*/
```

程式第 20~25 行為 set_data() 函數，用來設定物件的 id、width 與 height 成員。因此當
執行到第 32 行呼叫 win1.set_data('B',50,40) 時，第 20 行的 set_data() 函數便會接收傳
進來的引數，然後於 22 行將 id 成員設為'B'，23 行設定 width 成員為 50，24 行設定 height
成員為 40。設定完後，執行第 33 行的 show_area() 函數，即可顯示物件 win1 的 id 與
其面積。

值得一提的是，程式第 22~24 行中的變數 i、w 與 h 均是區域變數（local variable），
也就是說，它的有效範圍僅止於 set_data() 函數的內部，也就是 21~25 行，一離開此範
圍，變數 i、w 與 h 即會失去效用。

下面的程式片段是特別將 prog12_9 中的區域變數 i、w 與 h 標示出來，讓您能更清楚地
認識區域變數的作用範圍：

```
class CWin                 // 定義視窗類別 CWin
{
   public:
      ......
      void set_data(char i, int w, int h)          // set_data() 函數
      {
         id=i;          // 設定 id 成員
         width=w;       // 設定 width 成員     i、w 與 h 均為區域變數，一離開此
         height=h;      // 設定 height 成員    範圍，變數 i、w 與 h 即屬無效
      }
};
```

12.3.2 傳遞物件到函數裡

函數除了可以傳遞一般基本型態的引數，也可傳遞由類別所建立的物件。下面的範例改寫自 prog12_9，但把 show_area() 函數移到類別外，使得它成為一般的函數。

```
01    // prog12_10, 傳遞物件到函數裡
02    #include <iostream>
03    #include <cstdlib>
04    using namespace std;
05    class CWin                      // 定義視窗類別 CWin
06    {
07      public:
08        char id;
09        int width;
10        int height;
11
12        int area()                  // 定義成員函數 area()，用來計算面積
13        {
14          return width*height;
15        }
16
17        void set_data(char i,int w,int h)    // set_data() 函數
18        {
19          id=i;                     // 設定 id 成員
20          width=w;                  // 設定 width 成員
21          height=h;                 // 設定 height 成員
22        }
23    };
24
25    void show_area(CWin win)        // 把 show_area() 定義成一般的函數
26    {
27      cout << "Window " << win.id <<", area=" << win.area() << endl;
28    }
29
30    int main(void)
31    {
32      CWin win1;
33
34      win1.set_data('B',50,40);     // 由 win1 物件呼叫 set_data() 函數
35      show_area(win1);              // 傳遞 win1 物件到 show_area() 函數裡
```

```
36
37      system("pause");
38      return 0;
39   }
```

/* prog12_10 OUTPUT---

```
Window B, area=2000
----------------------*/
```

於 prog12_10 中,我們把 show_area() 移到類別外面,使得它成為一般的函數。因為它是一般的函數,所以不能直接由物件來呼叫,於是我們設計它可接收 CWin 物件,然後再把物件的 id 成員與面積顯示出來。

請注意 34 與 35 行的差別。34 行是由 win1 物件呼叫 set_data() 函數,來設定資料成員的值,而 35 行並不是由 win1 物件來呼叫 show_area() 函數(事實上,您也無法如此做,因為 show_area() 並不是 CWin 類別的成員函數),而是傳遞 win1 物件到 show_area() 函數裡,藉以顯示於 win1 物件的資料。下圖說明 set_data() 與 show_area() 這兩個函數的區別:

```
              由 win1 物件呼叫 set_data()函數

    win1 .set_data('B',50,40);

   show_area( win1 );
              傳遞 win1 物件到 show_area()函數裡
```

圖 12.3.2

傳遞物件到函數裡與由物件呼叫函數的比較

❖

傳遞物件到函數裡的技術,在稍後的章節裡會經常用到。事實上,我們不只可以傳遞物件到函數裡,也可以傳遞指向物件的指標,或者是物件的參考等。關於這些技術,將留到下一個章節中再做討論。

12.3.3 函數的多載

在類別裡定義的成員函數也可以多載。函數多載的技術不但可以讓相同名稱的函數有不同的功能，同時也可以讓程式更加的容易閱讀。我們利用下面的例子來做說明。

於 prog12_11 中，我們在 CWin 類別內定義三個名稱相同，但引數個數不同的函數 set_data()。第一個 set_data() 函數接收三個引數，可用來對所有的成員設值；第二個 set_data() 函數可接收一個字元，用來設定 id 成員；而第三個 set_data() 函數則可接收二個整數，用來設定 width 與 height 成員。

```cpp
01   // prog12_11, 函數的多載
02   #include <iostream>
03   #include <cstdlib>
04   using namespace std;
05   class CWin                    // 定義視窗類別 CWin
06   {
07     public:
08       char id;
09       int width;
10       int height;
11
12       int area()                // 定義成員函數 area(), 用來計算面積
13       {
14         return width*height;
15       }
16       void show_area(void)
17       {
18         cout << "Window " << id << ", area=" << area() << endl;
19       }
20       void set_data(char i,int w,int h)     // 第一個 set_data()函數
21       {
22         id=i;
23         width=w;
24         height=h;
25       }
26       void set_data(char i)                 // 第二個 set_data()函數
27       {
28         id=i;
```

```
29        }
30        void set_data(int w,int h)              // 第三個 set_data() 函數
31        {
32           width=w;
33           height=h;
34        }
35   };
36
37   int main(void)
38   {
39      CWin win1,win2;
40
41      win1.set_data('A',50,40);
42      win2.set_data('B');
43      win2.set_data(80,120);
44
45      win1.show_area();
46      win2.show_area();
47
48      system("pause");
49      return 0;
50   }
```

```
/* prog12_11 OUTPUT---

Window A, area=2000
Window B, area=9600
--------------------*/
```

第 41 行呼叫有 3 個引數的 set_data() 函數，因此第一個 set_data() 函數被呼叫，於是 win1 物件的所有資料成員皆可被設值。相同的，42 與 43 行分別呼叫 1 個與 2 個引數的 set_data() 函數，所以第二與第三個 set_data() 函數會被呼叫，因此 win2 物件的所有資料成員也可被設值。   ❖

由本例可看出，藉由函數的多載，同一名稱的函數可具有不同的功能，多載的好處由此可見。在下一章所提到的建構元（constructor），也可利用這種技術來進行建構元的多載。關於建構元的多載，我們留到下一個章節再做討論。

12.4 公有成員與私有成員

於 12.3 節所介紹的 CWin 類別中，讀者可發現它的三個資料成員，id、width 與 height
可以任意在 CWin 類別外部更改。雖然這對程式設計者來說是非常方便的方式，但是在
某個層面來說，卻是隱藏著潛在的危險，我們舉個簡單的例子來做說明。下面的程式
碼和 prog12_8 幾乎完全相同，除了 28 行的設定，win1 物件的 width 成員被設成−50。

```cpp
01   // prog12_12, 在類別定義的內部呼叫函數
02   #include <iostream>
03   #include <cstdlib>
04   using namespace std;
05   class CWin            // 定義視窗類別 CWin
06   {
07     public:
08       char id;
09       int width;
10       int height;
11
12       int area(void)
13       {
14          return width*height;
15       }
16       void show_area(void)
17       {
18          cout << "Window " << id;
19          cout << ", area=" << area() << endl;
20       }
21   };
22
23   int main(void)
24   {
25     CWin win1;
26
27     win1.id='A';
28     win1.width=-50;    // 刻意將 width 成員設為-50
29     win1.height=40;
30     win1.show_area();  // 顯示面積
31
32     system("pause");
33     return 0;
34   }
```

CWin 類別內部

CWin 類別外部

```
/* prog12_12 OUTPUT---
Window A, area=-2000
--------------------*/
```

於本例中，win1 物件的 width 成員在 CWin 類別的外部被設成-50，因而造成面積為負值。由此可知，從類別外部存取資料成員時，如果沒有一個機制來限定存取的方式，則很可能導致安全上的漏洞，而讓臭蟲進駐程式碼中。 ❖

12.4.1 建立私有成員

如果資料成員沒有一個機制來限定類別中成員的存取，就很可能會造成錯誤的輸入（如前例中，把 width 設為-50）。為了防止這種情況發生，C++提供私有成員（private member）的設定，其設定的方式如下：

```
class 類別名稱
{
   private:
      私有的成員（包含資料與成員函數）⎫ 定義於此部份的成員皆
      ....                            ⎬ 為私有
   public:
      公有的成員（包含資料與成員函數）⎫ 定義於此部份的成員皆
      ....                            ⎬ 為公有
}
```

格式 12.4.1
類別私有與公有成員的定義方式

例如，下面的程式碼設定 id、width 與 height 資料成員為私有，而 area() 函數為公有：

```
class CWin          // 定義視窗類別 CWin
{
   private:
      char id;                    ⎫
      int width;                  ⎬ id、width 與 height 成員皆為私有
      int height;                 ⎭

   public:
      int area(void)              ⎫
      {                           ⎬ 成員函數 area()為公有
         return width*height;     ⎭
      }
};
```

由於 C++成員的預設屬性為私有，因此即使在上面的範例中省略 private 關鍵字，id、width 與 height 成員還是視為私有：

```
class CWin        // 定義視窗類別 CWin
{
    char id;
    int width;          此處省略 private 關鍵字，id、width
    int height;         與 height 成員還是視為私有

  public:
    int area(void)
    {
        return width*height;      成員函數 area()為公有
    }
};
```

如果成員宣告為私有，則無法從類別（CWin）以外的地方存取到類別內部的成員，因此可達到資料保護的目的，我們以 prog12_13 來做說明。

```
01   // prog12_13, 私有成員的使用範例
02   #include <iostream>
03   #include <cstdlib>
04   using namespace std;
05   class CWin                              // 定義視窗類別 CWin
06   {
07     private:
08       char id;
09       int width;
10       int height;
11
12     public:
13       int area(void)                     // 成員函數 area()
14       {
15         return width*height;             在 CWin 類別內部，故可
                                            存取私有成員
16       }
17       void show_area(void)               // 成員函數 show_area()
18       {
19         cout << "Window "<< id <<", area=" << area() << endl;
20       }
21   };                    在 CWin 類別內部，故可存取私有成員
```

```
22
23   int main(void)
24   {
25     CWin win1;
26
27     win1.id='A';
28     win1.width=-5;        錯誤，在 CWin 類別外部，無法
29     win1.height=12;       直接更改私有成員
30
31     win1.show_area();
32     system("pause");
33     return 0;
34   }
```

如果編譯 prog12_13，將會得到一些錯誤訊息，告訴我們 id、width 與 height 成員皆為私有，無法直接從 CWin 類別的外部來存取。

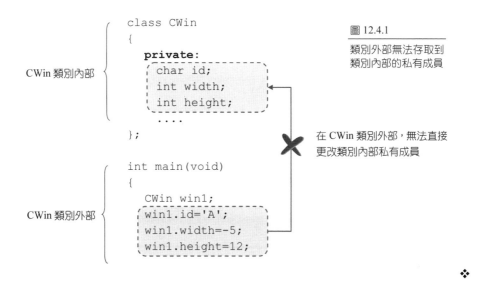

圖 12.4.1
類別外部無法存取到類別內部的私有成員

12.4.2　建立公有成員

既然類別外部無法存取到類別內部的私有成員，那麼 C++就必須提供另外的機制，使得私有成員得以透過這個機制供外界存取。解決此問題的方法是建立公有成員（public member）。也就是說，在類別的外部可對類別內的公有成員做存取的動作，因此我們即可透過公有的成員函數來對私有成員做處理。

下面的範例是在 CWin 類別內加上一個公有成員函數 set_data()，並利用它來設定私有成員 id、width 與 height 的值。

```cpp
01   // prog12_14, 利用公有函數存取私有成員
02   #include <iostream>
03   #include <cstdlib>
04   using namespace std;
05   class CWin                          // 定義視窗類別 CWin
06   {
07     private:
08       char id;                        // 私有資料成員
09       int width;                      // 私有資料成員
10       int height;                     // 私有資料成員
11
12     public:
13       int area(void)                  // 公有成員函數 area()
14       {
15           return width*height;
16       }
17       void show_area(void)            // 公有成員函數 show_area()
18       {
19           cout<<"Window "<< id <<", area=" << area() << endl;
20       }
21       void set_data(char i,int w,int h) // 公有成員函數 set_data()
22       {
23           id=i;
24           if(w>0 && h>0)
25           {
26               width=w;
27               height=h;
28           }
29           else
30               cout << "input error" << endl;
31       }
32   };
```

```
33
34   int main(void)
35   {
36      CWin win1;
37
38      win1.set_data('A',50,40);
39      win1.show_area();                    // 顯示面積
40      system("pause");
41      return 0;
42   }
```

```
/* prog12_14 OUTPUT---

Window A, area=2000
----------------------*/
```

於 prog12_14 中，set_data() 為公有成員函數，它可接收一個 char 與兩個 int 型態的變數，並於 24~30 行判斷所傳入之整數之值是否大於 0。若是，則將私有成員 width 與 height 設值，否則印出 "input error" 的錯誤訊息。

從本例中可看出唯有透過公有成員函數 set_data()，私有成員 id、width 與 height 才得以修改。因此我們可以在公有成員函數內加上判斷的程式碼，以杜絕錯誤值的輸入。

```
CWin 類別內部 {
          class CWin
          {
             private:
                ...
             public:
                ...
                void set_data(char id,int w,int h){
                   ....}
          };

CWin 類別外部 {
          int main(void)
          {
             CWin win1;
             win1.set_data('A',50,40);
             ....
          }
```

圖 12.4.2
透過公有的成員函數可存取到類別內部的私有成員

類別內部的公有成員，可直接由類別外部來存取

於本例第 38 行中，如果刻意把 win1 的 width 設為−50，結果會回應"input error"的訊息，同時，由於傳入第 21 行的 w 值為−50，所以私有成員 width 並沒有被設值，因此 width 的值為殘存於記憶體內的值，故輸出的面積可能並不正確。

12.4.3　私有的成員函數

於 prog12_14 中，我們把資料成員 id、width 與 height 設為私有，而把所有的成員函數設為公有。事實上，只要函數不想被外界所呼叫，它一樣可設為私有。舉例來說，假設我們只想讓 prog12_14 裡的 area() 函數能被同一類別裡的 show_area() 所呼叫，而不想被類別的外部呼叫時，則可以把 area() 函數搬到 private 的區塊內，如此在 main() 主程式內就會呼叫不到 area()，如下面的範例：

```
01   // prog12_15, 私有的成員函數
02   #include <iostream>
03   #include <cstdlib>
04   using namespace std;
05   class CWin                              // 定義視窗類別 CWin
06   {
07     private:
08       char id;                           // 私有資料成員
09       int width;                         // 私有資料成員
10       int height;                        // 私有資料成員
11
12       int area(void)                     // 私有成員函數 area()
13       {
14           return width*height;
15       }
16
17     public:
18       void show_area(void)               // 公有成員函數 show_area()
19       {
20         cout << "Window " << id << ", area=" << area() << endl;
21       }
22       void set_data(char i,int w,int h)  // 公有成員函數 set_data()
```

```
23        {
24           id=i;
25           if(w >0 && h>0)
26           {
27              width=w;
28              height=h;
29           }
30           else
31              cout << "input error" << endl;
32        }
33    };
34
35    int main(void)
36    {
37       CWin win1;
38
39       win1.set_data('A',50,40);
40       win1.show_area();                   // 顯示面積
41       system("pause");
42       return 0;
43    }
```

/* **prog12_15 OUTPUT**---

```
Window A, area=2000
```
---------------------*/

於 prog12_15 中，我們已經把 area() 函數搬到 private 區塊內，因此它只能被同一類別裡的 show_area() 呼叫。如果您在 main() 主程式內利用 win1 物件呼叫 area() 函數，在編譯時將產生錯誤，讀者可自行試試。

12.4.4 資料的封裝

於前幾例中，我們在 set_data() 裡加入檢查的程式碼，用來判定輸入的引數是否為負數。這個貼心的設計使得 CWin 這個類別增加一層安全上的防護，即使別人不小心把 width 或 height 成員設為負值，程式也會自動發出警告訊息，避免發生不可預期的中斷。

因此，程式設計人員若是能事先規劃好類別內部的公有與私有成員，則更能專心在後段的程式設計，而不用顧慮太多的細節。

在 OOP 的術語裡，所謂的「封裝」（encapsulation），就像前幾個範例一樣，把資料成員和成員函數依功能劃分為「私有」與「公有」，並且包裝在一個類別內來保護私有成員，使得它不會直接受到外界的存取。

12.5　友誼函數

於前一節裡我們提及，私有成員只能在類別的內部做存取，類別的外部無法探其究竟。但在某些情況下，我們可能希望一些不屬於某一類別之成員的函數，也能夠存取到該類別內的成員。這類的函數稱為友誼函數（friend function）。友誼函數是以 friend 這個關鍵字來做宣告，它的放置位置可以有下列兩種：

(1) 把友誼函數的原型放在類別的定義內，把定義放在類別外

(2) 把友誼函數直接定義在類別內

此外，若是友誼函數不會太複雜的話，編譯器會自動把它當成 inline 函數來編譯。

下面的程式是使用友誼函數的例子。prog12_16 中定義一個友誼函數 show_member()，它可存取到 CWin 類別物件內私有資料成員的值，並把它顯示出來。

```
01    // prog12_16, 友誼函數的使用
02    #include <iostream>
03    #include <cstdlib>
04    using namespace std;
05    class CWin                                  // 定義視窗類別 CWin
06    {
07      public:
08        void set_data(char i,int w, int h)      // 設定數值的函數
09        {
```

```
10          id=i;
11          width=w;
12          height=h;
13        }
14     private:
15        char id;
16        int width;
17        int height;
18
19     friend void show_member(CWin);        // 友誼函數的原型
20   };
21
22   void show_member(CWin w)                // 定義友誼函數
23   {
24      cout << "Window " << w.id;
25      cout << ": width = " << w.width;
26      cout << ", height = " << w.height << endl;
27   }
28
29   int main(void)
30   {
31      CWin win1,win2;
32
33      win1.set_data('A',50,40);            // 呼叫 set_data()設值
34      win2.set_data('B',80,60);
35      show_member(win1);
36      show_member(win2);
37
38      system("pause");
39      return 0;
40   }
```

```
/* prog12_16 OUTPUT----------------
Window A: width = 50, height = 40
Window B: width = 80, height = 60
-----------------------------------*/
```

本程式在 CWin 類別內宣告友誼函數 show_member() 的原型（第 19 行），而 show_member() 的定義放在類別的外面，即程式碼第 22~27 行的地方。show_member() 函數可接收 CWin 類別的物件，並把該物件的成員印出。

值得注意的是，在 CWin 類別內，所有的資料成員皆為私有，但藉由友誼函數的運作，使得 show_member() 可以存取到類別裡的私有成員，這就是友誼函數的主要功用。下圖顯示友誼函數存取的權限：

```
class CWin
{
    Public:
        ...
    private:
        ...
    friend void show_member(CWin);
};

void show_member(CWin w)        // 友誼函數
{
    cout<< "Window "<< w.id;
    cout<< ": width = "<< w.width;
    cout<< ", height = "<< w.height << endl;
}
```

圖 12.5.1
友誼函數可存取到類別
內部的公有與私有成員

看過友誼函數的用法之後，應該會對它有些基本的認識。這兒有幾點關於友誼函數的注意事項，提出來提醒讀者：

(1) 您可以在類別內定義完整的友誼函數，或只定義它的原型，而將其完整的定義放置在類別外，如 prog12_16 即是。

(2) 雖然友誼函數的原型或定義是放在類別內，但它並不屬於類別的成員，自然也就不具有公有或私有的特性。

12.6 Dev C++裡的類別瀏覽視窗

Dev C++ 5.0 裡有個貼心的設計，即「類別」瀏覽視窗。透過這個視窗，可以清楚的觀看目前所編輯的程式裡定義哪些類別，類別裡有哪些公有與私有成員，以及函數的傳回型態與引數的設定等等。

下圖是以 prog12_16 為例來展示「類別」瀏覽視窗。如果找不到「類別」瀏覽視窗，可從「檢視」功能表中選擇「專案/類別瀏覽視窗」，此時「類別」瀏覽視窗即會出現。

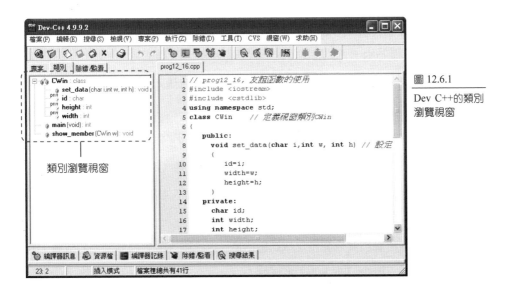

圖 12.6.1

Dev C++的類別瀏覽視窗

讀者可以注意到，於此視窗內標上 pri 上標的，均是屬於私有成員。在此建議讀者把視窗內的每一個成員，仔細與 prog12_16 做比對，並瞭解每一個項目是相對應於程式內的哪一個成員，如此更能有助於 C++語言的學習。

本章摘要

1. 「類別」是把事物的資料與相關的功能封裝在一起，形成的一種特殊結構，用以表達真實世界的一種抽象概念。

2. 類別的成員可分為「資料成員」與「成員函數」兩種。

3. 由類別所建立的物件稱為 instance，譯為「實例」。

4. 要存取到物件裡的某個資料成員時，可透過「物件名稱.資料成員」語法來達成，如果要呼叫封裝在類別裡的函數，則可透過「物件名稱.函數名稱」語法。

5. 如果要刻意強調「物件本身的成員」的話，可以在成員前面加上 this 這個關鍵字，即「this->成員名稱」，此時的 this 即代表取用此一成員的物件。

6. 有些函數不必傳遞任何資料給呼叫端程式，因此沒有傳回值。若函數本身沒有傳回值，則必須在其定義的前面加上關鍵字 void。

7. 私有成員（private member）可限定類別中的成員僅供同一類別內的函數所存取。

8. 類別外部可存取到類別內部的公有成員（public member）。

9. 「封裝」（encapsulation）是把資料成員和成員函數包裝在一個類別內，以限定成員的存取，以達到保護資料的一種技術。

10. 如果希望一些不屬於某一類別之成員的函數，也能夠存取到該類別內的成員。則可利用友誼函數（friend function）來達成。

11. 雖然友誼函數是定義在類別內，但它並不屬於類別的成員，自然也就不具有公有或私有的特性。

自我評量

12.1 認識類別

1. 設類別 Caaa 的定義為：

```
class Caaa
{
  public:
    int a;
    int b;
    int c;
};
```

試在程式碼裡完成下列各敘述：

(a) 試在主函數 main() 裡建立一個 Caaa 類別型態的變數 obj。

(b) 將 obj 資料成員 a 的值設為 1，b 的值設為 3。

(c) 計算 a+b 之後設給成員 c。

(d) 印出 a、b 與 c 的值。

2. 試找出下列程式中的錯誤，並試著訂正之。

```
01   // hw12_2,
02   #include <iostream>
03   #include <cstdlib>
04   using namespace std;
05   class Crectangle
06   {
07      int width;
08      int height;
09   }
10
11   int main(void)
12   {
13       Crectangle rect1;
14       rect1.width=15;
15       rect2.height=10;
16       cout << "面積為 " << rect1.width*rect1.height ;
17
18       system("pause");
19       return 0;
20   }
```

3. 試執行下面的程式，並說明每一行的意義：

```
01   // hw12_3,
02   #include <iostream>
03   #include <cstdlib>
04   using namespace std;
05   class my_data
06   {
07     public:
08     int age;
09     int weight;
10   };
11
12   int main(void)
13   {
14     my_data a;
15     a.age=18;
16     a.weight=57;
17     cout << "age= " << a.age << endl;
18     cout << "weight= " << a.weight << endl;
19     system("pause");
20     return 0;
21   }
```

12.2 撰寫成員函數

4. 參考程式 prog12_5，除了保有原來的成員之外，並加入一個字串型態的資料成員 title，代表視窗的標題，然後定義一 set_title() 函數，用來設定視窗物件的標題，以及 display() 函數，用來顯示視窗物件的標題。

5. 試問在下列哪一個選項可以呼叫 void set(int r)這個函數？

(a) set("hello");

(b) set(50);

(c) set(10,25);

(d) set(3.14);

6. 試撰寫一類別 CTemp，其成員函數 CtoF(double c)可以用來計算攝氏溫度轉成華氏溫度 ($f=c/0.37$)，並計算攝氏 37.2 度時的華氏溫度。

7. 試設計一個 CBox 類別，具有 length、width 與 height 三個整數的資料成員，並完成下列的程式設計：

    (a) 定義 volume() 函數，用來計算 CBox 物件的體積。

    (b) 定義 surfaceArea() 函數，用來計算 CBox 物件的表面積。

12.3 函數引數的傳遞與多載

8. 試設計一個 Calculator 類別，並完成下列各函數的程式設計：

    (a) 定義 add(a,b) 函數，用來計算二數之和。

    (b) 定義 sub(a,b) 函數，用來計算二數之差。

    (c) 定義 mul(a,b) 函數，用來計算二數之乘積。

    (d) 定義 div(a,b) 函數，用來計算 a/b。

9. 試設計一長方形類別 CRect，內含 width、height 與 weight 三個資料成員，並設計 set() 函數的多載，使其具有下面的功能：

    (a) set(double wg)　　　　　　// 可設定長方形的重量

    (b) set(int w,int h)　　　　　// 可設定長方形的寬和高

    (c) set(double wg,int w,int h)　// 可設定長方形的重量、寬和高

    同時也請撰寫 show() 函數，用來顯示資料成員的值，並以實例測試之。

12.4 公有成員與私有成員

10. 如何區分私有成員與公有成員？它們分別用在什麼場合？

11. 請問「封裝」的意思為何？它可為我們帶來哪些好處？

12. 試指出下列程式碼錯誤之處，並設法修改之。

```
01   // hw12_12,
02   #include <iostream>
03   #include <cstdlib>
04   using namespace std;
05   class CWin          // 定義視窗類別 CWin
06   {
07      private:
```

```
08        int width;
09        int height;
10
11     public:
12       void show_area(void)
13       {
14          cout << "Area = " << width*height << endl;
15       }
16   };
17
18   int main(void)
19   {
20      CWin win1;
21      win1.width=5;
22      win1.height=12;
23      win1.show_area();              // 顯示面積
24      system("pause");
25      return 0;
26   }
```

12.5 友誼函數

13. 試將 prog12_10 裡的 area() 函數修改成友誼函數。在本題中，把 area() 函數定義成友誼函數後，和 prog12_10 裡原來的 area() 函數相比，是否有帶來任何的好處？

14. 試修改 prog12_16 裡的 show_member() 友誼函數，使得它是定義在 CWin 類別的內部。

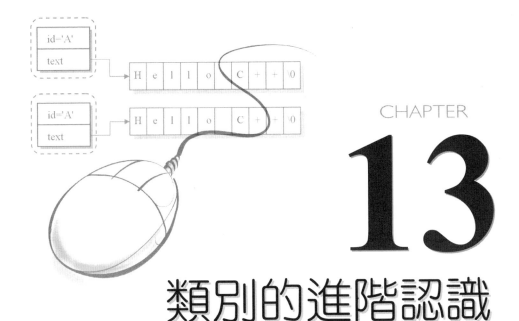

13

類別的進階認識

前一章已初淺的介紹類別的基本概念,以及公有與私有成員的用法,現在撰寫一般簡單的程式應不成問題。本節我們將介紹建構元與靜態成員的概念與用法,建構元是用來設定物件的初值,而靜態成員則可在多個物件中共用。讀完本章之後,讀者將會對類別的使用有更深一層的認識。

本章學習目標

- 認識建構元及其引數的使用
- 傳遞物件到函數與使用物件陣列
- 使用類別裡的靜態成員
- 學習使用指向物件的指標與參照

13.1　建構元

到目前為止，我們所介紹的 CWin 類別之物件，其資料成員均是在物件建立之後，才由成員函數來設定（如前一章所提及的 set_data() 函數）。很特別的是，C++也可以在建立物件的同時，一併設定它的資料成員，其方法是利用本節將介紹的「建構元」（constructor）。

13.1.1　建構元的基本認識

在 C++裡，建構元所扮演的主要角色是幫助新建立的物件設定初值。建構元可視為一種特殊的函數，它的定義方式與一般的函數類似，其語法如下：

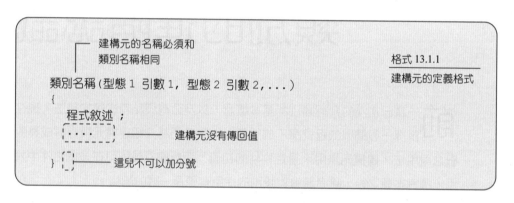

格式 13.1.1
建構元的定義格式

請注意，建構元的名稱必須與其所屬之類別的類別名稱完全相同。例如，若要撰寫一個屬於 CWin 類別的建構元，則建構元的名稱也必須是 CWin。此外，建構元不能有傳回值，這點也與一般的函數不同。

13.1.2　建構元的使用範例

建構元除了沒有傳回值，且名稱必須與類別的名稱相同之外，它的呼叫時機也與一般的函數不同。一般的函數是在需要用到時才呼叫，而建構元則是在建立物件時便會自動呼叫，並執行建構元的內容，因此建構元不需從程式直接呼叫。

因此我們可利用建構元的特性，對物件的資料成員做「初始化」（initialization）的動作。所謂的「初始化」就是設定物件初值的意思。下面的例子說明建構元的使用方式：

```
01   // prog13_1, 建構元的使用
02   #include <iostream>
03   #include <cstdlib>
04   using namespace std;
05   class CWin                        // 定義視窗類別 CWin
06   {
07      private:
08        char id;
09        int width, height;
10
11      public:
12        CWin(char i,int w,int h)      // CWin()建構元,可接收三個引數
13        {
14           id=i;
15           width=w;        } 設定資料成員的初值
16           height=h;
17           cout << "CWin 建構元被呼叫了..." << endl;
18        }
19      void show_member(void)          // 成員函數，用來顯示資料成員的值
20        {
21           cout << "Window " << id << ": ";
22           cout << "width=" << width << ", height=" << height << endl;
23        }
24   };
25
26   int main(void)
27   {
28      CWin win1('A',50,40);            // 宣告 win1 物件,並設定初值
29      CWin win2('B',60,70);            // 宣告 win2 物件,並設定初值
30
31      win1.show_member();
32      win2.show_member();
33
34      system("pause");
35      return 0;
36   }
```

```
/* prog13_1 OUTPUT--------------
CWin 建構元被呼叫了...
CWin 建構元被呼叫了...
Window A: width=50, height=40
Window B: width=60, height=70
------------------------------*/
```

於本例中，程式第 12~18 行定義 CWin 類別的建構元 CWin(char,int,int)，它可接收一個
char 型態的變數 i，以及兩個整數型態的變數 w 與 h，並將物件的資料成員設值。請注
意，建構元的名稱必須與類別名稱相同，都是 CWin。此外，建構元並沒有傳回值，但
即使沒有傳回值，還是不能設定其傳回型態為 void，否則在編譯時將出現錯誤。

程式第 28 行以 CWin 類別建立物件 win1，在建立的同時，12~18 行的建構元會自動被
呼叫，並傳遞引數到建構元內進行資料成員的設定。建構元執行後，win1 的 id 成員被
設為 'A'，width 與 height 成員則分別被設值為 50 與 40。相同的，29 行建立 win2 物件，
並藉由建構元的呼叫來設定資料成員的值。再次提醒您，建構元是在建立物件時便會
自動執行，因此不需從程式呼叫。

```
class CWin
{ ...
    CWin(char i,int w,int h) // CWin()建構元
    {
        id=i;
        width=w;
        height=h;
        cout << "CWin 建構元被呼叫了..." <<endl;
    }
}
int main(void)
{
    CWin win1('A',50,40);
    CWin win2('B',60,70);
    ...
}
```

圖 13.1.1
建構元呼叫的時機

在建立 win1 與 win2 物件時，
CWin()建構元便會自動呼叫，
並傳遞相關的引數

值得注意的是，於程式碼中有兩個物件被建立，因此建構元會被執行兩次，所以 "CWin
建構元被呼叫了..." 字串會顯示在輸出畫面兩次。執行完 28~29 行之後，物件 win1 與
win2 的資料成員均已被設值，因此 31 與 32 行的 show_member() 函數可正確的顯示出
其資料成員的值。　　　　　　　　　　　　　　　　　　　　　　　　　　　　❖

稍早我們曾提及，建構元所扮演的主要角色，是幫助新建立的物件設定初值。由本例
可以看出，在建立物件的同時，便可設定其資料成員的值。因此適當的使用建構元，
可有效的化簡程式碼，並增進執行的效率喔！

13.1.3　建構元的位置

除了依前一節的方式來撰寫建構元之外，還可以把建構元的定義寫在類別外面，而把
建構元的原型（prototype）留在類別裡。這種方式和前一章所介紹成員函數的撰寫方式
是一樣的。下面的範例與 prog13_1 相同，但把建構元的定義移到 CWin 類別的外面：

```
01   // prog13_2, 將建構元的定義移到類別外面
02   #include <iostream>
03   #include <cstdlib>
04   using namespace std;
05   class CWin                         // 定義視窗類別 CWin
06   {
07     private:
08       char id;
09       int width, height;
10
11     public:
12       CWin(char,int,int);            // CWin 建構元的原型
13
14       void show_member(void)         // 成員函數，用來顯示資料成員的值
15       {
16         cout<< "Window " << id << ": ";
17         cout<< "width=" << width << ", height=" << height << endl;
18       }
19   };
20
```

```
21    CWin::CWin(char i,int w,int h)      // CWin 建構元的定義
22    {
23       id=i;
24       width=w;
25       height=h;
26       cout << "CWin 建構元被呼叫了..." <<endl;
27    }
28
29    int main(void)
30    {
31       CWin win1('A',50,40);            // 宣告 win1 物件並設定初值
32       CWin win2('B',60,70);            // 宣告 win2 物件並設定初值
33
34       win1.show_member();
35       win2.show_member();
36
37       system("pause");
38       return 0;
39    }
```

```
/* prog13_2 OUTPUT--------------

CWin 建構元被呼叫了...
CWin 建構元被呼叫了...
Window A: width=50, height=40
Window B: width=60, height=70
------------------------------*/
```

讀者可以注意到，將建構元的定義移到 CWin 類別的外面時，必須利用「範疇解析運算子」（scope resolution operator）「::」來指定 CWin() 建構元是屬於 CWin 類別的成員，如下圖所示：

```
範疇解析運算子，用來表示 CWin()建構元
是屬於 CWin 類別
         │
CWin::CWin(char i,int w,int h)
{
   ...
}
```

圖 13.1.2

範疇解析運算子
用於建構元

13.1.4 建構元的多載

於 C++裡，不僅一般的函數可以多載，建構元也可以多載。在前一章裡已經提過，只要函數與函數之間的引數個數不同，或者是型態不同，便可定義多個名稱相同的函數，這也就是函數的多載。建構元本身也是一種特殊的函數，利用前述的觀念，不難定義出建構元的多載。

再以 CWin 為例，下面的程式修改自 prog13_1，其中我們將建構元 CWin() 多載成兩個版本，第一個版本是可以接收三個引數的建構元，可用來設定所有資料成員的初值，第二個版本只接收兩個整數，用來設定 width 與 height 成員，id 成員直接設定為 'Z'。程式碼的撰寫如下：

```
01   // prog13_3, 建構元的多載
02   #include <iostream>
03   #include <cstdlib>
04   using namespace std;
05   class CWin                        // 定義視窗類別 CWin
06   {
07     private:
08       char id;
09       int width, height;
10
11     public:
12       CWin(char i,int w,int h)       // 有三個引數的建構元
13       {
14          id=i;
15          width=w;
16          height=h;
17          cout << "CWin(char,int,int) 建構元被呼叫了..." << endl;
18       }
19       CWin(int w,int h)              // 只有兩個引數的建構元
20       {
21          id='Z';
22          width=w;
23          height=h;
24          cout << "CWin(int,int) 建構元被呼叫了..." << endl;
25       }
```

```
26      void show_member(void)          // 成員函數，用來顯示資料成員的值
27      {
28         cout<< "Window " << id << ": ";
29         cout<< "width=" << width << ", height=" << height << endl;
30      }
31   };
32
33   int main(void)
34   {
35      CWin win1('A',50,40);           // 建立 win1 物件，並呼叫三個引數的建構元
36      CWin win2(80,120);              // 建立 win2 物件，並呼叫二個引數的建構元
37
38      win1.show_member();
39      win2.show_member();
40
41      system("pause");
42      return 0;
43   }
```

```
/* prog13_3 OUTPUT------------------
CWin(char,int,int) 建構元被呼叫了...
CWin(int,int) 建構元被呼叫了...
Window A: width=50, height=40
Window Z: width=80, height=120
------------------------------------*/
```

prog13_3 定義兩個不同引數數目的建構元 CWin()。第一個建構元 CWin(char,int,int)定義在 12~18 行。第二個建構元 CWin(int,int) 則定義在 19~25 行。於主程式 main() 裡，第 35 行呼叫第一個建構元，因此 id 被設為 'A'，而 width 與 height 分別被設為 50 與 40。36 行呼叫第二個建構元，因而 id 被設為 'Z'，而 width 與 height 則分別為 80 與 120。

於本例中，在建立物件時便能依據引數數目的不同來呼叫正確的建構元，這種特性便是建構元的多載（overloading）。

13.1.5　預設建構元

在 prog13_3 中,利用 35 與 36 行可以順利的建立兩個物件 win1 與 win2,並正確的呼叫相對應的建構元。有趣的是,如果我們把 main() 改寫成如下的程式碼:

```
01   int main(void)
02   {
03     CWin win1('A',50,40);
04     CWin win2(80,120);
05     CWin win3;                 // 只建立物件,但未呼叫特定的建構元
06       ...
07   }
```

以 DevC++為例,在編譯時會產生下列的錯誤訊息:

```
no matching function for call to 'CWin::CWin()'
candidates are: CWin::CWin(const CWin&)
                CWin::CWin(int, int)
                CWin::CWin(char, int, int)
```

這個錯誤訊息告訴我們,編譯器找不到

```
CWin::CWin()
```

這個建構元,但程式裡可供選擇的建構元有下面三個:

```
CWin::CWin(const CWin&)
CWin::CWin(char, int, int)
CWin::CWin(int, int)
```

為什麼會有這個錯誤訊息呢?在前一章裡,我們也都利用上面程式碼中第 5 行的語法來建立物件,但並沒有發生問題,但在這兒為什麼會出錯呢?要知道這個問題之所在,必須先瞭解一下 C++的預設建構元(default constructor)。

在 C++裡,如果程式碼裡沒有提供任何建構元的話,編譯器會自動提供一個預設的建構元,其格式如下:

```
CWin()              // 預設建構元
{

}
```

> 格式 13.1.2
>
> 預設的建構元。如果沒有事先
> 定義好建構元，則 C++ 會使用
> 此一版本的建構元

注意預設的建構元並沒有任何的引數，也不做任何事情。因為它沒有任何引數，所以
也稱之為「沒有引數的建構元」。事實上，也就是因為有預設建構元的這種設計，才
使得之前撰寫的程式得以建立物件，即使於程式碼裡沒有撰寫任何的建構元。所以只
要在程式碼裡有這麼一行敘述：

```
    CWin win3;                          // 呼叫沒有引數的建構元
```

它就會呼叫預設的建構元，也就是沒有引數的建構元。

然而，如果程式碼裡已提供任何一個建構元，則編譯器會假設程式裡已經設計好所有
的建構元，因此就不再提供預設的建構元。我們再來檢視一下稍早所提過的程式碼：

```
01    int main(void)
02    {
03       CWin win1('A',50,40);      // 呼叫 3 個引數的建構元
04       CWin win2(80,120);         // 呼叫 2 個引數的建構元
05       CWin win3;                 // 呼叫預設的建構元
06       ...
07    }
```

其中第 3 行的 win1('A',50,40) 會呼叫 3 個引數的建構元；第 4 行的 win2(80,120) 會呼
叫 2 個引數的建構元；問題出在第 5 行，因為它沒有指定要呼叫哪一個建構元，於是
會呼叫預設的建構元，也就是沒有引數的建構元。由於 prog13_3 已提供二個建構元，
所以不再提供預設的建構元，但第 5 行會呼叫此一沒有引數的預設建構元，所以會有
錯誤訊息產生。

怎樣解決呢？很簡單，只要在 CWin 類別的定義裡加入一個沒有引數的建構元來當成預設的建構元即可。prog13_4 是加入一個預設建構元的完整範例，其程式碼的撰寫如下：

```cpp
01  // prog13_4, 預設的建構元
02  #include <iostream>
03  #include <cstdlib>
04  using namespace std;
05  class CWin                          // 定義視窗類別 CWin
06  {
07    private:
08      char id;
09      int width, height;
10
11    public:
12      CWin(char i,int w,int h)        // CWin 建構元
13      {
14        id=i;
15        width=w;
16        height=h;
17        cout << "CWin(char,int,int) 建構元被呼叫了..." << endl;
18      }
19      CWin(int w,int h)               // CWin 建構元
20      {
21        id='Z';
22        width=w;
23        height=h;
24        cout << "CWin(int,int) 建構元被呼叫了..." << endl;
25      }
26      CWin()                          // 沒有引數的(預設)建構元
27      {
28        id='D';
29        width=100;
30        height=100;
31        cout << "預設建構元被呼叫了..." <<endl;
32      }
33      void show_member(void)          // 成員函數，用來顯示資料成員的值
34      {
35        cout << "Window " << id << ": ";
36        cout << "width=" << width << ", height=" << height << endl;
37      }
```

```
38   };
39
40   int main(void)
41   {
42      CWin win1('A',50,40);
43      CWin win2(80,120);
44      CWin win3;                         // 此行會呼叫預設建構元
45
46      win1.show_member();
47      win2.show_member();
48      win3.show_member();
49
50      system("pause");
51      return 0;
52   }
```

```
/* prog13_4 OUTPUT------------------

CWin(char,int,int) 建構元被呼叫了...
CWin(int,int) 建構元被呼叫了...
預設建構元被呼叫了...
Window A: width=50, height=40
Window Z: width=80, height=120
Window D: width=100, height=100
------------------------------------*/
```

程式第 26~32 行提供一個沒有引數的建構元，它會將 id 設為 'D'，將 width 與 height 均設為 100。有這個建構元之後，程式第 44 行

```
   CWin win3;                         // 呼叫預設的建構元
```

便會呼叫此一沒有引數的建構元來設值。請注意，上面的敘述雖然會呼叫沒有引數的建構元，但千萬不要在 win3 後面加上空的括號，如下面的敘述：

```
   CWin win3();                       // 錯誤，win3 後面不能加上空的括號
```

否則編譯時會有錯誤訊息產生。下圖說明於本例中，建構元呼叫的情形：

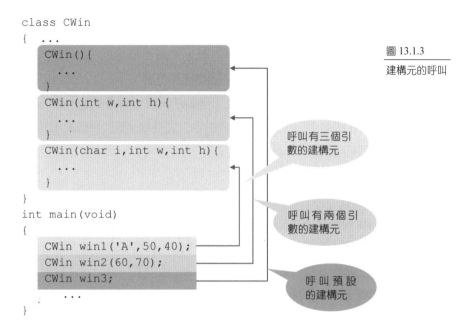

圖 13.1.3

建構元的呼叫

還記得，本節一開始所介紹的錯誤訊息嗎？我們把它列在下面：

```
no matching function for call to 'CWin::CWin()'
candidates are: CWin::CWin(const CWin&)
                CWin::CWin(int, int)
                CWin::CWin(char, int, int)
```

其中編譯器找不到 CWin::CWin() 這個建構元已於 prog13_4 中解決。此外，編譯器顯示它所找到的建構元共有下面這三個：

1. CWin::CWin(const CWin&)
2. CWin::CWin(int, int)
3. CWin::CWin(char, int, int)

第二個與第三個建構元是定義在程式碼裡的建構元，但怎麼會有第一個建構元，即 CWin(const CWin&) 這個建構元？這個建構元我們在程式碼裡並沒有提供呀？事實上，它是由編譯器所提供的「拷貝建構元」（copy constructor），其目的是利用已建立的物件來初始化新建立的物件。關於這個部份，我們留到 14 章再做探討。

13.1.6 建構元的公有與私有

類別裡的成員函數可依實際需要，設為 public 與 private。相同的，建構元也有 public 與 private 之分。到目前為止，我們所使用的建構元均是屬於 public，因此它可以在程式的任何地方被呼叫，所以新建立的物件均可自動呼叫它。有趣的是，如果建構元被設成 private，則無法在該建構元所在類別以外的地方被呼叫。基於這個限制條件底下，在主程式 main() 裡無法使用 private 建構元來建立物件，因為 main() 是在類別定義的外部！

把建構元設為 private 是有其特定的目的，通常是利用其 private 的特性，進而限制某些特定的建構元無法在類別外部呼叫，如此可對建構元的存取設限，使得取用這些建構元的程式設計人員能有更多的保障。這個部分只有在極少數的情況下才會用到，在多數的情況下均把建構元設為 public，以方便建立物件。

13.2 建構元引數的預設值

建構元的引數也可設定預設值。當某個或數個引數出缺時，這些預設值便會用來取代出缺的引數，這便是建構元引數預設值的功用。

13.2.1 預設值的設定

要使用引數的預設值，只要在建構元引數的後面，接上想要設定的預設值即可。舉例來說，若是我們把 CWin() 建構元的定義寫成

```
CWin(char i='D',int w=100,int h=100)
{
    ...
}
```

則變數 i 的預設值為 'D'，w 與 h 的預設值均為 100。因此，在建立物件時，如果省略
引數 h 不填，也就是以下面的敘述來建立物件時，h 的值便會被設為 100：

```
CWin win1('A',20);        // 省略引數 h，因此以其預設值 100 來設定
```

若 w 與 h 均不填，也就是以下面的敘述來建立物件時，w 與 h 的值均會被設為 100：

```
CWin win1('A');           // 省略引數 h 與 w，h 與 w 均以其預設值 100 來設定
```

如果完全不填任何引數，而只以類別建立物件，如下面的敘述，此時 i 會被設為 'D'，
w 與 h 會被設為 100：

```
CWin win1;                // 所有的引數均用預設值
```

有一點要提醒讀者，如果所有的引數都想用預設值，那麼在物件名稱之後，不能加上
空的括號，如下面的敘述：

```
CWin win1();              // 錯誤，不能加上括號
```

否則編譯時將產生錯誤訊息。

此外，若是要省略引數，則省略的次序必須由後往前依序省略，而不能只省略中間或
前面某個引數。例如，如果要省略第二個引數，則第三個引數也必須一起省略。相同
的，若要省略第一個引數，則第二個與第三個引數也要同時省略。下面是建構元引數
預設值的使用範例：

```
01   // prog13_5,建構元引數的預設值
02   #include <iostream>
03   #include <cstdlib>
04   using namespace std;
05   class CWin                      // 定義視窗類別 CWin
06   {
07     private:
08       char id;
09       int width, height;
```

```
10
11    public:
12        CWin(char i='D',int w=100,int h=100)         // 引數的預設值
13        {
14            id=i;
15            width=w;
16            height=h;
17        }
18        void show_member(void)      // 成員函數，用來顯示資料成員的值
19        {
20            cout << "Window " << id << ": ";
21            cout << "width=" << width << ", height=" << height << endl;
22        }
23    };
24
25    int main(void)
26    {
27        CWin win1('A',50,40);          // 自行設定所有的資料成員
28        CWin win2('B',80);             // 只有 height 成員使用預設值
29        CWin win3;                     // 所有的值都使用預設值
30
31        win1.show_member();
32        win2.show_member();
33        win3.show_member();
34
35        system("pause");
36        return 0;
37    }
```

```
/* prog13_5 OUTPUT-----------------

Window A: width=50, height=40
Window B: width=80, height=100
Window D: width=100, height=100
-----------------------------------*/
```

程式第 12 行設定引數 i 的預設值為 'D'，w 與 h 的預設值均為 100，於主程式 main() 中，
27 行建立 win1 物件，且明確的填上所有的引數，於是所有的引數都不使用預設值。第
28 行省略最後一個引數，因此 h 的值會以 100 來設定。第 29 行則是將所有的引數都以
預設值來設定。   ❖

13.2.2　於建構元裡初始化成員的技巧

稍早我們利用建構元來設定初值時，都是利用設定的方式把每一個資料成員設值，如
prog13_5 的 14~16 行。建構元的目的既然是在初始化成員，因此 C++提供一個較簡潔
的方式來進行初始化的動作。以 prog13_5 為例，如在 CWin() 建構元內想要進行成員
的初始化，可用下列的方式來撰寫：

```
CWin(char i='D',int w=100,int h=100):│id(i),width(w),height(h)│
{
    // 撰寫在建構元的程式碼
}
```

這種設定法相當於設定
  id=i;
  width=w;
  height=h;

上面的程式碼中，用虛線框起來的部分稱為「初始化串列」（initialization list），它和
CWin() 建構元的引數必須以冒號隔開來。下面的範例相同於 prog13_5，所不同的是使
用「初始化串列」的技巧來初始化資料成員：

```
01   // prog13_6, 使用初始化串列來設定初值
02   #include <iostream>
03   #include <cstdlib>
04   using namespace std;
05   class CWin                        // 定義視窗類別 CWin
06   {
07     private:
08       char id;
09       int width, height;
10
11     public:
12       CWin(char i='D',int w=100,int h=100):id(i),width(w),height(h)
13       {
14         cout << "成員已被初始化了" << endl;
15       }
16     void show_member(void)          // 成員函數，用來顯示資料成員的值
17     {
18       cout << "Window " << id << ": ";
19       cout << "width=" << width << ", height=" << height << endl;
```

```
20        }
21   };
22
23   int main(void)
24   {
25      CWin win1('A',80);                 // 建立 win1 物件
26      CWin win2;                         // 建立 win2 物件
27
28      win1.show_member();
29      win2.show_member();
30
31      system("pause");
32      return 0;
33   }
```

```
/* prog13_6 OUTPUT------------------

成員已被初始化了
成員已被初始化了
Window A: width=80, height=100
Window D: width=100, height=100
----------------------------------*/
```

prog13_6 採用「初始化串列」的技術來初始化資料成員，其執行結果如預期，成功的設定所有的資料成員。

利用「初始化串列」來設定成員的技巧看似簡單，但它卻是相當的重要，因為在有些情況下，我們非得利用這種方法來設定成員不可，在稍後的章節裡將看到這些範例。

13.2.3 設定引數預設值的注意事項

雖然利用建構元引數預設值的技巧，可方便我們撰寫程式碼，但須注意在建構元的多載時，是否會發生模稜兩可的定義。例如，如果在類別裡定義下面兩個建構元：

```
CWin(char i='D',int w=100,int h=100)    // 三個引數皆設有預設值的建構元
{
    cout << "建構元被呼叫了" << endl;
}

CWin()                                   // 不需引數的建構元
{
    cout << "建構元被呼叫了" << endl;
}
```

若在主程式裡有這麼一行敘述：

```
    CWin win1;
```

則編譯時將發生錯誤，其原因在於第一個建構元有預設值的關係，不須傳入引數即可執行，而第二個也不用傳入引數，於是在這兩個建構元均可被呼叫的情況下，自然就無法通過編譯器這關。因此在設計建構元時，一定要記得避開這種建構元可能同時被呼叫的情況。

13.3　物件的進階處理

在目前為止，我們都僅限物件的簡單處理，並未涉及到在函數裡傳遞物件，或傳回物件以及使用物件陣列等等。本節將就這些主題，做一個初步的介紹。

13.3.1　傳遞物件到函數裡

如果想傳遞類別型態的變數到函數裡，只要在定義函數時，把類別名稱加到引數之前即可。例如，假設我們要撰寫 compare() 函數，用來比較呼叫它的物件 win1 與 compare() 裡的引數 win2 的面積，可用如下的語法來表示：

```
    win1.compare(win2);                     // 比較物件 win1 與 win2 的面積
```

上例中，因為需要傳遞 CWin 類別型態的變數到 compare() 函數裡，所以 compare() 函數的定義必須以如下的語法來撰寫：

```
假設函數沒有傳回值
                                                    格式 13.3.1
void compare( CWin win){                            以類別型態的變數
   ....                                             傳遞引數
   }                    引數型態為 CWin
```

下面的範例說明如何設計 compare() 函數，以類別型態的變數來傳遞引數，並利用它來比較二個物件之面積的大小。為了簡化問題起見，下面的程式碼並不考慮物件面積相等的情況。

```cpp
01   // prog13_7, 傳遞物件到函數裡
02   #include <iostream>
03   #include <cstdlib>
04   using namespace std;
05   class CWin                          // 定義視窗類別 CWin
06   {
07     private:
08       char id;
09       int width, height;
10
11     public:
12       CWin(char i,int w,int h):id(i),width(w),height(h)    // 建構元
13       {}
14
15       void compare(CWin win)
16       {
17         if(this->area() > win.area())
18           cout << "Window " << this->id << " is larger" << endl;
19         else
20           cout << "Window " << win.id << " is larger" << endl;
21       }
22       int area(void)                  // 成員函數，用來顯示資料成員的值
23       {
24         return width*height;
```

```
25        }
26   };
27
28   int main(void)
29   {
30      CWin win1('A',70,80);          // 建立 win1 物件
31      CWin win2('B',60,90);          // 建立 win2 物件
32
33      win1.compare(win2);
34
35      system("pause");
36      return 0;
37   }
```

```
/* prog13_7 OUTPUT---

Window A is larger
--------------------*/
```

程式第 15~21 行定義 compare() 函數，其判斷 2 個物件面積何者較大的敘述在第 17~20
行：

```
17   if(this->area() > win.area())
18      cout << "Window " << this->id << " is larger" << endl;
19   else
20      cout << "Window " << win.id << " is larger" << endl;
```

this 關鍵字代表指向呼叫 compare() 物件的指標。由程式的第 33 行可看出此函數是由
win1 所呼叫，傳入的引數為 win2，因此 17 行的 this 便代表指向 win1 的指標。再次的
提醒您，若是要用指向物件的指標來存取成員時，必須使用->運算子，亦即使用下列
的語法來存取：

　　指向物件的指標->類別裡的成員

由於 win1 的面積大於 win2 的面積，所以判斷成立，於是第 18 行被執行，因此印出
"Window A is larger" 字串。

13.3.2 由函數傳回物件

若是要由函數傳回物件,只要在函數宣告的前面加上欲傳回物件所屬之類別即可,例如,如果想設計 compare() 函數,可傳遞物件到函數內,經比較後傳回面積較大的物件,則函數宣告的語法如下:

```
                   傳回型態為 CWin 類別的變數

    ┌ ─ ─ ─ ┐           ┌ ─ ─ ─ ┐
    │ CWin  │ compare( │ CWin  │ obj)
    └ ─ ─ ─ ┘           └ ─ ─ ─ ┘
    {                       引數型態為 CWin
        . . . .
    }
```

格式 13.3.2
───────────
由函數傳回類別型態的變數

下面的範例是 compare() 函數實際的撰寫,並假設所比較之物件的面積並不相等,用以簡化程式碼:

```
01    // prog13_8, 由函數傳回類別型態的變數
02    #include <iostream>
03    #include <cstdlib>
04    using namespace std;
05    class CWin                              // 定義視窗類別 CWin
06    {
07      private:
08        char id;
09        int width, height;
10
11      public:
12        CWin(char i,int w,int h):id(i),width(w),height(h)    // 建構元
13        {}
14
15        CWin compare(CWin win)
16        {
17          if(this->area() >= win.area())
18            return *this;                   // 傳回呼叫 compare() 的物件
19          else
20            return win;                     // 傳回 compare() 所接收的引數
21        }
22        int area(void)
```

```
23        {
24            return width*height;
25        }
26        char get_id(void)                 // 成員函數，顯示資料成員 id 的值
27        {
28            return id;
29        }
30   };
31
32   int main(void)
33   {
34      CWin win1('A',70,80);            // 建立 win1 物件
35      CWin win2('B',60,90);            // 建立 win2 物件
36
37      cout << "Window " << (win1.compare(win2)).get_id();
38      cout << " is larger" << endl;
39
40      system("pause");
41      return 0;
42   }
```

```
/* prog13_8 OUTPUT---

Window A is larger
-------------------*/
```

prog13_8 與 prog13_7 大同小異，只差在 compare() 函數的傳回值是面積較大的物件。
此外，在 26~29 行加入 get_id() 函數，用來取得物件的 id 成員。

在第 37 行的敘述中，win1.compare(win2) 的傳回值是一個 CWin 型態的物件，也就是
經比較後，面積較大的物件，因此可利用下面的敘述取得面積較大之物件的 id 成員：

```
(win1.compare(win2)).get_id()
```

我們可以將上面的敘述拆解成下圖，您可以更清楚它的語法：

傳回面積較大的物件

(win1.compare(win2)).get_id()

呼叫 get_id()函數，取得面積較大之
物件的 id 成員

圖 13.3.1

經 由 傳 回 的 物 件 呼 叫
get_id() 函數取得 id 成員

值得一提的是 prog13_8 程式碼的第 18 行，此行會傳回「*this」這個物件。this 是指向
呼叫 compare() 函數之物件的指標，因此「*this」當然就是呼叫 compare() 的物件。

❖

13.3.3 建立物件陣列

物件也可以用陣列來存放，其作法相當簡單，把類別當成是型態的一種，再用它來建
立陣列即可。例如，想建立 5 個 CWin 類別的物件陣列，可用下列的語法來表示：

```
CWin win[5];                        // 建立 5 個 CWin 類別的物件陣列
```

下面的程式碼是物件陣列的使用範例，其中建立三個 CWin 類別型態的物件陣列，並以
各別的陣列元素呼叫 show_member() 函數。

```
01   // prog13_9, 建立物件陣列
02   #include <iostream>
03   #include <cstdlib>
04   using namespace std;
05   class CWin                     // 定義視窗類別 CWin
06   {
07     private:
08       char id;
09       int width, height;
10
11     public:
12       CWin(char i='D',int w=100,int h=100):id(i),width(w),height(h)
13       {
14          cout << "建構元被呼叫了..." << endl;
15       }
```

```
16        void show_member(void)    // 成員函數，用來顯示資料成員的值
17        {
18           cout << "Window " << id << ": ";
19           cout<< "width=" << width << ", height=" << height << endl;
20        }
21   };
22
23   int main(void)
24   {
25      CWin win1('A',50,40);
26      CWin my_win[3];              // 建立 3 個 CWin 型態的物件
27
28      win1.show_member();          // 以 win1 物件呼叫 show_member()
29      my_win[2].show_member();     // 以 my_win[2]物件呼叫 show_member()
30
31      system("pause");
32      return 0;
33   }
```

```
/* prog13_9 OUTPUT----------------

建構元被呼叫了...
建構元被呼叫了...
建構元被呼叫了...
建構元被呼叫了...
Window A: width=50, height=40
Window D: width=100, height=100
-------------------------------*/
```

第 26 行宣告 3 個 CWin 類別型態的物件陣列，由於在物件陣列裡無法像 25 行那樣，在宣告時便可設定初值，因此存放在陣列裡的所有物件，均會以第 12 行所給予的預設值來設定成員。

在主程式 main() 裡，第 25 行建立一個物件，第 26 行建立三個物件，因此總共建立四個物件，於是建構元會被呼叫 4 次，所以在輸出中會有 4 個 "建構元被呼叫了..." 的字串。此外，由於陣列內所有的物件均是以預設值來設定成員，所以於第 29 行中，my_win[2].show_member() 所印出的值正是第 12 行設定的預設值。　　　　❖

13.3.4 傳遞物件陣列到函數裡

相同的，我們也可以傳遞物件陣列到函數裡。prog13_10 是將由 CWin 類別所建立的物件陣列傳遞到友誼函數 largest() 內，經搜尋後找出面積最大的物件，然後印出其 id 成員。本例程式的撰寫如下：

```cpp
01   // prog13_10, 傳遞物件陣列到函數裡
02   #include <iostream>
03   #include <cstdlib>
04   using namespace std;
05   class CWin                                    // 定義視窗類別 CWin
06   {
07     private:
08       char id;
09       int width, height;
10
11     public:
12       void set_member(char i,int w,int h)
13       {
14          id=i;
15          width=w;
16          height=h;
17       }
18       int area(void)
19       {
20          return width*height;
21       }
22       friend void largest(CWin [], int);       // 友誼函數的原型
23   };
24
25   void largest(CWin win[], int n)              // 定義友誼函數 largest
26   {
27     int max=0,iw;
28     for(int i=0; i<n; i++)
29        if(win[i].area()>max)                   // 判別面積是否比 max 大
30        {
31           iw=i;
32           max=win[i].area();
33        }
34     cout << "largest window= " << win[iw].id << endl; // 印出 id 成員
```

```
35    }
36
37    int main(void)
38    {
39      CWin win[3];
40
41      win[0].set_member('A',60,70);
42      win[1].set_member('B',40,60);
43      win[2].set_member('C',80,50);
44
45      largest(win,3);                    // 呼叫 largest()函數
46
47      system("pause");
48      return 0;
49    }
```

```
/* prog13_10 OUTPUT---
largest window= A
----------------------*/
```

於 prog13_10 中是以友誼函數 largest() 來接收一個物件陣列，並印出面積最大之物件的 id 成員。如果讀者還不太瞭解友誼函數的用法，不妨翻到前一章複習一下。

請注意，於第 22 行友誼函數 largest() 原型的宣告中，由於引數是 CWin 類別型態的陣列，且沒有傳回值，因此其語法撰寫如下：

　　　　　　　　　　　　　　　　　　┌─ 引數型態為 CWin

　　friend┊void┊largest(┊CWin┊[]┊, int)

　　　　　　└─ 傳回型態為 void　　　　└─ 傳遞一維陣列

在友誼函數裡，28~33 行用來判斷哪一個物件的面積最大。於 for 迴圈內逐一判斷每一個物件的面積是否大於 max 值，如果成立，則取代之，否則跳至下一個物件再進行判斷。判斷結束之後，由 34 行印出執行的結果。第 25 行的引數 n 代表傳入之陣列中，物件的個數。

在 main() 函數裡，45 行呼叫 largest() 函數，並傳遞物件的陣列到函數裡。傳遞陣列時，largest() 函數的括號內所填上的是陣列的名稱，如下圖所示：

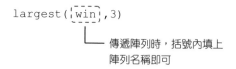

也許您會猜想，是否可以把 largest() 函數定義在類別內，使得它成為 CWin 的成員函數來改寫 prog13_10 呢？事實上如果這麼做的話，則 largest() 必須由 CWin 類別所建立的物件來呼叫，至少我們至今所學過的成員函數都必須由物件來呼叫。

不過把 largest() 函數定義成 CWin 的成員函數並不太合邏輯，因為 largest() 做的事，似乎和某個物件並不太相關，沒有必要由物件來呼叫。您可試試著將 largest() 改寫成 CWin 的成員函數，然後用某個物件去呼叫它，便可瞭解其中的意思。如此做一樣可以執行，只是不太合邏輯。下一節中，我們將介紹靜態成員，屆時諸如此類的問題便會有較佳的解決方案。　　　　　　　　　　　　　　　　　　　　　　　　　　❖

13.4　類別裡的靜態成員

我們已認識類別裡的三種元件，分別為資料成員、成員函數與建構元。本節將為您介紹另外二個類別裡的新成員，「靜態資料成員」（static data member）與「靜態成員函數」（static function member）。它們與類別裡的一般變數和函數意思相近，但功能卻截然不同。在介紹靜態成員之前，我們先來複習一下前幾節的內容。

13.4.1　資料成員與成員函數的複習

prog13_11 是一個很簡單的程式，其中的 CWin 類別的資料成員包含 id、width 與 height，另有建構元 CWin() 與 show_member() 封裝在類別中。

```
01   // prog13_11, 簡單的範例, 實例變數與實例方法
02   #include <iostream>
03   #include <cstdlib>
04   using namespace std;
05   class CWin                        // 定義視窗類別 CWin
06   {
07     private:
08       char id;
09       int width, height;
10
11     public:
12       CWin(char i,int w,int h):id(i),width(w),height(h)
13       {}
14
15       void show_member(void)
16       {
17         cout << "Window " << id << ": ";
18         cout << "width=" << width << ", height=" << height << endl;
19       }
20   };
21
22   int main(void)
23   {
24     CWin win1('A',50,40);
25     CWin win2('B',60,80);
26
27     win1.show_member();
28     win2.show_member();
29
30     system("pause");
31     return 0;
32   }
```

```
/* prog13_11 OUTPUT-----------

Window A: width=50, height=40
Window B: width=60, height=80
---------------------------*/
```

程式第 24~25 行利用 CWin() 建構元分別建立 win1 與 win2 物件,第 27~28 行印出其資料成員的值。第 24 與 25 行分別產生新的物件 win1 與 win2。這些物件保有自己儲存資料成員的地方,而不與其它物件共用,如下圖所示:

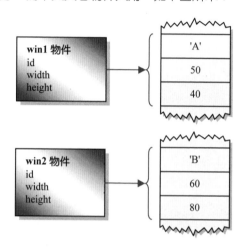

圖 13.4.1

win1 與 win2 保有自己儲存資料成員的地方,而不與其它物件共用

由上述可知,我們所建立的物件 win1 與 win2 均能保有自己的值,而不與其它物件共用。因此,如果改變 win1 某個變數(資料成員)的值,win2 的資料成員並不受影響,因為這些變數各自獨立,且存於不同的記憶體之內。具有此特性的變數,稱之為「實例變數」(instance variable)。

此外,您注意到嗎?於 prog13_11 中,CWin 類別裡的 show_member() 必須透過物件來呼叫,如下面的程式碼:

```
win1.show_member();                  // 透過物件 win1 呼叫 show_member()
win2.show_member();                  // 透過物件 win2 呼叫 show_member()
```

也就是說,您必須先建立物件,再利用物件來呼叫它,而無法直接呼叫 show_member() 卻不透過物件。具有此特性的函數,C++ 稱之為「實例函數」(instance function)。

13.4.2　靜態資料成員

13.4.1 節提及，一般的資料成員是屬於各別物件所有，彼此之間不能共享。除了一般的資料成員之外，C++也提供「靜態資料成員」，但它可由所有的物件來共享，也就是說，每一個物件的「靜態資料成員」均相同，更改某個物件的「靜態資料成員」，其它物件的「靜態資料成員」也將隨之更改。

要把變數宣告為「靜態資料成員」，必須在變數之前加上「static」這個修飾子（modifier）。例如，我們想在 CWin 類別裡加上類別變數 num，使之成為靜態資料成員，可宣告成：

```
static int num;                   // 將 num 宣告為「靜態資料成員」
```

如果想在 CWin 類別的外面存取到靜態資料成員，可用下面的語法來表示：

```
類別名稱 :: 靜態資料成員名稱
        └─ 範疇解析運算子
```

格式 13.4.1
存取靜態資料成員
的格式

例如想印出 num 的值時，可用下面的語法來表示：

```
cout << CWin::num;                // 印出靜態資料成員 num 的值
```

當然，若要在 CWin 類別的外面存取到靜態資料成員 num，則 num 必須宣告為 public 才行。

使用「靜態資料成員」可節省可觀的記憶空間，尤其是大量建立物件的時候。「靜態資料成員」使用的另一個時機是基於程式的需要；例如，若想知道於程式裡一共產生多少個物件，可在類別內加上一個「靜態資料成員」num，每建立一個新的物件時，num 的值便加 1。由於「靜態資料成員」是由每一個物件所共享，因此計數會隨著物件的建立而累加。

將靜態資料成員宣告成 public

首先我們先來探討靜態資料成員宣告成 public 的情況，稍後再來比較一下將它宣告成 private，在使用上會有什麼不同。下面的程式碼是靜態資料成員使用的範例，它可用來追蹤有多少物件被建立：

```cpp
01   // prog13_12, public「靜態資料成員」的使用
02   #include <iostream>
03   #include <cstdlib>
04   using namespace std;
05   class CWin                           // 定義視窗類別CWin
06   {
07     private:
08       char id;
09       int width, height;
10
11     public:
12       static int num;                  // 將靜態資料成員num宣告為public
13       CWin(char i,int w,int h):id(i),width(w),height(h)
14       {
15          num++;                        // 將靜態資料成員的值加1
16       }
17       CWin()
18       {
19          num++;                        // 將靜態資料成員的值加1
20       }
21   };
22
23   int CWin::num=0;                     // 設定靜態資料成員 num 的初值
24
25   int main(void)
26   {
27      CWin win1('A',50,40);
28      CWin win2('B',60,80);
29      cout << "已建立 " << CWin::num << " 個物件了..." << endl;
30
31      CWin my_win[4];
32      cout << "已建立 " << CWin::num << " 個物件了..." << endl;
33
34      system("pause");
35      return 0;
36   }
```

```
/* prog13_12 OUTPUT---
已建立 2 個物件了...
已建立 6 個物件了...
--------------------*/
```

程式第 12 行宣告類別變數 num 為 public，並在第 23 行將它設定初值為 0。也許您會好奇為何在 23 行這位置將 num 設定初值，而不在類別的定義內。事實上，num 不能在類別的定義內設定初值，因為類別的定義只是個樣版，每個物件都會依它來建立。

我們也不能在建構元內設定 num 的初值，因為只要新的物件一建立，num 的值便會被重設為 0；此外，更不能利用成員函數來設定 num 的初值，因為成員函數緊繫於物件，物件還沒建立就無法呼叫成員函數，但我們卻必須在物件還沒建立之前便將 num 設定初值。綜合前面這些問題，解決它們的方法，便是把 num 初值的設定寫在 CWin 類別的外面，且置於 main() 函數的前面，如 23 行所示：

```
23   int CWin::num=0;                    // 設定靜態資料成員 num 的初值
```

請注意，於 23 行中必須利用範疇解析運算子「::」連接 CWin 類別與 num，用以讓編譯器知道 num 是 CWin 類別的成員，若是省略 CWin::，編譯器只會把 num 當成是一個全域變數而已。

此外，讀者可觀察到，CWin 類別裡並加入兩個建構元，一個為有三個引數的建構元，另一個為預設建構元。我們在每一個建構元中，加入下列的敘述：

```
num++;
```

由於物件建立時會呼叫其建構元，於是每建立一個物件，num 的值便會加 1。此外，num 宣告為 static，所以每一個物件的 num 變數均指向記憶體中的同一個位址；也就是說，num 這個變數是由所有的物件所共用。

接下來我們來看看程式執行的流程。當程式到 main() 函數後，27~28 行新建立兩個物件 win1 與 win2，並呼叫有三個引數的建構元。在建構元裡會把 num 加 1，因此 29 行會告訴我們有兩個物件已被建立。

第 31 行再建立 4 個物件的陣列，此時預設建構元會被呼叫 4 次，所以 num 的值會再加 4，因此 32 行的結果顯示 6 個物件已被建立。值得注意的是，由於 num 被宣告為 public，所以 29 與 32 行可用 CWin::num 的語法來存取到它。

下圖是本例中，把 num 宣告成 static 之後，變數與記憶體之間的配置關係。由圖中可見靜態資料成員為所有的物件所共用，非靜態資料成員則各自佔有自己的記憶空間。

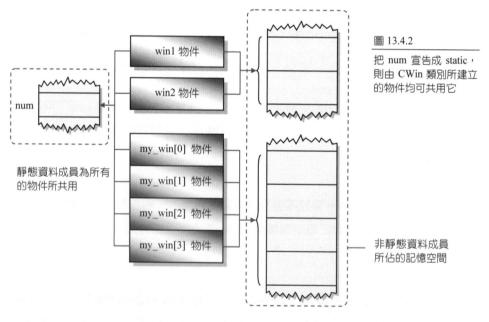

圖 13.4.2
把 num 宣告成 static，
則由 CWin 類別所建立
的物件均可共用它

win1 物件
win2 物件

num

靜態資料成員為所有
的物件所共用

my_win[0] 物件
my_win[1] 物件
my_win[2] 物件
my_win[3] 物件

非靜態資料成員
所佔的記憶空間

將靜態資料成員宣告成 private

如果把靜態資料成員宣告為 private，在類別的外部便無法存取到它，因此必須另外設計一個成員函數，用來存取這個靜態資料成員。下面的範例修改自 prog13_12，其中把靜態資料成員 num 宣告成 private，讀者可以比較一下這兩者的不同。

```cpp
01   // prog13_13, private「靜態資料成員」的使用
02   #include <iostream>
03   #include <cstdlib>
04   using namespace std;
05   class CWin                        // 定義視窗類別 CWin
06   {
07     private:
08       char id;
09       int width, height;
10       static int num;              // 將靜態資料成員宣告為 private
11
12     public:
13       CWin(char i,int w,int h):id(i),width(w),height(h)
14       {
15         num++;                      // 將靜態資料成員的值加 1
16       }
17       CWin()
18       {
19         num++;                      // 將靜態資料成員的值加 1
20       }
21       void count(void)             // 成員函數，可讀取 private 靜態資料成員
22       {
23         cout << "已建立 " << num << " 個物件了..." << endl;
24       }
25   };
26
27   int CWin::num=0;                  // 設定靜態資料成員 num 的初值
28
29   int main(void)
30   {
31     CWin win1('A',50,40);
32     CWin win2('B',60,80);
33     win1.count();                  // 以 win1 物件呼叫 count
34
```

```
35      CWin my_win[4];
36      win2.count();                          // 也可用 win2 物件呼叫 count
37
38      system("pause");
39      return 0;
40   }
```

```
/* prog13_13 OUTPUT---
已建立 2 個物件了...
已建立 6 個物件了...
---------------------*/
```

於本例中，在第 10 行把 num 宣告成 private 的靜態資料成員，21~24 行定義 count() 函數，用來顯示多少個物件被建立。由於 num 被宣告成 private，所以在 main() 函數裡只能藉由 public 成員函數 count() 來接觸到 private 的靜態資料成員。讀者可看到本例的執行結果與前一例相同。

第 27 行看起來像是在類別的外部，為何可以存取到 num 成員呢？如果讀者回想一下稍早所介紹的，把函數的定義拉到類別外面，而把其原型定義在類別內部的作法，您便可以瞭解。因為 num 是靜態資料成員，在 C++ 裡，它必須在類別的內部宣告，而把它的定義（即設定初值）寫在類別的外部。　　　　　　　　　　　　　　　　　　　❖

13.4.3　靜態成員函數

於 prog13_13 中，所有的 count() 函數均是透過物件來呼叫，也就是說，我們必須以下列的程式碼來呼叫這個函數：

```
win1.count();                          // 用 win1 物件呼叫 count() 函數
win2.count();                          // 用 win2 物件呼叫 count() 函數
```

透過物件來呼叫函數，有其不便之處，在某些場合裡看起來也有點不搭。如上例，透過 win1 物件呼叫 count() 函數來顯示物件的個數，雖無不當，卻做了沒有必要做的事，因為 "所建立物件的總數" 畢竟和物件本身沒有太大的關係，反而和類別較有關聯。

於 C++裡怎麼做？很簡單，把 count() 函數宣告成「靜態成員函數」（static member function）即可。其作法是，在函數之前加上 static 修飾子，如下面的敘述：

```
static void count(void)
{
   cout << "已建立了 " << num << " 個物件" << endl;
}
```

在使用時，我們可直接用類別來呼叫它：

```
CWin::count();                    // 直接用 CWin 類別呼叫「靜態成員函數」
```

下面的範例是依據這個觀念，把 prog13_13 的 count() 函數改寫成「靜態成員函數」：

```
01   // prog13_14, 「靜態成員函數」的使用
02   #include <iostream>
03   #include <cstdlib>
04   using namespace std;
05   class CWin                    // 定義視窗類別 CWin
06   {
07     private:
08       char id;
09       int width, height;
10       static int num;           // 靜態資料成員
11
12     public:
13       CWin(char i,int w,int h):id(i),width(w),height(h)
14       {
15          num++;
16       }
17       CWin()
18       {
19          num++;
20       }
21       static void count(void)    // 靜態成員函數
22       {
23          cout << "已建立 " << num << " 個物件了..." << endl;
24       }
25   };
26
```

```
27    int CWin::num=0;                    // 設定靜態資料成員的初值
28
29    int main(void)
30    {
31        CWin::count();                   // 用類別呼叫靜態成員函數
32
33        CWin win1('A',50,40);
34        CWin win2('B',60,80);
35        CWin::count();                   // 用類別呼叫靜態成員函數
36
37        CWin my_win[5];
38        CWin::count();                   // 用類別呼叫靜態成員函數
39
40        system("pause");
41        return 0;
42    }
```

```
/* prog13_14 OUTPUT---

已建立 0 個物件了...
已建立 2 個物件了...
已建立 7 個物件了...
----------------------*/
```

值得注意的是，程式 21~24 行定義 count() 為「靜態成員函數」。讀者可注意到，31、35 與 38 行均是以 CWin 類別直接呼叫 count() 函數，而非透過物件。

事實上，您也可以透過物件來呼叫靜態函數，因此程式的第 35 與 38 行可改寫成：

```
win1.count();                           // 用 win1 物件呼叫 count() 函數
```

如此 C++的編譯程式也可接受。但透過物件來呼叫靜態函數，必須先建立物件，然後才能進行呼叫。

有趣的是，第 33 行蘊藏著一個事實，即「靜態成員函數」可在不產生物件的情況下直接以類別來呼叫，因此讀者可以看到，在 31 行以類別呼叫 conut() 函數之前，尚未建立任何物件。

13.4.4 「靜態成員函數」使用的限制

「靜態成員函數」的特性雖可解決一些問題，但這些特性本身也帶來一些限制。以下我們分兩個部分來討論：

「靜態成員函數」不能取用類別內一般的變數或函數

想想看，在 prog13_14 的 count() 為靜態函數，它與任何特定的物件都沒有特定的關係，也因此在沒有物件產生的情況下，靜態函數依然可以被呼叫。基於這個緣故，靜態函數內部無法對類別內的一般變數與函數進行存取的動作，這是因為它們都緊繫於物件。因此如果把 prog13_14 的 count() 函數修改成如下的程式碼：

```
static void count(void)
{
    cout << "id= " << id << endl;   // 錯誤，無法對非靜態變數做存取
    cout << "已建立 " << num << " 個物件了..." << endl;
}
```

Dev C++在編譯時將產生如下的錯誤：

```
invalid use of member `CWin::id' in static member function
```

這個錯誤訊息指出 id 不是靜態變數（non-static variable），它無法在靜態函數的內部來呼叫。事實上，不只是「非靜態變數」無法在靜態函數的內部來呼叫，「非靜態函數」也不能直接在靜態函數的內部呼叫。

「靜態成員函數」內部不能使用 this 關鍵字

除了在靜態函數內部不能存取「非靜態變數」及呼叫「非靜態函數」之外，在其內部也不能使用 this 關鍵字。因為 this 是代表呼叫該函數的物件，如今靜態函數既已不需物件來呼叫，於是 this 也不應放在靜態函數內部。因此下面的程式碼是錯誤的：

```
static void count(void)
{
    cout << "id= " << this->id << endl;  // 錯誤，不能使用 this 關鍵字
    cout << "已建立 " << num << " 個物件了..." << endl;
}
```

如果編譯上面的程式碼，將會得到下列的錯誤訊息：

```
'this' is unavailable for static member functions
```

讀者可看到，C++的編譯器直接了當的告訴我們，在「靜態成員函數」內部不能使用 this 關鍵字。

13.5 指向物件的指標與參照

指標與參照在 C++中均扮演著相當重要的角色。一個物件可能包含相當多資料，如果是以傳值呼叫的方式來傳遞的話，可能會拖慢程式執行的速度，此外，有些在類別的操作上，非得利用指標或是參照來運作不可。

13.5.1 指標與物件

我們也可以把指標指向由類別所建立的物件，其方式就像把指標指向一般的變數一樣簡單。例如，想把一個指標指向 CWin 物件，可以用下面的方式來宣告：

```
CWin *ptr = NULL;          // 宣告指向 CWin 物件的指標，並使指標指向 NULL
```

此時便可以把 ptr 指向所建立之物件的位址：

```
ptr = &win1 ;              // 將 win1 的位址設給 ptr
```

當然，我們也可以在宣告指標的同時，順便將它指向物件：

```
CWin *ptr = &win1 ;        // 在宣告指標的同時，便將它指向物件 win1
```

由於現在 ptr 已指向 win1 物件的位址，因此可以用下面的語法來取用 win1 物件的成員
函數與資料成員：

```
cout << "area= " << ptr->area() <<endl; // 相當於用 win1 物件呼叫 area()
cout << "id= " << ptr->id << endl;       // 相當於用 win1 物件取用 id 成員
```

瞭解上面的概念之後，我們來舉一實例來做說明。下面的範例修改自 prog13_7，但在
傳遞物件時，改採傳遞指向物件的指標，而非物件的本身。

```
01  // prog13_15, 傳遞物件到函數裡
02  #include <iostream>
03  #include <cstdlib>
04  using namespace std;
05  class CWin                          // 定義視窗類別 CWin
06  {
07    private:
08      char id;
09      int width, height;
10
11    public:
12      CWin(char i,int w,int h):id(i),width(w),height(h)   // 建構元
13      {}
14
15      void compare(CWin *win)            // 以指向物件的指標為引數
16      {
17        if(this->area() > win->area())
18          cout << "Window " << this->id << " is larger" << endl;
19        else
20          cout << "Window " << win->id << " is larger" << endl;
21      }
22      int area(void)                    // 成員函數 area()
23      {
24        return width*height;             // 傳回物件的面積值
25      }
26  };
27
28  int main(void)
29  {
```

```
30      CWin win1('A',70,80);
31      CWin win2('B',60,90);
32      CWin *ptr1=&win1;              // 宣告 ptr1 指標，並將它指向物件 win1
33      CWin *ptr2=&win2;              // 宣告 ptr2 指標，並將它指向物件 win2
34
35      ptr1->compare(ptr2);          // 用 ptr1 呼叫 compare()，並傳遞 ptr2
36
37      system("pause");
38      return 0;
39   }
```

/* prog13_15 OUTPUT---

```
Window A is larger
---------------------*/
```

於本例中，15~21 行宣告 compare() 函數，它可接收指向 CWin 物件的指標，因此在 15 行 compare() 的括號內，必須在引數 win 之前加上「*」號，代表 win 是一個指標。此外，於 17~20 行中，由於 win 與 this 一樣都是指標，因此利用它們來存取成員時，都必須利用「->」運算子來連接成員。

於 main() 函數裡，35 行利用 ptr1 呼叫 compare() 成員函數，並傳遞指標 ptr2。ptr2 由 15 行的指標 win 所接收，而 17~20 行裡的 this 所代表的當然是呼叫 compare() 的指標，也就是 ptr1，因此，在 compare() 函數裡事實上就是 ptr1 與 ptr2 所指向的物件在做比較，也就是 win1 與 win2 物件的比較。　　　　　　　　　　　　　　　　　　　❖

13.5.2 參照與物件

相對於指標而言，參照（reference）顯然較平易近人，也較容易理解。「參照」只是變數的代名，除了一開始的宣告之外，其它的用法其實與一般的變數沒什麼兩樣。

要把一個「參照」指向某個物件，可以用下面的語法來進行：

```
CWin &ref = win1 ;              // 宣告 ref 為參照到 win1 物件的參照變數
```

由於現在參照變數 ref 已是 win1 物件的代名，因此可以用下面的語法來取用 win1 物件
的成員：

```
cout<< "area= " << ref.area() <<endl;  // 相當於用 win1 物件呼叫 area()
cout<< "id= " << ref.id << endl;        // 相當於用 win1 物件取用 id 成員
```

由上式中，您可以注意到「參照」和物件一樣，是利用一個點「.」，而非「->」來存
取物件內的成員，這點與指標有很大的不同。

下面的範例同 prog13_15，只是在傳遞物件時，我們改採傳遞物件的參照，而非指向物
件的指標。

```
01   // prog13_16, 傳遞物件的參照到函數裡
02   #include <iostream>
03   #include <cstdlib>
04   using namespace std;
05   class CWin                        // 定義視窗類別 CWin
06   {
07     private:
08       char id;
09       int width, height;
10
11     public:
12       CWin(char i,int w,int h):id(i),width(w),height(h)   // 建構元
13       {}
14
15       void compare(CWin &win)          // compare()可接收物件的參照
16       {
17         if(this->area() > win.area())
18           cout << "Window " << this->id << " is larger" << endl;
19         else
20           cout << "Window " << win.id << " is larger" << endl;
21       }
22       int area(void)                  // 成員函數 area()
23       {
24          return width*height;          // 傳回物件的面積值
25       }
```

```
26   };
27
28   int main(void)
29   {
30     CWin win1('A',70,80);
31     CWin win2('B',60,90);
32
33     win1.compare(win2);          // 用 win1 呼叫 compare()，並傳遞 win2
34
35     system("pause");
36     return 0;
37   }
```

```
/* prog13_16 OUTPUT---

Window A is larger
--------------------*/
```

第 15~21 行宣告的 compare() 函數，可接收 CWin 物件的參照，因此在 15 行 compare()
的括號內，必須在引數 win 之前加上「&」號，代表 win 是一個參照。此外，於 17~20
行中，由於 win 是一個參照，它與 this 不同，因此利用它們來存取成員時，必須利用
「.」運算子來連接成員。

於 main() 函數裡，33 行利用 win1 物件呼叫 compare() 成員函數，並傳遞 win2 物件的
參照。如我們所預期，本例的執行結果與 prog13_15 相同。

❖

目前為止，或許還看不出指標和參照對 OOP 程式設計而言有什麼重要性，於下一個章
節裡將介紹的解構子與拷貝建構子，它們可是非得利用到指標或參照才能達成的喔！

本章摘要

1. 建構元可視為一種特殊的函數，它的主要角色是幫助建立的物件設定初值。

2. 建構元的名稱必須與其所屬之類別的類別名稱相同，且不能有傳回值。

3. 建構元有 public 與 private 之分。public 可以在程式的任何地方被呼叫，所以新建立的物件均可自動呼叫它。private 則無法在該建構元所在的類別以外的地方被呼叫。

4. 如果建構元省略，C++會自動呼叫預設的建構元（預設的建構元是沒有任何引數的建構元）。

5. 每一個物件的「靜態資料成員」有共同的記憶空間，更改某個物件的「靜態資料成員」，其它物件的「靜態資料成員」也將隨之更改。

6. 要把變數宣告為「靜態資料成員」，必須在變數之前加上「static」這個修飾子。

7. 「靜態成員函數」可由類別來呼叫，或由類別所建立的物件來呼叫。「靜態成員函數」也可在不產生物件的情況下直接以類別來呼叫。

8. 「靜態成員函數」的內部無法對類別內的一般變數與函數進行存取的動作，也不能使用 this 這個關鍵字。

自我評量

13.1 建構元

1.　試將 prog13_3 裡兩個 CWin() 建構元的定義移到 CWin 類別的外面，並測試程式碼的
　　撰寫是否正確。

2.　試找出 hw13_2 裡的錯誤，並試著訂正之。

```
01    // hw13_2,找出本例中的錯誤
02    #include <iostream>
03    #include <cstdlib>
04    using namespace std;
05    class CWin              // 定義視窗類別 CWin
06    {
07      private:
08        char id;
09        int width, height;
10
11      public:
12        CWin(char i,int w,int h)
13        {
14          id=i;
15          width=w;
16          height=h;
17        }
18        CWin()
19        {
20          cout << "CWin()建構元被呼叫了" << endl;
21        }
22        void show_member(void)
23        {
24          cout << "Window " << id << ": ";
25          cout << "width=" << width <<", height=" << height << endl;
26        }
27    };
28
29    int main(void)
30    {
31      CWin win1('A',80,80);
32      CWin win2();
33      win2.show_member();
```

```
34
35    system("pause");
36    return 0;
37  }
```

13.2 建構元引數的預設值

3. 假設我們已有了下面的 CRectangle 類別：

    ```
    class CRectangle
    {
      int width;
      int height;
    }
    ```

    (a) 試為 CRectangle 類別設計一個建構元 CRectangle(w,h)，當此建構元呼叫時，便會
        自動設定 width=w，height=h。

    (b) 請接續(a)的部分，請再設計一個建構元 CRectangle()，使得當此建構元呼叫時，
        便會自動設定 width=10，height=10。

4. 試指出下列程式碼的錯誤之處，並修改程式碼使其可以執行：

    ```
    01  // hw13_4,建構元引數的預設值
    02  #include <iostream>
    03  #include <cstdlib>
    04  using namespace std;
    05  class CWin     // 定義視窗類別 CWin
    06  {
    07    private:
    08      char id;
    09      int width, height;
    10
    11    public:
    12      CWin(char i='D',int w=100,int h=100)
    13      {
    14        cout << "建構元被呼叫了" << endl;
    15      }
    16      CWin()
    17      {
    18        cout << "建構元被呼叫了" << endl;
    19      }
    20  };
    21
    ```

```
22  int main(void)
23  {
24    CWin win1('A',80);
25    CWin win2;
26
27    system("pause");
28    return 0;
29  }
```

13.3 物件的進階處理

5.　試修改 prog13_7，使得 compare() 函數是以友誼函數的方式來撰寫。

6.　試修改 prog13_8，使得 compare()、area() 與 get_id() 均是 CWin 類別的友誼函數。

7.　參考 prog13_10，把 largest() 函數修改成 CWin 類別的成員函數。

13.4 類別裡的靜態成員

8.　試修改 prog13_10，將友誼函數 largest() 改以靜態成員函數來撰寫。

9.　試問於 prog13_10 中，set_member() 函數改寫成靜態函數是否恰當？為什麼？

10.　試修改 prog13_10，加入靜態成員函數 average(CWin w[]) 函數，用來傳回 CWin 物件陣列裡所面積的平均值。

11.　試修改 prog13_14，將 count() 函數的定義移到 CWin 類別之外。

13.5 指向物件的指標與參照

12.　試修改 prog13_15，使得 compare() 的傳回值是指向面積較大物件之指標，並測試此一程式碼。

13.　試修改 prog13_16，使得 compare() 的傳回值是指向面積較大物件之參照，並測試此一程式碼。

14.　試修改 prog12_11 裡的 id、width 與 height 成員的存取屬性為 private，並將 set_data() 函數設定成友誼函數，同時也使它們可以多載。（提示，您可能需要將 CWin 物件以參照的型式傳入 set_data() 函數裡來撰寫本題）

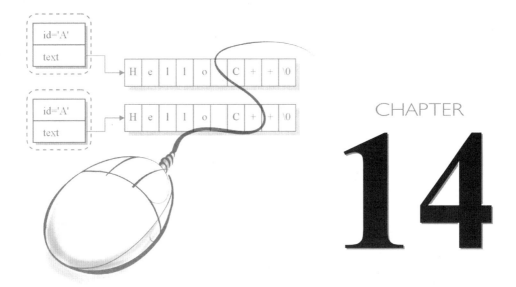

CHAPTER

14

解構元與拷貝建構元

於 本章裡,我們將探討解構元與拷貝建構元。雖然這兩者與建構元一樣,都會提供一個預設的版本,但也會因為一些原因,我們必須去更改這些預設值,使得程式能順利的執行。本節將引導您正確的使用解構元與拷貝建構元,並詳細的探討在程式設計時,可能發生的錯誤。

本章學習目標

- 認識解構元
- 學習動態記憶體配置與解構元的關係
- 使用拷貝建構元

14.1 解構元

解構元（destructor）與建構元一樣，都是 C++裡一種特殊的函數，所不同的是它們的呼叫時機。建構元是在物件初次被建立時呼叫，而解構元恰好相反，它是在物件已經不再需要而被銷毀（destroy）時呼叫。所謂的銷毀，指的是釋放物件原先所佔有的記憶空間。

解構元和建構元一樣，也是類別的成員之一。在 C++裡，解構元的名稱和類別的名稱相同，但之前必須加上一個 ~（tilde）符號。此外，解構元沒有傳回值，也不能傳入任何引數。下面為解構元的定義格式：

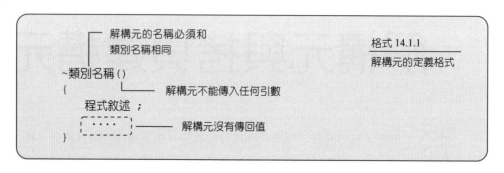

格式 14.1.1
解構元的定義格式

14.1.1 解構元的使用

我們所建立的物件均是由預設的解構元（default constructor）進行銷毀的動作。預設的解構元是由編譯器自動產生，當程式碼裡沒有撰寫任何的解構元時，編譯器便會提供預設的解構元，這也就是到目前為止，前幾章所撰寫的程式還能順利執行的原因。

解構元到底在玩什麼把戲呢？我們舉個實例來做說明。下面的範例裡刻意的加入一個解構元，裡面包含一些程式碼，用來顯示出是哪一個物件的解構元被呼叫。若是程式裡已提供解構元，編譯器便會使用使用者自訂的版本，而不會使用預設的解構元。程式的撰寫如下：

```
01   // prog14_1, 解構元的使用
02   #include <iostream>
03   #include <cstdlib>
04   using namespace std;
05   class CWin                    // 定義視窗類別 CWin
06   {
07     private:
08       char id;
09       int width, height;
10
11     public:
12       CWin(char i,int w,int h):id(i),width(w),height(h)
13       {
14          cout << "建構元被呼叫了..." << endl;
15       }
16       ~CWin()                   // 解構元
17       {
18          cout << "解構元被呼叫了，Win " << this->id << "被銷毀了.." << endl;
19          system("pause");
20       }
21       void show_member(void)
22       {
23          cout << "Window " << id << ": ";
24          cout << "width=" << width << ", height=" << height << endl;
25       }
26   };
27
28   int main(void)
29   {
30     CWin win1('A',50,40);
31     CWin win2('B',40,50);                    建立 4 個 CWin 物件
32     CWin win3('C',60,70);
33     CWin win4('D',90,40);
34
35     win1.show_member();
36     win2.show_member();
37
38     system("pause");
39     return 0;
40   }
```

```
/* prog14_1 OUTPUT-------------

建構元被呼叫了...
建構元被呼叫了...
建構元被呼叫了...
建構元被呼叫了...
Window A: width=50, height=40
Window B: width=40, height=50
```

請按任意鍵繼續 . . .　　　——————— 執行第 38 行的結果
解構元被呼叫了，Win D 被銷毀了.. —— win4 被銷毀，這是執行第 18 行的結果
請按任意鍵繼續 . . .　　　——————— 執行第 19 行的結果
解構元被呼叫了，Win C 被銷毀了.. —— win3 被銷毀，這是執行第 18 行的結果
請按任意鍵繼續 . . .　　　——————— 執行第 19 行的結果
解構元被呼叫了，Win B 被銷毀了.. —— win2 被銷毀，這是執行第 18 行的結果
請按任意鍵繼續 . . .　　　——————— 執行第 19 行的結果
解構元被呼叫了，Win A 被銷毀了.. —— win1 被銷毀，這是執行第 18 行的結果
請按任意鍵繼續 . . .　　　——————— 執行第 19 行的結果

```
------------------------------*/
```

於 prog14_1 中，解構元定義在 16~20 行：

```
16    ~CWin()              // 解構元
17    {
18        cout << "解構元被呼叫了，Win " << this->id << "被銷毀了.." << endl;
19        system("pause");
20    }
```

解構元的開頭必須加上「~」符號，名稱與類別相同，且沒有引數與傳回值。由於程式裡已提供這個解構元，因此編譯器會執行這個版本。當這個解構元被呼叫時，它會顯示出 "解構元被呼叫了" 字串，並且顯示出呼叫它之物件的 id 成員。值得一提的是，程式中刻意在第 19 行加入

```
system("pause");            // 暫停程式的執行
```

這行指令，用來暫停程式的執行。這是因為在 main() 主程式裡所建立的物件，在 main() 函數結束後，物件才會被銷毀，因此解構元是在 main() 結束後才會被呼叫。如果不加上這行，則程式執行完解構元後就自動關閉視窗，會因為速度太快而導致看不到畫面，因此加上這行來捕捉螢幕上的訊息。

來看看程式執行的流程。main() 程式執行後，首先在 30~33 行建立 4 個 CWin 物件，因此在輸出的畫面會有 4 個 "建構元被呼叫了..." 的字串出現。35~36 行印出 win1 與 win2 物件的成員。執行到 38 行時，畫面暫停，當使用者按下任意鍵時，main() 主程式結束。

當 main() 主程式結束時，物件就會被銷毀，於是 16~20 行的解構元會被呼叫。每一個被銷毀的物件均會呼叫解構元，因此解構元一共會被呼叫 4 次。從程式的輸出來看，解構元的呼叫是採「後進先出」的方式來呼叫，也就是後建立的物件會先呼叫解構元來做銷毀的動作。　　　　　　　　　　　　　　　　　　　　　　　　　　　❖

也許您有注意到，在解構元裡，並沒有撰寫任何釋放記憶體的程式碼，這是因為程式裡的所有物件，都是在編譯時便已配置好記憶區塊。關於這類的物件，編譯器在它們不用時會自動釋放它們所佔的記憶空間，因此用不著我們操心。但如果是採動態記憶體方式來配置的話，便得由自己動手去釋放它們。關於這個部分，稍後再做介紹。

14.1.2 解構元的位置

解構元和建構元一樣，也可以把原型宣告在類別的內部，而把解構元的定義放在類別外面。以 prog14_1 為例，在類別內部宣告解構元的原型時，您可以這麼宣告：

```
~CWin();                    // 解構元的原型
```

而在類別外面定義解構元時，別忘記要指明它是屬於 CWin 類別的建構元，如下面的定義方式：

```
CWin::~CWin()
{
   cout << "解構元被呼叫了，Win " << this->id << "被銷毀了.." << endl;
   system("pause");
}
```

在本章的習題中，我們將會要求您把解構元移到類別外面來實際撰寫程式。

14.2　動態記憶體配置與解構元

稍早我們已介紹過動態記憶體配置。動態記憶體配置是在程式執行時才配置記憶體，所以可依程式執行時的實際需要來配置記憶空間，因此可節省記憶體的使用。

我們先來看一個簡單的例子，這個例子無關動態記憶體配置，但稍後將把它改成以動態方式來配置記憶體。

於下面的範例中，仍以 CWin 類別來做介紹，但把類別裡的成員稍做修改，在此範例中保留 id 成員，並加上一個字元陣列 title，可用來儲存視窗的標題。此外，由於 width 與 height 這兩個成員在稍後的範例中並不會用到，暫且將它們移去，以化簡程式碼。

```
01   // prog14_2, 固定空間的記憶體配置
02   #include <iostream>
03   #include <cstdlib>
04   using namespace std;
05   class CWin                    // 定義視窗類別 CWin
06   {
07      private:
08        char id,title[20];
09
10      public:
11        CWin(char i='D', char *text="Default window"):id(i)
12        {
13           strcpy(title,text);        // 將 text 指向的字串拷貝到 title 陣列裡
14        }
15        ~CWin()                   // 解構元
16        {
17           cout << "解構元被呼叫了，Win " << this->id << "被銷毀了.." << endl;
18           system("pause");
19        }
20        void show(void)           // 顯示 id 與 title 成員
21        {
22           cout << "Window " << id << ": " << title << endl;
23        }
24   };
```

```
25
26    int main(void)
27    {
28       CWin win1('A',"Main window");
29       CWin win2('B');
30
31       win1.show();
32       win2.show();
33
34       cout << "sizeof(win1)= " << sizeof(win1) << endl;
35       cout << "sizeof(win2)= " << sizeof(win2) << endl;
36
37       system("pause");
38       return 0;
39    }
```

```
/* prog14_2 OUTPUT-------------

Window A: Main window
Window B: Default window
sizeof(win1)= 21
sizeof(win2)= 21
請按任意鍵繼續 . . .
解構元被呼叫了,Win B 被銷毀了..
請按任意鍵繼續 . . .
解構元被呼叫了,Win A 被銷毀了..
請按任意鍵繼續 . . .
------------------------------*/
```

程式第 8 行加入一個可容納 20 個字元的字元陣列,它可用來儲存一個視窗物件的標題。於 11~14 行的建構元中,title 的預設值為 "Default window",也就是說,如果在呼叫建構元時,沒有在第二個引數設定視窗標題名稱,則會以 "Default window"來取代。此外,請注意建構元裡的第 13 行:

```
13              strcpy(title,text);
```

strcpy() 函數是用來將 text 所指向的字串複製到 title 所指向記憶空間,此處 title 所指向的記憶空間當然就是稍早我們所宣告的那 20 個字元陣列。注意,字串末端的字串結束

字元 '\0' 也會一併被複製。因此，如果 text 所指向的字串有 n 個字元，則 title 字元陣列最少必須宣告 n+1 個元素才行，否則在程式執行時，可能會有意外的情況發生。

程式執行時，第 28 與 29 行建立兩個物件，31~32 行印出這兩個物件的內容。有趣的是第 34 與 35 行的輸出，在 CWin 物件中，id 佔有 1 個位元組，titlle 佔有 20 個位元組，因此共佔有 21 個位元組。

當 main() 結束時，解構元會被呼叫，因此 win2 物件會先被銷毀，再銷毀 win1 物件。事實上於本例中，即使不撰寫任何的解構元，程式執行也不會有問題，因為所有的資料成員都沒有用到動態記憶體配置，所以記憶體的回收都是由編譯器自動執行。

使用動態記憶體配置

上面的範例中，title 字元陣列的長度是固定的，因此可能會造成空間的浪費。下面的範例中，我們將字串 title 改以動態的方式來配置記憶體，以達到節省空間的目的，但是採用這種方式配置記憶體的話，就必須自己負責記憶體回收的工作。程式的撰寫如下：

```
01   // prog14_3, 使用動態記憶體配置
02   #include <iostream>
03   #include <cstdlib>
04   using namespace std;
05   class CWin                           // 定義視窗類別 CWin
06   {
07     private:
08       char id, *title;                 // 宣告 title 為指向字元陣列的指標
09
10     public:
11       CWin(char i='D', char *text="Default window"):id(i)
12       {
13         title=new char[strlen(text)+1];          // 配置記憶體空間
14         strcpy(title,text);
15       }
```

```
16        ~CWin()                          // 解構元的原型
17        {
18            cout << "解構元被呼叫了，Win " << this->id << "被銷毀了.." << endl;
19            delete [] title;              // 釋放 title 所指向的記憶體空間
20            system("pause");
21        }
22        void show(void)
23        {
24            cout << "Window " << id << ": " << title << endl;
25        }
26   };
27
28   int main(void)
29   {
30      CWin win1('A',"Main window");
31      CWin win2('B');
32
33      win1.show();
34      win2.show();
35      cout << "sizeof(win1)= " << sizeof(win1) << endl;
36      cout << "sizeof(win2)= " << sizeof(win2) << endl;
37
38      system("pause");
39      return 0;
40   }
```

```
/* prog14_3 OUTPUT-------------

Window A: Main window
Window B: Default window
sizeof(win1)= 8
sizeof(win2)= 8
請按任意鍵繼續 . . .
解構元被呼叫了，Win B 被銷毀了..
請按任意鍵繼續 . . .
解構元被呼叫了，Win A 被銷毀了..
請按任意鍵繼續 . . .
----------------------------*/
```

prog14_3 是 prog14_2 的改版，其中除了改寫建構元與解構元之外，其餘的程式碼均完全相同。在 11~15 行建構元的定義中，其中 13 行是用來配置記憶體空間，並將記憶空間的位址設給 title 指標變數：

```
13      title=new char[strlen(text)+1];        // 配置記憶體空間
```

13 行中的 strlen() 函數是用來計算字串的長度，但其長度不包括字串末端的字串結束字元 '\0'，因此必須以 strlen() 函數所計算出來的長度再加上 1，並依此大小用 new 運算子來配置記憶空間。new 會傳回記憶空間的位址，接著再把它設給 title 變數，並藉由 14 行將 text 字串拷貝至新建立的記憶空間，其過程如下圖所示：

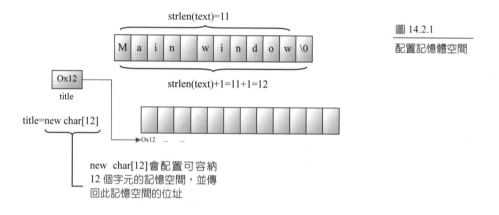

圖 14.2.1
配置記憶體空間

另外，由於我們是採動態記憶體配置的方式來配置記憶空間，所以必須負責處理記憶體回收的工作。回收記憶體最佳的時機是在物件不再使用時，因此把回收記憶體的程式碼寫在解構元裡是最自然不過的事。於是在解構元裡可以看到這麼一行敘述：

```
19          delete [] title;                // 釋放 title 所指向的記憶體空間
```

於這一行中，使用 delete 運算子來釋放記憶體。由於 title 指向一個字元陣列，所以必須在 title 之前加上一個方括號，用以表示 delete 所釋放的空間是一個陣列。

本例的執行步驟與 prog14_2 均相同，差別只在於本例是利用動態記憶體來配置而已。
也許讀者已觀察到，本例的 35 與 36 行的執行結果與 prog14_2 不同。於本例中，win1
與 win2 物件佔有 8 個位元組，而前一例卻佔有 21 個位元組，為什麼會有這差別呢？

這是因為在本例中，id 佔有 1 個位元組，而*title 佔有 4 個位元組，但在 C++裡，物件
所佔有的記憶空間是以所有成員中，是以 4 個位元組的倍數來配置記憶空間。由於 id
佔有 1 個位元組，而*title 佔有 4 個位元組，所以會以 4 個位元組之倍數來調配佔用的
記憶體，因此共需配置 8 個位元組的記憶空間。然而在 prog14_2 中，只有 char 型態的
資料成員，因而會配置 21 個位元組的空間。

使用動態記憶體配置來建立物件

於前一例中，我們只有把類別裡的 title 成員用動態記憶體來配置，而類別所建立的物
件 win1 與 win2 還是以用一般的方式來配置記憶體。如果我們把 win1 或 win2 物件改
以動態記憶體來配置，則解構元是否還會被正常的呼叫呢？

下面的範例修改自 prog14_3，由於 CWin 類別的定義完全相同，故把它略去以節省篇
幅。讀者在執行時，記得要補上略去的部分。

```
01    // prog14_4, 使用動態記憶體配置, 錯誤的示範
02    #include <iostream>
03    #include <cstdlib>
04    using namespace std;
05
06    // 將 prog14_3 CWin 類別的定義放在這裡
07
08    int main(void)
09    {
10       CWin win1('A',"Main window");
11       CWin *ptr;                       // 宣告 ptr 為指向 CWin 物件的指標
12       ptr=new CWin('B');               // 建立新的物件，並讓 ptr 指向它
```

```
13
14      win1.show();                        // 以 win1 物件呼叫 show() 函數
15      ptr->show();                        // 以 ptr 指標呼叫 show() 函數
16
17      system("pause");
18      return 0;
19   }
```

```
/* prog14_4 OUTPUT-----------
Window A: Main window
Window B: Defaule window
請按任意鍵繼續 . . .
解構元被呼叫了，Win A 被銷毀了..
請按任意鍵繼續 . . .
----------------------------*/
```

於 prog14_4 中，物件 win1 是用一般的方式來建立，另外在 11~12 行建立一個指向 CWin 物件的指標*ptr，並將它指向第 12 行用 new 所建立的物件。請注意，這個物件是用 new 運算子建立，因此它是以動態記憶體配置的方式來建立。

讀者可以看到於本例中實際上建立兩個物件，但由輸出中只有一個解構元被呼叫，這是因為 win1 物件是用一般的方式來建立，因此編譯器會在 main() 結束時自動呼叫解構元，而由 ptr 所指向的物件是由動態的方式來建立，編譯器不會自動銷毀它，於是解構元就不會被呼叫。

要更正這錯誤，只要把 ptr 所指向的物件用 delete 運算子銷毀即可。下面的範例是更正過後的程式碼：

```
01   // prog14_5, 使用動態記憶體配置
02   #include <iostream>
03   #include <cstdlib>
04   using namespace std;
05
06   // 將 prog14_3 CWin 類別的定義放在這裡
07
```

```
08    int main(void)
09    {
10        CWin win1('A',"Main window");
11        CWin *ptr;
12        ptr=new CWin('B');
13
14        win1.show();
15        ptr->show();
16
17        system("pause");
18
19        delete ptr;                        // 釋放 ptr 所指向物件之記憶體
20
21        return 0;
22    }
```

```
/* prog14_5 OUTPUT-----------

Window A: Main window
Window B: Defaule window
請按任意鍵繼續 . . .
解構元被呼叫了,Win B 被銷毀了..
請按任意鍵繼續 . . .
解構元被呼叫了,Win A 被銷毀了..
請按任意鍵繼續 . . .
---------------------------*/
```

prog14_5 與 prog14_4 完全相同,只差在 prog14_5 於 19 行中增加一行敘述:

```
19        delete ptr;                        // 釋放 ptr 所指向物件之記憶體
```

當我們用 delete 釋放 ptr 所指向物件之記憶體時,ptr 所指向的物件會被銷毀,於是解構元便會被呼叫,因此從輸出中,可以觀察到兩個物件都已被銷毀。

14.3　拷貝建構元

建構元的目的是用來設定物件的初值，既然如此，我們是否可以用一個已存在的物件，當成初值來建立新的物件呢？在 C++ 裡是可以這麼做的，但其中會衍生一些問題，這些問題將在本節中逐一討論。

14.3.1　預設的拷貝建構元

以 CWin 類別為例，假設程式中以三個引數的建構元建立 win1 物件：

```
CWin win1('A',50,40);          // 建立 win1 物件
```

現在 win1 物件已經存在。若是想用物件 win1 當成初值來建立一個 win2 物件，很直覺的，會以下列的語法來建立 win2 物件：

```
CWin win2(win1);               // 以 win1 物件的內容為初值來建立 win2 物件
```

上面的語法看起來，像是要自己定義另一個可接收 CWin 物件的建構元，然後將物件內的每一個元素做拷貝的動作。但事實上，編譯器會自動準備好這樣子的一個建構元。由於這個特殊的建構元基本上是用來做物件裡，元素之間的拷貝動作，同時它是編譯器所預設，因此我們稱之為「預設的拷貝建構元」（default copy constructor）。

現在我們就來實際撰寫一程式，來看看這個預設的拷貝建構元能夠發揮到什麼樣的程度。下面的範例說明如何在程式中呼叫預設的拷貝建構元：

```
01   // prog14_6, 預設的拷貝建構元
02   #include <iostream>
03   #include <cstdlib>
04   using namespace std;
05   class CWin                              // 定義視窗類別 CWin
06   {
07     private:
08       char id;
09       int width, height;
```

```
10
11    public:
12      CWin(char i,int w,int h):id(i),width(w),height(h)
13      {
14         cout << "建構元被呼叫了..." <<endl;
15      }
16      void show_member(void)
17      {
18         cout << "Window " << id << ": ";
19         cout << "width=" << width << ", height=" << height << endl;
20      }
21    };
22
23    int main(void)
24    {
25       CWin win1('A',50,40);              // 建立 win1 物件
26       CWin win2(win1);                   // 呼叫預設的拷貝建構元
27
28       win1.show_member();
29       win2.show_member();
30
31       system("pause");
32       return 0;
33    }
```

```
/* prog14_6 OUTPUT-----------
建構元被呼叫了...
Window A: width=50, height=40
Window A: width=50, height=40
----------------------------*/
```

程式第 25 行建立 win1 物件，26 行利用 win1 物件為初值，建立 win2 物件並呼叫預設的拷貝建構元。從輸出中可以發現 win2 物件的成員均被拷貝成和 win1 物件完全相同的值。從這個結果可以得知

(1) 編譯器幫我們提供拷貝建構元。

(2) 拷貝建構元可用來拷貝一個已存在物件之成員給新建立的物件。

事實上，您也可以把 26 行呼叫預設拷貝建構元的敘述改寫成：

```
CWin win2=win1;              // 以 win1 物件的內容為初值來建立 win2 物件
```

如此可以得到相同的結果。上面的敘述與 26 行敘述的功用完全相同，只是寫法不同。

於本例裡建立兩個 CWin 物件，但輸出卻只有一個 "建構元被呼叫了…" 字串，這是理所當然，因為 CWin(char,int,int) 只被呼叫一次（win1 物件呼叫的），而 win2 物件呼叫的是預設拷貝建構元。那麼要如何才能顯示出 "拷貝建構元被呼叫了…" 呢？答案當然是撰寫自己的拷貝建構元。　　　　　　　　　　　　　　　　　　　❖

14.3.2　撰寫自己的拷貝建構元

還記得在前一章裡的一個錯誤範例中，編譯器找不到 CWin() 建構元，卻找到 CWin(const CWin &) 這個建構元的錯誤訊息嗎？事實上，CWin(const CWin &) 建構元就是編譯器所提供之「預設拷貝建構元」的原型（prototype）。

「拷貝建構元」和建構元、解構元的性質很類似，如果程式裡已提供「拷貝建構元」，則編譯器就不再提供預設的拷貝建構元。要自行提供拷貝建構元，必須以下面的語法來定義：

```
            ┌─ 拷貝建構元的名稱必須
            │   和類別名稱相同                    格式 14.3.1
   類別名稱(const 類別名稱 & )                    拷貝建構元的定義
   {                    └─ 引數必須是物件的「參照」    格式
       程式敘述；
       ┌ ‥‥ ┐ ─── 拷貝建構元沒有傳回值
       └ ‥‥ ┘
   }
```

值得一提的是，拷貝建構元的引數必須是指向物件的「參照」，且要加上 const 這個關鍵字，代表所傳入的物件不能被修改。下面的程式碼是加入拷貝建構元的範例：

```
01    // prog14_7, 撰寫自己的拷貝建構元
02    #include <iostream>
03    #include <cstdlib>
04    using namespace std;
05    class CWin                           // 定義視窗類別 CWin
06    {
07      private:
08        char id;
09        int width, height;
10
11      public:
12        CWin(char i,int w,int h):id(i),width(w),height(h)
13        {
14            cout << "建構元被呼叫了..." << endl;
15        }
16        CWin(const CWin &win)            // 定義拷貝建構元
17        {
18            cout << "拷貝建構元被呼叫了..." << endl;
19            id=win.id;
20            width=win.width;            ⎫
21            height=win.height;          ⎬  拷貝資料成員
22        }                               ⎭
23        void show_member(void)
24        {
25            cout << "Window " << id << ": ";
26            cout << "width=" << width << ", height=" << height << endl;
27        }
28    };
29
30    int main(void)
31    {
32      CWin win1('A',50,40);
33      CWin win2(win1);                   // 呼叫拷貝建構元
34
35      win1.show_member();
36      win2.show_member();
37
38      system("pause");
39      return 0;
40    }
```

```
/* prog14_7 OUTPUT-----------
建構元被呼叫了...
拷貝建構元被呼叫了...
Window A: width=50, height=40
Window A: width=50, height=40
----------------------------*/
```

第 16~22 行定義拷貝建構元。因為程式中已撰寫拷貝建構元，編譯器便不再提供預設的拷貝建構元，所以資料拷貝的動作必須自己動手來寫，我們把它撰寫在 19~21 行。注意在拷貝建構元裡，變數 win 是一個「參照」，必須用「.」來存取資料成員。

本例的執行結果如預期般，第 33 行會呼叫定義的拷貝建構元，因此 "拷貝建構元被呼叫了..." 字串會顯示出來，且 win2 的成員也都被初始化的和 win1 一模一樣。　　❖

14.3.3 拷貝建構元與動態記憶體配置

到目前為止，拷貝建構元似乎沒出什麼差錯，但是當資料成員裡有指標，或者是有使用到動態記憶體配置時，就會發生問題。下面的範例修改自 prog14_3，其中加入拷貝建構元，用來進行初始化物件時資料成員的拷貝動作：

```cpp
01   // prog14_8, 錯誤示範, 未撰寫拷貝建構元而使用預設的版本
02   #include <iostream >
03   #include <cstdlib>
04   using namespace std;
05   class CWin                                   // 定義視窗類別 CWin
06   {
07     private:
08       char id, *title;
09
10     public:
11       CWin(char i='D', char *text="Default window"):id(i)
12       {
13         cout << "建構元被呼叫了..." << endl;
14         title=new char[strlen(text)+1];        // 配置記憶空間
15         strcpy(title,text);
16       }
```

```
17      CWin(const CWin &win)
18      {
19          cout<< "拷貝建構元被呼叫了..." <<endl;
20          id=win.id;
21          title=win.title;        拷貝資料成員
22      }
23      ~CWin()                          // 解構元的原型
24      {
25          delete [] title;
26      }
27      void show(void)
28      {
29          cout << "Window " << id << ": " << title << endl;
30      }
31   };
32
33   int main(void)
34   {
35      CWin *ptr1=new CWin('A',"Main window");
36      CWin *ptr2=new CWin(*ptr1);   // 以 ptr1 所指向的物件為初值建立新物件
37
38      ptr1->show();
39      ptr2->show();
40
41      delete ptr1;                 // 釋放 ptr1 所指向的記憶空間
42      cout << "將 ptr1 所指向的物件刪除後..." << endl;
43      ptr2->show();
44
45      delete ptr2;                 // 釋放 ptr2 所指向的記憶空間
46      system("pause");
47      return 0;
48   }
```

```
/* prog14_8 OUTPUT-----------

建構元被呼叫了...
拷貝建構元被呼叫了...
Window A: Main window
Window A: Main window
將 ptr1 所指向的物件刪除後...
Window A:
----------------------------*/
```

於本例中，拷貝建構元定義在 17~22 行，其中 20 與 21 行是用來做資料成員直接的拷貝動作。在 main() 主程式中，35 行利用 new 運算子以動態記憶體配置方式建立一個 CWin 物件，並以指標 ptr1 指向它。36 行傳入 ptr1 所指向的物件來呼叫拷貝建構元，並以 ptr2 指向這個新建的物件。38 與 39 行呼叫 show() 函數，印出物件的內容。到目前為止，並沒有太大的問題，程式的輸出也都如我們所預料。

接下來，程式 41 行釋放 ptr1 所指向的物件所佔的記憶空間，43 行以 ptr2 呼叫 show() 函數，其結果卻出乎意料之外，show() 只印出 id 成員，而 title 所指向的字串不見了！顯然，在 41 行釋放記憶空間時發生問題。其原因在於，如圖 14.3.1 所示，在拷貝建構元裡，第 21 行的設定讓兩個物件的 title 成員均指向同一個字串，於是，41 行釋放 ptr1 所指向的物件所佔的記憶空間，也就相當於釋放 ptr1 所指向的物件所佔的記憶空間，所以 43 行印不出 title 成員所指向的字串，就是這個原因。

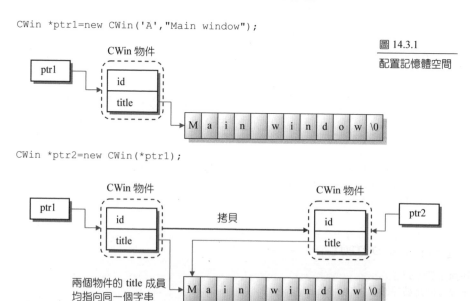

怎麼修改呢？只要在 CWin 類別裡，加入一個拷貝建構元，並以動態方式配置記憶體給 title 所指向的字串，即可解決預設拷貝建構元所發生的錯誤。修正後的程式如下：

```cpp
01  // prog14_9, 自行撰寫拷貝建構元
02  #include <iostream>
03  #include <cstdlib>
04  using namespace std;
05  class CWin                                          // 定義視窗類別 CWin
06  {
07    private:
08      char id, *title;
09
10    public:
11      CWin(char i='D', char *text="Default window"):id(i)
12      {
13         cout << "建構元被呼叫了..." << endl;
14         title=new char[strlen(text)+1];              // 配置記憶空間
15         strcpy(title,text);
16      }
17      CWin(const CWin &win)
18      {
19         cout << "拷貝建構元被呼叫了..." << endl;
20         id=win.id;
21         title=new char[strlen(win.title)+1];         // 配置記憶空間
22         strcpy(title,win.title);
23      }
24      ~CWin()                                          // 解構元的原型
25      {
26         delete [] title;
27      }
28      void show(void)
29      {
30         cout << "Window " << id << ": " << title << endl;
31      }
32  };
33
34  int main(void)
35  {
36     CWin *ptr1=new CWin('A',"Main window");
37     CWin *ptr2=new CWin(*ptr1);
38
39     ptr1->show();
40     ptr2->show();
41
42     delete ptr1;
43     cout << "將ptr1 所指向的物件刪除後..." << endl;
```

```
44      ptr2->show();
45
46      delete ptr2;
47      system("pause");
48      return 0;
49  }
```

```
/* prog14_9 OUTPUT---------
建構元被呼叫了...
拷貝建構元被呼叫了...
Window A: Main window
Window A: Main window
將 ptr1 所指向的物件刪除後...
Window A: Main window
-------------------------*/
```

第 17~23 行定義拷貝建構元，21 行以動態方式配置記憶體給 title 所指向的字串，於是
拷貝建構元不再只是拷貝指標，而會把 title 所指向的字串重新拷貝過，如圖 14.3.2。因
此從本例的輸出中，可發現前一例的錯誤已經訂正，也就是釋放 ptr1 所指向物件所佔
之記憶體時，ptr2 所指向的物件依然存在，並不會被刪除。

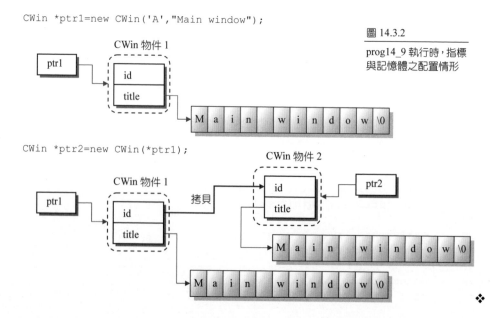

圖 14.3.2

prog14_9 執行時，指標
與記憶體之配置情形

14.3.4 不使用拷貝建構元的另一個常犯錯誤

別以為只要不使用一個已存在的物件來初始化另一個新建的物件，就可以避開撰寫拷貝建構元的麻煩，事實上，只要有使用到動態記憶體配置，就要提供拷貝建構元。於下面的範例中，表面上並沒有呼叫拷貝建構元，但卻惹來麻煩，我們來看看這個範例：

```cpp
01  // prog14_10, 錯誤示範，未撰寫拷貝建構元的錯誤
02  #include <iostream>
03  #include <cstdlib>
04  using namespace std;
05  class CWin                               // 定義視窗類別 CWin
06  {
07    private:
08      char id, *title;
09
10    public:
11      CWin(char i='D', char *text="Defaule window"):id(i)
12      {
13        cout << "建構元被呼叫了..." << endl;
14        title=new char[strlen(text)+1];      // 配置記憶空間
15        strcpy(title,text);
16      }
17      ~CWin()                                // 解構元的原型
18      {
19        delete [] title;
20      }
21      void show()
22      {
23        cout << "Window " << id << ": " << title << endl;
24      }
25  };
26
27  void display(CWin win)              // 用來呼叫 CWin 類別裡的 show() 函數
28  {
29    win.show();
30  }
31
32  int main(void)
33  {
```

```
34    CWin *ptr1=new CWin('A',"Main window");
35
36    display(*ptr1);
37    display(*ptr1);
38
39    delete ptr1;
40
41    system("pause");
42    return 0;
43  }
```

```
/* prog14_10 OUTPUT---
建構元被呼叫了...
Window A: Main window
Window A:
---------------------*/
```

於本例中，我們並沒有用一個已存在的物件來初始化另一個新建的物件，因此可避開新建物件時呼叫拷貝建構元。問題是，為什麼我們第一次呼叫 display() 函數時，還可以正確的顯示出物件的內容，而第二次呼叫時，title 所指向的字串又不見了呢？

其原因出在，display() 函數所傳遞的是 CWin 物件！在 36 行執行時，所傳遞的是*ptr1，也就是傳遞 ptr1 所指向的物件，由於傳遞的是一個物件，因此編譯器會把這個物件複製一份，就在此時會呼叫預設的拷貝建構元。拷貝完後，再把複製的這一份傳送給 display() 函數，由 27 行的 win 變數所接收，如下圖所示：

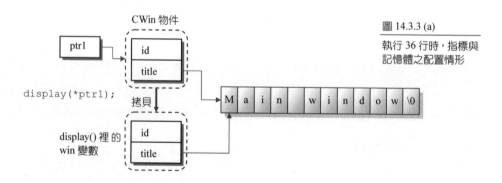

CWin 物件

ptr1

id
title

display(*ptr1);

拷貝

display() 裡的
win 變數

id
title

M a i n   w i n d o w \0

圖 14.3.3 (a)

執行 36 行時，指標與記憶體之配置情形此時 win 變數和指標 ptr1 所指向的 title 成員，是同一個記憶體空間。因為 win 是屬於區域變數，於是當 36 行的 display() 函數執行完後，win 變數會自動被銷毀，因此它所佔有的記憶空間也會被釋放，連帶的將 ptr1 所指向的 title 成員內容也被清除，如下圖：

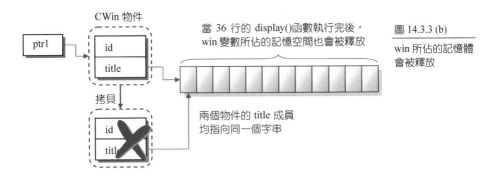

當第 36 行執行完後，原先的 "Main window" 字串已被銷毀，於是 37 行的 display() 函數只印出 id 成員，而 title 所指向的字串則印不出來。   ❖

也許讀者可以猜想的到，既然呼叫預設的拷貝建構元會出錯，那麼自己撰寫拷貝建構元即可更正這個錯誤！下面的程式碼是修正過後的版本：

```
01   // prog14_11，加入拷貝建構元來修正錯誤
02   #include <iostream>
03   #include <cstdlib>
04   using namespace std;
05   class CWin                                    // 定義視窗類別 CWin
06   {
07     private:
08       char id, *title;
09
10     public:
11       CWin(char i='D', char *text="Defaule window"):id(i)
12       {
13         cout << "建構元被呼叫了..." << endl;
14         title=new char[strlen(text)+1];        // 配置記憶空間
15         strcpy(title,text);
16       }
17       CWin(const CWin &win)
```

```
18        {
19            cout << "拷貝建構元被呼叫了..." << endl;
20            id=win.id;
21            title=new char[strlen(win.title)+1];        // 配置記憶空間
22            strcpy(title,win.title);
23        }
24        ~CWin()                                          // 解構元的原型
25        {
26            delete [] title;
27        }
28        void show()
29        {
30            cout << "Window " << id << ": " << title << endl;
31        }
32    };
33
34    void display(CWin win)
35    {
36       win.show();
37    }
38
39    int main(void)
40    {
41       CWin *ptr1=new CWin('A',"Main window");
42
43       display(*ptr1);
44       display(*ptr1);
45
46       delete ptr1;
47
48       system("pause");
49       return 0;
50    }
```

```
/* prog14_11 OUTPUT----------

建構元被呼叫了...
拷貝建構元被呼叫了...
Window A: Main window
拷貝建構元被呼叫了...
Window A: Main window
---------------------------*/
```

本例中在 17~23 行加入拷貝建構元，它與 prog14_9 的拷貝建構元完全相同。因此，當 43 行呼叫 display() 函數時，編譯器會把*ptr 所指向的物件拷貝一份，此時會呼叫 17~23 行的拷貝建構元。因為在拷貝建構元裡已配置記憶體給 title 所指向的字串，所以即使拷貝的這一份被刪除，ptr 所指向的物件一樣存在，於是 44 行便可正確的執行。

本章摘要

1. 解構元的呼叫時機是在物件已經不再需要而被銷毀（destory）時，例如，當 main() 函數執行完畢時。所謂的「銷毀」，指的是釋放物件原先所佔有的記憶空間。

2. 當程式碼裡沒有撰寫任何的解構元時，編譯器便會提供預設的解構元。

3. 若採動態記憶體配置的方式來配置記憶空間時，必須負責處理記憶體回收的工作。

4. 回收記憶體最佳的時機是在物件不再使用時，因此我們把回收記憶體的程式碼寫在解構元裡是最自然不過的事。

5. 用一個已存在的物件當成初值來建立新的物件時，則拷貝建構元會被呼叫。

6. 拷貝建構元和建構元、解構元的性質很類似，如果程式裡已提供拷貝建構元，則編譯器就不再提供預設的拷貝建構元。

7. 只要在類別裡的資料成員有使用到動態記憶體配置或指標，就必須提供拷貝建構元，否則容易造成執行時的錯誤。

自我評量

14.1 解構元

1. 試說明解構元呼叫的時機，以及其定義的格式。

2. 試將 prog14_1 的解構元改寫在 CWin 類別外面。

3. 於下面的程式碼中，試撰寫建構元與解構元，使得當 obj 物件建立時，建構元會印出 "constructor called" 字串，而當解構元被呼叫時，則印出"destructor called"字串：

```
01    //hw14_3, 建構元與解構元的練習
02    #include <iostream>
03    #include <cstdlib>
04    using namespace std;
05    class Caaa
06    {
07       public:
08          Caaa();
09          ~Caaa();
10    };
11
12    // 試在此處撰寫建構元與解構元的程式碼
13
14    int main(void)
15    {
16       Caaa obj;    // 建立 obj 物件
17
18       system("pause");
19       return 0;
20    }
```

4. 於習題 3 中，Caaa 類別並沒有任何的資料成員，那麼物件 obj 會佔幾個位元組？試於 main() 裡以 sizeof() 指令測試之。

14.2 動態記憶體配置與解構元

5. 於 prog14_2 中，試以 CWin() 建構元將 title 成員設為超過 20 個字元的字串，並觀察程式執行的結果。您會得到什麼樣的錯誤？試討論之。

6. 試修改習題 3 的程式碼，使得物件 obj 是以動態的方式來配置記憶體給它。

7. 試修改 prog14_3，將建構元與解構元定義在類別 CWin 之外。

14.3 拷貝建構元

8. 請先閱讀下面的程式碼，然後回答接續的問題：

```
01   // hw14_8,拷貝建構元的練習
02   #include <iostream>
03   #include <cstdlib>
04   using namespace std;
05   class Caaa
06   {
07     private:
08        int m,n;
09     public:
10        Caaa(int m1, int n1): m(m1),n(n1){}
11        void show() {cout << "m=" << m << ", n=" << n << endl;}
12   };
13
14   int main(void)
15   {
16     Caaa obj1(10,20);
17     Caaa obj2=obj1;
18
19     obj1.show();
20     obj2.show();
21
22     system("pause");
23     return 0;
24   }
```

(a) 試指出程式的哪一行會呼叫到預設的拷貝建構元？

(b) 這個預設的拷貝建構元是否能正確的執行資料成員拷貝的動作？為什麼？

(c) 試改寫預設的拷貝建構元，使得當拷貝建構元被呼叫時，能印出 "拷貝建構元被呼叫了" 字串，且能正確的執行資料成員拷貝的動作。

9. 試說明拷貝建構元呼叫的時機。

10. 試撰寫一類別 Caaa，內含兩個 private 的資料成員，一個為整數型態的 total，另一個為指向整數型態的指標 ptr，並實作下列各題：

(a) 試設計 Caaa 建構元，它可接收一整數 num，並可將 total 的值設為 num。此外在建構元內以動態記憶體配置的方式，建立 total 個整數型態的陣列，並將指標 ptr 指向這個整數陣列，同時可在呼叫此一建構元時，便將整數陣列裡的每一個元素設值。

(b) 接續(a)，試撰寫 show() 函數成員，用來印出 Caaa 物件裡，ptr 所指向之陣列裡每一個元素的值。

(c) 接續(b)，試撰寫 Caaa 的拷貝建構元，並測試您的程式碼。

(d) 接續(c)，試撰寫 Caaa 的解構元，並測試您的程式碼。

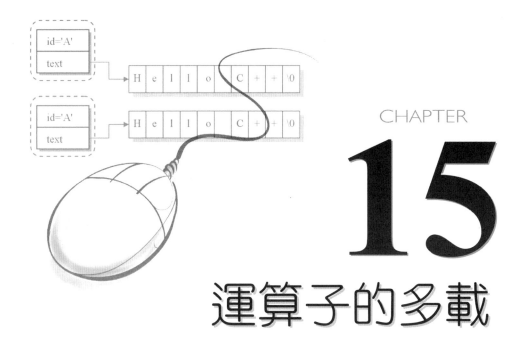

15

運算子的多載

在一般的印象中,加號「+」是用來做數字的相加。想想看,如果可以另外定義加號的運算,用來做字串的連接,例如 "Tom" + "cat" = "Tomcat",那麼使用起來是不是相當的方便呢?像這種加號可以用在數字的加法,也可以用在字串的連接,我們稱之為運算子的多載,因為它是相同的運算子,卻可以做不同的事。運算子的多載和函數的多載,是否很類似呢?

本章學習目標

- ↓ 認識運算子的多載
- ↓ 學習「+」的多載
- ↓ 熟悉「=」的多載

15.1 認識運算子的多載

在 C++ 裡，我們可以重新定義一些標準的運算子，如「+」、「-」、「=」、「>」和「<」等，使得它們不但可以保有原來的功能，還可以用來做一些特定的運算。例如，我們所熟悉的「>」運算子，它可用來做 "大於" 的判別運算。例如於下面的敘述中，

```
5 > 7;                              // 判別整數 5 是否大於 7
```

會回應 false，而

```
12 > 6;                             // 判別整數 12 是否大於 6
```

則回應 true。在 C++ 裡，我們也可把「>」運算子多載，使得它可以用來做某些特定的運算，例如，用來比較兩個 CWin 物件面積的大小。舉例來說，如果定義了 win1 與 win2 物件，把「>」運算子多載（即在原有功能之外，定義新的運算方式，使其有額外的功能）之後，便可用來下面的語法來判定 win1 與 win2 物件面積的大小：

```
win1 > win2;                        // 判別 win1 與 win2 物件面積的大小
```

像這種「>」運算子經重新定義後，可用來判別數字的大小，也可用來判別物件面積大小的做法，即稱為「>」運算子的多載（overloading）。

運算子的多載並不會創造出新的運算子，而只是在運算子原有的功能上再附加另外的功能，因此原有的功能並不會被取代；此外，有些運算子是不能多載的，如下面的幾個運算子：

::	範疇解析運算子（scope resolution operator）
?:	條件運算子（conditional operator）
.	「.」成員存取運算子（direct member selection operator）
sizeof	運算子（sizeof operator）

15.1.1 運算子多載的範例—「>」運算子的多載

如果想多載一個運算子，就必須為這個運算子定義一個多載函數。例如，如果想讓運算子「>」多載，使得它可用來判定 CWin 類別所產生的物件 win1 與 win2 面積的大小，則可以在 CWin 類別裡定義如下的函數：

```
01   int operator>(CWin &win)          // 定義運算子「>」的多載
02   {
03      return( this->area() > win.area());
04   }
```

其中 operator 是 C++裡的關鍵字，後面加上「>」符號，代表函數定義運算子「>」的多載。operator 和「>」之間可以有空格，或者是沒有空格。您可以把「operator>」想像成是一個成員函數的名稱，且此函數可以接收 CWin 物件的參照。既然它是成員函數，因此它是由物件來呼叫。所以若是在 main() 裡有這麼一行敘述：

```
win1.operator>(win2);                  // 呼叫 operator>()函數
```

由於「operator>」成員函數是由 win1 物件所呼叫，因此第 3 行裡的 this 即是指向 win1 物件的指標，而變數 win 當然就是 win2 物件的參照。上面的敘述看起來似乎不太像是運算子「>」的多載，事實上，只要在程式中定義 operator>() 函數，就可以把上面的敘述改寫成

```
win1 > win2;                           // 此敘述會呼叫 operator>()函數
```

如此便可看出運算子「>」的多載。下圖說明在 operator>() 函數裡，引數傳遞的情形。由圖中可以很清楚的看到，在 win1 > win2 的語法裡，win1 事實上就是呼叫 operator>() 的物件，而 win2 即為傳入 operator>() 函數的物件。

```
int main(void)
{  ...
   if( win1 > win2 )
   {
      ...
   }
   ...
}
              class
              {  ...
                 int operator>(CWin &win)
                 {
                    return( this -> area() > win.area());
                 }
              }
```

this 是指向 win1
物件的指標

win2 是以參照的型式
傳入 operator>()函數

圖 15.1.1

在 operator>()函數裡，
引數傳遞的情形

下面是將運算子「>」多載的範例。於此範例中定義的 operator>() 函數，可用來判定
CWin 物件面積的大小。程式的撰寫如下：

```
01   // prog15_1, 運算子「>」多載的範例
02   #include <iostream>
03   #include <cstdlib>
04   using namespace std;
05   class CWin                                    // 定義視窗類別 CWin
06   {
07      private:
08        char id;
09        int width, height;
10
11      public:
12        CWin(char i,int w,int h):id(i),width(w),height(h)  // 建構元
13        {}
14
15        int operator>(CWin &win)                 // 定義運算子「>」的多載
16        {
17           return(this->area() > win.area());
18        }
19        int area(void)
20        {
21           return width*height;
```

```
22        }
23   };
24
25   int main(void)
26   {
27      CWin win1('A',70,80);
28      CWin win2('B',60,90);
29
30      if(win1>win2)                    // 判別 win1 與 win2 物件面積的大小
31         cout << "win1 is larger than win2" << endl;
32      else
33         cout << "win2 is larger than win1" << endl;
34
35      system("pause");
36      return 0;
37   }
```

```
/* prog15_1 OUTPUT--------

win1 is larger than win2
------------------------*/
```

程式第 15~18 行定義 operator>() 函數，它可接收 CWin 物件的參照，並傳回比較之後的結果。第 30 行則是利用 operator>() 函數來判別 win1 與 win2 物件之面積的大小，並印出判斷的結果。

也許您會問及，第 15 行中，為什麼要設定傳入 operator>() 的引數是 CWin 物件的參照，而不是 CWin 物件本身？讀者可以回想一下前一章的內容裡，在使用動態記憶體配置時，直接傳入 CWin 物件，而不撰寫拷貝建構元的錯誤。雖然於本例中，如果將第 15 行改寫成

```
    int operator>(CWin win)              // 直接傳入 CWin 物件到函數裡
```

如此程式依然可以正確的執行，但如果在 CWin 類別裡有使用動態記憶體配置時，則可能會發生錯誤，因此最佳的解決方法便是傳入物件的參照，以避免傳入物件時，因拷貝物件而產生錯誤。

值的一提的是，第 30 行的判斷敘述也可以把它寫成

```
if(win1.operator>(win2))              // 呼叫 operator>()函數
```

上面的敘述與 30 行的敘述是完全相同的，讀者可自行試試。　　　　　　　　　❖

15.1.2　再把 operator>()函數多載

現在我們已學會如何多載一個運算子。但於 prog15_1 中定義的 operator>() 函數，其功能並不完整，例如，它還不能比較 CWin 物件的面積與一個常數的大小，也就是說，在 prog15_1 裡，我們不能在 main() 裡撰寫下面兩種敘述：

(1)　win1 > 7000;　　// 在 prog15_1 裡，不能比較物件的面積與常數的大小

(2)　7000 > win1;　　// 同上，但此例中，常數是置於「>」符號的前面

要使得第一種敘述可以執行，解決的方式是，再定義一個 operator() 函數，用來接收整數常數的參照，如下面的敘述：

```
                               接收整數常數的參照
                                    │
int operator>( const int &var )
{
    return(this->area() > var);
}
```

要使得第二種敘述可以執行，解決方法稍麻煩些。由於第二種敘述是整數常數在「>」符號的左邊，所以不能用 this 指標來指向它，因為 this 指標是伴隨呼叫成員函數的物件而來，但我們不能以整數常數來呼叫成員函數。基於這些限制，無法把第二種敘述以成員函數來完成。

要解決這個問題，只要把 operator>() 函數定義成一般的函數，而不是將 operator>() 函數定義在類別裡的成員函數。因為「>」符號的左右兩邊各有一個運算元，所以我們必須把 operator>() 函數設計成兩個引數，其中第一個引數是用來接收「>」符號左邊的整數常數，而第二個引數則是用來接收「>」符號右邊的 CWin 物件。operator>() 函數引數接收的情形如下圖所示：

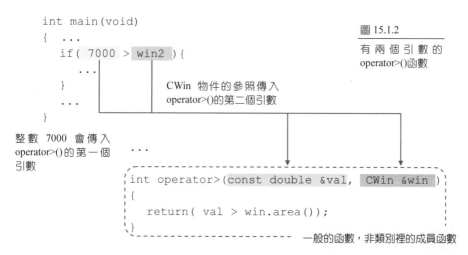

圖 15.1.2
有兩個引數的
operator>()函數

prog15_2 是使用 operator>() 函數的完整範例，現在它已經可以處理「>」運算子左邊或右邊是常數的情形。從這個例子中，讀者可以看到 operator>() 函數多載的一面。

```
01    // prog15_2, 運算子多載的範例(二)
02    #include <iostream>
03    #include <cstdlib>
04    using namespace std;
05    class CWin                        // 定義視窗類別 CWin
06    {
07      private:
08        char id;
09        int width, height;
10
11      public:
12        CWin(char i,int w,int h):id(i),width(w),height(h)  // 建構元
13        {}
```

```
14        int operator>(CWin &win)
15        {
16            return(this->area() > win.area());
17        }
18        int operator>(const int &var)
19        {
20            return(this->area() > var);
21        }
22     int area(void)
23     {
24         return width*height;
25     }
26  };
27
28  int operator>(const int &var, CWin &win)
29  {
30      return( var > win.area());
31  }
32
33  int main(void)
34  {
35     CWin win1('A',70,80);
36     CWin win2('B',60,70);
37
38     if(win1>win2)                        // 呼叫第一個 operator>()函數
39        cout << "win1 is larger than win2" << endl;
40     else
41        cout << "win1 is smaller than win2" << endl;
42
43     if(win1>7000)                        // 呼叫第二個 operator>()函數
44        cout << "win1 is larger than 7000" << endl;
45     else
46        cout << "win1 is smaller than 7000" << endl;
47
48     if(4500>win2)                        // 呼叫第三個 operator>()函數
49        cout << "win2 is smaller than 4500" << endl;
50     else
51        cout << "win2 is larger than 4500" << endl;
52
53     system("pause");
54     return 0;
55  }
```

第一個 operator>()函數

第二個 operator>()函數

第三個 operator>()函數，注意這個函數定義在 CWin 類別之外，因此它是一般的函數

```
/* prog15_2 OUTPUT-----------
win1 is larger than win2
win1 is smaller than 7000
win2 is smaller than 4500
----------------------------*/
```

於本例中，18~21 行定義一個可接收常數的成員函數 operator>()，而 28~31 行則在 CWin 類別外面，另外定義可接收兩個引數的 operator>() 函數。第 28~31 行所定義的 operator>() 是一般的函數，因而不能用物件來呼叫。例如，在此可以分別把 38 和 43 行改寫成

```
    if(win1.operator>(win2))              // 判別 win1 的面積是否大於 win2
```

和

```
    if(win1.operator>(7000))              // 判別 win1 的面積是否大於 7000
```

請注意這兩行均是由 win1 物件來呼叫 operator>() 函數。但是第 48 行是呼叫第三個 operator>() 函數，由於它是一般函數，所以不能由物件來呼叫，但我們可以用呼叫一般函數的方式來呼叫：

```
    if(operator>(4500,win2))              // 判別 4500 是否大於 win2 的面積
```

此外，您也可以把第三個 operator>() 函數改寫成 CWin 類別的友誼函數。但是第三個 operator>() 函數不需用到類別裡的私有成員，因此以友誼函數來寫它並沒有太大的好處，還是建議讀者試試看，順便對友誼函數做一個複習。

15.2 加號「+」的多載

繼前一節所介紹的「>」運算子多載之後,本節再來看一個「+」運算子多載的例子。假設兩個 CWin 物件相加的運算,是取其 width 與 height 成員較大者當成是相加後的成員,如下圖所示:

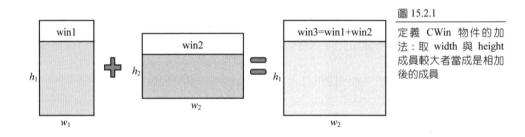

圖 15.2.1
定義 CWin 物件的加法:取 width 與 height 成員較大者當成是相加後的成員

於上圖中,我們把 win1 和 win2 物件相加,因為 win1 的 height 成員比 win2 的 height 成員大,而 win2 的 width 成員比 win1 的 width 成員大,因此相加後的結果,即會取出 win2 的 width 與 win1 的 height,當成是 win3 的 width 與 height 成員。

有趣的是,加法運算子將兩個 CWin 物件相加之後,它會傳回一個新的 CWin 物件。也就是說,我們必須在「+」運算子多載的定義裡傳回一個相加後的 CWin 物件。下面的程式是「+」運算子多載的實例:

```
01   // prog15_3,「+」運算子多載的範例
02   #include <iostream>
03   #include <cstdlib>
04   using namespace std;
05   class CWin                        // 定義視窗類別 CWin
06   {
07     private:
08       char id;
09       int width, height;
10
11     public:
12       CWin(char i='D',int w=10,int h=10):id(i),width(w),height(h)
```

```
13       {}
14
15       CWin operator+(CWin &win)        // 定義「+」運算子的多載
16       {
17          int w,h;
18          w = this->width > win.width ? this->width : win.width;
19          h = this->height > win.height ? this->height : win.height;
20          return CWin('D',w,h);        // 呼叫建構元建立並傳回新的物件
21       }
22       void show_member(void)
23       {
24          cout << "Window " << id << ": ";
25          cout << "width=" << width << ", height=" << height << endl;
26       }
27    };
28
29    int main(void)
30    {
31       CWin win1('A',70,80);
32       CWin win2('B',60,90);
33       CWin win3;
34
35       win3=win1+win2;                  // 物件的加法運算
36       win3.show_member();
37
38       system("pause");
39       return 0;
40    }
```

```
/* prog15_3 OUTPUT-------------
Window D: width=70, height=90
-----------------------------*/
```

於本例中，15~21 行定義「+」運算子的多載，其中 18 與 19 行是利用條件運算子?:找
出「+」左右兩邊的物件中，width 與 height 較大的成員。找出來後，分別把它設給變
數 w 與 h，再將它們傳入 CWin() 建構元中來建立一個新的物件，最後再把這個物件傳
回。

在 main() 主程式中，31~33 行定義 3 個 CWin 類別的物件，35 行利用 15~21 行所定義的「+」運算子將 win1 與 win2 物件相加，並設給 win3。從 36 行的輸出中，我們可看到 win3 的 width 成員為 70，height 成員為 90，正是原先所期望的結果。　　　　❖

15.3　設定運算子「=」的多載

於 prog15_3 的第 35 行，使用到一個設定運算子「=」，如下面的程式片段：

```
35      win3=win1+win2;              // 使用設定運算子「=」將一物件設定給另一物件
36      win3.show_member();
```

由於設定運算子「=」的運算優先次序小於加號運算子「+」，因此 35 行可改寫成

```
win3=(win1+win2);
```

因為 win1+win2 的結果是一個 CWin 物件，所以 35 行是利用設定運算子「=」將一個物件設給另一個物件。有趣的是，從前所介紹的「=」運算子均是用在基本資料型態的設定，並沒有用在物件的設定。很顯然的，C++也提供一個預設的設定運算子「=」，使得它也可以用在物件的運算上。

然而，C++所提供之預設設定運算子「=」只是個陽春的版本，它所做的事只是把「=」號右邊物件的資料原封不動的拷貝給左邊的物件而已。這個舉動不難讓我們聯想到前一章裡，使用預設拷貝建構元所造成的錯誤，而這些錯誤也會發生在使用預設的設定運算子「=」身上。也就是說，當物件的資料成員裡包含有指標，或者是以動態記憶體配置變數時，使用設定運算子「=」便可能造成錯誤。

那麼，為什麼 prog15_3 中也有用到預設的設定運算子「=」，但沒有發生錯誤呢？其原因很簡單，因為它沒有用到動態記憶體配置與指標。於接下來的內容中，我們將探討誤用設定運算子「=」而產生的錯誤。

15.3.1　簡單的範例

瞭解上面簡單的運算子多載之概念後,來看看下面一個因為使用預設的設定運算子「=」
而造成錯誤的例子:

```cpp
01   // prog15_4, 使用預設的設定運算子所發生的錯誤
02   #include <iostream>
03   #include <cstdlib>
04   using namespace std;
05   class CWin                        // 定義視窗類別 CWin
06   {
07     private:
08       char id, *title;
09
10     public:
11       CWin(char i='D', char *text="Default window"):id(i)
12       {
13         title=new char[50];         // 配置可容納 50 個字元的記憶空間
14         strcpy(title,text);         // 將 text 所指向的字串拷貝給 title
15       }
16       void set_data(char i, char *text)
17       {
18         id=i;
19         strcpy(title,text);         // 將 text 所指向的字串拷貝給 title
20       }
21       void show(void)
22       {
23         cout << "Window " << id << ": " << title << endl;
24       }
25
26       ~CWin(){ delete [] title; }    // 解構元
27
28       CWin(const CWin &win)          // 拷貝建構元
29       {
30         id=win.id;
31         strcpy(title,win.title);
32       }
33   };
34
35   int main(void)
```

```
36   {
37     CWin win1('A',"Main window");
38     CWin win2;
39
40     win1.show();
41     win2.show();
42
43     win1=win2;                        // 設定 win1=win2
44     cout << endl << "設定 win1=win2 之後..." << endl;
45     win1.show();
46     win2.show();
47
48     win1.set_data('B',"Hello window");
49     cout << endl << "更改 win1 的資料成員之後..." << endl;
50     win1.show();
51     win2.show();
52
53     system("pause");
54     return 0;
55   }
```

```
/* prog15_4 OUTPUT---------

Window A: Main window
Window D: Default window

設定 win1=win2 之後...
Window D: Default window
Window D: Default window

更改 win1 的資料成員之後...
Window B: Hello window
Window D: Hello window
--------------------------*/
```

第 11~15 行定義 CWin() 建構元，用來在建立物件時，同時設定 id 與 title 成員，16~20
行定義 set_data() 函數，用來設定物件的資料成員。在 main() 主程式裡，37 行與 38
行建立 win1 與 win2 物件，43 行利用預設的設定運算子「=」設定 win1 等於 win2 物件，
45 與 46 行印出設定後的結果，由輸出中可看出 win1 與 win2 兩個成員到目前為止，是
完全相同的資料內容。

最後，於 48 行重新設定 win1 物件的成員。雖然只在 48 行更改 win1 物件的成員，結果卻在 50 與 51 行的輸出中，發現 win2 物件的 title 成員也一併被更改，這顯然有點問題。要瞭解這個錯誤，可以用下圖來描述錯誤發生的過程：

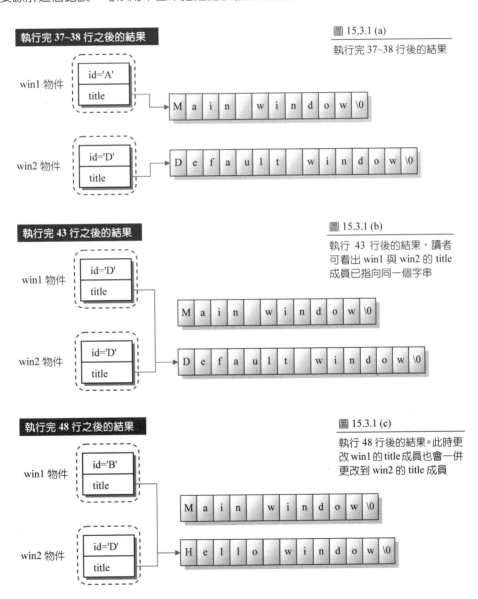

圖 15.3.1 (a)

執行完 37~38 行後的結果

圖 15.3.1 (b)

執行 43 行後的結果，讀者可看出 win1 與 win2 的 title 成員已指向同一個字串

圖 15.3.1 (c)

執行 48 行後的結果。此時更改 win1 的 title 成員也會一併更改到 win2 的 title 成員

由上圖中可以看到 43 行是執行成員對拷的動作，所以 win1 與 win2 成員會指向同一個字串，於是在第 48 行更改 win1 物件的 title 成員所指向的字串，自然也就更改 win2 物件的 title 成員所指向的字串。 ❖

要怎樣修正這個錯誤呢？很簡單，另行提供一個設定運算子「=」，把原先預設的設定運算子改掉即可，如下面的範例所示：

```
01    // prog15_5, 使用設定運算子來修正錯誤
02    #include <iostream>
03    #include <cstdlib>
04    using namespace std;
05    class CWin      // 定義視窗類別 CWin
06    {
07      private:
08        char id, *title;
09
10      public:
11        CWin(char i='D', char *text="Default window"):id(i)
12        {
13           title=new char[50];
14           strcpy(title,text);
15        }
16        void set_data(char i, char *text)
17        {
18           id=i;
19           strcpy(title,text);
20        }
21        void operator=(const CWin &win)      // 定義設定運算子「=」的多載
22        {
23           id=win.id;
24           strcpy(this->title,win.title);   // 字串拷貝
25        }
26        void show(void)
27        {
28           cout << "Window " << id << ": " << title << endl;
29        }
30
31        ~CWin(){ delete [] title; }          // 解構元
```

```
32
33      CWin(const CWin &win)                    // copy constructor
34      {
35         id=win.id;
36         strcpy(title,win.title);              // 拷貝建構元
37      }
38   };
39
40   int main(void)
41   {
42      CWin win1('A',"Main window");
43      CWin win2;
44
45      win1.show();
46      win2.show();
47
48      win1=win2;
49      cout << endl << "設定 win1=win2 之後..." << endl;
50      win1.show();
51      win2.show();
52
53      win1.set_data('B',"Hello window");
54      cout << endl << "更改 win1 的資料成員之後..." << endl;
55      win1.show();
56      win2.show();
57
58      system("pause");
59      return 0;
60   }
```

```
/* prog15_5 OUTPUT-------

Window A: Main window
Window D: Default window

設定 win1=win2 之後...
Window D: Default window
Window D: Default window

更改 win1 的資料成員之後...
Window B: Hello window
Window D: Default window
------------------------*/
```

第 21~25 行定義「=」運算子的多載：其中 23~24 行是用來設定成員拷貝的動作。23 行是用來拷貝 id 成員，而 24 行則是用來拷貝 titie 成員所指向的字串。值得注意的是，就是因為 24 行的設定，在設定 win1=win2，並更改 win1 的資料成員之後，win2 成員才不會被修改到。下圖為程式簡單的執行流程：

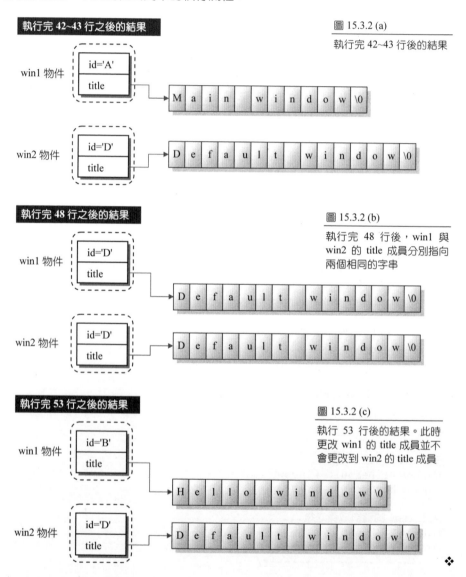

圖 15.3.2 (a)

執行完 42~43 行後的結果

圖 15.3.2 (b)

執行完 48 行後，win1 與 win2 的 title 成員分別指向兩個相同的字串

圖 15.3.2 (c)

執行 53 行後的結果。此時更改 win1 的 title 成員並不會更改到 win2 的 title 成員

15.3.2 設定運算子多載的進階應用

於 prog15_5 中，我們利用 48 行

```
win1=win2;                                    // 把 win2 的值設給 win1
```

來把 win1 物件設成和 win2 完全相同的物件。如果您把上面的語法改寫成

```
win1.operator=(win2);                         // 把 win2 的值設給 win1
```

在 C++ 裡一樣可以正確的執行。注意在 prog15_5 的設定中，operator=() 函數並不傳回任何值，因為其傳回型態為 void。

有趣的是，如果建立三個 CWin 型態的物件，把設定運算子「=」多載之後，我們是否可以在 main() 主程式裡寫出

```
win1=win2=win3;                               // 把 win3 的值設給 win1 與 win2
```

的語法？答案是否定的，其問題出在於 operator=() 函數的傳回型態。因「=」運算子的運算順序是由右到左（請參閱表 4.2.1），也就是會先把 win3 的值設給 win2，再把 win2 的值設給 win1，於是我們可以把上式改寫成：

```
win1=(win2=win3);         // 先把 win3 的值設給 win2，再把 win2 的值設給 win1
```

也就是

```
win1=(win2.operator=(win3));
```

進而可改為成下面的敘述：

以 win2 物件呼叫 operator=()函數，
並傳入 win3 物件

```
win1.operator=(win2.operator=(win3));
```

以 win2.operator=(win3)的傳回值為引數，傳入
由 win1 物件所呼叫的 operator=()函數

問題是，由 prog15_5 第 21 行的定義可知，operator=() 函數必須接收 CWin 物件的參照，
然而 win2.operator=(win3)的傳回型態是 void，自然也就不能以它為引數，傳遞給 win1
物件所呼叫的 operator=() 函數來接收！

現在解決的方法應該是顯而易見的，由於 operator=() 的傳回值可能會變成另一個
operator=() 的引數，因此把 operator=() 傳回值的型態修改成 CWin 物件的參照即可。
如此一來，傳回的 CWin 物件之參照恰可成為另一個 operator=() 所需的引數。我們可
以把「=」運算子的多載撰寫成如下的程式碼：

傳回 CWin 物件的參照　　　　傳入 CWin 物件的參照

```
CWin & operator=( const CWin &win )
{
    id=win.id;
    strcpy(this->title,win.title);
    return *this;
}
```

this 是指向呼叫此一函數的物件之指標，
因此*this 即代表呼叫此函數的物件

下面的程式碼修改自 prog15_5，其中重新撰寫「=」運算子的多載，使得它也可以用在
設定多個物件相等的狀況：

```
01  // prog15_6, 設定運算子多載的進階應用
02  #include <iostream>
03  #include <cstdlib>
04  using namespace std;
05  class CWin                              // 定義視窗類別 CWin
06  {
07    private:
08      char id, *title;
09
10    public:
11      CWin(char i='D', char *text="Default window"):id(i)
12      {
13         title=new char[50];
14         strcpy(title,text);
15      }
16      void set_data(char i, char *text)
17      {
18         id=i;
19         strcpy(title,text);
20      }
21      CWin &operator=(const CWin &win)    // 定義設定運算子「=」的多載
22      {
23         id=win.id;
24         strcpy(this->title,win.title);
25         return *this;
26      }
27      void show(void)
28      {
29         cout<<"Window "<< id <<": "<< title <<endl;
30      }
31
32      ~CWin(){ delete [] title; }
33
34      CWin(const CWin &win)                // copy constructor
35      {
36         id=win.id;   .
37         strcpy(title,win.title);
38      }
39  };
40
41  int main(void)
```

```
42   {
43       CWin win1('A',"Main window");
44       CWin win2('B',"Big window");          建立三個物件
45       CWin win3;
46
47       win1.show();
48       win2.show();
49       win3.show();
50
51       win1=win2=win3;                        // 設定 win1=win2=win3
52       win1.set_data('A',"Hello window");    // 修改 win1 的內容
53
54       cout << "設定 win1=win2=win3,並更改 win1 的成員之後 ..." << endl;
55       win1.show();
56       win2.show();
57       win3.show();
58
59       system("pause");
60       return 0;
61   }
```

```
/* prog15_6 OUTPUT-----------------------

Window A: Main window
Window B: Big window
Window D: Default window
設定 win1=win2=win3,並更改 win1 的成員之後 ...
Window A: Hello window
Window D: Default window
Window D: Default window
----------------------------------------*/
```

於 prog15_6 中，21~26 行重新定義設定運算子「=」的多載，並可傳回物件的參照，如此便可用在同時設定多個物件相等的情況。在主程式 main() 中，43~45 行建立 win1、win2 與 win3 三個物件。51 行設定 win1=win2=win3，此時 win1 和 win2 物件的值都會和 win3 一樣。第 52 行則是變更 win1 物件的值，從輸出中可看出，win1 的值已被更改，但 win2 與 win3 的值並不會隨之改變。

本章摘要

1. 相同的運算子可用在多種不同的情形,我們稱之為運算子的多載。

2. 運算子的多載並不會創造出新的運算子,而只是在運算子原有的功能上再附加另外的功能,因此原有的功能並不會被取代。

3. 範疇解析運算子「::」、條件運算子「?:」、成員存取運算子「.」與「sizeof」運算子不能被多載。

4. 當物件內的資料成員含有指標,或者是以動態記憶體配置的資料成員時,若使用預設的設定運算子「=」容易造成執行的錯誤。此時可以將設定運算子「=」多載,並撰寫相關的程式碼來避免錯誤的發生。

自我評量

15.1 認識運算子的多載

1. 試將 prog15_1 裡的 operator>()函數撰寫在 CWin 類別的外面。

2. 試將 prog15_1 裡的 operator>()函數改為一般的函數來撰寫，而非類別裡的函數成員。

3. 我們知道友誼函數可用來存取類別裡的私有成員，而一般函數則不行。試說明習題 2 中，為何 operator>()函數可當成一般的函數來撰寫，而不需使用到友誼函數？

4. 試將 prog15_2 裡，撰寫在 CWin 類別內所有的 operator>()函數全部移到 CWin 類別的外面來撰寫。

5. 下面的程式碼是以一個時間 CTime 類別的範例，請先詳細閱讀它，並回答接續的問題：

```
01   // hw15_5, 使用設定運算子來修正錯誤
02   #include <iostream>
03   #include <cstdlib>
04   using namespace std;
05   class CTime      // 定義 CTime 類別
06   {
07     private:
08       int  hour,min;
09       double sec;
10
11     public:
12       CTime(int h,int m, double s):hour(h),min(m),sec(s){}
13
14       void show_time()
15       {
16          cout<<hour<<"hr "<<min<<"min "<<sec<<"sec"<<endl;
17       }
18   };
19
20   int main(void)
21   {
22      CTime t1(4,23,56.3);
23      CTime t2(5,45,30.3);
24
25      t1.show_time();
```

```
26      t2.show_time();
27
28      system("pause");
29      return 0;
30   }
```

(a) 試執行此一程式，並觀察編譯與執行的結果。

(b) 若在程式的 24 行中，以下面的語法宣告 t3 物件

```
CTime t3;
```

則編譯時會產生錯誤訊息。試找出錯誤所在之處，並修正此一錯誤。

(c) 試加上 set_time(int,int,double) 函數，可用來設定 CTime 物件裡的 hour、min 與 sec 成員，並測試之。

(d) 試多載「<」與「>」運算子，使得它們可以用來比較二時間物件的大小（即時間的長短），並測試之。

15.2　加號「+」的多載

6. 試將 prog15_3 裡的 operator+() 函數改寫在 CWin 類別的外面。

7. 試將 prog15_3 裡的 operator+() 函數修改成以一般的函數來撰寫，而非 CWin 類別裡的函數成員。

8. 試修改習題 5，並多載「+」運算子，使得它可以用來將兩個 CTime 類別的物件相加，將相加後設給一個新的 CTime 物件，並傳回此物件。此外，若 sec 成員超過 60，必須進位給 min，若 min 成員超過 60，則必須進位給 hour。

9. 試修改習題 5，並多載「-」運算子，使得它可以用來將兩個 CTime 類別的物件相減，將相減後設給一個新的 CTime 物件，並傳回此物件（請注意到進位的問題）。

10. 試修改習題 5，並多載「*」運算子，使得它可以用來將 CTime 類別的物件裡的成員乘上一個整數常數，或是以一個整數常數乘上 CTime 類別的物件，並將運算的結果以 CTime 的型態傳回。例如若 t1 為 CTime 物件，則 t1*3 或 3*t1 皆可計算出 3 倍的時間（請注意到進位的問題）。

11. 試修改習題 5，並多載「／」運算子，使得它可以用來將 CTime 類別的物件裡的成員除上一個整數常數，並將運算的結果以 CTime 的型態傳回。例如若 t1 為 CTime 物件，則 t1/3 可計算出原來時間的 1/3 倍的時間（請注意到進位的問題）。

15.3 設定運算子「=」的多載

12. 試修改 prog15_5，將 operator=()函數成員移到 CWin 類別外面來定義。

13. 試修改 prog15_5，將 operator=()函數改以友誼函數來撰寫。

14. 試修改 prog15_5 裡的 operator=()函數，使它成為一般的函數，而非類別裡的函數成員。

15. 試修改習題 5，並多載「=」運算子，使得它可以將「=」號右邊 CTime 物件的值設給「=」號左邊 CTime 物件。

16. 於習題 15 中，如果不撰寫「=」運算子的多載，而使用預設的設定運算子，則執行時是否會發生錯誤？為什麼？

17. 試修改習題 5，並多載「=」運算子，使得它可以用做連續的設定。例如，設 t1、t2、t3 與 t4 均為 CTime 類別的物件，則我們可以利用下面的式子來設定 t2、t3、t4 皆等於 t1：

    t2=t3=t4=t1;

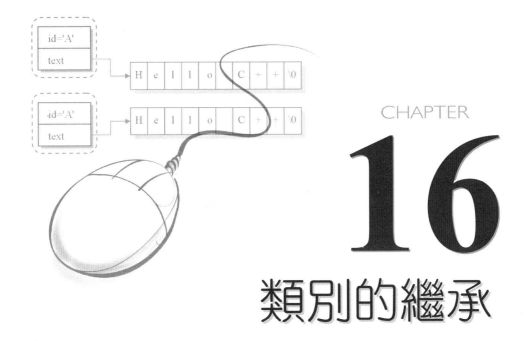

16

類別的繼承

對OOP 的程式而言,其精華在於類別的繼承。繼承可以使我們以既有的類別為基礎,進而衍生出新的類別。透過這種方式,便能快速地開發新的類別,而不需撰寫相同程式碼,這也就是程式碼再利用的概念。本節將介紹 C++ 繼承的觀念,以及它們實際的應用等。

本章學習目標

- 認識繼承的概念
- 學習由子類別存取父類別的成員
- 熟悉改寫的技術
- 在子類別中使用拷貝建構元

16.1　繼承的基本概念

在前面的章節裡，對 CWin 類別的基本功能已經介紹的差不多。本節我們將再以 CWin 類別為基礎，進而導入繼承的觀念。

試想，若是要設計一個文字視窗類別 CTextWin，可用來建立編輯文字的視窗。由於 CWin 類別裡已包含 width、height 成員與 area()、show_member() 等函數，因此在建立文字視窗類別 CTextWin 時，便可透過繼承的方式來取用這些資料成員與函數。也就是說，只要針對文字視窗類別 CTextWin 要新增的資料與成員函數撰寫程式碼即可，而不必在 CTextWin 裡撰寫與 CWin 類別內相同的程式碼，這也就是繼承的基本觀念。

16.1.1　基底類別與衍生類別

如前所述，C++可根據既有的 CWin 類別為基礎，加入新的資料成員與函數之後，衍生出新的類別 CTextWin。像這種以既有類別為基礎，進而衍生出另一類別，C++稱之為「類別的繼承」（inheritance of classes）。

如果文字視窗類別 CTextWin 繼承 CWin 類別，那麼由 CTextWin 所建立的物件，除了本身的成員之外，同時也擁有 CWin 類別裡所定義的各種成員，包括資料成員與成員函數等，這種特性在 C++裡稱為繼承（inheritance）。此時原有的類別稱為「父類別」（super class）或「基底類別」（basis class）；因繼承而產生的新類別則稱為「子類別（sub class）或「衍生類別」（derived class）。

值得一提的是，並非父類別所有的成員都會繼承給子類別，事實上，父類別裡的建構元、解構元與多載的設定運算子「=」便不能繼承給子類別。從下圖中讀者可以清楚的看到類別成員繼承的關係：

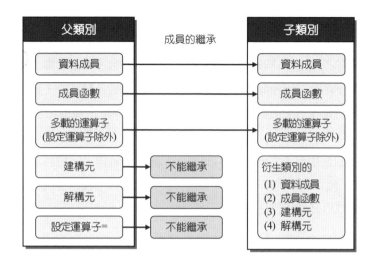

圖 16.1.1

類別成員繼承的關係圖

16.1.2 簡單的繼承範例

在介紹繼承的範例之前，我們先來看看 C++ 類別繼承的語法結構，如下面的格式所示：

```
class 父類別名稱    // 定義父類別
{
    父類別裡的各種成員
}

                            可為 public, private 或 protected

class 子類別名稱 : 修飾子 父類別名稱
{
    子類別裡的各種成員
}
```

格式 16.1.1

類別繼承的格式

父類別

子類別，即由父類別衍生而出的類別

由格式 16.1.1 可知，子類別是透過修飾子（modifier，可為 public，private 或 protected），
概括承受父類別裡的所有資料成員、成員函數以及多載的運算子（但不包括建構元、
解構元與多載的設定運算子「=」），同時還可加入新的成員以符合子類別所需。修飾
子是用來控制父類別裡的 public、private 或 protected 成員，繼承到子類別後，被子類
別存取的等級。本章稍後將會探討到這些繼承的方式，包括 protected 成員的用法。

下面的範例簡單說明繼承的使用方法。prog16_1 是前兩章範例的延伸，它包含原有的
CWin 類別，以及從 CWin 繼承而來的 CTextWin 類別。於此範例中，我們將說明類別
繼承的基本概念、運作模式以及使用方法等。

```
01   // prog16_1, 繼承的簡單範例
02   #include <iostream>
03   #include <cstdlib>
04   using namespace std;
05   class CWin                      // 定義 CWin 類別，在此為父類別
06   {
07     private:
08       char id;
09       int width,height;
10
11     public:
12       CWin(char i='D',int w=10,int h=10):id(i),width(w),height(h)
13       {
14          cout << "CWin()建構元被呼叫了..." << endl;
15       }
16       void show_member(void)      // 成員函數，用來顯示資料成員的值
17       {
18          cout << "Window " << id << ": ";
19          cout << "width=" << width << ", height=" << height << endl;
20       }
21   };
22
23   class CTextWin : public CWin   // 定義 CTextWin 類別，繼承自 CWin 類別
24   {
25     private:                     // 子類別裡的私有成員
26       char text[20];
```

```
27
28        public:                        // 子類別裡的公有成員
29          CTextWin(char *tx)           // 子類別的建構元
30          {
31             cout << "CTextWin()建構元被呼叫了..." << endl;
32             strcpy(text,tx);
33          }
34          void show_text()             // 子類別的成員函數
35          {
36             cout << "text = " << text << endl;
37          }
38     };
39
40     int main(void)
41     {
42        CWin win('A',50,60);           // 建立父類別的物件
43        CTextWin txt("Hello C++");     // 建立子類別的物件
44
45        win.show_member();             // 以父類別物件呼叫父類別的函數
46        txt.show_member();             // 以子類別物件呼叫父類別的函數
47        txt.show_text();               // 以子類別物件呼叫子類別的函數
48
49        cout << "win 物件佔了 " << sizeof(win) << " bytes" << endl;
50        cout << "txt 物件佔了 " << sizeof(txt) << " bytes" << endl;
51
52        system("pause");
53        return 0;
54     }
```

```
/* prog16_1 OUTPUT----------------

CWin()建構元被呼叫了...      ──── 42 行建立父類別的物件所得的結果
CWin()建構元被呼叫了...   ╮
CTextWin()建構元被呼叫了... ╯  43 行會先呼叫父類別的建構元，再呼叫子類別的建構元
Window A: width=50, height=60  ──── 45 行以 win 物件呼叫 show_member()
Window D: width=10, height=10  ──── 46 行以 txt 物件呼叫 show_member()
text = Hello C++ ───────────────── 47 行以 txt 物件呼叫 show_text()
win 物件佔了 12 bytes
txt 物件佔了 32 bytes

--------------------------------*/
```

於 prog16_1 中，CWin 類別為父類別。程式第 23~38 行定義 CTextWin 類別，並以 public 修飾子設定它繼承自父類別 CWin。CWin 類別內共有 3 個資料成員（id、width 與 height）、一個建構元 CWin()，和一個成員函數 show_member()。繼承自 CWin 的 CTextWin 類別則包含一個資料成員 text[20]，一個建構元 CTextWin() 與一個成員函數 show_text()。

於繼承的遊戲規則裡，父類別的私有成員不能在子類別裡做存取。而公有成員則全看繼承時設定的修飾子而定。若修飾子設定為 public，則原先在父類別中，public 的成員繼承到子類別後還是 public 成員，而在父類別中的 private 成員不能在子類別裡做任何的存取。仿照圖 16.1.1，我們可以把本例的繼承關係圖繪製如下：

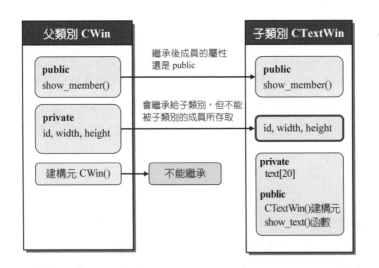

圖 16.1.2

prog16_1 類別成員的繼承關係圖

在程式執行時，42 行建立 CWin 類別的物件 win，此行執行時會呼叫 CWin() 建構元，因而輸出裡的第一行會印出 "CWin() 建構元被呼叫了..." 字串。43 行建立 CTextWin 類別的物件 txt，並呼叫 CTextWin() 建構元。有趣的是，明明是呼叫 CTextWin() 建構元，理應只印出 "CTextWin() 建構元被呼叫了..." 字串，為何 "CWin() 建構元被呼叫了..." 字串也被印出來呢？這看起來似乎是 CWin() 建構元被呼叫，而且是先呼叫父類別的建構元之後，才接著呼叫子類別的建構元。

事實上，在 C++的繼承中，建立子類別物件時，會先呼叫父類別中沒有引數的建構元，再執行子類別的建構元，其目的是為了要幫助繼承自父類別的成員，以及子類別自身的成員做初始化的動作，因此於本例中，讀者會看到：

```
CWin()建構元被呼叫了...
CTextWin()建構元被呼叫了...
```

這兩行依序被列印出來，就是這個原因。也許您會問及，CWin() 建構元裡有三個引數，怎會是 "沒有引數的建構元" 呢？事實上，CWin() 建構元的三個引數皆可為預設值，也就是說，當 CWin() 建構元不填上任何引數時，則所有的引數皆可用預設值來取代，因此也就可以把 CWin() 建構元看成是沒有引數的建構元。

第 45 行利用 win 物件呼叫 show_member() 函數，而 46 與 47 行分別利用 txt 物件，呼叫從父類別繼承而來的 show_member() 函數，與子類別裡所定義的 show_text() 函數，有趣的是，以 txt 物件呼叫 show_member() 函數時，得到 id 成員的值為 'D'，而 width 與 height 成員的值皆為 10，很顯然的，這是 CWin() 建構元的傑作。因為在呼叫 CTextWin() 建構元之前，沒有引數的 CWin() 建構元會先被呼叫，由於沒有任何引數會傳入 CWin() 建構元內，所以 CWin 類別內的資料成員均會以預設值來設定。

最後，您可以發現，win 物件佔用 12 個位元組，而 txt 物件佔用 32 個位元組。事實上，CTextWin 類別裡的資料成員 text[20]佔用 20 個位元組，加上由 CWin 類別繼承過來的 12 個位元組，加起來剛好是 32 個位元組！

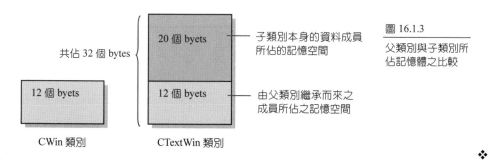

圖 16.1.3
父類別與子類別所佔記憶體之比較

從本例中，我們可學到下列幾點重要的觀念：

1. 透過類別的繼承，可將父類別的成員（包含資料與成員函數）繼承給子類別。如要取用這些繼承過來的成員時，使用過去慣用的語法即可，如 46 行便是利用子類別所產生的 txt 物件，呼叫從父類別繼承而來的 show_member() 函數。

2. 在執行子類別的建構元之前，會先自動呼叫父類別中沒有引數的建構元，其目的是為了要幫助繼承自父類別的成員做初始化的動作。

3. 子類別物件所佔的位元組，等於自己資料成員所佔的位元組，加上繼承過來之成員所佔用的位元組。

16.1.3　呼叫父類別中特定的建構元

我們已經知道，即使沒有明確的指定建構元，子類別還是會先呼叫父類別中沒有引數的建構元，以便進行初始化的動作。問題是，如果父類別有數個建構元，該如何才能呼叫父類別中特定的建構元呢？其作法是，在子類別的建構元中，透過初始化成員的技巧來呼叫。下面的範例，是利用呼叫父類別 CWin 裡特定的建構元，來設定物件裡因繼承而來的資料成員。

```
01    // prog16_2, 設定運算子多載的進階應用
02    #include <iostream>
03    #include <cstdlib>
04    using namespace std;
05    class CWin                      // 定義視窗類別 CWin
06    {
07      private:
08        char id;
09        int width,height;
10
11      public:
12        CWin(char i='D',int w=10,int h=10):id(i),width(w),height(h)
13        {
14           cout << "CWin()建構元被呼叫了..." << endl;
15        }
```

```
16        CWin(int w,int h):width(w),height(h)
17        {
18           cout << "CWin(int w,int h)建構元被呼叫了..." << endl;
19           id='K';
20        }
21        void show_member(void)
22        {
23           cout << "Window " << id << ": ";
24           cout << "width=" << width << ", height=" << height << endl;
25        }
26   };
27
28   class CTextWin : public CWin
29   {
30     private:
31        char text[20];
32
33     public:
34        CTextWin(int w,int h):CWin(w,h)     // CTextWin(int,int)建構元
35        {
36           cout << "CTextWin(int w,int h)建構元被呼叫了..." << endl;
37           strcpy(text,"Have a good night");
38        }
39        CTextWin(char *tx)          // CTextWin(char *)
40        {
41           cout << "CTextWin(char *tx)建構元被呼叫了..." << endl;
42           strcpy(text,tx);
43        }
44        void show_text()
45        {
46           cout << "text = " << text << endl;
47        }
48   };
49
50   int main(void)
51   {
52      CTextWin tx1("Hello C++");  // 呼叫 39~43 行的 CTextWin()建構元
53      CTextWin tx2(60,70);        // 呼叫 34~38 行的 CTextWin()建構元
54
55      tx1.show_member();
56      tx1.show_text();
```

呼叫父類別裡 16~20 行的
CWin(w,h) 建構元

```
57
58       tx2.show_member();
59       tx2.show_text();
60
61       system("pause");
62       return 0;
63    }
```

/* prog16_2 OUTPUT----------------

```
CWin()建構元被呼叫了...
CTextWin(char *tx)建構元被呼叫了...          } 52 行建立 tx1 物件後的執行結果
CWin(int w,int h)建構元被呼叫了...
CTextWin(int w,int h)建構元被呼叫了...      } 53 行建立 tx2 物件後的執行結果
Window D: width=10, height=10
text = Hello C++
Window K: width=60, height=70
text = Have a good night
```

----------------------------------*/

prog16_2 與 prog16_1 類似，但 CWin 類別增加一個有引數的建構元，定義在 16~20 行。CTextWin 類別也增加一個具有兩個引數的建構元 CTextWin(int w, int h)，定義在 34~38 行；在這個建構元裡，34 行利用初始化的方式來傳遞引數 w 與 h 到父類別的建構元內，因此只要 CTextWin(int w, int h)被呼叫，父類別的建構元 CWin(int w, int h)也會被呼叫，所以可透過此方式來呼叫父類別裡特定的建構元。

程式執行時，52 行呼叫建構元 CTextWin()，並傳入 "Hello C++" 字串來建立 tx1 物件。如上一節所述，此建構元會自動先呼叫父類別中沒有引數的建構元 CWin()，再執行自己的建構元 CTextWin()，因此螢幕上會出現

```
CWin()建構元被呼叫了...
CTextWin(char *tx)建構元被呼叫了...
```

這兩行字串。讀者也可以注意到，55 行用 tx1 物件呼叫 show_member() 之後，顯示出成員的值恰好是定義在 12~15 行之 CWin() 建構元裡的預設值。

有趣的是，53 行建立 tx2 物件時會呼叫 34~38 行的建構元 CTextWin(int w, int h)，但此建構元在 34 行後面，已經指定在呼叫父類別的建構元時，必須呼叫 CWin(int w, int h) 這個具有兩個整數引數的建構元，因此 16~20 行的 CWin(int w, int h)建構元將會先被呼叫，然後再執行 34~38 行的建構元 CTextWin(int w, int h)，所以螢幕會印出：

```
CWin(int w,int h)建構元被呼叫了...
CTextWin(int w,int h)建構元被呼叫了...
```

這兩行字串。此外，58 行用 tx2 物件呼叫 show_member() 之後，您可以觀察到所印出之 width 與 height 成員的值正是傳入 CTextWin(int w, int h)建構元裡的值。

這裡有很重要的兩點要提醒讀者：

1. 如果省略 34 行呼叫父類別建構元的敘述，則父類別中沒有引數的建構元還是會被呼叫，讀者可自行試試。

2. 呼叫父類別中特定的建構元，其敘述必須寫在子類別建構元第一行的後面，並以「：」連接，不能置於它處，否則編譯時將出現錯誤訊息。

16.1.4 使用建構元常見的錯誤

C++在執行子類別的建構元之前，如果沒有呼叫特定父類別的建構元，會先呼叫父類別中 "沒有引數的建構元"。因此，如果父類別中只定義有引數的建構元，而在子類別的建構元裡又沒有來呼叫父類別中特定的建構元的話，則編譯時將發生錯誤，因為 C++在父類別中找不到 "沒有引數的建構元" 可供執行。我們來看看下面的範例：

```cpp
01   // prog16_3, 呼叫父類別建構元時常犯的錯誤
02   #include <iostream>
03   #include <cstdlib>
04   using namespace std;
05   class CWin    // 定義視窗類別 CWin
```

```
06    {
07      private:
08        char id;
09        int width,height;
10
11      public:
12        CWin(int w,int h):width(w),height(h)     // 有兩個引數的建構元
13        {
14          cout << "CWin(int w,int h)建構元被呼叫了..." << endl;
15          id='K';
16        }
17    };
18
19    class CTextWin : public CWin                 // 定義子類別 CTextWin
20    {
21      private:
22        char text[20];
23
24      public:
25        CTextWin(char *tx) ——— 執行此建構元之前，會先呼叫父類別
26        {                        裡沒有引數的建構元
27          cout << "CTextWin()建構元被呼叫了..." << endl;
28          strcpy(text,tx);
29        }
30    };
31
32    int main(void)
33    {
34      CTextWin tx1("Hello C++");
35
36      system("pause");
37      return 0;
38    }
```

以 Dev C++為例，在 prog16_3 的主程式 main()，我們嘗試透過 34 行來建立 tx1 物件，但編譯時會得到如下的錯誤訊息：

```
no matching function for call to 'CWin::CWin()'
```

雖然此程式的邏輯並沒有錯，但是錯在呼叫 CTextWin() 建構元之前，會先呼叫父類別中 "沒有引數的建構元"，而 prog16_3 中只提供有引數的建構元，於是在找不到 "沒有引數的建構元" 的情況下，C++的編譯程式即顯示出錯誤訊息。　　　　❖

那麼要如何更正這個錯誤呢？最簡單的方法是在 CWin 類別裡，加上一個 "不做事" 且沒有引數的 CWin() 建構元即可。也就是說，您可以把 prog16_3 的 CWin 類別修改成如下的程式碼，其它的類別不變，如此即可避免此一錯誤產生：

```
01   // prog16_4, prog16_3 錯誤的修正
02   #include <iostream>
03   #include <cstdlib>
04   using namespace std;
05   class CWin                    // 定義視窗類別 CWin
06   {
07     private:
08       char id;
09       int width,height;
10
11     public:
12       CWin(int w,int h):width(w),height(h)
13       {
14          cout << "CWin(int w,int h)建構元被呼叫了..." << endl;
15          id='K';
16       }
17       CWin()
18       {
19          cout<< "沒有引數的 CWin()建構元被呼叫了..." << endl;
20       }
21   };
22
23   // 將 prog16_3，CTextWin 類別的定義放在這兒
24   // 將 prog16_3，main()主函數放在這兒
```

```
/* prog16_4 OUTPUT--------------

沒有引數的 CWin()建構元被呼叫了...
CTextWin()建構元被呼叫了...

------------------------------*/
```

於 prog16_4 中，17~20 行增加一個沒有引數的建構元 CWin()，它不做任何事情，只是印出一個字串，用來顯示它已被呼叫。加入這個沒有引數的建構元之後，執行 CTextWin() 建構元之前，此建構元便先被呼叫。雖然它不做事，卻可避免錯誤發生。　　　　❖

16.2　由子類別存取父類別的成員

稍早的討論中曾提及，父類別裡的私有成員無法在子類別裡做存取。那麼，是否有方法存取到父類別裡的私有成員呢？本節我們將針對這個問題做一個初步的探討。

16.2.1　父類別裡私有成員的存取

既然父類別裡的私有成員無法在子類別裡做存取，但它卻可以繼承給子類別來使用，那麼要如何存取到父類別裡的私有成員呢？我們先來看一個錯誤的例子：

```
01    // prog16_5, 錯誤的例子--存取到父類別裡的私有成員
02    #include <iostream>
03    #include <cstdlib>
04    using namespace std;
05    class CWin                        // 定義父類別 CWin
06    {
07      private:
08        char id;
09
10      public:
11        CWin(char i):id(i) {}
12    };
13
14    class CTextWin : public CWin      // 定義子類別 CTextWin
15    {
16      private:
17        char text[20];
18
19      public:
20        CTextWin(char i, char *tx):CWin(i)
```

```
21        {
22            strcpy(text,tx);
23        }
24        void show()
25        {
26            cout << "Window " << id << ": ";      // 讀取父類別裡的私有成員
27            cout << "text = " << text << endl;
28        }
29    };
30
31    int main(void)
32    {
33        CTextWin txt('A',"Hello C++");
34
35        txt.show();
36
37        system("pause");
38        return 0;
39    }
```

於 prog16_5 中，在 CWinText 類別內的 24~28 行定義 show() 函數，其中第 26 行取用
父類別裡的私有成員 id。以 Visual C++為例，若是執行本程式，在編譯時將出現下列
的錯誤訊息：

```
'id' : cannot access private member declared in class 'CWin'
```

這是因為 id 成員在 CWin 類別內宣告為 private，所以無法在 CWin 類別外部存取之故。

這個問題並不難解，在父類別裡建立公有函數來存取它們即可。由於公有函數會繼承
給子類別使用，因此在子類別裡便可存取到父類別裡的私有成員。我們來看看下面的
例子：

```
01    // prog16_6, prog16_5 的修正版
02    #include <iostream>
03    #include <cstdlib>
```

```
04    using namespace std;
05    class CWin                              // 定義父類別 CWin
06    {
07       private:
08          char id;
09
10       public:
11          CWin(char i):id(i) {}
12
13          char get_id()                     // get_id()函數，用來取得 id 成員
14          {
15             return id;
16          }
17    };
18
19    class CTextWin : public CWin            // 定義子類別 CTextWin
20    {
21       private:
22          char text[20];
23
24       public:
25          CTextWin(char i,char *tx):CWin(i)
26          {
27             strcpy(text,tx);
28          }
29          void show()
30          {
31             cout << "Window " << get_id() << ": ";  // 呼叫父類別裡的 get_id()
32             cout << "text = " << text << endl;
33          }
34    };
35
36    int main(void)
37    {
38       CTextWin txt('A',"Hello C++");
39
40       txt.show();
41
42       system("pause");
43       return 0;
44    }
```

```
/* prog16_6 OUTPUT----------
Window A: text = Hello C++
----------------------------*/
```

於 prog16_5 中，父類別的 id 成員宣告成 private，因此只能在 CWin 類別內存取，或者是透過 CWin 類別內公有的函數來達成存取的目的。因此在 CWin 類別內定義 get_id()，用來取得私有成員 id。由於公有函數會繼承給子類別，所以在 CTextWin 類別的 31 行裡可用 get_id() 來取得 id，於是 40 行可正確的印出私有成員 id 與 text 字串。

16.2.2 使用 protected 成員

問題是，CTextWin 既然是繼承 CWin 類別而來，是否能開放權限，使得子類別也能存取到父類別的資料成員？答案是肯定的，其作法是把資料成員宣告成 protected（保護成員），而非 private。也就是說，若在 CWin 類別裡 id 成員宣告成 protected，則不僅可以在 CWin 類別裡直接取用，同時也可以在繼承 CWin 的 CTextWin 類別裡存取。

下面的範例是 prog16_5 的小改版，事實上，它只是把 prog16_5 第 7 行的 private 改為 protected，於是 id 成員變成 protected，使得它們也可以在子類別裡使用。

```
01  // prog16_7, protected 成員的使用
02  #include <iostream>
03  #include <cstdlib>
04  using namespace std;
05  class CWin      // 定義視窗類別 CWin
06  {
07     protected:
08       char id;   // 把 id 宣告成 protected 成員，使得它也可以在子類別裡使用
09
10     public:
11       CWin(char i):id(i) {}
12  };
13
```

```
14    class CTextWin : public CWin
15    {
16       private:
17         char text[20];
18
19       public:
20         CTextWin(char i, char *tx):CWin(i)
21         {
22            strcpy(text,tx);
23         }
24         void show()
25         {
26            cout << "Window " << id << ": ";    // 讀取父類別裡的保護成員
27            cout << "text = " << text << endl;
28         }
29    };
30
31    // 將 prog16_5 的 main() 放置在這兒
```

```
/* prog16_7 OUTPUT-----------
Window A: text = Hello C++
----------------------------*/
```

於本例中，第 7~8 行把 id 成員宣告成 protected，因此當 CTextWin 類別繼承 CWin 類別時，這兩個成員也可在子類別 CTextWin 內使用。如程式的第 26 行即是在子類別裡直接取用父類別的 id 成員。　　　　　　　　　　　　　　　　　　　　　　　　　❖

把成員宣告成 protected 最大的好處是：可同時兼顧到成員的安全性與便利性，因為它只能供父類別與子類別的內部來存取，而外界則無法更改或讀取之。

16.2.3　類別繼承的存取模式

到目前為止，我們均是以 public 的繼承方式，將父類別的成員繼承給子類別。事實上，您也可以指定以 protected 或 private 的方式來繼承，這三者會限制繼承過來的成員於子類別存取的屬性，我們以下圖來說明其存取屬性改變的規則：

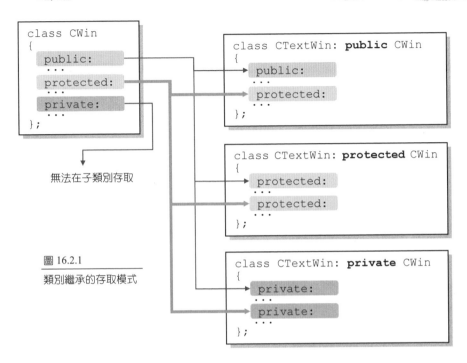

圖 16.2.1

類別繼承的存取模式

上圖所表達的存取模式可用下面的敘述來說明：

1.　若繼承的方式設定為 public，則原先在父類別裡為 public 的成員，繼承到子類別後，也是 public 成員；而在父類別裡為 protected 的成員，繼承到子類別後，也是 protected 成員。

2.　若繼承的方式設定為 protected，則原先在父類別裡為 public 和 protected 成員，繼承到子類別後，均會變成 protected 成員。

3.　若繼承的方式設定為 private，則原先在父類別裡為 public 和 protected 成員，繼承到子類別後，均會變成 private 成員。

4.　父類別裡的私有成員無法被子類別所存取。

16.3 改寫

「改寫」（overriding）的觀念與「多載」（overloading）相似，它們均是 C++「多型」（polymorphism）的技術之一。所謂的「多載」，即是函數名稱相同，但在不同的場合可做不同的事，而「改寫」則是在子類別裡定義與父類別名稱相同的函數，用來覆蓋父類別裡函數功能的一種技術。我們於稍早已介紹過「多載」的概念，本節將就「改寫」與其相關的應用做一個初步的說明。

C++既是以類別為基礎，而繼承又是 OOP 語言裡常用的把戲，因此在父類別與子類別裡定義名稱、引數的資料型態與個數均完全相同的函數或變數名稱是很有可能的事，尤其是父類別與子類別是分別交由不同的設計師撰寫時更容易發生。問題是，當父類別與子類別均同時擁有名稱、引數的個數與資料型態均相同的函數時，哪一個函數會被子類別所產生的物件呼叫呢？我們來看看下面的範例：

```
01    // prog16_8, 繼承的簡單範例
02    #include <iostream>
03    #include <cstdlib>
04    using namespace std;
05    class CWin                      // 定義 CWin 類別, 在此為父類別
06    {
07      protected:
08        char id;
09
10      public:
11        CWin(char i):id(i){}
12
13        void show_member(void)      // 父類別的 show_member()函數
14        {
15          cout << "父類別的 show_member()函數被呼叫了..." << endl;
16          cout << "Window " << id << endl;
17        }
18    };
19
20    class CTextWin : public CWin    // 定義 CTextWin 類別, 繼承自 CWin 類別
21    {
```

```
22      private:                            // 子類別裡的私有成員
23        char text[20];
24
25      public:
26        CTextWin(char i,char *tx):CWin('i')    // 子類別的建構元
27        {
28           strcpy(text,tx);
29        }
30        void show_member()        // 子類別的 show_member()函數
31        {
32           cout << "子類別的 show_member()函數被呼叫了..." << endl;
33           cout << "Window " << id << ": ";
34           cout << "text = " << text << endl;
35        }
36   };
37
38   int main(void)
39   {
40      CTextWin txt('A',"Hello C++");              // 建立子類別的物件
41
42      txt.show_member();               // 以子類別物件呼叫 show_member()函數
43
44      system("pause");
45      return 0;
46   }
```

```
/* prog16_8 OUTPUT----------------
子類別的 show_member()函數被呼叫了...
Window i: text = Hello C++
--------------------------------*/
```

於 prog16_8 中，在父類別 CWin 裡定義一個沒有引數的 show_member() 函數，相同的，
在子類別 CTextWin 裡也定義一個沒有引數的 show_member()。我們知道父類別的函數
可透過繼承給子類別，問題是在本例中，父類別和子類別均有相同名稱，且都不需引
數的函數，那麼 42 行利用 txt 物件來呼叫 show_member() 時，是父類別的 show_member()
會被呼叫，還是子類別的 show_member() 呢？從本範例的輸出可看出是子類別的
show_member() 被呼叫。　　　　　　　　　　　　　　　　　　　　　　　　❖

在本例中，子類別裡所定義的 show_member() 取代父類別的 show_member() 的功能，這種情形於 OOP 的技術裡稱為改寫（overriding）。也就是說，利用「改寫」的技術，於子類別中可定義和父類別裡之名稱、引數個數與資料型態均完全相同的函數，用以取代父類別中原有的函數。有了這個遊戲規則，父類別與子類別裡相同名稱的函數，執行時便不會混淆，且更利於發展大型程式。

如果父類別和子類別裡的函數名稱相同，但引數個數或型態不同，則由子類別所產生的物件，會根據函數引數的個數或型態，來呼叫正確的函數。

「改寫」與「多載」的比較

「改寫」與「多載」均是「多型」（polymorphism）的技巧之一。所謂「多型」，即是函數名稱相同，但在不同的場合卻可做不同的事。「多載」已於前一章介紹過，而「改寫」則於本節裡提及。這兩個技術對初學者而言很容易混淆，請注意其中不同之處：

「多載」：英文名稱為 overloading，它是在相同類別內，定義名稱相同，但引數個數或型態不同的函數，如此 C++ 便可依據引數的個數或型態，呼叫相對應的函數。

「改寫」：英文名稱為 overriding，它是在子類別當中，定義名稱、引數個數與型態均與父類別相同的函數，用以改寫父類別裡函數的功用。

16.4 在子類別中使用拷貝建構元

在建立子類別的建構元時，會先呼叫父類別裡沒有引數的建構元，再呼叫子類別的建構元。相同的，如果需要呼叫到子類別裡的拷貝建構元的話，一樣會先呼叫父類別裡的拷貝建構元，然後再執行子類別的拷貝建構元。如果父類別或子類別裡沒有提供拷貝建構元的話，則編譯器會自動提供一個預設的拷貝建構元。

如前幾章裡所看到的，如果類別的成員裡有用到指標的話，預設的拷貝建構元通常會帶來一些錯誤，因此在撰程式碼時，如果有用到指標或是動態記憶體配置，別忘了要撰寫拷貝建構元。

我們先來看一個因為沒有撰寫拷貝建構元而發生錯誤的例子：

```
01  // prog16_9, 錯誤的範例，子類別裡沒有撰寫拷貝建構元
02  #include <iostream>
03  #include <cstdlib>
04  using namespace std;
05  class CWin                    // 定義 CWin 類別，在此為父類別
06  {
07     protected:
08       char id;
09
10     public:
11       CWin(char i='D'):id(i)     // 父類別的建構元
12       {
13          cout << "CWin()建構元被呼叫了..." << endl;
14       }
15       CWin(const CWin& win)      // 父類別的拷貝建構元
16       {
17          cout << "CWin()拷貝建構元被呼叫了..." << endl;
18          id=win.id;
19       }
20       ~CWin()                    // 父類別的解構元
21       {
22          cout << "CWin()解構元被呼叫了... " << endl;
23          system("pause");
24       }
25  };
26
27  class CTextWin : public CWin  // 定義 CTextWin 類別，繼承自 CWin 類別
28  {
29     private:                   // 子類別裡的私有成員
30       char *text;
31
32     public:
33       CTextWin(char i,char *tx):CWin(i)     // 子類別的建構元
```

```
34          {
35             cout << "CTextWin()建構元被呼叫了..." << endl;
36             text= new char[strlen(tx)+1];
37             strcpy(text,tx);
38          }
39          ~CTextWin()
40          {
41             delete [] text;                    // 釋放 text 指標指向的記憶體
42             cout << "CTextWin()解構元被呼叫了... " << endl;
43             system("pause");
44          }
45       void show_member()                // 子類別的 show_member()函數
46       {
47          cout << "Window " << id << ": ";
48          cout << "text = " << text << endl;
49       }
50       void set_member(char i,char *tx) // 子類別的 set_member()函數
51       {
52          id=i;
53          delete [] text;                  // 將原先指向的記憶體釋放
54          text= new char[strlen(tx)+1];    // 重新配置記憶體
55          strcpy(text,tx);
56       }
57    };
58    int main(void)
59    {
60       CTextWin tx1('A',"Hello C++");         // 建立子類別的物件 tx1
61       CTextWin tx2(tx1);                     // 以 tx1 建立子類別的物件 tx2
62
63       tx1.show_member();
64       tx2.show_member();
65
66       cout << "更改 tx1 物件的成員之後..." << endl;
67       tx1.set_member('B',"Welcome  C++");
68
69       tx1.show_member();
70       tx2.show_member();
71
72       system("pause");
73       return 0;
74    }
```

```
/* prog16_9 OUTPUT----------------
CWin()建構元被呼叫了...        ⎫ 執行完 60 行之後的結果
CTextWin()建構元被呼叫了...    ⎭
CWin()拷貝建構元被呼叫了...    ── 執行完 61 行之後的結果
Window A: text = Hello C++
Window A: text = Hello C++
更改 tx1 物件的成員之後...
Window B: text = Welcome C++
Window A: text = Welcome C++
請按任意鍵繼續 . . .
CTextWin()解構元被呼叫了...
請按任意鍵繼續 . . .
CWin()解構元被呼叫了...
請按任意鍵繼續 . . .
CTextWin()解構元被呼叫了...
請按任意鍵繼續 . . .
CWin()解構元被呼叫了...
請按任意鍵繼續 . . .
----------------------------------*/
```

prog16_9 雖然是個錯誤的範例，但從中還是可以學到不少基本概念。在 main() 程式裡，60 行建立子類別的物件，並呼叫 33~38 行的子類別建構元。在執行子類別建構元之前，會先呼叫父類別的建構元，由於 33 行的後面指定要呼叫 CWin(i)，所以 11~14 行父類別的建構元會被呼叫。執行完父類別與子類別的建構元後，id 成員會被設為 'A'，而 text 會指向 "Hello C++" 字串，如下圖所示：

圖 16.4.1 (a)

執行完 60 行後的結果

第 61 行利用 tx1 物件來建立子類別物件 tx2，這個語法會呼叫子類別的拷貝建構元，但由於子類別裡並沒有提供，所以預設的拷貝建構元會被呼叫。在執行預設拷貝建構元之前，父類別的拷貝建構元會被呼叫，由於在父類別裡已提供一個拷貝建構元，因此

15~19 行的拷貝建構元會被先執行,於是 id 成員會被設為 'A',然後再執行子類別預設的拷貝建構元,因為預設的拷貝建構元只是單純的複製成員,所以執行完子類別的建構元時,tx2 物件的 text 成員與 tx1 的 text 成員一樣,均指向同一個 "Hello C++" 字串:

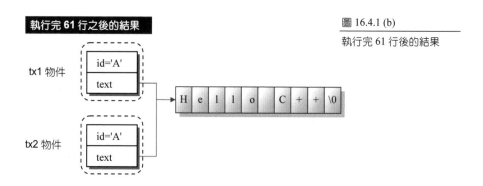

圖 16.4.1 (b)

執行完 61 行後的結果

63~64 行分別用 tx1 與 tx2 物件呼叫 show_member(),由輸出的畫面中可看出 tx1 與 tx2 物件成員的內容均完全相同。問題是出在第 67 行,我們只更改 tx1 物件成員的值,由 69~70 行的輸出可看出,tx1 的成員已被更改,但 tx2 的 text 成員所指向的字串卻也一併被改變!這並不難從圖 16.4.1(b)看出,因為 tx1 與 tx2 物件的 text 成員同時指向一個字串。

聰明的您,應該不難想像的到這是因為子類別裡沒有提供拷貝建構元,而預設的拷貝建構元只是把資料原封不動的複製,因而導致 tx1 與 tx2 物件的 text 成員同時指向一個字串,於是變更 tx1 的字串當然也就更動 tx2 的字串。解決這個問題的答案應該很清楚,只要在子類別內加上一個拷貝建構元即可:

```
                     呼叫父類別的拷貝建構元                    傳入 tx 物件
CTextWin(const CTextWin &tx): CWin( tx )    // 子類別的拷貝建構元
{
   cout<<"CTextWin()拷貝建構元被呼叫了..."<<endl;
   text= new char[strlen(tx.text)+1];  // 另外配置記憶空間給新建的物件
   strcpy(text,tx.text);
}
```

請注意，執行子類別的拷貝建構元之前，父類別裡沒有引數的建構元會被呼叫。如果想要讓子類別的拷貝建構元呼叫特定的建構元，則必須在子類別的拷貝建構元後面加上欲呼叫的建構元。

於本例中，有兩個父類別的建構元可供選擇，一個是定義在 11~14 行的建構元，另一個是定義在 15~19 行的拷貝建構元。在此呼叫 15~19 行的拷貝建構元較為恰當，因為我們可以傳入一個已存在的物件（如 tx1 物件），並利用它來設定新建物件（如 tx2 物件）的 id 成員。　　　　　　　　　　　　　　　　　　　　　　　　　　❖

若是本程式會發生執行時期的錯誤，這是因為沒有撰寫拷貝建構元的關係，prog16_10 是 prog16_9 的修正版，其中只在子類別加入拷貝建構元，其它的程式碼與 prog16_9 完全相同，因而只列出子類別的部份。

```
01   // prog16_10, 修正 prog16_9 沒有撰寫拷貝建構元的錯誤
02   #include <iostream>
03   #include <cstdlib>
04   using namespace std;
05
06   // 將 prog16_9 的 CWin 類別定義放在這兒
07   class CTextWin : public CWin   // 定義 CTextWin 類別，繼承自 CWin 類別
08   {
09     private:                               // 子類別裡的私有成員
10       char *text;
11
12     public:
13       CTextWin(char i,char *tx):CWin(i)    // 子類別的建構元
14       {
15         cout << "CTextWin()建構元被呼叫了..." << endl;
16         text= new char[strlen(tx)+1];
17         strcpy(text,tx);
18       }
19       CTextWin(const CTextWin &tx):CWin(tx) // 子類別的拷貝建構元
20       {
21         cout << "CTextWin()拷貝建構元被呼叫了..." << endl;
22         text= new char[strlen(tx.text)+1];
```

```
23          strcpy(text,tx.text);
24        }
25      ~CTextWin()
26      {
27        delete [] text;              // 釋放 text 指標所指向的記憶體
28        cout << "CTextWin()解構元被呼叫了... " << endl;
29        system("pause");
30      }
31      void show_member()            // 子類別的 show_member()函數
32      {
33        cout << "Window " << id << ": ";
34        cout << "text = " << text << endl;
35      }
36      void set_member(char i,char *tx) // 子類別的 set_member()函數
37      {
38        id=i;
39        delete [] text;              // 將原先指向的記憶體釋放
40        text= new char[strlen(tx)+1];  // 重新配置記憶體
41        strcpy(text,tx);
42      }
43    };
44    int main(void)
45    {
46      CTextWin tx1('A',"Hello C++");        // 建立子類別的物件
47      CTextWin tx2(tx1);
48
49      tx1.show_member();
50      tx2.show_member();
51
52      cout << "更改 tx1 物件的成員之後..." << endl;
53      tx1.set_member('B',"Welcome C++");
54
55      tx1.show_member();
56      tx2.show_member();
57
58      system("pause");
59      return 0;
60    }
```

```
/* prog16_10 OUTPUT---------------
CWin()建構元被呼叫了...          ⎫ 執行 46 行之後的結果
CTextWin()建構元被呼叫了...      ⎭
CWin()拷貝建構元被呼叫了...      ⎫ 執行 47 行之後的結果
CTextWin()拷貝建構元被呼叫了... ⎭
Window A: text = Hello C++
Window A: text = Hello C++
更改 tx1 物件的成員之後...
Window B: text = Welcome C++
Window A: text = Hello C++
請按任意鍵繼續 . . .
CTextWin()解構元被呼叫了...
請按任意鍵繼續 . . .
CWin()解構元被呼叫了...
請按任意鍵繼續 . . .
CTextWin()解構元被呼叫了...
請按任意鍵繼續 . . .
CWin()解構元被呼叫了...
請按任意鍵繼續 . . .
--------------------------------*/
```

加入拷貝建構元後，由 prog16_10 的輸出中，讀者可以觀察到更改 tx1 成員之值後，tx2 成員的值不會再被更改，這是因為於本例中，子類別已加入拷貝建構元，因此執行完 46~47 行之後，tx1 與 tx2 物件的 text 成員會分別指向不同的字串，如下圖所示：

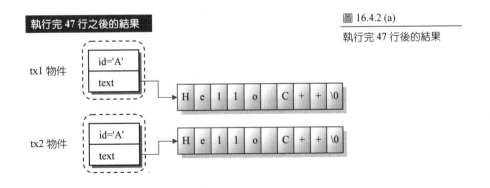

圖 16.4.2 (a)

執行完 47 行後的結果

於是，在執行完 53 行的 set_member() 之後，只有 tx1 物件的成員會被更改，而 tx2 的成員則保持不變，如下圖所示：

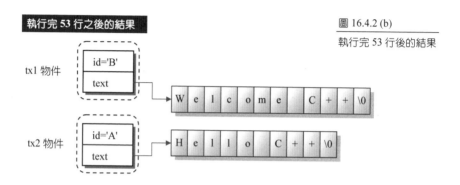

圖 16.4.2 (b)

執行完 53 行後的結果

此外，在第 36~42 行的 set_member() 函數中，我們要先將原先指向字串的記憶體釋放後，再重新配置新的記憶體給它，這是因為在使用動態記憶體配置時，字串長度可能會有不同，若是直接將字串複製給指向的指標，很容易會產生問題，而造成不可預期的後果。

於 prog16_9 與 prog16_10 這兩個例子中，在建立物件時，父類別的建構元會先被執行，然後再執行子類別的建構元。相反的，在銷毀物件時，子類別的解構元會先被執行，然後再執行父類別的解構元，其執行的順序可以從這兩個例子的輸出中看出來。

本章摘要

1. 繼承是以既有的類別為基礎，進而衍生出新的類別。此時既有的類別稱為「父類別」（super class）或「基底類別」（basis class）；因繼承而產生的新類別稱為「子類別」（sub class）或「衍生類別」（derived class）。

2. 透過繼承，我們便能快速地開發新的類別，而不需撰寫相同程式碼，這也就是程式碼再利用的概念。

3. 透過繼承，子類別可擁有父類別裡的所有資料成員、成員函數以及多載的運算子，但不包括建構元、解構元與多載的設定運算子「=」。

4. C++在執行子類別的建構元之前，會先自動呼叫父類別中沒有引數的建構元，其目的是為了要幫助繼承自父類別的成員做初始化的動作。

5. 子類別物件所佔的位元組，等於自己資料成員所佔的位元組，加上繼承過來之成員所佔之位元組。

6. 如果父類別有數個建構元，而要呼叫父類別中特定的建構元時，可在子類別的建構元中，透過初始化成員的技巧來呼叫。

7. 若繼承的方式為 public，原先在父類別裡為 public 的成員，繼承到子類別後，也是 public 成員；在父類別裡的 protected 成員，繼承到子類別後，也是 protected 成員。

8. 若繼承的方式設定為 protected，原先在父類別裡為 public 和 protected 成員，繼承到子類別後，均會變成 protected 成員。

9. 若繼承的方式設定為 private，原先在父類別裡為 public 和 protected 成員，繼承到子類別後，均會變成 private 成員。

10. 父類別裡的私有成員無法被子類別所存取。

11. 改寫（overriding）是指在子類別當中，定義名稱、引數個數與型態均與父類別相同的函數，用以改寫父類別裡函數的功用。

自我評量

16.1 繼承的基本概念

1. C++在執行子類別的建構元之前，會先呼叫父類別中沒有引數的建構元，這麼做其目的是為什麼？

2. 如果父類別有數個建構元，我們要如何才能呼叫父類別中特定的建構元呢？

3. 試修改 prog16_1，使得 CTextWin 類別裡的 text 成員是指向一個字串陣列的指標，而此陣列則是以動態記憶體配置的方式來建立。

4. 接續習題 3，試在子類別 CTextWin 裡加入一個 set_text()函數，可用來設定 CTextWin 物件裡的資料成員 text 所指向的字串。

5. 試修改 prog16_1，在子類別 CTextWin 裡加入一個 set_member(char, char *)函數，可用來設定 CTextWin 物件裡的資料成員 id 與 text 字串。

6. 接續習題 5，如果把習題 5 中的 set_member(char, char *)函數撰寫在父類別 CWin 裡是否恰當？為什麼？

7. 試修改 prog16_1，使得 CWin 類別裡的 show_member()函數與 CTextWin 裡的 show_text()函數均是定義在類別的外面，而類別的內部僅保有函數的原型。

8. 在 prog16_1 中，若把父類別 CWin 裡的 show_memebr()函數改為 CWin 的友誼函數，則它是否會繼承給子類別所建立的物件來使用？為什麼？

9. 請試著逐步完成下列的程式設計：

   (a) 試設計一父類別 Caaa，內含兩個 public 整數資料成員 num1 與 num2。

   (b) 設計一子類別 Cbbb，繼承自 Caaa 類別，並加入 set_num()函數，用來設定從父類別繼承而來的成員 num1 與 num2，與 show()函數，用來顯示 num1 與 num2 的值。

   (c) 在主程式 main()裡宣告 Cbbb 類別的變數 obj，利用 set_num()函數將 num1 設值為 10，num2 設值為 20，再以 show()印出成員之值。

10. 試修改習題 9，並逐步完成下面的程式設計：

(a) 試在 Caaa 類別裡加入一個沒有引數的建構元 Caaa()，它可用來把 num1 和 num2 設定初值為 1。

(b) 試在 Caaa 類別裡加入另一個有引數的建構元 Caaa(int a, int b)，它可用來把 num1 設值為 a，把 num2 設值為 b。

(c) 在主程式 main()裡宣告 Caaa 類別的變數 obj1，利用 Caaa()為 obj1 設值；利用 Caaa(10,15)為變數 obj2 設值；以及 Cbbb 類別的變數 obj3，再以 show()分別印出 成員之值。

16.2 由子類別存取父類別的成員

11. 於下面的程式碼中，試於父類別內撰寫 show()函數，使得父類別 num 變數的值可以由 子類別所建立的物件呼叫 show()而顯示出來：

```
01    // hw16_11, 繼承的練習
02    #include <iostream>
03    #include <cstdlib>
04    using namespace std;
05    class Caaa    // 定義 Caaa 類別，在此為父類別
06    {
07      protected:
08        int num;
09      public:
10        Caaa(){ num=5; }
11    };
12    class Cbbb : public Caaa  // 定義 Cbbb 類別，繼承自 Caaa 類別
13    {
14    };
15    int main(void)
16    {
17      Cbbb b;
18      b.show();
19
20      system("pause");
21      return 0;
22    }
```

12. 試把習題 11 中的 show() 函數撰寫在子類別內，並測試之。

13. 於下面的程式碼中，試於適當的位置撰寫 show() 函數，使得父類別 num 變數的值可以由子類別所建立的物件呼叫 show()而顯示出來：

```
01   // hw16_13, 繼承的練習
02   #include <iostream>
03   #include <cstdlib>
04   using namespace std;
05   class Caaa    // 定義 Caaa 類別，在此為父類別
06   {
07     private:
08       int num;
09     public:
10       Caaa(){ num=5; }
11   };
12   class Cbbb : public Caaa  // 定義 Cbbb 類別，繼承自 Caaa 類別
13   {
14   };
15   int main(void)
16   {
17     Cbbb b;
18     b.show();
19
20     system("pause");
21     return 0;
22   }
```

14. 於習題 13 中，Cbbb 類別是以 public 的方式繼承了 Caaa 類別，若改以 private 的方式來繼承，則於習題 13 中所撰寫的 show() 函數是否還適用？為什麼？

15. 於下面的程式碼中，試於適當的位置撰寫 show() 函數，使得父類別裡 num 變數的值可以由 Cccc 類別所建立的物件呼叫 show() 而顯示出來：

```
01   // hw16_15, 繼承的練習
02   #include <iostream>
03   #include <cstdlib>
04   using namespace std;
05   class Caaa    // 定義 Caaa 類別，在此為父類別
06   {
07     protected:
08       int num;
09     public:
10       Caaa(){ num=5; }
```

```
11    };
12    class Cbbb : protected Caaa   // 定義 Cbbb 類別，繼承自 Caaa 類別
13    {
14    };
15    class Cccc : public Cbbb    // 定義 Cccc 類別，繼承自 Cbbb 類別
16    {
17    };
18    int main(void)
19    {
20       Cccc c;
21       c.show();
22
23       system("pause");
24       return 0;
25    }
```

16. 於習題 15 中，在類別 Cccc 中是否可以直接存取到 num 的值？為什麼？

17. 接續習題 10，請試著在子類別 Cbbb 裡撰寫程式碼，呼叫父類別裡沒有引數的建構元 Caaa()來設定初值。

18. 接續習題 10，請試著在子類別 Cbbb 裡撰寫程式碼，呼叫父類別裡有引數的建構元 Caaa(int a, int b) 來設定初值，並測試之。

19. 在 prog16_6 裡，於 main()函數中是否可以用 txt 物件來呼叫 get_id()函數？為什麼？

16.3 改寫

20. 試比較「改寫」與「多載」的不同。

21. 請參考習題 9，並逐步完成下面的程式設計：

(a) 試在父類別 Caaa 裡加入一個 display() 函數，它可顯示出 "printed from Caaa class" 字串。

(b) 在子類別裡加入 display() 函數，用來改寫父類別的 display()。子類別的 display() 函數可用來顯示出 "printed from Cbbb class" 字串。

(c) 在主程式 main()裡宣告 Caaa 變數 obj1，Cbbb 類別的變數 obj2，利用這兩個變數呼叫 display()函數。

22. 請將 prog16_8 中，父類別與子類別的 show_member()函數均移到類別的外面來撰寫。

16.4 在子類別中使用拷貝建構元

23. 在 prog16_10 中，若不撰寫父類別的拷貝建構元，則程式執行時是否會有錯誤發生？為什麼？

24. 在 prog16_10 中，若把第 10 行的

```
char *text;
```

修改成

```
char text[20];
```

試修改相關的程式碼，使得在不更改 main()函數的情況下，main()函數可以正確的執行。

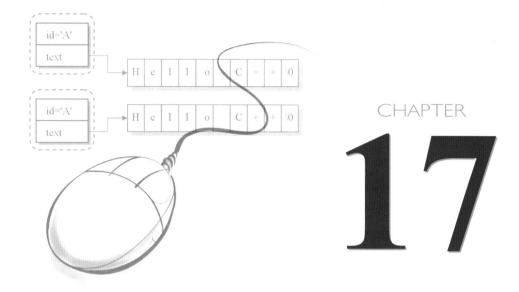

虛擬函數與抽象類別

本章將介紹「虛擬函數」與「抽象類別」，它們是類別概念的延伸。在 C++ 中，虛擬函數可藉由動態連結的方式來處理，使得程式的開發更具彈性。此外，透過繼承延伸出子類別，加上「改寫」的應用，「抽象類別」可以一次讓您建立並控制多個子類別。善用本章所介紹的這兩個主題，您將可撰寫出更精巧的 OOP 程式喔！

本章學習目標

- ↓ 認識虛擬函數與指向基底類別的指標
- ↓ 認識抽象類別與泛虛擬函數的關係
- ↓ 熟悉抽象類別應用於多層繼承的方式
- ↓ 使用虛擬解構元

17.1 虛擬函數

虛擬函數（virtual functions）的主要目的，是用來表明該函數的執行內容現在無法定義，或現在已定義，將來卻可能會被改變。使用虛擬函數可避免掉一些因為繼承的關係，而導致執行時並沒有呼叫到我們所要的函數。

首先我們來看一個錯誤的範例。假設 CWin 內含 area() 與 show_area() 函數，其中 area() 可用來計算並傳回 CWin 物件的面積，而 show_area() 函數則可呼叫 area() 函數來顯示面積。因此父類別的程式碼可依如下的方式來撰寫：

```
01   class CWin                          // 定義 CWin 類別，在此為父類別
02   {
03     protected:
04       char id;
05       int width, height;
06     public:
07       CWin(char i='D',int w=10,int h=10)      // 父類別的建構元
08       {
09         id=i;
10         width=w;
11         height=h;
12       }
13       void show_area()                 // 父類別的 show_area()函數
14       {
15         cout << "Window " << id << ", area = " << area() << endl;
16       }
17       int area()                       // 傳回視窗物件的面積
18       {
19         return width*height;
20       }
21   };
```

另外，假設我們定義一個 CWin 類別的子類別 CMiniWin，暫且把它稱為 "迷你視窗" 類別。這個子類別內也定義一個 area() 函數，可用來顯示 "迷你視窗" 的可用面積。由於 "迷你視窗" 的邊框設計可能較為花俏，因此可用面積較其真實的面積來的小，假設可用面積為其真實面積的 80%。於是可撰寫出下面 CMiniWin 類別的程式碼：

```
01  class CMiniWin : public CWin              // 定義子類別 CMiniWin
02  {
03    public:
04      CMiniWin(char i,int w,int h):CWin(i,w,h){}  // 子類別的建構元
05
06      int area()
07      {
08        return (int)(0.8*width*height);         // 傳回可用面積
09      }
10  };
```

現在，在父類別與子類別裡均有一個 area() 函數，因此子類別的 area() 函數會改寫
（override）父類別的 area()。此外，我們也知道父類別的 show_area() 函數會因繼承的
關係而繼承給子類別使用。有趣的是，若是以子類別的物件呼叫 show_area() 函數時，
show_area() 會呼叫 area() 函數，此時是父類別的 area() 函數被呼叫，還是子類別的
area() 函數呢？我們來看看下面完整的範例：

```
01  // prog17_1，錯誤的範例，未使用虛擬函數
02  #include <iostream>
03  #include <cstdlib>
04  using namespace std;
05  class CWin                              // 定義 CWin 類別，在此為父類別
06  {
07    protected:
08      char id;
09      int width, height;
10    public:
11      CWin(char i='D',int w=10, int h=10)    // 父類別的建構元
12      {
13        id=i;
14        width=w;
15        height=h;
16      }
17      void show_area()                    // 父類別的 show_area()函數
18      {
19        cout << "Window " << id << ", area = " << area() << endl;
20      }
21      int area()                          // 父類別的 area()函數
```

```
22        {
23            return width*height;
24        }
25    };
26
27    class CMiniWin : public CWin        // 定義子類別 CMiniWin
28    {
29        public:
30          CMiniWin(char i,int w,int h):CWin(i,w,h){}      // 子類別的建構元
31
32          int area()                    // 子類別的 area()函數
33          {
34              return (int)(0.8*width*height);
35          }
36    };
37
38    int main(void)
39    {
40        CWin win('A',70,80);            // 建立父類別物件 win
41        CMiniWin m_win('B',50,60);      // 建立子類別物件 m_win
42
43        win.show_area();        // 以父類別物件 win 呼叫 show_area()函數
44        m_win.show_area();      // 以子類別物件 m_win 呼叫 show_area()函數
45
46        system("pause");
47        return 0;
48    }
```

```
/* prog17_1 OUTPUT------

Window A, area = 5600
Window B, area = 3000

------------------------*/
```

於本例中，第 43 行用 CWin 類別的物件 win 呼叫 show_area()，得到面積為 5600，而第
44 行用 CMiniWin 類別的物件 m_win 呼叫 show_area()，我們預期會得到 0.8*3000=2400
的結果，可是輸出結果卻是 3000？是哪兒出錯呢？

這是因為編譯器在編器程式碼時，便把父類別 CWin 裡的 show_area() 和 area() 函數連結在一起編譯，因此當您呼叫 show_area() 函數時，show_area() 所執行的 area() 函數是父類別 CWin 裡的 area()，而非子類別裡的 area()，這種 show_area() 和 area() 函數連結的方式稱為早期連結（early binding），或稱靜態連結（static linkage）。　　　❖

要修正這個問題，我們可以把 area() 改為虛擬函數（virtual function）。虛擬函數的好處在於，它可以與呼叫它的函數進行動態連結（dynamic linkage），或稱為晚期連結（late binding），也就是在程式執行時才由當時的情況來決定是哪一個 area() 函數被呼叫，而非在編譯時就把 show_area() 和特定的 area() 函數配對。

想把 area() 宣告成虛擬函數，只要在其定義之前加上 virtual 這個關鍵字即可。如下面的程式碼：

```
01   // prog17_2, 使用虛擬函數來修正錯誤
02   #include <iostream>
03   #include <cstdlib>
04   using namespace std;
05   class CWin                           // 定義 CWin 類別, 在此為父類別
06   {
07     protected:
08       char id;
09       int width, height;
10     public:
11       CWin(char i='D',int w=10, int h=10)        // 父類別的建構元
12       {
13          id=i;
14          width=w;
15          height=h;
16       }
17       void show_area()                  // 父類別的 show_area()函數
18       {
19          cout << "Window " << id << ", area = " << area() << endl;
20       }
21       virtual int area()                // 父類別的 area()函數
22       {
```

```
23            return width*height;
24        }
25   };
26
27   class CMiniWin : public CWin        // 定義子類別 CMiniWin
28   {
29     public:
30       CMiniWin(char i,int w,int h):CWin(i,w,h){}  // 子類別的建構元
31
32       virtual int area()              // 子類別的 area() 函數
33       {
34          return (int)(0.8*width*height);
35       }
36   };
37
38   // 將 prog17_1 的主函數 main() 放在這兒
```

```
/* prog17_2 OUTPUT-----
Window A, area = 5600
Window B, area = 2400

----------------------*/
```

於 prog17_2 中，加上 virtual 關鍵字之後，讀者可以看出現在 show_area() 函數會正確的呼叫相對應的 area() 函數。

在此附帶一提，雖然在父類別與子類別裡，我們均可把 area() 函數冠上 virtual 關鍵字，用來指明 area() 為虛擬函數，但其實只要在父類別裡的 area() 函數之前冠上 virtual 關鍵字即可。然而我們還是建議您在子類別的 area() 函數之前還是加上 virtual，用以識別該函數是以動態的方式來連結。

此外，若要把函數定義為 virtual，則在子類別內所定義的 virtual 函數的傳回型態、函數名稱，以及引數的型態與個數等，均必須與父類別內所定義的 virtual 函數相同，否則編譯器會把它們視為不同的函數，而不會以動態的方式來連結它們。　❖

17.2 指向基底類別的指標

稍早我們曾初淺的介紹指向物件的指標。有趣的是,如果一個指標是指向由基底類別
(父類別)所建立的物件,則我們也可以更改其指向,使其指向這個基底類別的衍生
類別(子類別)所建立的物件。這個設計有個相當大的好處,也就是同一個型態的指
標,卻可指向不同型態的物件。我們將 prog17_2 稍做修改,來說明如何將指向父類別
物件的指標轉而指向子類別物件。

```cpp
01    // prog17_3, 簡單的應用-指向基底類別物件的指標
02    #include <iostream>
03    #include <cstdlib>
04    using namespace std;
05    // 將 prog17_2 的 CWin 類別放在這兒
06    // 將 prog17_2 的 CMiniWin 類別放在這兒
07
08    int main(void)
09    {
10       CWin win('A',70,80);
11       CMiniWin m_win('B',50,60);  // 建立子類別的物件
12
13       CWin *ptr=NULL;                 // 宣告指向基底類別(父類別)的指標
14
15       ptr=&win;                       // 將 ptr 指向父類別的物件 win
16       ptr->show_area();               // 以 ptr 呼叫 show_area()函數
17
18       ptr=&m_win;                     // 將 ptr 指向子類別的物件 m_win
19       ptr->show_area();               // 以 ptr 呼叫 show_area()函數
20
21       system("pause");
22       return 0;
23    }
```

```
/* prog17_3 OUTPUT-----

Window A, area = 5600
Window B, area = 2400

----------------------*/
```

prog17_3 的 CWin 類別與 CMiniWin 類別與 prog17_2 完全相同，其差別只在於主程式 main()。 在主程式 main() 的第 13 行，宣告一個 CWin 類別型態的指標 ptr，並先將它設定指向 NULL。15 行將它指向父類別的 win 物件，並於 16 行印出其面積。值得注意的是，我們也可以將 ptr 指向子類別物件 m_win，如第 18 行的作法。從 19 行的輸出中可以觀察到 ptr 的確指向 m_win 物件，且輸出值也正確無誤。　　　　　　　　❖

從本例中我們可以學習到，指向基底類別的指標，同時也可以指向其衍生類別所建立的物件。這個設計雖然好用，但如果基底類別的物件是以動態記憶體配置的方式來產生，我們又用一個指標指向它的話，在使用上應特別注意記憶體的回收，否則將會把資料遺留在記憶體中，造成系統無法再使用這個區塊的記憶體。

我們舉一個實例來說明以指標指向由動態記憶體配置之物件時，應注意的事項。下面的範例修改自 prog17_3，其中 CWin 與 CMiniWin 類別均與 prog17_3 完全相同，故將它們省略，只列出 main() 主程式：

```
01    // prog17_4, 錯誤示範, 指向由動態記憶體配置之物件的指標
02    #include <iostream>
03    #include <cstdlib>
04    using namespace std;
05    // 將 prog17_3 的 CWin 類別放在這兒
06    // 將 prog17_3 的 CMiniWin 類別放在這兒
07
08    int main(void)
09    {
10        CWin *ptr=new CWin('A',70,80);   // 設定 ptr 指向 CWin 類別的物件
11        CMiniWin m_win('B',50,60);
12
13        ptr->show_area();                // 以 ptr 呼叫 show_area()函數
14
15        ptr=&m_win;                      // 將 ptr 指向子類別的物件 m_win
16        ptr->show_area();                // 以 ptr 呼叫 show_area()函數
17
18        delete ptr;                      // 清除 ptr 所指向的記憶空間
19
```

```
20      system("pause");
21      return 0;
22   }
```

```
/* prog17_4 OUTPUT----

Window A, area = 5600
Window B, area = 2400

---------------------*/
```

於 prog17_4 中，我們在第 10 行用動態記憶體配置的方式建立一個 CWin 類別的物件，並用 ptr 指標指向它。第 11 行則建立另一個 CMiniWin 類別的物件 m_min。第 13 行以指標 ptr 呼叫 show_area() 函數，第 15 行更改 ptr 的指向，使其指向子類別的物件 m_win，16 行則印出其面積，最後 18 行再釋放 ptr 所指向的記憶體空間。這個程式碼看起來似乎沒有錯，但是問題出在哪兒呢？

讀者可以看到，第 15 行已更改 ptr 的指向，於是原先 ptr 所指向的記憶體便無法釋放，所以 18 行即使利用 delete 釋放記憶空間，但 ptr 的指向已遭更改，因此原先 ptr 所指向的記憶體就無法被釋放。下圖是執行完 10~11 行，建立物件之後的記憶體配置情形：

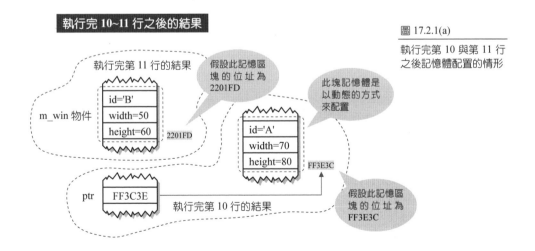

圖 17.2.1(a)

執行完第 10 與第 11 行之後記憶體配置的情形

接著可以看到執行完 15 行，將指標指向子類別的物件 m_win 之後的情形：

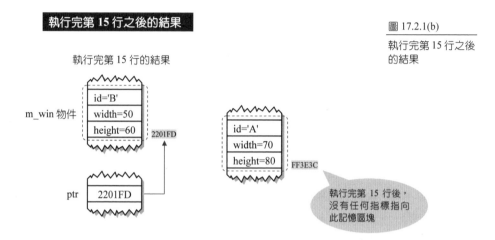

執行完第 15 行之後的結果

圖 17.2.1(b)
執行完第 15 行之後
的結果

執行完第 15 行的結果

m_win 物件
id='B'
width=50
height=60   2201FD

id='A'
width=70
height=80   FF3E3C

ptr   2201FD

執行完第 15 行後，
沒有任何指標指向
此記憶區塊

事實上，18 行的 delete 運算子在此並沒有任何的作用，它也不能釋放由 m_win 物件所佔據的記憶空間，因為 m_win 物件並不是以動態記憶體配置的方式來建立，因而 18 行的動作對 m_win 物件並沒有效果，m_win 物件在程式結束後才會自動被銷毀。讀者可試著在第 19 行加上下面的敘述：

```
ptr->show_area();                    // 以 ptr 呼叫 show_area()函數
```

此時 show_area() 函數依然正確的被執行，代表 ptr 所指向的物件並未被銷毀。   ❖

要修正這個錯誤，最簡單的方法就是在 ptr 指向的物件不再使用時，先用 delete 將它所佔的記憶體釋放，再將 ptr 指標指向另一個物件 m_win 即可，如下面的範例：

```
01   // prog17_5, 修正 prog17_4 的錯誤
02   #include <iostream>
03   #include <cstdlib>
04   using namespace std;
05   // 將 prog17_3 的 CWin 類別放在這兒
06   // 將 prog17_3 的 CMiniWin 類別放在這兒
07
08   int main(void)
```

```
09   {
10        CWin *ptr=new CWin('A',70,80);   // 設定 ptr 指向 CWin 類別的物件
11        CMiniWin m_win('B',50,60);
12
13        ptr->show_area();                // 以 ptr 呼叫 show_area()函數
14        delete ptr;                      // 先釋放 ptr 所指向的記憶空間
15
16        ptr=&m_win;                      // 再將 ptr 指向子類別的物件 m_win
17        ptr->show_area();                // 以 ptr 呼叫 show_area()函數
18
19        system("pause");
20        return 0;
21   }
```

```
/* prog17_5 OUTPUT----

Window A, area = 5600
Window B, area = 2400

----------------------*/
```

由於編譯器並不會自動回收以動態方式所配置的記憶空間，因此若是將指標指向這類的記憶空間時，請記得要銷毀所建立的物件，以避免記憶空間的流失。　❖

17.3　抽象類別與泛虛擬函數

事實上，我們也可以在基底類別裡撰寫專門用來繼承給子類別的虛擬函數，使得由此一基底類別所衍生出的子類別，均必須藉由改寫的技術來定義這個虛擬函數，具有這個特性的虛擬函數稱之為「泛虛擬函數」（pure virtual function），而包含有泛虛擬函數的類別稱為「抽象類別」（abstract class）。

17.3.1 定義泛虛擬函數

類別裡的泛虛擬函數的作用是用來當作範本，使得繼承自它的子類別均必須要依據這個範本格式來定義函數，或者是重新把它定義成一個泛虛擬函數。

例如，我們之前所介紹的 CWin 類別主要是用來放置視窗裡常用的一些物件，如選單，按鈕等等。但視窗的設計並不一定要矩形，它也可以是三角形（triangle）、圓形（circle），或者是其它形狀。因這些形狀都是屬於常見的幾何形狀，也會牽涉到面積的計算，但面積的計算方式對每一種幾何形狀而言又都不相同，因此我們可以定義一個基底類別 CShape，內含一個泛虛擬函數 area()，再把 CShape 類別繼承給各種不同形狀的視窗類別，如此一來，每一個不同形狀的視窗類別便可撰寫各自計算面積的函數 area()，來計算視窗的面積。

內含泛虛擬函數的類別稱為抽象類別，因此從上面的探討中，我們可知道 CShape 類別是抽象類別。下圖是由抽象類別 CShape 衍生出子類別 CWin、CCirWin 與 CTriWin 類別的示意圖，由圖中可以觀察到定義在 CShape 裡的泛虛擬函數 area()，必須在子類別裡做改寫動作：

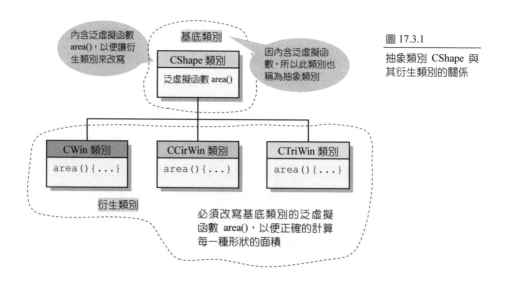

圖 17.3.1

抽象類別 CShape 與其衍生類別的關係

如前所述，如果想為每一個幾何形狀的視窗類別設計一個 area() 函數，用來顯示幾何形狀的面積，由於每種幾何形狀的面積計算方式並不相同，所以把 area() 的處理方式設計在基底類別裡並不恰當，但每一個由 CShape 基底類別所衍生出的子類別又都需要

用到這一個函數，因此可以在父類別裡把 area() 函數宣告成泛虛擬函數，而把 area()
處理的方法留在子類別裡來定義。根據上述的概念，我們可撰寫出如下的 CShape 基底
類別程式碼：

```
01   class CShape                    // 定義抽象類別 CShape
02   {
03     public:
04       virtual int area()=0;       // 定義 area()，並令設之為 0 代表它是泛虛擬函數
05
06       void show_area()            // 定義成員函數 show_area()
07       {
08         cout << "area = " << area() << endl;
09       }
10   };
```

因為泛虛擬函數只是個空殼，它必須在衍生出的子類別裡重新定義它，因此 C++是以
設定虛擬函數為 0 的方式來表示該函數是虛擬函數，如上面程式碼的第 4 行所示。

此外，6~9 行定義成員函數 show_area()，用來呼叫 area() 函數並顯示視窗物件的面積。
您可以用「改寫」（overriding）的技術在子類別裡重新定義 show_area()。如果在子類
別裡沒有改寫它，則在基底類別的 show_area() 版本會被使用。

從上面的討論可知，抽象類別有點類似「範本」的作用，其目的是要讓您依據它的格
式來修改並建立新的類別。但是抽象類別裡包含著尚未定義的泛虛擬函數，因此不能
直接由抽象類別建立物件，只能透過抽象類別衍生出新的類別，再由它來建立物件。

17.3.2 抽象類別的實作

如前所述，抽象類別的目的是要您依據它的格式來修改並建立新的類別，因此抽象類
別裡的泛虛擬函數並沒有定義處理的方式，而是要保留給從抽象類別衍生出的新類別
來定義。也許讀者看到這兒會感到些許模糊，我們舉一個實例來做說明。

假設想從基底類別 CShape 衍生出一個矩形視窗的子類別 CWin，與一個圓形視窗的子類別 CCirWin。這些子類別的撰寫方式與一般的子類別相同，唯一不同的是，子類別必須根據基底類別中的泛虛擬函數加以明確的定義，也就是做「改寫」的動作。下面的程式碼是以子類別 CWin 為例來撰寫的：

```
01   class CWin : public CShape   // 定義由 CShape 類別所衍生出的子類別 CWin
02   {
03     protected:
04       int width, height;
05
06     public:
07       CWin(int w=10, int h=10)        // CWin()建構元
08       {
09         width=w;
10         height=h;
11       }
12       virtual int area()
13       {                               在此處明確定義 area()的
14         return width*height;          處理方式
15       }
16   };
```

在子類別 CWin 的定義中，第 1 行指定 CWin 類別以 public 方式繼承 CShape 基底類別。3~11 行宣告資料成員並定義建構元。12~15 行明確的定義 area() 的處理方式，也就是傳回矩形的面積。

有了上述的概念之後，我們可以開始撰寫完整的程式碼。prog17_6 是抽象類別實作的完整實例，其中 CShape 是抽象類別，而 CWin 與 CCirWin 則是延伸自 CShape 抽象類別的子類別。

```
01   // prog17_6, 抽象類別的實作
02   #include <iostream>
03   #include <cstdlib>
04   using namespace std;
05   class CShape                        // 定義抽象類別 CShape
```

```
06  {
07     public:
08        virtual int area()=0;  // 定義 area()，並令之為 0 來代表它是泛虛擬函數
09
10        void show_area()           // 定義成員函數 show_area()
11        {
12           cout << "area = " << area() << endl;
13        }
14  };
15
16  class CWin : public CShape     // 定義由 CShape 所衍生出的子類別 CWin
17  {
18     protected:
19       int width, height;
20
21     public:
22       CWin(int w=10, int h=10)  // CWin()建構元
23       {
24          width=w;
25          height=h;
26       }
27       virtual int area()
28       {
29          return width*height;
30       }
31  };
32
33  class CCirWin : public CShape     // 定義由 CShape 所衍生出的子類別 CCirWin
34  {
35     protected:
36       int radius;
37
38     public:
39       CCirWin(int r=10)             // CCirWin()建構元
40       {
41          radius=r;
42       }
43       virtual int area()
44       {
45          return (int) (3.14*radius*radius);
46       }
```

在此處明確定義 area()的處理方式

在此處明確定義 area()的處理方式

```
47        void show_area()
48        {
49            cout << "CCirWin 物件的面積 = " << area() <<endl;   改寫父類別的
50        }                                                        show_area()函數
51    };
52
53    int main(void)
54    {
55        CWin win1(50,60);              // 建立 CWin 類別的物件 win1
56        CCirWin win2(100);             // 建立 CCinWin 類別的物件 win2
57
58        win1.show_area();             // 用 win1 呼叫 show_area();
59        win2.show_area();             // 用 win2 呼叫 show_area();
60
61        system("pause");
62        return 0;
63    }
```

```
/* prog17_6 OUTPUT-------
area = 3000
CCirWin 物件的面積 = 31400
------------------------*/
```

CWin 與 CCirWin 是繼承自 CShape 抽象類別的子類別，它們除了可以擁有自己的資料
成員與成員函數之外，同時也明確的定義 CShape 抽象類別中的泛虛擬函數 area()。
CShape、CWin 與 CCirWin 的 area() 函數之間的關係可由下圖來表示：

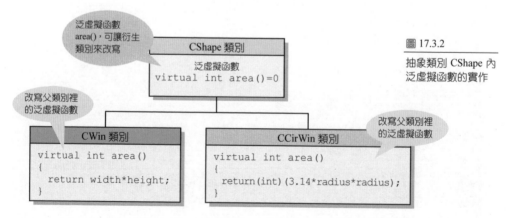

圖 17.3.2

抽象類別 CShape 內
泛虛擬函數的實作

第 16~31 行定義由 CShape 所衍生出的子類別 CWin。33~51 行定義子類別 CCirWin，並指定它以 public 的方式繼承 CShape 基底類別，其中 43~46 行明確的定義 area() 的處理方式，也就是傳回圓面積的值，而 47~50 行則改寫父類別的 show_area() 函數，用以取代父類別裡所定義的 show_area() 函數。

在 main() 主程式中，第 55~56 行分別建立 CWin 類別的物件 win1 與 CCirWin 類別的物件 win2，58 行則利用 win1 呼叫 show_area() 函數，此時印出面積為 3000。由於在 CWin 類別裡並沒有改寫 show_area() 函數，因此 win1 物件呼叫的 show_area() 是基底類別的版本。59 行利用 win2 呼叫 show_area() 函數，在 CCirWin 類別裡已改寫 show_area() 函數，所以 win2 物件呼叫的 show_area() 是 CCirWin 類別裡所提供的版本，從輸出中可以得到驗證。　　　　　　　　　　　　　　　　　　　　　❖

讀者可以瞭解到使用抽象類別所帶來的好處。抽象類別裡可定義泛虛擬函數，而抽象類別的子類別裡則可改寫泛虛擬函數，以符合每一個類別所需，就如同每一個幾何形狀皆有其特定的面積公式一樣。

17.3.3　使用抽象類別的注意事項

使用抽象類別時，這裡有很重要的一點要提醒讀者,"抽象類別不能用來直接產生物件"。其原因在於它的抽象方法只有定義，而沒有明確的宣告，因此如果用它來建立物件，則物件根本不知要如何使用這個抽象方法，也就是說，您不能撰寫如下的程式碼：

```
int main(void)
{
   CShape shape;                 // 錯誤，不能用抽象類別來產生物件 shape
   ...
}
```

既然不能用抽象類別直接產生物件，因此在抽象類別內定義建構元似乎也是多餘的。事實上，C++的編譯器也不允許您這麼做。

17.4 抽象類別於多層繼承的應用

類別是可以一再被繼承的。也就是說，基底類別的角色並非一層不變，只要它繼承某個類別，則此一基底類別就變成別人的衍生類別。如下圖所示，

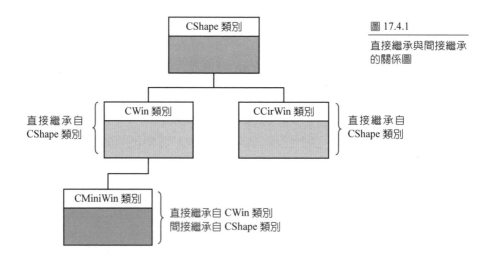

圖 17.4.1

直接繼承與間接繼承
的關係圖

於上圖中，最上層的 CShape 類別為此一架構下的基底類別，而 CWin 與 CCirWin 類別繼承 CShpe 類別，變成是它的子類別。像這種直接繼承自某個類別的動作，我們稱之為直接繼承（direct inheritance）。

另外，CMiniWin 類別繼承 CWin 類別，但因 CWin 是 CShape 類別的子類別，因此 CMiniWin 類別也間接繼承 CShape 的成員。像這種 CShape 與 CMiniWin 類別的繼承關係，我們稱之為間接繼承（indirect inheritance）。

前一節所提的抽象類別也可以應用於多層繼承的架構，我們來看看下面的範例：

```
01    // prog17_7, 抽象類別於多層繼承的應用
02    #include <iostream>
03    #include <cstdlib>
04    using namespace std;
```

```cpp
05   class CShape                        // 定義抽象類別 CShape
06   {
07     public:
08       virtual int area()=0;    // 定義 area() 為泛虛擬函數
09
10       void show_area()              // 定義成員函數 show_area()
11       {
12         cout << "area = " << area() << endl;
13       }
14   };
15
16   class CWin : public CShape    // 定義由 CShape 所衍生出的子類別 CWin
17   {
18     protected:
19       int width, height;
20
21     public:
22       CWin(int w=10, int h=10)  // CWin()建構元
23       {
24         width=w;
25         height=h;
26       }
27       virtual int area()
28       {
29         return width*height;
30       }
31       void show_area()
32       {
33         cout << "CWin 物件的面積 = " << area() << endl;
34       }
35   };
36
37   class CCirWin : public CShape   // 定義由 CShape 所衍生出的子類別 CCirWin
38   {
39     protected:
40       int radius;
41
42     public:
43       CCirWin(int r=10)           // CCirWin()建構元
44       {
45         radius=r;
```

```
46          }
47          virtual int area()
48          {
49              return (int)(3.14*radius*radius);
50          }
51          void show_area()
52          {
53              cout << "CCirWin 物件的面積 = " << area() << endl;
54          }
55      };
56
57      class CMiniWin : public CWin   // 定義由 CWin 所衍生出的子類別 CMiniWin
58      {
59        public:
60          CMiniWin(int w,int h):CWin(w,h){}              // 子類別的建構元
61
62          virtual int area()
63          {
64              return (int) (0.5*width*height);
65          }
66          void show_area()
67          {
68              cout << "CMiniWin 物件的面積 = " << area() << endl;
69          }
70      };
71
72      int main(void)
73      {
74        CWin win1(50,60);
75        CCirWin win2(100);
76        CMiniWin win3(50,60);
77
78        win1.show_area();
79        win2.show_area();
80        win3.show_area();
81
82        system("pause");
83        return 0;
84      }
```

```
/* prog17_7 OUTPUT------
CWin 物件的面積 = 3000
CCirWin 物件的面積 = 31400
CMiniWin 物件的面積 = 1500
-----------------------*/
```

在 prog17_7 中，我們共定義 CShape、CWin、CCirWin 與 CMiniWin 四個類別，其中 CShape 類別為基底類別，CWin 與 CCirWin 繼承它，成為它的子類別。此外，CMiniWin 類別間接繼承 CShape 類別，而直接繼承 CWin 類別。

於本例中，基底類別定義了泛虛擬函數 area()，及虛擬函數 show_area()。在其衍生類別中，我們均詳細的定義 area() 函數，並且改寫基底類別的 show_area() 函數，使得衍生類別都可呼叫自己的 show_area() 函數。如果衍生類別內沒有提供 show_area() 函數，則其父類別的 show_area() 會被呼叫。

程式 74~76 行建立三個不同類別的物件，78~80 行再以這三個物件呼叫 show_area()。讀者都可以觀察到每一個物件均正確的呼叫改寫後的 show_area() 版本，也都正確的執行相對應的 area() 函數。　　　　　　　　　　　　　　　　　　　　　　　　❖

17.5　虛擬解構元

在前一節裡我們已經提及，指向父類別物件之指標，也可更改其指向，使其指向子類別的物件。這麼做雖然帶來相當的便利，然而卻也可能會造成解構元呼叫不正確的情形。下面的範例修改自 prog17_7，所不同的是，我們拿掉 CCirWin 類別以化簡程式碼，並在每一個類別內加入解構元，用以追蹤解構元呼叫的情形：

```cpp
01    // prog17_8, 錯誤的範例, 虛擬函數與解構元
02    #include <iostream>
03    #include <cstdlib>
04    using namespace std;
05    class CShape                    // 定義抽象類別 CShape
06    {
07      public:
08        virtual int area()=0;    // 定義 area()為泛虛擬函數
09        void show_area()
10        {
11          cout << "area = " << area() << endl;
12        }
13        ~CShape()                    // ~CShape() 解構元
14        {
15          cout << "~CShape()解構元被呼叫了..." << endl;
16          system("pause");
17        }
18    };
19
20    class CWin : public CShape      // 定義由 CShape 所衍生出的子類別 CWin
21    {
22      protected:
23        int width, height;
24
25      public:
26        CWin(int w=10, int h=10):width(w),height(h){} // CWin()建構元
27
28        virtual int area() {return width*height; }
29
30        void show_area() {
31          cout << "CWin 物件的面積 = " << area() << endl;
32        }
```

```
33      ~CWin()                      // ~CWin() 解構元
34      {
35          cout << "~CWin()解構元被呼叫了..." << endl;
36          system("pause");
37      }
38  };
39
40  class CMiniWin : public CWin  // 定義由 CWin 所衍生出的子類別 CMiniWin
41  {
42    public:
43      CMiniWin(int w,int h):CWin(w,h){}        // CMiniWin()建構元
44
45      virtual int area() {
46          return (int) (0.5*width*height);
47      }
48      void show_area(){
49          cout << "CMiniWin 物件的面積 = " << area() << endl;
50      }
51      ~CMiniWin()                  // ~CMiniWin() 解構元
52      {
53          cout << "~CMiniWin()解構元被呼叫了..." << endl;
54          system("pause");
55      }
56  };
57
58  int main(void)
59  {
60      CShape *ptr=new CWin(50,60);
61      ptr->show_area();
62      cout << "銷毀 CWin 物件..." << endl;
63      delete ptr;
64      cout << endl;
65
66      ptr=new CMiniWin(50,50);
67      ptr->show_area();
68      cout << "銷毀 CMiniWin 物件..." << endl;
69      delete ptr;
70      cout << endl;
71
72      CMiniWin m_win(100,100);
73      m_win.show_area();
```

```
74
75      system("pause");
76      return 0;
77   }
```

/* prog17_8 OUTPUT---------

```
area = 3000                     ——— 抽象類別 CShape 的 show_area()函數被呼叫了
銷毀 CWin 物件...
~CShape()解構元被呼叫了...       ——— 63 行的執行結果
請按任意鍵繼續 . . .


area = 1250                     ——— 抽象類別 CShape 的 show_area()函數被呼叫了
銷毀 CMiniWin 物件...
~CShape()解構元被呼叫了...       ——— 69 行的執行結果
請按任意鍵繼續 . . .


CMiniWin 物件的面積 = 5000
請按任意鍵繼續 . . .
~CMiniWin()解構元被呼叫了...
請按任意鍵繼續 . . .                      自動處理物件的銷毀,此時會先執行
~CWin()解構元被呼叫了...                  自己的解構元再執行父類別的解構
請按任意鍵繼續 . . .                      元,最後再執行基底類別的解構元
~CShape()解構元被呼叫了...
請按任意鍵繼續 . . .
-------------------------*/
```

於上面的範例中,在每一個類別內加入解構元,用以追蹤解構元呼叫的情形。第 60 行
利用動態記憶體配置的方式建立一個 CWin 類別型態的物件,並以指向基底類別的指標
ptr 指向它。61 行呼叫 show_area() 函數,63 行則銷毀 ptr 所指向的物件。從輸出中可
看出,原本期望 CWin 類別裡的 show_area() 函數會被呼叫,然而被呼叫的卻是 CShape
類別裡的 show_area()。

此外,由輸出中亦可看出的只有 CShape 類別裡的解構元被呼叫,但我們知道物件在被
銷毀時,會先呼叫物件本身的~CWin() 解構元,然後才呼叫父類別~CShape() 解構元。
很顯然的,~CWin() 解構元並沒有被呼叫到。

相同的情況也發生在 66~69 行。66 行利用指標 ptr 指向 CMiniWin 物件。67 行呼叫 show_area() 函數，69 行則銷毀 ptr 所指向的物件。從輸出中可看出，還是 CShape 類別 裡的 show_area() 函數被呼叫，且在銷毀物件時，也只有~CShape() 解構元被呼叫，而 ~CWin() 與~CMiniWin() 解構元都沒有被呼叫到。

最後，程式的第 72 行建立一個 CMiniWin 類別的物件。它不是以動態記憶體配置的方 式來建立，因而物件是在程式結束時自動銷毀，所以於輸出中，可以看出先是 ~CMiniWin() 解構元被呼叫，然後是~CWin() 解構元，最後才是基底類別的解構元 ~CShape() 被呼叫。

問題是，為什麼用指標指向基底類別來建立物件時，show_area() 函數與解構元的呼叫 會錯誤呢？這是因為在執行 delete 指令時，編譯器所知道的訊息只是 ptr 的型態為基底 類別 CShape，而 ptr 真正指向之物件的型態會無法得知，因此編譯器就假設 ptr 是指向 由基底類別所建立之物件，所以 61 與 67 行只會呼叫 CShape 裡的 show_area() 函數， 而 63 與 69 行的執行結果只會呼叫~CShape() 解構元。　　　　　　　　　　❖

事實上，如果基底類別的函數或解構元不是虛擬時，若是以指向基底類別型態的指標 呼叫函數或銷毀指標所指向的物件，就只會執行基底類別的函數或解構元，而其衍生 類別裡「改寫」父類別的函數或解構元則永遠不會被呼叫到。要解決這個問題的方法 很簡單，把基底類別的解構元改成虛擬解構元即可，如 prog17_9 所示：

```
01   // prog17_9, 使用虛擬解構元
02   #include <iostream>
03   #include <cstdlib>
04   using namespace std;
05   class CShape                      // 定義抽象類別 CShape
06   {
07     public:
08       virtual int area()=0;         // 定義 area()為泛虛擬函數
09       virtual void show_area()      // 定義 show_area()為虛擬函數
10       {
```

```
11              cout << "area = " << area() <<endl;
12          }
13      virtual ~CShape()                      // 定義 ~CShape() 為虛擬解構元
14      {
15          cout << "~CShape()解構元被呼叫了..." << endl;
16          system("pause");
17      }
18   };
19
20   // 將 prog17_8 的 CWin 類別放在這兒
21   // 將 prog17_8 的 CMiniWin 類別放在這兒
22   // 將 prog17_8 的 main() 主程式放在這兒
```

/* prog17_9 OUTPUT---------

CWin 物件的面積 = 3000
銷毀 CWin 物件...
~CWin()解構元被呼叫了...
請按任意鍵繼續 . . .
~CShape()解構元被呼叫了...
請按任意鍵繼續 . . .

銷毀 CWin 物件的，此時會先執行
~CWin()解構元，再執行基底類別的
解構元~CShape()

CMiniWin 物件的面積 = 1250
銷毀 CMiniWin 物件...
~CMiniWin()解構元被呼叫了...
請按任意鍵繼續 . . .
~CWin()解構元被呼叫了...
請按任意鍵繼續 . . .
~CShape()解構元被呼叫了...
請按任意鍵繼續 . . .

銷毀 CMiniWin 物件，此時會先執行
自己的解構元再執行父類別的解構
元，最後再執行基底類別的解構元

CMiniWin 物件的面積 = 5000
請按任意鍵繼續 . . .
~CMiniWin()解構元被呼叫了...
請按任意鍵繼續 . . .
~CWin()解構元被呼叫了...
請按任意鍵繼續 . . .
~CShape()解構元被呼叫了...
請按任意鍵繼續 . . .
-------------------------*/

自動處理物件的銷毀，此時會先執行
自己的解構元再執行父類別的解構
元，最後再執行基底類別的解構元

現在 show_area() 函數與解構元已經可以正確的被呼叫。於本例中，我們只在第 9 行設定 show_area() 為虛擬函數，且在第 13 行基底類別 CShape 的解構元加上 virtual 關鍵字，事實上，您也可以設定每一個衍生類別的 show_area() 為虛擬函數，解構元為 virtual，這麼做可幫助程式碼更加的清晰，且其執行結果也會與本例完全相同。

如果程式碼裡有使用抽象類別，且用指標指向它的話，建議您把基底類別裡要留給子類別改寫的函數與解構元均設為 virtual，這麼做只是在函數與解構元之前加上 virtual 關鍵字，但是可以確保函數與解構元會正確地被呼叫，如此一來，不但可釋放記憶空間，在某些情況下，也可避免掉程式執行後便當掉的可能性。

本章摘要

1. 虛擬函數（virtual functions）的主要目的，是用來表明該函數的執行內容現在無法定義，或現在已定義，將來卻可能會被改變。

2. 要把函數宣告成 virtual，只要在函數之前加上 virtual 關鍵字即可。

3. 若要把函數定義為 virtual，則在子類別內所定義的 virtual 函數的傳回型態、函數名稱，以及引數的型態與個數等，均必須與父類別內所定義的 virtual 函數相同，否則編譯器會把它們視為不同的函數。

4. 如果指標是指向父類別所建立的物件，則我們也可以更改其指向，使其指向其子類別所建立的物件。

5. 因編譯器並不會自動回收以動態方式所配置的記憶空間，因此若將指標指向這類的記憶空間時，請記得要銷毀所建立的物件，以避免記憶空間的流失。

6. 專門用來讓子類別改寫的函數稱為「泛虛擬函數」（pure virtual function），而包含有泛虛擬函數的類別稱為「抽象類別」（abstract class）。

7. 抽象類別裡包含尚未定義的泛虛擬函數，因此不能直接由抽象類別建立物件，只能透過抽象類別衍生出新的類別，再由它來建立物件。

8. 如果程式碼裡有使用抽象類別，可把基底類別的解構元設為 virtual，如此可以確保解構元會正確地被呼叫，不但可釋放記憶空間，在某些情況下，也可避免掉程式執行後便當掉的可能性。

自我評量

17.1 虛擬函數

1.　於 prog17_2 中，CMiniWin 類別裡的虛擬函數 area()是定義在類別的內部；試將它移到 CMiniWin 類別的外部來撰寫。

2.　若把 prog17_2 中，第 32~35 行的 area()函數改寫成

```
virtual double area()    // 子類別的 area()函數
{
    return (0.8*width*height);
}
```

　　在編譯後，您會得到什麼樣的錯誤訊息？試解釋為什麼會得到這樣的錯誤。

17.2 指向基底類別的指標

3.　於 prog17_3 中，我們是以 ptr 呼叫 show_area()函數。試修改程式碼，使得 ptr 是以呼叫 area()函數的方式來顯示出物件的面積。

4.　試在 prog17_3 裡加入函數 display()，它的定義如下：

```
void display(CWin &win)
{
    win.show_area();
}
```

　　請在主程式 main()內建立 CWin 類別的物件 win，與 CMiniWin 類別的物件 m_win，並以 display()函數顯示這兩個物件的面積。

17.3 抽象類別與泛虛擬函數

5.　試修改 prog17_6，並在 CWin 類別內加入屬於 CWin 類別的 show_area()函數，來改寫 CShape 裡的 show_area()。

6.　試修改 prog17_6，將 CWin 與 CCirWin 類別裡的虛擬函數 area()均移到類別的外部來撰寫。

7. 若在 prog17_6 的 main() 函數裡宣告一個 CShape 類別的物件 shp,則編譯時會產生錯誤。試閱讀編譯器所給予的錯誤訊息,並指出錯誤之所在。

8. 下面的程式碼裡定義了 CMath 抽象類別,內含一個泛虛擬函數 compute()與一個成員函數 show()。此外,並定義一個子類別 Cadd,它繼承 CMath。試在 Cadd 類別內定義虛擬函數 compute(),用來將 num1 與 num2 兩個成員相加,使得 main()可以正確的執行:

```
01    // hw17_8, 泛虛擬函數的練習
02    #include <iostream>
03    #include <cstdlib>
04    using namespace std;
05    class CMath
06    {
07      public:
08
09        void show()
10        {
11          cout << "ans=" << compute() << endl;
12        }
13        virtual int compute()=0;
14    };
15
16    class Cadd : public CMath
17    {
18      public:
19      int num1,num2;
20      Cadd(int m,int n):num1(m),num2(n){}
21      // 請在此處撰寫 compute()函數,用來傳回 num1 與 num2 的和
22    };
23
24    int main(void)
25    {
26      Cadd a1(2,3);
27      a1.show();
28
29      system("pause");
30      return 0;
31    }
```

9.　接續上題，試在 Cadd 類別內改寫父類別的 show()函數，使得它可印出

　　　"add(2,3)=5"

　　這種格式的運算結果。

17.4　抽象類別於多層繼承的應用

10.　試說明直接繼承與間接繼承的不同。

11.　參考 prog17_7，試加入一個繼承自 CShape 類別的三角形視窗子類別 CTriWin，它有兩個資料成員 base 與 height，分別為三角形的底與高。試仿照 prog17_7，在 CTriWin 類別內定義建構元、area()與 show_area()函數，並測試之。

12.　於 prog17_7 中，把 show_area()函數改為友誼函數是否恰當？為什麼？

17.5　虛擬解構元

13.　試說明虛擬解構元的作用是什麼？

14.　虛擬解構元一樣是可以定義在類別的外部的，而在類別的內部只保留它的原型。試改寫 prog17_9，將每一個類別的虛擬解構元均移到類別的外部來撰寫。

15.　於 prog17_9 裡，第 8 行定義 area()為泛虛擬函數，而第 9 行則定義 show_area()為一般的虛擬函數。是否可以把 show_area()函數也改定義為泛虛擬函數？這麼做對執行的結果有什麼影響？

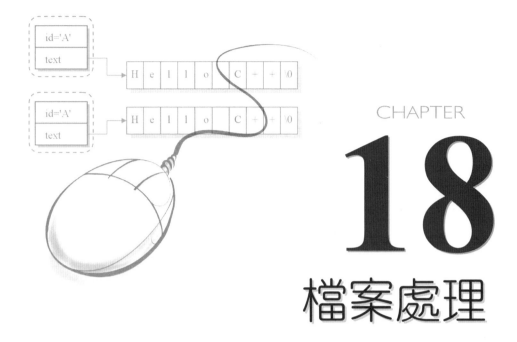

檔案處理

已學過前一章的例外處理，相信您對一些錯誤狀況的處理更加熟悉，接下來我們要介紹檔案的處理。提到檔案，不外乎就是輸入、處理與儲存等動作。本章將對於這些功能做初步的介紹，學完本章，將會對檔案的處理有更進一步的瞭解。

本章學習目標

- ♦ 認識檔案的基本觀念
- ♦ 學習檔案的開啟與關閉
- ♦ 熟悉文字檔案的處理
- ♦ 處理二進位檔案

輸入（input）與輸出（output）在每一種程式語言裡均扮演著相當重要的角色，藉由輸入與輸出，我們可以在程式裡和外界互動，從外界接收訊息，或者是把訊息傳遞給外界。C++是以「串流」（stream）的方式來處理輸入與輸出，它的好處是無論什麼形式的輸入與輸出，程式設計師只要針對串流物件做處理即可。本章的首要工作，便是討論什麼是串流、它們的基本概念，以及相關的應用等議題。

18.1　基本概念

串流是一種抽象觀念，例如從鍵盤輸入資料、將結果輸出在螢幕與讀取與儲存檔案等動作皆視為串流的處理。以資料的讀取或寫入而言，串流可分為「輸入串流」（input stream）與「輸出串流」（output stream）兩種，下圖說明串流如何做為檔案處理的橋樑：

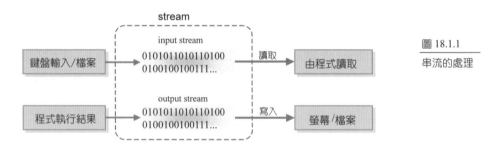

圖 18.1.1
串流的處理

為了方便串流的處理，C++提供 ios 類別（ios 為 input/output stream 的縮寫），透過這個類別與其衍生類別所提供的函數，各種格式的資料皆可視為串流來處理，因而使得 C++對於資料的讀寫方式更為一致。

在真正的檔案實作上，我們並不會直接使用 ios 類別，而是根據這些類別所衍生出的子類別來做處理。在 C++裡，通常是透過串流類別的建構元來建立串流物件，建立好物件之後，再利用這些類別所提供的函數來讀取或寫入資料。使用完串流物件之後，再利用 close() 函數關閉串流，也就是關閉檔案的動作。

下圖列出與檔案相關類別的繼承圖。事實上，C++所提供與檔案相關的類別比它複雜許多，此圖所列的類別僅是其中的一小部分，稍後的章節也將會介紹這些類別。

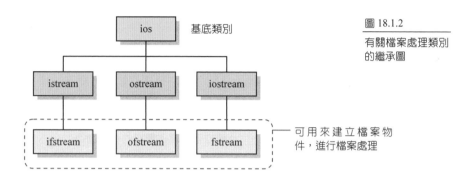

圖 18.1.2

有關檔案處理類別
的繼承圖

於本章中，我們均是以上圖中的 ifstream、ofstream 與 fstream 類別來建立檔案物件，然後再針對這些物件進行檔案的處理。由於這些類別均是定義在 fstream 標頭檔裡，因此在撰寫檔案處理的程式碼時，必須用下面的語法將 fstream 標頭檔載入：

```
include <fstream>                    //  載入 fstream 標頭檔
```

此外，從圖中我們可看出，ifstream、ofstream 與 fstream 類別分別繼承自 istream、ostream 與 iostream 類別，而 istream、ostream 與 iostream 類別又繼承 ios 類別，因此 ios 類別所提供的函數均可供其衍生類別所建立的物件使用。

18.2 檔案的開啟與關閉

在開啟檔案之前，必須先建立一個檔案物件（file object）。檔案物件可分下列三種：

(1) 可供寫入資料的檔案物件

(2) 可供讀取資料的檔案物件

(3) 可供寫入與讀取資料的檔案物件

至於要建立哪一種檔案物件，全看我們要做什麼樣的檔案處理。如果要寫入資料到檔案，就必須建立可供寫入資料的檔案物件；相反的，如果要從檔案裡讀出資料，則必須建立可供讀取資料的檔案物件。如果檔案要同時用來作寫入與讀取的動作，則必須建立可供寫入資料與讀取資料的檔案物件。

建立檔案物件的語法，就如同前幾章裡所介紹用類別來建立物件的語法一樣：

```
ifstream 物件名稱;            // 建立可供讀取資料的檔案物件
ofstream 物件名稱;            // 建立可供寫入資料的檔案物件
fstream 物件名稱;             // 建立可供寫入資料與讀取資料的檔案物件
```

ifstream、ofstream 與 fstream 這三個類別將會在本章中隨處可見。它們並不難記，ifstream 是 input file stream 的縮寫，意即 input from file stream，也就是從檔案讀取資料的類別。

相同的，ofstream 是 output file stream 的縮寫，也就是 output to file stream，這說明它是用來將資料寫入檔案的類別。

最後的 fstream 類別，因為沒有指明 input 或 output，因此它是用來將資料寫入或讀取檔案的類別。若是讀者常將 input 與 output 弄反，看看下面的圖說就即可明白：

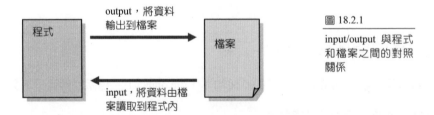

圖 18.2.1

input/output 與程式和檔案之間的對照關係

開啟檔案

在建立檔案物件之後，首先要做的事便是利用成員函數 open() 開啟檔案。其格式如下：

> 檔案物件.open("檔案名稱",ios::開啟模式);
>
> 格式 18.2.1
> 利用 open()函數開啟
> 檔案的語法

open() 是在 ifstream、ofstream 與 fstream 類別裡所定義的成員函數，因此上面的語法即是利用物件去呼叫 open() 成員函數而已。

事實上，我們也可以在建立檔案物件的時候，便一併開啟檔案，其作法是透過呼叫物件類別的建構元，如下面的語法：

> 檔案類別名稱　檔案物件("檔案名稱",ios::開啟模式);
>
> 格式 18.2.2
> 利用建構元開啟
> 檔案

於上面的格式中，「開啟模式」是用來指定所要開啟的檔案是以什麼模式來開啟，其可供選擇的參數如下：

表 18.2.1 可供選擇的開啟模式

ios::開啟模式	說　明
ios::app	開啟可供附加資料的檔案
ios::binary	開啟二進位的輸入/輸出檔案
ios::in	開啟可供讀取資料的檔案
ios::out	開啟可供輸入資料的檔案
ios::trunc	若開啟的檔案已存在，則先刪除它，再開啟檔案

下面的程式碼是利用 open() 函數開啟檔案的範例：

```
ifstream inf;                        // 建立可供讀取資料的檔案物件 inf
inf.open("c:\\test.txt",ios::in);    // 開啟可供讀取資料的檔案 test.txt
```

如果要在建立檔案物件 inf 時便一併開啟檔案，可將上面的程式碼改成如下的敘述：

```
ifstream inf("c:\\test.txt",ios::in);    // 建立物件 inf，並開啟檔案
```

檢查檔案是否開啟成功

開啟檔案時，在某些情況下可能會開啟失敗，例如開啟的檔案不存在，或是指定的磁碟機代號不對等等。因此在開啟檔案時，最好能加入檢查檔案是否開啟成功的敘述。

我們可以用 ifstream 類別裡所提供的 is_open() 函數來測試檔案是否開啟成功。若開啟成功，則 is_open() 回應 true，否則傳回 false。因此下面的語法可用來測試檔案是否開啟成功，並進行相關的處理：

```
ifstream inf("c:\\test.txt",ios::in);    // 建立物件 inf，並開啟檔案
if(inf.is_open())                        // 判別檔案是否開啟成功
{
    ...                                  // 檔案開啟成功時所做的動作
}
else
{
    ...                                  // 檔案開啟不成功時所做的動作
}
```

關閉檔案

當所開啟的檔案不再使用時，必須將它關閉，以便釋放被佔用掉的資源。以 ifstream、ofstream 與 fstream 類別所建立的檔案物件可用 close() 指令來關閉。例如，要關閉以檔案物件 inf 所開啟的檔案，可用下面的語法來關閉它：

```
inf.close();                             // 關閉以檔案物件 inf 所開啟的檔案
```

18.3　文字檔的處理

所謂的文字檔（text file），簡單的說，也就是由 ASCII 碼或是純文字所組成的檔案。在 C++裡，我們可以利用「<<」運算子將資料寫入檔案中，也可以利用「>>」運算子把資料由檔案中讀出。

18.3.1　將資料寫入文字檔

prog18_1 說明如何在磁碟機 C:的根目錄內建立一個新檔 donkey.txt，並利用「<<」運算子將字串寫入此一檔案：

```
01   //prog18_1, 將資料寫入文字檔
02   #include <fstream>                              // 載入 fstream 標頭檔
03   #include <iostream>
04   #include <cstdlib>
05   using namespace std;
06   int main(void)
07   {
08      ofstream ofile("c:\\donkey.txt",ios::out);   // 建立 ofile 物件
09
10      if(ofile.is_open())                          // 測試檔案是否被開啟
11      {
12         ofile << "我有一隻小毛驢" << endl;          // 將字串寫入檔案
13         ofile << "我從來也不騎" << endl;            // 將字串寫入檔案
14         cout << "已將字串寫入檔案..." << endl;
15      }
16      else
17         cout << "檔案開啟失敗..." << endl;
18
19      ofile.close();                               // 關閉檔案
20
21      system("pause");
22      return 0;
23   }
```

```
/* prog18_1 OUTPUT---
已將字串寫入檔案...
--------------------*/
```

於 prog18_1 中，因為許多檔案處理函數的原型都定義在 fstream 標頭檔裡，因此第 2 行先將它含括進來。此外，由於本例是要開啟一個檔案來寫入字串，所以程式第 8 行建立一個 ofstream 類別的物件 ofile，並指明在 C 碟的根目錄建一新檔 donkey.txt，然後指定檔案的存取模式是要寫入資料。

注意在 Windows 的作業環境裡，目錄請用兩個斜線隔開，這是因為在字串裡，單一斜線加上某個英文字母的組合可能有特殊的涵意，使用兩個斜線來隔開目錄可避免掉一些可能發生的錯誤。

10~17 行是用來判定檔案是否能成功開啟，其中第 10 行利用 ofile 物件呼叫 is_open() 函數。is_open() 會回應 true 或 false，代表檔案是否開啟成功。因此，若檔案開啟成功，則 12~14 行的程式碼會被執行，否則會執行第 17 行，印出 "檔案開啟失敗..." 的字串。若檔案開啟成功，第 12 行會將 "我有一隻小毛驢" 字串，連同後面的換行符號一併寫入檔案內。相同的，第 13 行會將 "我從來也不騎" 字串，連同換行符號寫入檔案。第 14 行會把 "已將字串寫入檔案..." 送到螢幕上。

最後，第 19 行呼叫 close() 函數，程式執行完後，請到 C 碟的根目錄裡找到 donket.txt 這個檔案。打開它，就會發現寫入的兩個字串已經在檔案裡面，如下圖所示：

圖 18.3.1

donkey.txt 的檔案內容

18.3.2 將資料附加到已存在的文字檔

學會如何將資料寫入檔案之後，接著來看看如何將字串附加到已存在的檔案內。我們直接以前一節所建立的 donkey.txt 當成已存在的檔案來做說明。

```
01   //prog18_2, 將資料附加到已存在的文字檔
02   #include <fstream>                           // 載入 fstream 標頭檔
03   #include <iostream>
04   #include <cstdlib>
05   using namespace std;
06   int main(void)
07   {
08      ofstream afile("c:\\donkey.txt",ios::app);    // 建立 afile 物件
09
10      if(afile.is_open())                      // 測試檔案是否被開啟
11      {
12         afile << "有一天我心血來潮騎著去趕集";          // 將字串寫入檔案
13
14         cout << "已將字串附加到檔案了..." <<endl;
15      }
16      else
17         cout << "檔案開啟失敗..."  << endl;
18
19      afile.close();                           // 關閉檔案
20
21      system("pause");
22      return 0;
23   }
```

```
/* prog18_2 OUTPUT---
已將字串附加到檔案了...
--------------------*/
```

由於本例是要將資料附加在一個已存在的檔案的後面，所以程式第 8 行建立一個 ofstream 類別的物件 afile，並指定存取模式為 ios::app，用來表明寫入資料時，所採取的動作是附加資料在檔案後面。

若檔案開啟成功，12 行會將 "有一天我心血來潮騎著去趕集" 字串附加到 donkey.txt 檔案內。程式執行完後，打開 donkey.txt 這個檔案，可以發現附加上的字串已經在原先檔案的後面，如下圖所示：

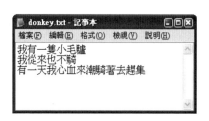

圖 18.3.2

donkey.txt 的檔案內容

18.3.3　從檔案讀入資料

要從檔案讀入資料，必須以 ifstream 類別來建立物件，並指定存取模式為 ios::in，代表所開啟的檔案可供程式讀取資料。我們利用下面的範例來練習將前一節所建立 donkey.txt 的內容讀入程式碼中，再將它顯示在螢幕上：

```
01   //prog18_3, 從檔案讀入資料
02   #include <fstream>
03   #include <iostream>
04   #include <cstdlib>
05   using namespace std;
05   int main(void)
06   {
07      char txt[40];                        // 建立字元陣列，用來接收字串
08      ifstream ifile("c:\\donkey.txt",ios::in);
09
10      while(!ifile.eof())                  // 判別是否讀到檔案的尾端
11      {
12         ifile >> txt;                     // 將檔案內容寫入字元陣列
13         cout << txt << endl;
14      }
15
16      ifile.close();                       // 關閉檔案
17      system("pause");
18      return 0;
19   }
```

```
/* prog18_3 OUTPUT-----
我有一隻小毛驢
我從來也不騎
有一天我心血來潮騎著去趕集
----------------------*/
```

第 7 行建立字元陣列 txt[40]，用以存放讀入的資料。第 8 行以 ifstream 類別建立 ifile 物件，並指定存取模式為 ios::in，代表所開啟的檔案可供程式讀取資料。第 10 行利用 ifile 物件呼叫 eof() 函數。eof() 函數是用來判定檔案是否讀到最末端，如果是，回應 true，否則回應 false。因此如果檔案尚未讀到末端，則

```
!ifile.eof()              // 用來測試檔案是否讀到末端
```

會回應 true，於是我們可以把這個判斷加到 while 迴圈裡，因此如果檔案未讀完，在 12 行會再讀取一行資料，並將它寫入 txt 字元陣列， 13 行再將所讀取的結果顯示出來，直到讀取到檔案末端為止。 ❖

此外於本例中，您可以注意到程式碼裡並沒有撰寫判別檔案是否開啟成功的敘述，這是為了讓程式碼更為簡潔之故。在習題裡，我們將要求您為這個程式加上程式碼，用以判斷檔案是否開啟成功。

18.3.4 使用 get()、getline()與 put()函數

前面內容裡所使用的方式，是檔案的基本操作。除了使用「<<」與「>>」運算子來寫入和讀取資料外，還可以利用 get() 與 put() 函數從檔案中讀取或寫入單一字元，或是利用 getline() 函數，一次讀取特定數目的字元數，其使用的語法如下面的範例：

```
檔案物件.get(ch);          // 從檔案內讀取一個字元，並把它寫入 ch 字元變數
檔案物件.getline(str,N,'\n');   // 從檔案內最多讀取 N-1 個字元，或是讀取到
                               '\n'，並把它存放到字串 str 中
檔案物件.put(ch);          // 將 ch 字元變數的值寫入檔案內
```

接下來我們來練習一下 get() 與 put() 的用法。prog18_4 是利用 put() 函數將字串寫入檔案的範例：

```
01   //prog18_4, 利用put()將字串寫入檔案
02   #include <fstream>
03   #include <iostream>
04   #include <cstdlib>
05   using namespace std;
06   int main(void)
07   {
08      char txt[]="Welcome to the C++ world" ;        // 建立字元陣列
09      int i=0;
10
11      ofstream ofile("c:\\welcome.txt",ios::out);
12
13      while(txt[i] != '\0')               // 判別 txt[i]字元是否為字串尾端
14      {
15         ofile.put(txt[i]);              // 將字元 txt[i]寫入檔案
16         i++;
17      }
18      cout << "字串寫入完成..." << endl;
19      ofile.close();
20
21      system("pause");
22      return 0;
23   }
```

```
/* prog18_4 OUTPUT---

字串寫入完成...
---------------------*/
```

第 8 行建立 txt 字元陣列，第 11 行開啟 welcome.txt 檔案，以便將 txt 這個字元陣列寫入。13~17 行主要是用來進行將字元陣列寫入檔案的動作。由於字串是以 '\0' 為結束符號，所以第 13 行是用來判定是否已讀取到字串的末端，如果不是，則 15 行將字元 txt[i]利用 put() 函數寫入檔案，並在 16 行將 i 值加 1，以便處理字串裡的下一個字元。如果已讀到字串結束符號，印出 "字串寫入完成..."，然後關閉檔案。

如果程式執行沒有問題,則開啟 welcome.txt 這個檔後,將可看到如下的結果:

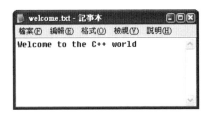

圖 18.3.3

welcome.txt 的檔案
內容

接下來是一個拷貝文字檔案的範例。在此範例中,我們將會把先前所建立的 welcome.txt
讀入,再將它寫到另一個檔案,此動作相當於文字檔的拷貝,接著再開啟拷貝後的檔
案,將檔案內容讀取並列印在螢幕上。

```
01   //prog18_5, 文字檔的拷貝與讀取
02   #include <fstream>
03   #include <iostream>
04   #include <cstdlib>
05   using namespace std;
06   int main(void)
07   {
08      char txt[80],ch;
09
10      ifstream ifile1("c:\\welcome.txt",ios::in);
11      ofstream ofile("c:\\welcome2.txt",ios::out);
12
13      while(ifile1.get(ch))                    // 判別是否讀到檔案的尾端
14        ofile.put(ch);
15      cout << "拷貝完成..." << endl;
16      ifile1.close();
17      ofile.close();
18
19      ifstream ifile2("c:\\welcome2.txt",ios::in);
20      while(!ifile2.eof())                     // 判別是否讀到檔案的尾端
21      {
22         ifile2.getline(txt,80,'\n');
23         cout << txt << endl;
24      }
25      ifile2.close();
26
```

```
27      system("pause");
28      return 0;
29   }
```

/* prog18_5 OUTPUT------
拷貝完成...
Welcome to the C++ world
-----------------------*/

在本例中，第 10 行建立 ifstream 物件，並以它來開啟 welcome.txt，以便讀取檔案內容。
第 11 行建立 ofstream 物件，並以它來開啟新的檔案 welcome2.txt，稍後將把 welcome.txt
的內容寫到 welcome2.txt 檔案內。

第 13 行利用 get() 函數讀取字串，讀進來的字元會存放在 ch 變數內，若讀到檔案末端
則 get() 函數會傳回 0，此時便會跳離 while 迴圈。在 while 迴圈內利用第 14 行將字元
寫到 welcome2.txt 檔案內。程式執行完後，請試著打開 welcome2.txt 檔案，看看它的內
容是否與 welcome.txt 相同。

再於第 19 行，建立 ifstream 物件，並以它來開啟拷貝後的 welcome2.txt，以讀取檔案
內容。第 22 行利用 getline() 函數一次最多讀取 80 個字元，或是讀取到 '\n' 時，表示
一行的字串已經結束，即將讀取出來的字串存放到字元陣列 txt 中，再利用 23 行列印
到螢幕上，直到檔案結尾。　　　　　　　　　　　　　　　　　　　　　　　　❖

18.4 二進位檔的處理

二進位檔是以資料的原始形式儲存，因而有別於一般的純文字檔。如果我們用文字編
輯器（如 windows 的記事本）開啟純文字檔，我們可以得知檔案的內容，因為文字檔
是由文字所組成。然而如果以文字編輯器開啟一個二進位檔，將會看到一堆亂碼，這
是因為二進位檔是機器碼，是給電腦看的。

寫入與讀取二進位檔

欲將資料寫入二進位檔,可以利用 write() 函數,它是 ostream 類別裡的一個成員函數。
如果要將變數 var 寫到二進位檔裡,則 write() 函數的撰寫方式如下:

```
write((char *) &var, sizeof(var));          // 將變數 var 寫到二進位檔案裡
```

其中 var 可以是為基本型態的變數、類別變數、結構或者是字串等等。write() 有兩個
引數,一個是變數的位址,另一個則是變數所佔的位元組數,其中變數的位址必須強
制轉換為指向 char 的指標型態,而變數所佔的位元組數則可由 sizeof() 來求得。

相反的,read() 函數則是用來從二進位檔裡讀取資料,它是 istream 類別裡的一個成員
函數。如果讀進來的資料是由 var 變數所接收,則 read() 函數的撰寫方式如下:

```
read((char *) &var, sizeof(var));           // 從二進位檔案裡讀取變數 var
```

read() 函數的語法與 write() 完全相同。read() 一樣也有兩個引數,一個是變數的位址,
另一個是變數所佔的位元組數。

write() 與 read() 這兩個函數的語法可由下圖來做說明:

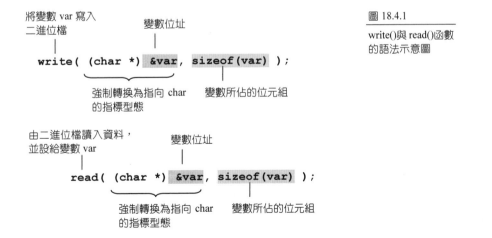

圖 18.4.1

write()與 read()函數
的語法示意圖

寫入與讀取一般資料型態的變數

接下來我們來看幾個使用 read() 與 write() 的簡單範例。於下面的範例中，我們來練習如何利用 write() 指令，將 for 迴圈所計算 $\sqrt{1}, \sqrt{2}, \sqrt{3}, \sqrt{4}, \sqrt{5}$ 的這五個數值寫入二進位檔 binary.dat 中。在程式碼中故意省略檔案是否開啟成功的檢查，以便讓程式碼簡潔些。

```
01   //prog18_6, 二進位檔寫入的練習
02   #include <fstream>                      // 載入 fstream 標頭檔
03   #include <iostream>
04   #include <cstdlib>
05   #include <cmath>                         // 載入數學函數庫 cmath
06   using namespace std;
07   int main(void)
08   {
09      double num;
10      ofstream ofile("c:\\binary.dat",ios::binary); // 開啟可供寫入的二進位檔
11
12      for(int i=1;i<=5;i++)
13      {
14         num=sqrt((double)i);              // 將 i 轉成 double，再計算 sqrt(i)
15         ofile.write((char*)&num,sizeof(num));  // 將 num 寫入二進位檔
16      }
17      cout << "已將資料寫入二進位檔了..." << endl;
18
19      ofile.close();                        // 關閉檔案
20
21      system("pause");
22      return 0;
23   }
```

```
/* prog18_6 OUTPUT-----
已將資料寫入二進位檔了...

----------------------*/
```

於本例中，因為需要用到開根號的運算，所以程式碼的第 5 行載入 cmath 標頭檔。第 10 行開啟一個可供寫入資料的二進位檔，檔名為 binary。12~16 行利用 for 迴圈計算 $\sqrt{1}, \sqrt{2}, \sqrt{3}, \sqrt{4}, \sqrt{5}$，每計算出一個值，便利用第 15 行的 write() 函數將數值寫入。跳離 for 迴圈之後，最後在 19 行將二進位檔關閉。

如果將 binary.dat 以記事本打開來看，將會看到一堆亂碼，它們有別於純文字，因為二進位檔是機器碼，因此無法在記事本看到它們的內容。有趣的是，如果在 windows 裡查看一下 binary.dat 檔案的大小，會發現它的大小恰為 40 個位元組，因為共寫入 5 個 double 型態的變數，double 佔用 8 個位元組，所以檔案的大小恰為 40 個位元組！

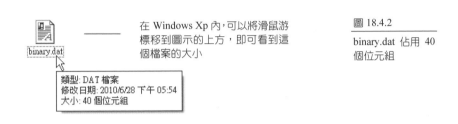

在 Windows Xp 內，可以將滑鼠游標移到圖示的上方，即可看到這個檔案的大小

圖 18.4.2

binary.dat 佔用 40 個位元組

學會寫入二進位檔之後，接下來我們來練習一下如何讀取二進位檔。下面的例子是嘗試將前例中，所寫入的資料從二進位檔中讀出。

```cpp
01  //prog18_7, 讀取二進位檔
02  #include <fstream>                         // 載入 fstream 標頭檔
03  #include <iostream>
04  #include <cstdlib>
05  using namespace std;
06  int main(void)
07  {
08     ifstream ifile("c:\\binary.dat",ios::binary);  // 開啟二進位檔
09     double num;
10
11     for(int i=1;i<=5;i++)
12     {
13        ifile.read((char*) &num,sizeof(num));  // 從二進位檔中讀取資料
14        cout << num << endl;                   // 印出讀取的內容
15     }
16     cout << "二進位檔已被讀取了..." << endl;
17
18     ifile.close();                            // 關閉檔案
19     system("pause");
20     return 0;
21  }
```

```
/* prog18_7 OUTPUT----

1
1.41421
1.73205
2
2.23607
二進位檔已被讀取了...
---------------------*/
```

在 prog18_7 中，第 8 行開啟一個可供讀取的二進位檔，第 13 行則是在 for 迴圈內，將
binary.txt 內的資料一筆一筆的讀出，然後在第 14 行印出所讀取的結果。　　　　❖

寫入物件的資料成員

二進位檔的好處是，不僅可以寫入與讀取一般資料型態的變數，同時也允許我們將整
個結構，或者是由類別所建立的物件寫入，然後從二進位檔中讀取它們。

下面的範例裡建立一個 student 類別，它具有兩個成員，一是 name，它是一個字串，另
一個是 age，型態為整數。於程式中將這個類別所建立的物件寫入二進位檔中，程式的
撰寫如下：

```
01   //prog18_8, 將物件的內容寫入二進位檔
02   #include <fstream>                    // 載入 fstream 標頭檔
03   #include <iostream>
04   #include <cstdlib>
05   using namespace std;
06   class CStudent
07   {
08     protected:
09       char name[40];
10       int age;
11     public:
12       void get_data(void)               // 成員函數，用來輸入物件的資料成員
13       {
14         cout << "Enter name: "; cin >> name;
15         cout << "Enter age: "; cin >> age;
```

```
16         }
17      void show_data(void)              // 成員函數，用來顯示物件的資料成員
18      {
19         cout << "Name: " << name << endl;
20         cout << "Age: "  << age << endl;
21      }
22    };
23
24    int main(void)
25    {
26       CStudent st;
27       st.get_data();
28
29       ofstream ofile("c:\\student.dat",ios::binary);
30
31       ofile.write((char*) &st,sizeof(st));        // 將物件寫入二進位檔中
32       cout << "資料已寫入檔案中..." << endl;
33
34       ofile.close();                    // 關閉檔案
35       system("pause");
36       return 0;
37    }
```

```
/* prog18_8 OUTPUT---

Enter name: tippi
Enter age: 8
資料已寫入檔案中...
--------------------*/
```

於 prog18_8 中，6~22 行定義 CStudent 類別，它有兩個資料成員 name 和 age，此外，它也具有兩個成員函數 get_data() 與 show_data()，分別用來設定和顯示物件的資料成員。於本例中，我們並沒有使用到 show_data() 函數，但在下一個範例中，會將利用它來顯示資料成員。

在 main() 主程式中，第 26 行建立物件 st，27 行並呼叫 get_data() 函數，用來設定資料成員的值。29 行開啟一個可供寫入資料的二進位檔，31 行並將 st 物件寫入檔案 student.dat。34 行關閉檔案後，寫入的動作就完成。如果有興趣的話，可以查看 student.dat

所佔的檔案大小，它佔用 44 個位元組，恰好是資料成員 name[40]與 age 所佔位元組數
的總和，如下圖所示：

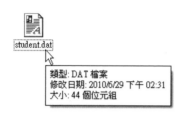

圖 18.4.3

在 Windows Xp 內
查看 student.dat 所
佔位元組的大小

讀取物件的資料成員

現在您應該不難猜想的出，要從二進位檔裡讀取物件的資料該如何撰寫。下面的練習
是從 prog18_8 中建立的 student.dat 檔案讀取物件，並利用 show_data() 函數將所讀入的
結果顯示出來。

```
01   //prog18_9, 從二進位檔裡讀取物件的資料
02   #include <fstream>                // 載入 fstream 標頭檔
03   #include <iostream>
04   #include <cstdlib>
05   using namespace std;
06   class CStudent
07   {
08     protected:
09       char name[40];
10       int age;
11     public:
12       void get_data(void)      // 成員函數，用來輸入物件的資料成員
13       {
14         cout << "Enter name: "; cin >> name;
15         cout << "Enter age: "; cin >> age;
16       }
17       void show_data(void)     // 成員函數，用來顯示物件的資料成員
18       {
19         cout << "Name: " << name << endl;
20         cout << "Age: "  << age << endl;
21       }
22   };
```

```
23
24    int main(void)
25    {
26       CStudent st;
27
28       ifstream ifile("c:\\student.dat",ios::binary);
29
30       ifile.read((char*) &st,sizeof(st));
31       st.show_data();
32
33       ifile.close();                // 關閉檔案
34
35       system("pause");
36       return 0;
37    }
```

/* prog18_9 OUTPUT---

Name: tippi
Age: 8
--------------------*/

在本例中，CStudent 類別與 prog18_8 完全相同。此外，在主程式 main() 中，第 26 行
建立一個 CStudent 物件 st，28 行開啟 student.dat 檔案，30 行讀取檔案，並將讀取的資
料寫到 st 物件裡。31 行則以 show_data() 顯示物件的資料成員。從輸出中可以看出本
例所顯示的資料成員，正是前一例中所輸入的資料！

本章摘要

1.　C++提供 ios 類別，透過這個類別與其衍生類別所提供的函數，各種格式的資料皆可視為串流來處理。

2.　檔案物件可分為 (1)可供寫入資料的檔案物件，(2) 可供讀取資料的檔案物件，與 (3) 可供寫入與讀取資料的檔案物件三種。

3.　如要開啟檔案，可用 open() 函數，關閉檔案則是利用 close() 函數；如要檢查檔案的開啟是否成功，可利用 is_open() 函數。

4.　您可以利用「<<」運算子將資料寫入文字檔中，也可以利用「>>」運算子把資料由文字檔中讀出。

5.　您可以用 write() 函數將資料寫入二進位檔，而 read() 函數則是用來從二進位檔裡讀取資料。

6.　二進位檔的好處是，不僅可以寫入與讀取一般資料型態的變數，同時也允許我們將整個結構，或者是由類別所建立的物件寫入，然後從二進位檔中讀取它們。

自我評量

18.1 基本概念

1. 何謂串流？依讀取和寫入可分為哪兩種？

2. 試簡述 ios 類別的主要功用。

18.2 檔案的開啟與關閉

3. 檔案物件可分為哪三種？它們必須分別由哪些類別來建立？

4. 要檢查檔案是否開啟成功，必須使用哪一個函數？其用法為何？

18.3 文字檔的處理

5. 試修改 prog18_1，將第 8 行分成兩個步驟來撰寫，也就是說，先建立一個 ofile 物件，再以它呼叫 open()函數來開啟檔案。

6. 試撰寫一程式，可讀取文字檔 aaa.txt 與 bbb.txt，將其內容合併後，存成檔案 ccc.txt。

7. 試修改 prog18_3，加入判斷檔案是否有開啟成功的程式碼，使得它可偵測檔案是否成功的被開啟。

8. 試依下列的步驟完成程式設計：

   (a) 試產生 1000 個 1~9999 之間的整數亂數，並將它寫入"rand.txt"檔案內。

   (b) 撰寫一程式讀取純文字檔 rand.txt 的內容，並找出這 1000 個數值的平均值。

9. 撰寫一程式可讀取文字檔，然後計算此檔案中，母音 a、e、i、o 與 u 的字元各多少個。

18.4 二進位檔的處理

10. 試依下列的步驟完成程式設計：

    (a) 試產生 1000 個 1~9999 之間的整數亂數，並將它寫入二進位檔"rand.dat"內。

    (b) 撰寫一程式讀取二進位檔 rand.dat 的內容，並找出這 1000 個數值的最大值。

    (c) 撰寫一程式讀取 rand.dat 的內容，並求其平均值。

11. 試依下列的步驟完成程式設計：

    (a)　修改 prog18_8，試建立 3 個 CStudent 型態之物件陣列，並將它寫入二進位檔 "student.dat" 內。

    (b)　撰寫一程式讀取(a)中所建立之二進位檔的內容，並將結果顯示在螢幕上。

綜合練習

12. 試在記事本裡鍵入下面的文字，存成純文字檔 Atlanta.txt，並回答下列問題：

Atlanta is considered one of the cradles of the Civil Rights movement. Martin Luther King Jr. headed back to his native city in 1960. So how fitting that the coaches headed to next weekend's Final Four will the most diverse group ever. Oklahoma's Kelvin Sampson is Native American; Mike Davis of Indiana is African-American and just the fifth black coach to guide a team to the Final Four. Oregon's Ernie Kent could make it the first time with two African-American coach in the same Final Four.

    (a)　試計算這篇短文的字元數（含空白）共有幾個？

    (b)　如果不含空白，這篇短文共有幾個字元？

    (c)　試統計這篇短文共有幾個英文單字？

    (d)　試統計這篇短文共用了幾個 "is"？

    (e)　試計算此這篇短文中，母音 a、e、i、o 與 u 的字元數各多少個？

    (f)　試將這篇短文內所有的小寫字母改成大寫，並將更改後的短文寫到純文字檔 upper.txt 裡。

    (g)　試將這篇短文內所有的大寫字母改成小寫，並將更改後的短文寫到純文字檔 lower.txt 裡。

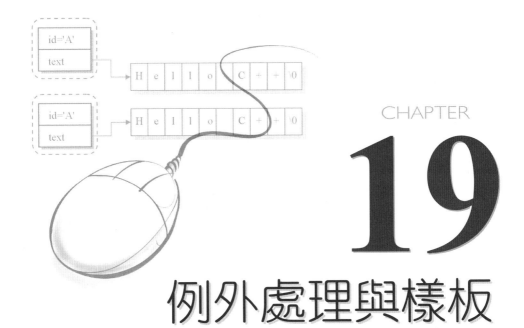

CHAPTER

19

例外處理與樣板

即使在編譯時沒有錯誤訊息發生，程式執行時，還是有可能會發生一些問題，這種錯誤對於 C++而言是一種「例外」，例外發生時就要有相對應的處理方式。「樣板」作用有點類似函數的多載，使用起來相當的簡潔方便。本章介紹例外與樣本的使用，讓讀者在撰寫程式時能夠更加完善。

本章學習目標

- 認識例外的基本概念
- 學習例外發生時的處理
- 熟悉樣板的操作

19.1 例外處理

即使在編譯時沒有錯誤訊息產生，但在程式執行時，經常會發生一些執行時期的錯誤（run-time error），例如陣列的註標值超過界限，這種錯誤可稱為是一種例外（exception）。例外發生時就要有相對應的處理方式。本節將介紹例外的基本觀念，以及相關的處理方式，使您在處理錯誤時更能得心應手。

19.1.1 例外的基本觀念

在撰寫程式時，經常無法考慮的面面俱到，因此各種不尋常的狀況也跟著發生。下面是常見的幾種情況：

(1) 要開啟的檔案並不存在。

(2) 除數為零。

(3) 在存取陣列時，陣列的註標值超過陣列容許的範圍。

(4) 原本預期使用者由鍵盤輸入的是整數，但使用者輸入的卻是英文字母。

(5) 系統資源耗盡或是儲存資料的磁碟空間不足，造成程式無法繼續儲存資料。

上述的狀況均是在編譯時期無法發現，要等到程式真正執行時才會知道問題出在哪兒。關於這些狀況，事實上只要撰寫一些額外的程式碼即可繞過它們，讓程式繼續執行，這些不尋常的狀況稱為例外（exception）。

若是沒有撰寫例外的程式碼時，C++預設的處理機制可能會有下列幾種方式：

(1) 直接結束程式。

(2) 當機。

(3) 發出警告訊息，然後正常結束執行。

(4) 自行跳過發生錯誤的地方，繼續執行程式，但是後面的執行可能沒有意義。

(5) 告訴使用者例外發生的情況。

在沒有例外處理的語言中，我們必須使用 if-else 或 switch 等敘述，配合所想得到的錯誤狀況來捕捉（catch）程式裡所有可能發生的錯誤。但為了捕捉這些錯誤，撰寫出來的程式碼經常是長串的 if-else 敘述，也許還不能捕捉得到所有的錯誤，因而導致執行效率的低落。

例外處理機制恰好改進這個缺點，它具有易於使用、可自行定義例外類別、允許我們拋出例外，且不會拖慢執行速度等優點，因而在設計 C++程式時，應充分的利用例外處理機制，以增進程式的穩定性及效率。

19.1.2 簡單的例外範例

例外處理是由 try 與 catch 這兩個關鍵字所組成的程式區塊。在 try 區塊內可以撰寫要檢查的程式碼，若有例外發生時，程式的執行便中斷，並由 throw 關鍵字拋出物件給 catch 區塊接收。因此，如果在 try 區塊內加上捕捉例外的程式碼，則可針對不同的例外做妥善的處理，這種處理捕捉錯誤的方式稱為例外處理（exception handling）。

try 與 catch 程式區塊的語法如下：

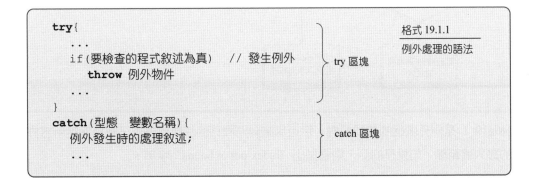

```
try{
    ...
    if(要檢查的程式敘述為真)    // 發生例外
        throw 例外物件
    ...
}
catch(型態　變數名稱){
    例外發生時的處理敘述；
    ...
```

格式 19.1.1
例外處理的語法

try 區塊

catch 區塊

格式 19.1.1 語法是依據下列的順序來處理例外：

(1) try 程式區塊若有例外發生時，程式的執行便中斷，並由 throw 關鍵字拋出「物件」，其中物件可為基本型態的變數、字串，或者是由類別所建立的物件等。

(2) 拋出的物件如果屬於 catch() 括號內欲捕捉的型態，則 catch 會捕捉此例外，然後進到 catch 的區塊裡繼續執行。

(3) 無論 try 程式區塊是否有捕捉到例外，try-catch 區塊處理完畢後，程式會從 try-catch 區塊之後的地方繼續執行。

由上述的過程可知，例外捕捉的過程中執行兩個判別：第一個是 try 程式區塊是否有例外產生，第二個是產生的例外是否和 catch() 括號內欲捕捉的例外相同。根據這些基本觀念與執行的步驟，我們可以簡單地繪製出如下的流程圖：

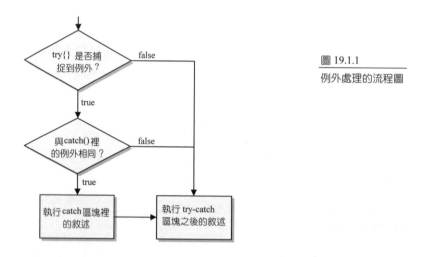

圖 19.1.1
例外處理的流程圖

prog19_1 是例外處理的簡單範例。它可用來判別陣列的註標值是否已超過陣列所容許的最大值範圍，如果是的話，則會拋出 "Index out of bound" 字串。

```
01   //prog19_1，例外的簡單範例，try-catch 區塊的使用
02   #include <iostream>
03   #include <cstdlib>
04   using namespace std;
05   int main(void)
06   {
07      int array[5];
08
09      try                              // try 區塊，在此區塊內可進行例外的檢查
10      {
11         for(int i=0;i<=10;i++)
12         {
13            if(i>=5)                            // 若註標值大於等於 5
14               throw "Index out of bound";      // 拋出例外
15            else
16            {
17               array[i]=i*i;
18               cout << "array[" << i << "]=" << array[i] << endl;
19            }
20         }
21      }
22      catch(const char *str)                    // catch 區塊
23      {
24         cout << "捕捉到" << str << "例外..." << endl;
25      }
26
27      system("pause");
28      return 0;
29   }
```

```
/* prog19_1 OUTPUT-------------

array[0]=0
array[1]=1
array[2]=4
array[3]=9
array[4]=16
捕捉到 Index out of bound 例外...
-----------------------------*/
```

於 prog19_1 中，9~21 行定義 try 區塊，用來捕捉陣列註標超過所容許的最大值範圍之錯誤。由於第 7 行宣告 array 陣列可容納 5 個整數，因此容許的註標值為 0~4。於是我們在 for 迴圈內，13~19 行用 if-else 指令來判斷註標值是否超過 5，如果是的話，則第 14 行利用 throw 關鍵字拋出 "Index out of bound" 字串，否則將陣列的元素設值。

如果 try 區塊拋出 "Index out of bound" 字串，catch() 會先檢查丟出來的物件是否與它本身括號內所接收的型態吻合。如果型態相同，即捕捉（接收）它。於 22 行中，因為設定 catch() 可接收字串，恰可用來接收由 try 區塊拋出的 "Index out of bound" 字串，因此當 for 迴圈內的 i 值增加到 5 時，try 區塊拋出的字串由 catch() 所捕捉，而在 catch 區塊內的第 24 行則印出字串的內容。　　　　　　　　　❖

值得一提的是，若是使用 Borland C++ Builder 時，可能會碰到本範例無法順利執行完畢的問題。此時，只要選擇「Tools」功能表下的「Debugger Options」，於出現「Debugger Options」的視窗中選取「Language Exceptions」標籤，如下圖所示：

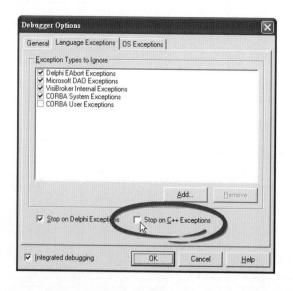

圖 19.1.2
Borland C++ Builder 的「Debugger Options」視窗

只要將「Stop on C++ Exceptions」取消勾選，即可正常執行所有的例外處理程式。

19.1.3 catch 區塊的多載

如果 try 區塊內丟出的物件型態不只一種,則必須把 catch() 多載,以捕捉所有的例外。
例如於 prog19_1 中,除了 try 區塊會丟出 "Index out of bound" 字串型態之例外之外,
也想讓它拋出一個整數型態的例外,用以偵測填入 array 陣列內的元素值是否大於某個
上限,此時必須多載 catch()。程式的撰寫如下:

```
01   //prog19_2, catch 區塊的多載
02   #include <iostream>
03   #include <cstdlib>
04   using namespace std;
05   int main(void)
06   {
07      int array[10];
08
09      try
10      {
11         for(int i=0;i<=10;i++)
12         {
13            if(i>9)  throw "Index out of bound";   // 拋出字串型態的例外
14            if(i*i>60)
15               throw i;                            // 拋出整數型態的例外
16            else
17               array[i]=i*i;
18         }
19      }
20      catch(const char *str)                       // 可捕捉字串型態的例外
21      {
22         cout << "捕捉到" << str << "例外..." << endl;
23      }
24      catch(int i)                                 // 可捕捉整數型態的例外
25      {
26         cout << i << "的平方值超過 60 了" << endl;
27      }
28
29      system("pause");
30      return 0;
31   }
```

```
/* prog19_2 OUTPUT----
8 的平方值超過 60 了
---------------------*/
```

於 prog19_2 中，13 行的作用與前例相同，用來偵測陣列的駐標值是否超過 9，第 14 行則是用來判別 i 的平方值是否超過 60，若是的話，則拋出整數型態的變數 i，否則把 i 的平方值設給陣列元素 array[i]。

20~23 行與 24~27 行定義 catch() 的多載。20~23 行所定義的 catch() 同前例，可用來捕捉字串型態的例外，而 24~27 行所定義的 catch() 則可捕捉整數型態的例外。於本例中，當 i 值累加到 8 時，其平方值已超過 60，所以 15 行會拋出整數型態的例外，並由 24~27 行所定義的 catch() 所捕捉，因此印出 "8 的平方值超過 60 了" 字串。

19.1.4　捕捉任何型態的例外

如果不論任何型態的例外都想捕捉的話，可以在 catch() 的括號內打上三個連續的點，代表可接受任何型態的例外。我們來看看下面的範例：

```
01    //prog19_3, 捕捉任何型態的例外
02    #include <iostream>
03    #include <cstdlib>
04    using namespace std;
05    int main(void)
06    {
07       int array[10];
08
09       try
10       {
11          for(int i=0;i<=10;i++)
12          {
13             if(i>9)
14                throw "Index out of range";
15             if(i*i>60)
```

```
16              throw i;
17          else
18              array[i]=i*i;
19          }
20      }
21      catch(...)                                // 可接收任何型態的例外
22      {
23          cout << "捕捉到例外了..." << endl;
24      }
25
26      system("pause");
27      return 0;
28  }
```

```
/* prog19_3 OUTPUT---
捕捉到例外了...
--------------------*/
```

於 prog19_3 中，try 區塊內丟出的例外型態不只一種，但我們希望 catch() 能捕捉到任一種型態的例外，因此在 21 行 catch() 的括號內，填上三個連續的點，用來代表它可捕捉任何型態的例外。

於本例中，當 i 累加到 8 時，16 行的 throw 會拋出一個整數型態的例外 i，21 行的 catch() 捕捉到它之後，便印出 "捕捉到例外了..." 字串。讀者可以另行更改程式碼，使其拋出另一種型態的例外，用以驗證 21 行的 catch() 也能捕捉到它。　　　　❖

19.2 樣板

「樣板」（template）是 C++裡相當獨特的功能，它的作用有點類似函數的多載，但卻不用像函數的多載，必須要針對每一種型態的引數撰寫程式碼，因此使用起來相當的簡潔方便。C++提供「函數樣板」（function template）與「類別樣板」（class template）兩種，本節先從「函數樣板」說起。

19.2.1 函數樣板

若是函數的引數數目相同，但型態不同，我們可以定義函數的多載，使得它們可以用一個相同的函數名稱。「函數樣板」也有類似的功用，但它的語法更為簡潔。在介紹「函數樣板」之前，先來複習一下函數的多載。

下面的範例定義一個 add() 函數的多載，它可接收兩個引數，並傳回這兩個引數的和，其中引數的型態可以是整數或是倍精度浮點數。

```cpp
01   // prog19_4, 多載的複習
02   #include <iostream>
03   #include <cstdlib>
04   using namespace std;
05   int add(int a, int b)
06   {
07      return a+b;
08   }
09
10   double add(double a, double b)
11   {
12      return a+b;
13   }
14
15   int main(void)
16   {
17      cout << "add(3,4)=" << add(3,4) << endl;
18      cout << "add(3.2,4.6)=" << add(3.2,4.6) << endl;
19
20      system("pause");
21      return 0;
22   }
```

```
/* prog19_4 OUTPUT---

add(3,4)=7
add(3.2,4.6)=7.8
--------------------*/
```

第 5~8 行的定義可接收兩個整數的 add()，並傳回這兩個整數的和。10~13 行則定義另一個 add() 函數，它可接收兩個倍精度的浮點數，並傳回它們的和。　　　❖

於本例中，您可以發現這兩個 add() 函數的內容完全相同，只是接收的引數型態不同。想想看，如果也想定義可接收短整數、長整數等型態的 add() 函數，那麼我們便必須定義好幾個 add() 函數的多載，因此用起來是不是相當的不便？

C++的「函數樣板」恰好可解決這個麻煩。所謂的「函數樣板」，是指將具有相同程式碼的函數撰寫成一個樣板，而把其中引數不同型態之處，用「型態變數」來取代之。將來在呼叫這個函數時，編譯器便會根據所給予的引數型態，將它們填入「型態變數」中，進而製作出一個新的函數，這便是「函數樣板」的功用。在 C++的術語裡，以「函數樣板」製作新函數的過程，稱為「樣板的具體化」（instantiation of template）。
下面列出定義「函數樣板」的語法：

```
template <class 型態變數 1, class 型態變數 2,...>
傳回型態　函數名稱(型態變數 引數 1, 型態變數 引數 2,...)
{
    函數主體
}
```

格式 19.2.1
定義函數樣板的
語法

於上面的語法中，template 是關鍵字，用來表明接下來所定義的函數是一個「函數樣板」。template 之後用<>括號將型態變數括起來，並在型態變數之前冠上 class 關鍵字。注意此處的 class 並不是類別的意思，而是借用它來表示任何的型態。

例如，以 prog19_4 的 add() 函數為例，我們可以把它寫成如下的函數樣板：

```
01   template <class T>        // 定義函數樣板，其中填入樣板的型態只有一種
02   T add(T a,T b)            // add()的傳回型態為 T，傳入的引數型態都是 T
03   {
04     T sum=a+b;             // 設定變數 sum 的型態為 T，其值等於 a+b
05     return sum;            // 傳回 sum 的值
06   }
```

於上面函數樣板的定義中，第 1 行指定在樣板內，所用到的函數型態只有一種，因此在◇括號內，只填入一個型態變數 T。第 2 行設定 add() 的傳回型態為 T，傳入的兩個引數型態也是 T，第 4 行設定變數 sum 的型態為 T，其值等於 a+b，最後第 5 行傳回變數 sum 的值。

請特別注意，我們也可以把上面的 add 函數樣板的第 2 行併到第 1 行的後面去，變成如下的寫法：

```
01    template <class T> T add(T a,T b)    // 定義函數樣板 add()
02    {
03      T sum=a+b;
04      return sum;
05    }
```

如此一來，我們更可以看出樣板的內容是從第 2 行的左大括號開始，直到第 5 行的右大括號結束。只是採用這種寫法的話，通常第 1 行會稍長而影響閱讀，因此本書皆以第一種方法來撰寫樣板。

定義函數樣板之後，如果想計算整數的加法，則可以用下面的語法來呼叫 add() 函數：

```
add <int> (3,4);                          // 將整數 3 和 4 傳入 add() 函數
```
　　　└── 此處設定函數樣板中，第一行的
　　　　　型態變數 T 均會以 int 來取代

在上面的語法中，◇括號內的 int 是用來設定函數樣板中，第一行的型態變數 T 均會以 int 來取代，也就是說，當程式執行到 add<int>(3,4) 時，便會把 add() 函數視為下面的定義來呼叫它：

```
int add(int a, int b)                     // 將所有的型態變數 T 均置換成 int
{
   int sum=a+b;
   return sum;
}
```

此時讀者應該也可猜想的到，如果想利用 add() 函數把兩個倍精度浮點數相加，可用下列的語法來呼叫：

```
add <double> (3.2,4.6);    // 將倍精度浮點數 3.2 和 4.6 傳入 add()函數
```
此處設定函數樣板中，第一行的
型態變數 T 均會以 double 來取代

具備這些基本概念之後，我們來看看下面完整的範例：

```
01   //prog19_5, 函數樣板的使用範例
02   #include <iostream>
03   #include <cstdlib>
04   using namespace std;
05   template <class T>      // 定義函數樣板
06   T add(T a,T b)          // add()的傳回型態為 T，傳入的兩個引數型態也是 T
07   {
08       T sum=a+b;          // 設定變數 sum 的型態為 T，其值等於 a+b
09       return sum;
10   }
11
12   int main(void)
13   {
14       cout << "add(3,4)=" << add<int>(3,4) << endl;
15       cout << "add(3.2,4.6)=" << add<double>(3.2,4.6) << endl;
16
17       system("pause");
18       return 0;
19   }
```

```
/* prog19_5 OUTPUT----

add(3,4)=7
add(3.2,4.6)=7.8
--------------------*/
```

第 5~10 行定義 add() 的函數樣板。在此把型態變數設為 T，當然您也可以不使用 T 這個符號，只要是合乎語法的識別字均可。

在主程式 main() 中，第 14 行計算 add(3,4)。您可以注意到，我們以 add<int>(3,4) 這個語法將 int 型態填入樣板中，因此在執行第 14 行時，函數樣板內的整數變數 T 均會被編譯器代換成 int 來執行 add()。相同的，在第 15 行中，以 add<double>(3.2,4.6) 這個語法來表示函數樣板內的 T 必須代換成 double 來執行 add()。　　　　　　　❖

於本例中，讀者可以瞭解到函數樣板所帶來的好處：函數樣板允許我們將具有相同程式碼的函數寫成一個樣板，並把引數可能不同之處用型態變數來表示。在執行程式時，只要指定傳入何種型態的引數到函數樣板裡即可，如此一來，不但可大幅的減少程式碼的撰寫，同時也可達到程式碼再利用的目的。

括號的省略

於前例中，撰寫 add<int>(3,4) 或是 add<double>(3.2,4.6) 這樣子的語法，看起來真有點不太習慣。事實上，由於 add() 函數內的兩個引數均是屬於同一型態，因此程式中填上引數時，編譯器會自動依照引數的型態來判定型態變數 T 是要以何種型態來取代，在這種情況下，可以省略 add 函數之後<>括號，使得它看起來更為自然，如下面的範例：

```
01   //prog19_6，括號的省略
02   #include <iostream>
03   #include <cstdlib>
04   using namespace std;
05   template <class T>                      // 定義函數樣板 add()
06   T add(T a,T b)
07   {
08      T sum=a+b;
09      return sum;
10   }
11
12   int main(void)
13   {
14      cout << "add(3,4)=" << add(3,4) << endl;  // 呼叫 add(3,4)
15      cout << "add(3.2,4.6)=" << add(3.2,4.6) << endl; // 呼叫 add(3.2,4.6)
16
17      system("pause");
```

```
18     return 0;
19   }
```

```
/* prog19_6 OUTPUT---
add(3,4)=7
add(3.2,4.6)=7.8
--------------------*/
```

第 14 行呼叫 add() 函數，並傳入兩個整數引數 3 和 4。由於這兩個引數的型態均為 int，
因此編譯器會以 int 型態來取代函數樣板內的型態變數 T。相同的，於第 15 行中，編譯
器也會以 double 來取代型態變數 T，因此在這個情況下，便可以省略掉 add 函數之後
<>括號，使得它看起來更像是一般的函數。 ❖

函數樣板的另一個範例--引數型態不同時

前面的範例都是只有一個型態變數的例子。然而，函數樣板也允許程式設計者填入多
個型態不同的引數，如下面的範例：

```
01   //prog19_7, 樣板的使用範例(引數型態不同時)
02   #include <iostream>
03   #include <cstdlib>
04   using namespace std;
05   template <class T1, class T2>              // 定義函數樣板
06   double average(T1 a,T2 b) // 定義 average()，可接收 T1 與 T2 型態的變數
07   {
08      cout << "sizeof(a)= " << sizeof(a) << ", ";
09      cout << "sizeof(b)= " << sizeof(b) << endl;
10      return (double)(a+b)/2;                 // 傳回變數 a,b 的平均值
11   }
12
13   int main(void)
14   {
15      cout << "average(3,4.2)= " << average<int,double>(3,4.2) << endl;
16      cout << "average(5.7,12)= " << average<double,int>(5.7,12)  << endl;
17
18      system("pause");
19      return 0;
20   }
```

```
/* prog19_7 OUTPUT------------
sizeof(a)= 4, sizeof(b)= 8
average(3,4.2)= 3.6
sizeof(a)= 8, sizeof(b)= 4
average(5.7,12)= 8.85
-----------------------------*/
```

第 5 行設定函數樣板可填入兩種資料型態。第 6 行定義 average() 函數，它可接收兩個引數，第一個的型態為 T1，第二個型態為 T2。在 average() 函數內，8~9 行用來顯示出變數 a 與 b 所佔位元組的大小，第 10 行則是計算並傳回引數 a 與 b 的平均值。

在 main() 主程式中，第 15 行設定以 T1 的型態為 int，T2 的型態為 double 來呼叫 average()，因此變數 a 的型態為 int，變數 b 的型態為 double，因此由輸出中，可以看出變數 a 佔用 4 個位元組，而變數 b 佔用 8 個位元組。

相反的第 16 行設定以 T1 的型態為 double，T2 的型態為 int 來呼叫 average()。從輸出中，可以看出函數樣板會執行相對應型態的函數內容。

值得注意的是，在第 15 與 16 行中，average() 函數之後所接<>括號內的引數，它是用來指定 template 關鍵字之後的型態變數是屬於何種型態，而不是用來指定 average() 函數內的引數型態，如下圖所示：

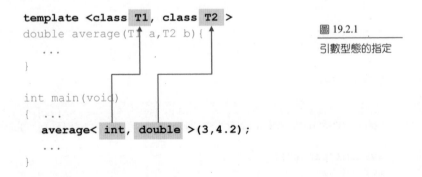

圖 19.2.1

引數型態的指定

此外，我們也可以省略掉 add 函數之後<>括號，使得它們看起來更像是一般的函數：

```
15    cout << "average(3,4.2)= " << average(3,4.2) << endl;
16    cout << "average(5.7,12)= " <<  average(5.7,12)  << endl;
```

省略<>括號之後，編譯器會根據傳入的引數值來判斷型態變數 T 是要以何種型態來取代。因此第 15 行的第一個引數為 int 型態，第二個引數為 double 型態；第 16 行的第一個引數為 double 型態，第二個引數為 int 型態。有興趣的讀者不妨試著更改引數的值，從執行結果中可以看到對應的型態大小。　　　　　　　　　　　　　　　　❖

19.2.2 類別樣板

類別也可以宣告成樣板，其目的也和函數樣板一樣，用來在建立物件之初，便可指定資料成員的型態，同時類別內的成員函數，也可依不同型態來進行正確的運算。類別樣板定義的格式如下：

```
template <class 型態變數 1, class 型態變數 2,...>
class 類別名稱
{
     資料成員與成員函數的定義
};
```
格式 19.2.2
定義類別樣板

在主程式 main() 內要利用類別樣板來建立物件時，可利用如下的語法：

```
類別名稱 <型態 1, 型態 2,...> 物件名稱;
```
格式 19.2.3
利用類別樣板建立物件

舉例來說，下面的程式碼定義 CWin 的類別樣板：

```
01   template <class T>                    // 定義 CWin 的類別樣板
02   class CWin
03   {
04     protected:
05       T width, height;                   // 宣告資料成員
06
07     public:
08       CWin(T w,T h):width(w),height(h){};      // 建構元
09
10       void show(void);                   // show() 的原型
11   };
```

此時，類別中的資料成員 width 與 height 的型態，則是依建立物件時所給予的引數而定。
例如下面的兩行敘述分別建立資料成員分別為 int 與 double 的物件：

```
CWin <int> win1(50,60);              // 建立 win1 物件，並設定資料成員為 int
CWin <double> win2(50.25,60.74);     // 設定資料成員的型態為 double
```

此外，您可以注意到第 10 行只宣告 show() 函數的原型，因此我們必須把它的定義寫
在類別定義的外面。當成員函數撰寫在類別外面時，除了要標明其所屬的類別之外，
還必須加上樣板的宣告，且類別名稱之後也必須加上<>括號，並把型態變數包含進去，
如下面的格式：

> **template** <**class** 型態變數 1, **class** 型態變數 2,...>
> 傳回型態 類別名稱<型態變數 1,型態變數 2,...>::函數名稱(引數..)
> {
> 　　函數的定義
> };
>
> 格式 19.2.4
> 定義在類別樣板之
> 外的函數定義格式

依據上面的格式，我們就可以把 show() 函數撰寫成如下的程式：

```
01   template <class T>
02   void CWin<T>::show()
03   {
04     cout << "width=" << width << ", ";
05     cout << "height=" << height << endl;
06   }
```

有了上面的概念之後，現在可以開始撰寫完整的程式碼。prog19_8 是類別樣板的使用範例，其中我們把 CWin 宣告成類別樣板，其資料成員 width 與 height 可在建立 CWin 類別的物件時才指定其型態。程式的撰寫如下：

```
01   //prog19_8, 類別樣板的使用範例
02   #include <iostream>
03   #include <cstdlib>
04   using namespace std;
05   template <class T>                              // 定義類別樣板
06   class CWin
07   {
08      protected:
09         T width, height;                         // 宣告資料成員
10
11      public:
12         CWin(T w,T h):width(w),height(h){};      // 建構元
13
14         void show(void);                         // show()函數的原型
15   };
16
17   template <class T>                              // 定義 show()函數
18   void CWin<T>::show()
19   {
20      cout << "width=" << width << ", ";
21      cout << "height=" << height << endl;
22   }
23
24   int main(void)
25   {
26      CWin <int> win1(50,60);                      // 建立 win1 物件
27      CWin <double> win2(50.25,60.74);             // 建立 win2 物件
28
29      cout << "win1 object: ";
30      win1.show();
31      cout << "win2 object: ";
32      win2.show();
33
34      system("pause");
35      return 0;
36   }
```

```
/* prog19_8 OUTPUT--------------------
win1 object: width=50, height=60
win2 object: width=50.25, height=60.74
--------------------------------------*/
```

第 5~15 行定義 CWin 類別樣板，其中第 9 行宣告資料成員的型態為 T。12 行是 CWin
類別的建構元，用來設定物件的初值。14 行宣告 show() 函數的原型，其定義內容撰寫
在 17~22 行。

在主程式中，26 行建立 win1 物件，並指定類別樣板中的型態變數 T 為 int，因此 win1
物件內的 width 與 height 成員皆為整數。相同的，27 行指定類別樣板中的型態變數 T
為 double，於是 win2 物件內的 width 與 height 之型態為 double。最後，30 與 32 行分
別呼叫 show() 函數，用來印出資料成員的值。由本例的輸出中，可以觀察到 win1 物
件的資料成員的型態為 int，而 win2 為 double，這兩個物件卻是由同一個類別樣板所建
立，由此可見類別樣板好用之處。   ❖

類別樣板的另一個範例--引數型態不同時

prog19_8 只使用一個型態變數。在類別樣板裡，還可以使用多個型態變數，使得類別
的資料成員更具有多樣性。下面的範例是使用兩個型態變數的例子：

```
01   //prog19_9, 類別樣板的使用範例 (不同引數型態的情形)
02   #include <iostream>
03   #include <cstdlib>
04   using namespace std;
05   template <class T1,class T2>              // 定義類別樣板
06   class CWin
07   {
08     protected:
09       T1 width;                            // 指定 width 的型態為 T1
10       T2 height;                           // 指定 height 的型態為 T2
11     public:
12       CWin(T1 w,T2 h):width(w),height(h){};
13
```

```
14        void show(void);
15   };
16
17   template <class T1, class T2>
18   void CWin<T1,T2>::show()                    // 定義 show() 函數
19   {
20      cout << "width=" << width << ", ";
21      cout << "height=" << height << endl;
22   }
23
24   int main(void)
25   {
26      CWin <int,double> win1(50,60.05);       // 建立 win1 物件
27      CWin <double,int> win2(50.25,74);       // 建立 win2 物件
28
29      cout << "win1 object: ";
30      win1.show();
31      cout << "win2 object: ";
32      win2.show();
33
34      system("pause");
35      return 0;
36   }
```

```
/* prog19_9 OUTPUT-------------------
win1 object: width=50, height=60.05
win2 object: width=50.25, height=74
------------------------------------*/
```

第 5~15 行定義 CWin 類別樣板，其中樣板裡宣告兩個型態變數 T1 與 T2。第 9 行設定
資料成員 width 的型態為 T1，第 10 行設定 height 的型態為 T2。於本例中，我們也把
show() 函數定義在 CWin 類別的外面，因此它必須遵循格式 19.2.4 的寫法。C++的初
學者可能會對 18 行的寫法感到陌生，但只要對照格式 19.2.4，應該不難理解為什麼要
如此撰寫。

在主程式 main() 裡，第 26 行建立 win1 物件，並指定 T1 的型態為 int，T2 的型態為
double。因此 win1 物件裡 width 成員的型態為 int，而 height 成員為 double。同樣的，

第 27 行建立 win2 物件，並指定 T1 與 T2 的型態分別為 double 與 int，於是 win2 物件
裡 width 成員的型態為 double，而 height 成員為 int。　　　　　　　　　　　❖

限定樣板內某個引數必須為某個型態的變數

我們也可以在函數樣板或類別樣板內，限定某個引數必須為特定型態的變數，除此之
外，還可以設定此一變數的預設值，也就是說當此一變數出缺時，編譯器就會以此預
設值來取代它。

prog19_10 修改自 prog19_9，其中在樣板裡加入一個 char 型態的變數 id，並設定其預設
值為 'D'。程式的撰寫如下：

```
01   //prog19_10, 樣板內限定某個引數必須為某個型態的變數
02   #include <iostream>
03   #include <cstdlib>
04   using namespace std;
05   template <class T1,class T2,char id='D'> // 樣板內加入特定型態的變數
06   class CWin
07   {
08     protected:
09       T1 width;
10       T2 height;
11     public:
12       CWin(T1 w,T2 h):width(w),height(h){};
13
14       void show();
15   };
16
17   template <class T1, class T2, char id>      // 定義 show()函數
18   void CWin<T1,T2, id >::show()
19   {                     └── 注意此處必須填上變數名稱，而非資料型態
20     cout << id << endl;
21     cout << "width=" << width << ", ";
22     cout << "height=" << height << endl;
23   }
24
25   int main(void)
```

```
26   {
27       CWin <int,double,'A'> win1(50,60.05);
28       CWin <double,int> win2(50.25,74);
29
30       cout << "win1 object: ";
31       win1.show();
32       cout << "win2 object: ";
33       win2.show();
34
35       system("pause");
36       return 0;
37   }
```

```
/* prog19_10 OUTPUT-------
win1 object: A
width=50, height=60.05
win2 object: D
width=50.25, height=74
-------------------------*/
```

於 prog19_10 中，5~15 行定義類別樣板，其中第 5 行指定前兩個引數可為任意型態，而最後一個引數必須為 char 型態，且限定變數名稱為 id，預設值為 'D'。第 9~10 行宣告 CWin 的資料成員 width 與 height，其型態分別為 T1 與 T2。

您可以注意到，我們並沒有把變數 id 納為 CWin 物件的資料成員，事實上，編譯器也不允許您這麼做，也就是說，在類別樣板裡特定型態的變數不能拿來當成是類別裡的資料成員（想想看，如果特定型態的變數要拿來當類別裡的資料成員的話，那麼直接在類別裡定義這個資料成員即可，又何需在樣板裡定義這個變數呢？）。

在 17~23 行的 show() 函數的定義中，注意第 18 行裡緊接在 CWin 之後的<>括號裡引數的寫法：

```
18   void CWin<T1, T2, id>::show()
```

其中第三個引數必須是填上變數名稱，而非變數的型態。

在主程式 main() 中，27 行設定 T1 為 int，T2 為 double，且變數 id='A'，並以此設定來呼叫建構元 win1(50,60.05)，因此於 31 行的輸出中，id 的值顯示為 'A'，而 width 與 height 成員的型態分別為 int 與 double。另外，28 行設定 T1 為 double，T2 為 int，且變數 id 的欄位採預設值，並以此設定呼叫建構元 win2(50.25,74)，於是在 33 行的輸出中，id 的值顯示為 'D'，而 width 與 height 成員的型態分別為 double 與 int。　　　❖

19.2.3 樣板的特殊化

在 C++裡，我們可以把類別樣板，或者是函數樣板做一個特殊化（specialization）的處理，使得符合這個特殊化規則的類別或函數，皆會以特殊的方式來處理。樣板的特殊化可分為「類別樣板的特殊化」與「函數樣板的特殊化」兩種。

類別樣板的特殊化

以前面所使用的 CWin 類別為例，可以將它定義成類別樣板，並在樣板中加入一個計算面積的成員函數 area()，其樣板內容可以撰寫成如下的敘述：

```
template <class T>                            // 類別樣板
class CWin
{
  T width, height;                            // 資料成員
  public:
    CWin(T w,T h):width(w),height(h){};       // 建構元
    T area(void){ return width*height; }      // 成員函數 area()
};
```

若是希望在 CWin 類別中，只有在 width 與 height 成員皆為整數的情況下計算出來的面積是 0，此時便可把類別樣板裡的函數特殊化，來達成此一目的。因此我們可以將這個需要特殊化的樣板再次提出，成為特殊化的類別樣板：

定義特殊化的類別樣板，必須
在樣板前加上 template <>　　　　　欲特殊化的型態

```
template <> class CWin <int>                    // 特殊化的類別樣板
{
    int width, height;                          // 資料成員
  public:
    CWin(int w, int h):width(w),height(h){};    // 建構元
    int area(void){ return 0; }                 // 成員函數
};
```

資料成員的型態須和欲特殊化的型態相同

有了類別樣板與特殊化的類別樣板之後，即可撰寫完整的程式。下面的程式中，於主
程式裡分別宣告 int、double 及 short 三種不同型態的 CWin 類別物件，並計算它們的面
積，讀者可以試著比較其執行結果：

```
01   //prog19_11, 類別樣板的特殊化
02   #include <iostream>
03   #include <cstdlib>
04   using namespace std;
05   template <class T>                              // 類別樣板
06   class CWin
07   {
08      T width,height;
09      public:
10        CWin(T w,T h):width(w),height(h){};
11
12        T area(void){ return width*height; }
13   };
14
15   template <> class CWin <int>                    // 特殊化的類別樣板
16   {
17        int width,height;
18      public:
19        CWin(int w, int h):width(w),height(h){};
20
21        int area(void){ return 0; }
22   };
23
```

```
24    int main(void)
25    {
26        CWin <int> win1(50,60);
27        CWin <double> win2(12.3,45.8);
28        CWin <short> win3(12,45);
29
30        cout << "win1 object: ";
31        cout << win1.area() << endl;
32
33        cout << "win2 object: ";
34        cout << win2.area() << endl;
35
36        cout << "win3 object: ";
37        cout << win3.area() << endl;
38
39        system("pause");
40        return 0;
41    }
```

/* prog19_11 OUTPUT-----

```
win1 object: 0
win2 object: 563.34
win3 object: 540
------------------------*/
```

第 5~13 行定義 CWin 類別樣板，在第 12 行的定義中，我們把 area() 函數的傳回值設為 width*height，這個設計可以使得以此樣板所建立的物件，當它呼叫 area() 函數時，所得到的傳回值均為 width*height。可是我們又希望樣板中，填入的型態是 int 時，area() 函數傳回的矩形面積為 0，此時便可把 CWin 類別樣板特殊化，如程式碼 15~22 行所示。

特殊化的類別樣板的撰寫方式和一般類別樣板差不多，但必須在類別樣板名稱前加上 template <>，同時要在類別名稱後面的<>括號內填上確定的型態，如第 15 行即在<>括號內填上 int 型態，如此一來，只要以 int 型態樣板所建立的物件，均會以這個特殊化的類別樣板定義來建立。

在這個特殊化類別樣板內，21 行所定義的 area() 函數和 12 行所定義的 area() 函數有所不同。21 行的 area() 函數會傳回 0，也就是說只要以這個特殊化類別樣板所建立的物件，皆會將面積設為 0，而以一般樣板所建立的物件，則會呼叫第 12 行所定義的 area() 函數，因此可傳回面積值。

在主程式 main() 中，第 26 行以 int 型態填入樣板中來建立 win1 物件。由於在程式碼中定義 int 型態的特殊化類別樣板，因此第 31 行中，可以看到以 win1 物件呼叫 area() 函數時，傳回的面積正是 0。

此外，在 27 與 28 行裡，分別以 double 與 short 型態填入樣板中，由於這兩個型態皆不是 int，所以它們會以一般的樣板來定義 win2 與 win3 物件，因此第 34 與 37 行呼叫 area() 函數，所得到的結果都是 width*height。　　　　　　　　　　　　　❖

類別樣板內成員函數的特殊化

在 prog19_11 中，我們把整個類別都特殊化。但實際上，在特殊化的類別樣板裡，只有 area() 函數和一般的類別樣板不同，因此似乎沒有必要把整個類別樣板都特殊化。事實上，C++也提供只有特殊化類別樣板內成員函數的功能，使得程式的撰寫更加方便。

下面的範例接續 prog19_11，但並不是特殊化整個類別樣板，而是把類別樣板內的成員函數的特殊化。程式的撰寫如下：

```
01   //prog19_12, 類別樣板之成員函數的特殊化
02   #include <iostream>
03   #include <cstdlib>
04   using namespace std;
05   template <class T>                    // 類別樣板
06   class CWin
07   {
08      T width,height;
09      public:
10        CWin(T w,T h):width(w),height(h){};
11
```

```
12        T area(void)
13        {
14            return width*height;
15        }
16    };
17
18    template <> int CWin<int>::area(void)     // 類別樣板內成員函數的特殊化
19    {
20        return 0;
21    }
22
23    int main(void)
24    {
25        CWin <int> win1(50,60);
26        CWin <double> win2(12.3,45.8);
27
28        cout << "win1 object: ";
29        cout << win1.area() << endl;
30
31        cout << "win2 object: ";
32        cout << win2.area() << endl;
33
34        system("pause");
35        return 0;
36    }
```

```
/* prog19_12 OUTPUT-------

win1 object: 0
win2 object: 563.34
-------------------------*/
```

第 18~21 行把類別樣板裡的 area() 成員函數特殊化，因此只要填入類別樣板裡的型態
是 int，則在呼叫 area() 函數時會以這個特殊化的版本來執行。因為 win1 物件是以 int
型態來填入類別樣板所建立的物件，因此在第 29 行中所呼叫的 area() 是特殊化的版
本。而在 26 行所建立的 win2 物件，由於它是以 double 型態來填入樣板，所以 32 行中
所呼叫的 area() 函數是定義在 12~15 行中的版本。　　　　　　　　　　　　　　❖

事實上，您也可以把定義在 12~15 行中的 area() 函數定義到類別樣板之外，其寫法可
參考格式 19.2.4，我們把這個部分留作習題。

本章摘要

1. 程式執行時，不尋常的狀況稱為例外（exception），而處理捕捉例外的方式稱為例外處理（exception handling）。

2. 例外處理是由 try 與 catch 這兩個關鍵字所組成的程式區塊。

3. 如果 try 區塊內丟出的物件型態不只一種，則必須把 catch() 多載以捕捉所有的例外。

4. 如果不論任何型態的例外都想捕捉，可以在 catch() 的括號內打上三個連續的點，代表可接受任何型態的例外。

5. 「函數樣板」是指將具有相同程式碼的函數撰寫成一個樣板，而把其中引數不同型態之處，用「型態變數」來取代。將來在呼叫這個函數時，編譯器便會根據所給予的引數型態，將它們填入「型態變數」中，進而製作出一個新的函數，這便是「函數樣板」的功用。

6. 類別樣板和函數樣板一樣，用來在建立物件之初，便可指定資料成員的型態，同時類別內的成員函數也可依不同的型態來進行正確的運算。

自我評量

19.1 例外處理

1. 何謂例外？為何需要例外的處理？

2. 如果沒有撰寫處理例外的程式碼，C++的預設處理機制會怎麼做呢？

3. 修改 prog19_2，使得當 i*5.0 的值大於 16.0 時，會拋出一 double 型態的數值 i*5.0，並在 catch 區塊內印出此值。

4. 試設計 bool is_prime(int n) 函數，可用來判別 n 是否為質數，若為質數，則回應 true，若不是，則回應 false；若 n 小於 0，則拋出 "argument out of bound" 字串型態的例外。

5. 試設計 int fact(int n) 函數，可用來計算 n 的階乘。此外，並設計 try-catch 區塊來捕捉一些可能的錯誤，例如，若 n 小於 0，則拋出 "argument out of bound" 字串型態的例外，若 fact() 的值超出整數型態所能容許的範圍時，則拋出 "number too large" 字串型態的例外。

19.2 樣板

6. 試依下面的敘述完成程式設計：

   (a) 試設計函數 times(a,b) 函數的多載，用來計算 a*b，其中 a 與 b 可同為 short、int、float 與 double 型態。

   (b) 試將(a)的 times(a,b) 函數改寫成函數樣板，使得 a 與 b 可同為某一型態的變數。

   (c) 改寫(b)，使得 a 與 b 可為不同型態的變數。

7. 試將 prog19_8 裡的 CWin() 建構元移到類別樣板的外面來定義之。

8. 試將 prog19_8 裡 show() 函數的定義搬移到 CWin 類別樣板裡來定義之。

9. 試修改 prog19_12，把定義在 12~15 行中的 area() 函數定義到類別樣板之外。

10. 下面是一個撰寫好的類別樣板，試閱讀之，然後回答接續的問題：

```
01    template <class T, int n>
02    class CArray
03    {
04      protected:
05        T arr[n];
06      public:
07        CArray()
08        {
09          for(int i=0;i<n;i++)
10            arr[i]=0;
11        };
12        void set_data();
13        void show_data();
14    };
```

(a) 試撰寫 void set_data() 與 void show_data() 函數，使得 set_data() 可用來輸入資料
　　到 arr 陣列裡，而 show_data() 則是用來顯示陣列裡每一個元素的值。

(b) 試以 CArray 範本建立 my_array 物件，其中物件裡 arr 陣列的型態為 int，元素個數
　　為 5。

(c) 接續(b)，試利用 set_data() 函數填入 5 個整數，再由 show_data() 印出資料。

CHAPTER

20

大型程式的發展

學習到本章,相信讀者對物件導向程式設計應該具有基本的熟悉度。本書最後將介紹 C++在發展大型程式時,常會使用到的功能,其中包含「名稱空間」、「樣板」與「條件式編譯」等功能,使得我們可以發展大型的程式碼,更容易控制程式的流程,以及更有技巧的將程式碼再利用等等。

本章學習目標

- 使用名稱空間
- 熟悉大型程式的開發方式
- 條件式編譯指令的撰寫

20.1 名稱空間

對於大型程式而言，要把上萬行的程式交由個人獨立完成已不太可能，因而多半是由許多的程式設計師來協力完成。然而在此情況下，他們很難保證個人所用的函數或變數名稱不會與其他人所撰寫的程式碼衝突。

C++是以名稱空間（name space）來解決這個問題。在同一個名稱空間內的變數會與在名稱空間外的變數區隔開來，即使它們有相同的變數名稱。名稱空間的語法如下：

```
namespace 名稱空間名稱
{
    程式主體
}
```

格式 20.1.1
namespace 的語法

於上面的格式中，名稱空間的名稱必須是有效的識別字（identifier），而所有的程式主體必須以大括號括起來。舉例來說，下面的範例是把變數 var 放在名稱空間 name1 內：

```
namespace  name1
{
    int var;                     // 在名稱空間 name1 內宣告整數變數 var
}
```

如要存取到使用名稱空間 name1 的變數 var 時，可用下面的語法：

```
name1::var;                      // 取得名稱空間 name1 的 var 變數
```

於上面的敘述中，「::」這個符號您應該已經不陌生，它是範疇解析運算子（scope resolution operator），用來表示變數 var 是名稱空間 name1 裡的變數。

20.1.1 簡單的範例

下面我們以一個簡單的例子來看看 namespace 是怎麼使用的：

```
01    //prog20_1, 使用 namespace
02    #include <iostream>
03    #include <cstdlib>
04
05    namespace name1                        // 設定名稱空間 name1
06    {
07        int var=5;                          // 在名稱空間 name1 內宣告變數 var
08    }
09    using namespace std;
10    int main(void)
11    {
12        int var=10;                         // 宣告區域變數 var
13
14        cout << "in name1, var= " << name1::var << endl;
15        cout << "var= " << var << endl;
16
17        system("pause");
18        return 0;
19    }
```

```
/* prog20_1 OUTPUT---
in name1, var= 5
var= 10
--------------------*/
```

於本例中，5~8 行設定名稱空間 name1，且宣告變數 var，並設定其初值為 5。在主程式 main() 內，第 12 行也宣告變數 var，並設定其初值為 10。第 14 行印出名稱空間 name1 內變數 var 的值，第 15 行則是印出主程式內 var 的值。讀者可以注意到這兩個 var 變數彼此並不會混淆，因為它們各有自己的儲存空間。

使用數個名稱空間

在 C++裡，程式的協力開發者可以自行定義名稱空間，以區隔自己和他人所使用的符號。下面是使用兩個名稱空間的例子：

```cpp
01    //prog20_2, 使用數個名稱空間
02    #include <iostream>
03    #include <cstdlib>
04
05    namespace name1                          // 設定名稱空間 name1
06    {
07       int var=5;
08    }
09
10    namespace name2                          // 設定名稱空間 name2
11    {
12       int var=10;
13    }
14    using namespace std;
15    int main(void)
16    {
17       cout << "in name1, var= " << name1::var << endl;
18       cout << "in name2, var= " << name2::var << endl;
19
20       system("pause");
21       return 0;
22    }
```

/* prog20_2 OUTPUT---

in name1, var= 5
in name2, var= 10
---------------------*/

本例中定義 name1 與 name2 兩個名稱空間，並在 name1 內設定變數 var 的值為 5，在 name2 內則設定變數 var 的值為 10。在主程式內，分別印出這兩個名稱空間內的變數 var。

由本例的輸出可以觀察到，使用名稱空間可以有效的區隔相同的變數名稱，因此在協力開發程式碼時，使用名稱空間的設定可有效的避開變數或函數名稱相同的問題。

20.1.2　使用 using 關鍵字

在使用某個名稱空間內的變數或函數時，我們必須使用「::」範疇解析運算子把名稱空間和名稱空間內的變數或函數連在一起，這個設計使得在使用名稱空間內的變數或函數時顯得相當麻煩。

C++提供 using 關鍵字，它可以設定某個區塊內的程式碼均使用特定名稱空間內的變數或函數，而不用加上名稱空間的名稱。但如果在主程式 main() 裡有和名稱空間相同的變數名稱時，則會以 main() 裡的變數優先使用，此時如果您需要使用到名稱空間裡的變數，必須加上名稱空間的名稱，如下面的範例：

```
01   //prog20_3, 使用 using 關鍵字
02   #include <iostream>
03   #include <cstdlib>
04
05   namespace name1              // 設定名稱空間 name1
06   {
07      int var=5;
08   }
09
10   using namespace name1;       // 設定此行以下的程式碼均使用 name1 名稱空間
11   using namespace std;         // 設定此行以下的程式碼也使用 std 名稱空間
12   int main(void)
13   {
14      cout << "var= " << var << endl;    // 印出 name1 名稱空間內 var 的值
15
16      int var=10;               // 設定區域變數 var
17      cout << "main()裡的變數 var= " << var << endl;// 印出區域變數 var 的值
18
19      cout << "name1::var= " << name1::var << endl;// 印出 name1 內 var 的值
20
21      system("pause");
22      return 0;
23   }
```

```
/* prog20_3 OUTPUT----
var= 5
main()裡的變數 var= 10
name1::var= 5
---------------------*/
```

第 10 行宣告名稱空間使用 name1，因此第 10 行以下的程式碼裡，若沒有另外定義相同的變數名稱，則可以直接使用變數 var，而不需在 var 之前加上名稱空間的名稱，因此第 14 行裡所列印出來 var 的值為 5。

第 16 行定義區域變數 var 變數，並將它設值為 10，它和名稱空間 name1 裡所定義的 var 變數一樣，有著相同的名稱。由於區域變數名稱和名稱空間裡的變數名稱相同時，會以區域變數優先使用，因此第 17 行印出 var 變數的值為 10。

如果定義區域變數 var 變數之後，還想使用名稱空間 name1 裡的 var 變數，則可加上名稱空間名稱 name1，用來指明變數 var 是屬於名稱空間 name1 裡的變數，如程式碼裡的第 19 行所示。

現在您應該可以瞭解到我們在本書所有的範例裡，每一個範例程式都有一行

```
using namespace std;                       // 使用名稱空間 std
```

的用意。這是因為標準的 C++在 std 名稱空間裡定義程式庫的識別字，因此如果要使用諸如 cout、cin 與 endl 等物件，就必須告訴編譯器，在 std 名稱空間裡可以找得到這些物件，因此我們在每一個程式碼都加上「using namespace std;」這個敘述。

值得一提的是，prog20_3 的第 10 行設定使用 name1 名稱空間，而第 11 行又設定使用 std 名稱空間，兩個到底是哪一個名稱空間會被使用呢？事實上在這種情況下，編譯器會到這兩個名稱空間內找尋變數是否有定義在裡面。因本例中，name1 名稱空間內所定義的變數名稱和 std 內所定義的變數名稱並沒有重複，所以本例還是可以正確的執行。

因此，如果您設定使用兩個以上的名稱空間，如 prog20_3 的第 10 與第 11 行，請注意在這些名稱空間內不要有重複的識別字發生，否則會有錯誤訊息產生。　　　　❖

在區塊內使用不同的名稱空間

您也可以在不同的程式區塊內使用不同的名稱空間，其作法很簡單，只要在大括號所圍起來的區塊內指定不同的名稱空間即可，我們來看看下面的範例：

```
01    //prog20_4, 在區塊內使用不同的名稱空間
02    #include <iostream>
03    #include <cstdlib>
04
05    namespace name1                                  // 設定名稱空間 name1
06    {
07       int var=5;
08    }
09
10    namespace name2                                  // 設定名稱空間 name2
11    {
12       int var=10;
13    }
14    using namespace std;
15    int main(void)
16    {
17       {
18          using namespace name1;                    // 使用名稱空間 name1
19          cout << "in namespace name1: ";
20          cout << "var= " << var << endl;
21       }
22
23       {
24          using namespace name2;                    // 使用名稱空間 name2
25          cout << "in namespace name2: ";
26          cout << "var= " << var << endl;
27       }
28
29       system("pause");
30       return 0;
31    }
```

```
/* prog20_4 OUTPUT-----------
in namespace name1: var= 5
in namespace name2: var= 10
----------------------------*/
```

在 prog20_4 中，5~13 行分別定義名稱空間 name1 與 name2，而在主程式中，17~21 行是一個程式區塊，在此區塊內，第 18 行指定使用名稱空間 name1，因此 20 行印出來的 var 之值為 5。相同的，23~27 行是另一個程式區塊，其中第 24 行指定名稱空間 name2，因此 26 行所印出來的 var 之值為 10。　　　　　　　　　　　　　　　　　　❖

20.1.3　名稱空間 std

根據 ANSI C++的標準，C++標準函數庫裡所包含的函數、類別與物件等等，均是全部定義在 std 這個名稱空間內，同時也更動一些標頭檔的名稱，使得它們不再是以.h 來做結尾（例如，iostream.h 改為 iostream），且把原先由 C 語言移植過來的標頭檔，在其檔名之前均冠上一個小寫的 c，用來區別它是由 C 語言移植而來（例如 cmath）。關於 ANSI C++標頭檔的修訂，請參閱附錄 E）。

也許您已經注意到，本書所有的程式碼均遵循 ANSI C++新的標準，我們如此做是考慮到現今市面上流通的 C++編譯程式，大多已支援 ANSI C++的標準，尤其是在 1997 年以後所撰寫的編譯程式。

然而對大多數的編譯程式而言，不論是支援 ANSI C++的標準，還是早期的 C++編譯程式，均可順利的編譯與執行本書所有的程式碼，因此即使不採用 ANSI C++的標準，也不會損及您對 C++語法的學習。雖然如此，ANSI C++提供許多新的功能，本書礙於篇幅，並無法一一介紹，但建議讀者開發程式碼時，均能依照 ANSI C++的標準來撰寫。

如果您以支援 ANSI C++標準的編譯程式來撰寫程式碼，由於 C++標準函數庫裡的識別字均是定義在 std 這個名稱空間內，所以在使用標準函數庫裡所提供的函數、類別與物件時，在其前面必須加上「std::」，如下面的範例：

```
01   //prog20_5，使用 ANSI C++的標準語法來撰寫
02   #include <iostream>
03   #include <cstdlib>
04
05   int main(void)
06   {
07      std::cout << "Hello ANSI C++ " << std::endl;
08
09      system("pause");
10      return 0;
11   }
```

```
/* prog20_5 OUTPUT---
Hello ANSI C++
--------------------*/
```

於本例的 2~3 行裡，ANSI C++是以 iostream 來取代舊有的標頭檔 iostream.h，而以 cstdlib 取代原來的 stdlib.h 標頭檔（關於 ANSI C++標頭檔的修訂對照表，請參閱附錄 E）。此外，您可以注意到在第 7 行的 cout 與 endl 物件前面加上「std::」，用以表示 cout 物件是在 std 名稱空間內所定義的。

如前一節所示，您也可以在主程式 main() 的前面加上

```
using namespace std;                    // 使用 std 名稱空間
```

這個敘述，如此便可省去撰寫「std::」的麻煩，就如同本書所有的範例一樣，都是這麼撰寫的。

值得注意的是，在某些編譯器中，如 C++ Bulider，system() 函數是定義在 std 名稱空間中，因此若是在編譯時得到

```
Call to undefined function 'system'
```

錯誤訊息，只要在 system("pause");敘述前加上「std::」，即可正常編譯執行。   ❖

當然,您也可以使用早期的 C++語法來撰寫。現今多半的 C++編譯器都支援早期的 C++
語法,只是有些編譯器會在編譯時會產生警告訊息,告訴您程式碼並不符合 ANSI C++
的新標準,但程式碼還是可以順利執行,如下面的程式碼:

```
01    //prog20_6, 使用舊有的 C++語法來撰寫
02    #include <iostream.h>
03    #include <stdlib.h>
04
05    int main(void)
06    {
07       cout << "Hello C++ " << endl;
08
09       system("pause");
10       return 0;
11    }
```

```
/* prog20_6 OUTPUT---

Hello ANSI C++
-------------------*/
```

prog20_6 還是可以順利的執行,但是在 Dev C++編譯時會出現下列的警告訊息:

```
#warning This file includes at least one deprecated or antiquated header.
Please consider using one of the 32 headers found in section 17.4.1.2
of the C++ standard. Examples include substituting the <X> header for
the <X.h> header for C++ includes, or <iostream> instead of the deprecated
header <iostream.h>. To disable this warning use -Wno-deprecated.
```

這個訊息是說,在 prog20_6 的標頭檔裡使用較舊的語法,並建議我們改以新的語法來
撰寫。雖然新版 ANSI C++編譯器多半還是可以接受傳統的 C++語法,若是您的編譯器
支援新標準,建議您還是遵循 ANSI C++標準來撰寫,以避免掉一些相容性的問題。

我們撰寫程式到現在,根本都沒有考慮到在 main() 裡定義和 std 名稱空間裡相同變數
名稱的問題,這主要是因為編譯器會優先使用 main() 裡的變數之機制所致。

20.2　大型程式的發展與條件式編譯

於大型程式裡，將所有的程式碼撰寫在同一個檔案裡，不但會影響程式的可讀性，同時也不利於程式的偵錯。如果把類別或函數分門別類，儲存到不同的檔案裡，再與 main() 函數一起編譯執行，如此的程式碼將更具親和性，且易於維護。本節將介紹大型程式的發展，從概念到實作，均可在本節裡找到答案。

20.2.1　程式的模組化

一般在撰寫大型程式時，可把程式分割成數個較小的模組，再將功能相近的模組分門別類儲存成數個檔案。由於這些模組都有其特定的工作與功能，所以此舉有利於程式的管理與維護，同時也適用於大型程式的發展，如下圖所示：

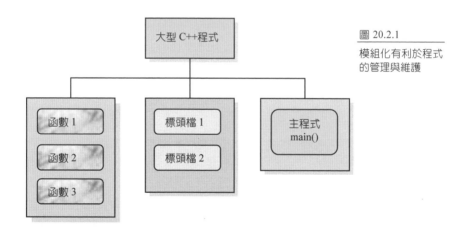

圖 20.2.1

模組化有利於程式的管理與維護

此外，您也可以先將模組編譯成目的檔（obj 檔），或者直接把他人撰寫好的目的檔拿來連結，以省去重新編譯的麻煩。這也是為什麼近年來模組化的程式撰寫方式，會受到許多人廣泛的注意與討論的原因之一。

20.2.2 各別編譯的實作

接下來我們以簡單的範例來說明如何將程式中的函數、標頭檔與主程式分開,讓它們
各別編譯。下面是個相當簡單的程式碼,稍後我們會把它們劃分成三檔案來儲存並分
別編譯:

```cpp
01   //prog20_7, 檔案分割的練習 - 完整的程式碼
02   #include <iostream>
03   #include <cstdlib>
04   using namespace std;
05
06   class CWin                              // 定義視窗類別 CWin
07   {
08     protected:
09       char id;
10       int width;
11       int height;
12     public:
13       CWin(char ch, int w, int h):id(ch),width(w),height(h){}
14       void show(void);                    // 成員函數 area() 的原型
15   };
16
17   void CWin::show(void)                    // 定義 show() 函數
18   {
19     cout << "Window " << id << ":" << endl;
20     cout << "Area = " << width*height << endl;
21   }
22
23   int main(void)                           // 主程式 main()
24   {
25     CWin win1('A',50,60);
26     win1.show();
27
28     system("pause");
29     return 0;
30   }
```

```
/* prog20_7 OUTPUT---
Window A:
Area = 3000
-------------------*/
```

要把上面的程式碼分割成三個檔案來儲存，較佳的選擇是把 CWin 類別的定義存成一個檔案，show() 函數的定義存成另一個檔案，最後再將 main() 主程式儲存成一個檔案，如此一來，如果要修改程式的某個部分，只要開啟相關的檔案來修改即可。

在 CWin 類別的部分，我們可以把 CWin 類別的定義獨立出來存成一個檔案；此外，由於在 show() 函數與 main() 函數都需要用到 CWin 類別，因此將 CWin 類別的定義儲存成標頭檔，然後再於 show() 與 main() 函數裡載入這個檔頭檔似乎較為恰當。在稍後的實作中，會把 CWin 類別的定義儲存成 cwin.h，其檔案內容如下：

```
01   // 標頭檔 cwin.h，用來儲存 CWin 類別的定義
02   class CWin                    // 定義視窗類別 CWin
03   {
04     protected:                          將此程式儲
05       char id;                          存成 cwin.h
06       int width;
07       int height;
08     public:
09       CWin(char ch, int w, int h):id(ch),width(w),height(h){}
10       void show(void);          // 成員函數 area() 的原型
11   };
```

另外，我們把 show() 函數的定義儲存成檔案 show.cpp，由於 show() 函數的定義裡指明 show() 是 CWin 類別的一個成員函數，因此在 show.cpp 內必須將 cwin.h 標頭檔 include 進來，否則 show() 函數將會不知道什麼是 CWin 類別。此外，show() 函數裡用到 cout 物件，於是標頭檔 iostream 也必須載入，同時必須指明 namespace 為 std。show.cpp 的撰寫如下：

```
01  // show.cpp，用來顯示資料成員
02  #include "cwin.h"                    // 載入 cwin.h 標頭檔
03  #include <iostream>
04  using namespace std;
05
06  void CWin::show(void)                // 定義 show()函數
07  {
08      cout << "Window " << id << ":" << endl;
09      cout << "Area = " << width*height << endl;
10  }
```

將此程式存成 show.cpp

在第 2 行中，cwin.h 標頭檔是以雙引號將它載入，而非以慣用的「< >」符號，這是習慣上的問題。通常如果標頭檔是 C++本身所內建（如 iostream.h），以「< >」符號將它引入，如果是程式設計師自己所撰寫（如 cwin.h），就以雙引號引入。

最後再將主程式 main() 存成 prog20_8.cpp，但因 main() 函數本身需要用到 cout 與 system() 等函數，因此必須引入 iostream 與 cstdlib 標頭檔載入。此外，main() 函數裡有使用到 CWin 類別，也必須載入 cwin.h 標頭檔。prog20_8.cpp 的撰寫如下：

```
01  // prog20_8.cpp 主程式的部分
02  #include <iostream>
03  #include <cstdlib>
04  #include "cwin.h"                    // 載入 cwin.h 標頭檔
05  using namespace std;
06
07  int main(void)
08  {
09      CWin win1('A',50,60);
10      win1.show();
11
12      system("pause");
13      return 0;
14  }
```

將此程式存成 prog20_8.cpp

下面的步驟介紹如何於 Dev C++裡分別建立主程式 prog20_8.cpp、函數模組 show.cpp，以及標頭檔 cwin.h。

步驟 1 首先建立一個全新的專案。按下「檔案」功能表，選擇「開新檔案」-「專案」，即會出現「建立新專案」對話方塊。由於程式執行時，會將執行結果顯示在一個 MS-DOS 視窗中，因此於「Basic」標籤中選擇「Console Application」圖示，並點選「C++專案」，輸入專案名稱。於此例中，將專案名稱定為「my_proj」，此時的視窗如下所示：

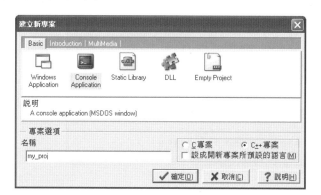

圖 20.2.2 (a)

建立新專案
對話方塊

步驟 2 按下「確定」鈕後，出現「Create new project」對話方塊。您可以選擇所要存放的資料夾，如下圖所示：

圖 20.2.2 (b)

Create new project
對話方塊

請於「Dev-Cpp」資料夾中建立一個新的資料夾「C++ Project」，將專案「my_proj」儲存在「C++ Project」資料夾裡。

步驟3　按下「儲存」鈕後，於 Dev C++的視窗裡即可看到已經開啟的專案 my_proj 與一個全新的程式編輯區，其預設檔名為 main.cpp。

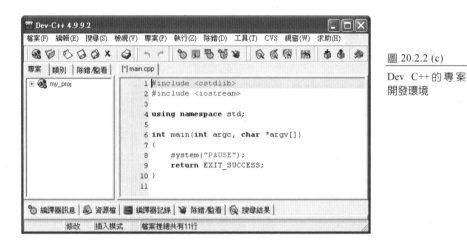

圖 20.2.2 (c)
Dev C++的專案
開發環境

步驟4　輸入主程式 prog20_8.cpp 的內容。程式輸入完成之後，按下「儲存」按鈕，此時「儲存檔案」對話方塊會出現，將檔名儲存成 prog20_8.cpp，儲存好後，prog20_8.cpp 即會自動加入 my_proj 專案中，如下的畫面：

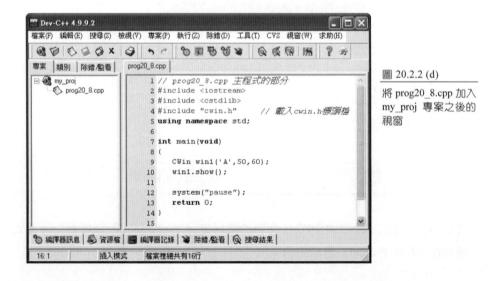

圖 20.2.2 (d)
將 prog20_8.cpp 加入
my_proj 專案之後的
視窗

步驟 5 按下工具列上的「原始碼」鈕 ，開啟新的工作區後，重複步驟 4，將 show.cpp 與 cwin.h 以同樣的方式處理，將這些檔案陸續加入 my_proj 中，最後應該會得到如下的視窗：

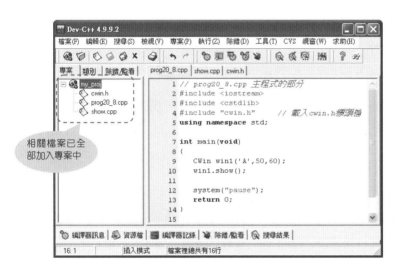

圖 20.2.2 (e)
編輯好之後的
專案視窗

步驟 6 現在請依照平常編譯執行程式的方式，按下 F9 鍵，將這 3 個程式一起編譯。程式執行的結果如下所示。

```
/* prog 20_8 OUTPUT---
Window A:
Area = 3000
----------------------*/
```

以專案的方式來編譯數個程式時，Dev C++會產生一個與專案名稱相同的執行檔，以及數個各別程式的目的檔（在 Dev C++中，目的檔的附加檔名為.o），如果打開儲存專案的資料夾，將可看到這些經過編譯後的目的檔與執行檔，如下圖所示：

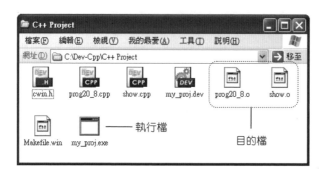

圖 20.2.3

編譯後的目的檔
與執行檔

在 Dev C++中，只要將相關的檔案放在同一個 project 中，編譯時就可以將它們一起交
由編譯器執行，在使用上來說是相當的簡單與方便。

20.2.3　條件式編譯

有時候我們會希望編譯器在某個情況下，將程式中的某個部分編譯，而不是全部都編
譯，此時用 C++所提供的前置處理器中的「條件式編譯」指令，是最方便不過的事。

使用條件式編譯指令可捕捉程式在執行時所遇到的各種問題，再根據判斷決定程式的
流程。在學習這些指令前，您可能覺得它們看起來一點兒都不親切，瞭解它們的用法
之後，就會知道其好用之處呢！

#ifdef、#else、#endif 與 #ifndef 指令

#ifdef、#else、#endif 與#ifndef 為條件式編譯指令中的假設語法。#ifdef 是 if defined 的
縮寫，其作用是當後面所接的識別字已被定義過時，即執行#ifdef 到#endif 之間的敘述，
否則執行#else 到#endif 之間的敘述。下面為這些編譯指令的使用格式：

```
#ifdef 識別字
    // 如果識別字有被定義過，即執行此部分的程式碼
#else
    // 否則執行此部分的程式碼
#endif
```

格式 20.2.1

#ifdef、#else 及#endif
的使用格式

#ifndef 是 if not defined 的縮寫，其作用恰與#ifdef 相反，如果後面所接的識別字沒有被
定義過時，則執行#ifndef 到#endif 之間的敘述，否則執行#else 到#endif 之間的敘述。

於格式 20.2.1 中，可以省略#else 的部分，只保留#ifdef 與#endif。#ifdef、#else 與#endif
指令其實和 C++中的選擇性敘述很類似，差別只在前者是前置處理指令，在編譯器開
始編譯程式之前就已經處理，而後者則是編譯時才處理。接下來我們舉一個簡單的範
例來說明如何使用這些指令：

```
01   // prog20_9, 使用#ifdef、#else 與#endif 指令
02   #include <iostream>
03   #include <cstdlib>
04   #define STR "Hello C++"              // 定義 STR 為"Hello C++"字串
05
06   using namespace std;
07   int main(void)
08   {
09      #ifdef STR                        // 如果 STR 有被定義
10         cout << STR << endl;
11      #else                             // STR 沒有被定義
12         cout << "STR not defined" << endl;
13      #endif
14      system("pause");
15      return 0;
16   }
```

```
/* prog20_9 OUTPUT---

Hello C++

--------------------*/
```

程式 prog20_9 很簡單，第 4 行定義 STR 為 "Hello C++" 字串，因為 STR 已定義過，
於是第 9 行的判斷為真，所以第 10 行的敘述會被執行，印出 "Hello C++" 字串。

稍早我們曾提及，前置處理指令會在編譯器開始編譯程式之前就已經先處理程式碼，
因此於本例中，實際送至編譯器裡編譯的主程式只剩下面的程式碼：

```
int main(void)
{
   cout << STR << endl;
   system("pause");
   return 0;
}
```

#if、#else、#elif 與 #endif 指令

#if、#else、#elif 與#endif 指令和選擇性敘述中的 if-else 指令很類似，都是當前面一項
運算式的值為真時，則執行後面的敘述，否則執行#elif 或#else 後面的敘述，直到遇到
#endif 為止，其格式如下所示：

```
#if 運算式 1
    // 若運算式 1 的結果成立，則執行此區段的敘述        格式 20.2.2
#elif 運算式 2
    // 若運算式 2 的結果成立，則執行此區段的敘述        #if 及#elif 的使用
#elif 運算式 3                                          格式
    :
#endif
```

#else 與#elif 要與#if、#endif 指令配合使用，當然您也可以加入數個#elif 敘述，進行更
複雜的判斷。下面的程式是前置處理指令的綜合練習：

```
01   // prog20_10, 使用#if、#else 與#endif 指令
02   #include <iostream>
03   #include <cstdlib>
04   #define SIZE 15
05   using namespace std;
06
07   int main(void)
08   {
09      #ifdef SIZE
10         #if SIZE>20
11            char str[SIZE]="Hello C++";
12         #else
```

```
13          char *str="SIZE too small";
14       #endif
15    #else
16       char *str="SIZE not defined";
17    #endif
18
19    cout << str << endl;
20
21    system("pause");
22    return 0;
23  }
```

```
/* prog20_10 OUTPUT---
SIZE too small
---------------------*/
```

第 4 行定義 SIZE 為 15。第 9 行判別 SIZE 是否被定義過，若是，則執行 10~14 行的敘述，否則執行 16 行的敘述。在本例中，因為 SIZE 已被定義過，所以 10~14 行的敘述會被執行。第 10 行判斷 SIZE 是否大於 20，其結果為 false，於是 13 行會被執行，因此 str 會指向 "SIZE too small" 字串。最後，19 行會印出 str 所指向的字串，因此本例的輸出為 "SIZE too small" 字串。　　　　　　　　　　　　　　　　　　❖

#undef 指令

#undef 是將之前定義過的識別字取消其定義，使得該識別字在往後的程式中無法再繼續使用，使用格式如下：

#undef 識別字	格式 20.2.3
	#undef 的使用格式

使用#undef 時，若是該識別字並沒有被定義過，則不受#undef 指令的影響。

簡單的介紹幾個常用的條件式編譯指令，相信下回再看到它們，就不會覺得陌生，當您在撰寫程式時，不妨利用它們來為程式增加些許的彈性，這將會使程式功能變得更強大，而您的程式設計能力當然也會更具有水準囉！

20.2.4 條件式編譯與大型程式的發展

條件式編譯通常是應用在大型程式的發展上。如果讀者好奇的打開 C++所提供的標頭檔，可以發現幾乎每個標頭檔裡都有使用到條件式編譯。本節我們將延續 20.2.2 節所建立的 my_proj 專案，用以說明條件式編譯如何應用在大型程式的發展上。

接續 my_proj 專案，假設我們想加入一個繼承自 CWin 類別的子類別 CMiniWin，並將 CMiniWin 儲存在 cminiwin.h 標頭檔內，此時我們可以撰寫出如下的程式碼：

```
01   // cminiwin.h, 此檔案定義子類別 CMiniWin
02   #include <iostream>
03   #include "cwin.h"
04   using namespace std;
05
06   class CMiniWin: public CWin              // 定義子類別 CMiniWin
07   {
08     public:
09       CMiniWin(char ch, int w, int h):CWin(ch,w,h){}
10       void show(void)
11       {
12         cout << "Mini window " << id << ":" << endl;
13         cout << "Area = " << 0.8*width*height << endl;
14       }
15   };
```

於 cminiwin.h 標頭檔中，由於 CMiniWin 類別繼承自 CWin 類別，所以必須要知道 CWin 類別的資訊，於是第 3 行載入 cwin.h 標頭檔。此外，我們也改寫父類別的 show() 函數，且直接把它撰寫在 CMiniWin 類別內。

要測試 cminiwin.h 標頭檔是否撰寫正確，我們可撰寫出如下的主程式：

```
01   // prog20_11.cpp 主程式的部分
02   #include <iostream>
03   #include <cstdlib>
04   #include "cwin.h"                      // 載入 cwin.h 標頭檔
05   #include "cminiwin.h"                  // 載入 cminiwin.h 標頭檔
06   using namespace std;
07
08   int main(void)
09   {
10      CWin win1('A',50,60);              // 建立 win1 物件
11      CMiniWin m_win('M',40,50);         // 建立 m_win 物件
12
13      win1.show();                       // 以 win1 物件呼叫 show()
14      m_win.show();                      // 以 m_win 物件呼叫 show()
15
16      system("pause");
17      return 0;
18   }
```

此外，cwin.h 檔與 show.cpp 的內容暫不需更改，因此於本例中，它們與 my_proj 專案裡的檔案相同，因此在此我們把它略去。

請依 20.2.2 節的方法建立一個專案 my_proj2，並將 prog20_11.cpp 與 cminiwin.h 以 20.2.2 節的步驟 4 與步驟 5 建立並儲存完畢。

接著再將 cwin.h 與 show.cpp 加入 my_proj2 專案中。請將滑鼠移到「專案/類別瀏覽視窗」中，在專案名稱 my_proj2 上按下滑鼠右鍵，於出現的功能表中選取「將檔案加入專案」項目，此時視窗應如下圖所示：

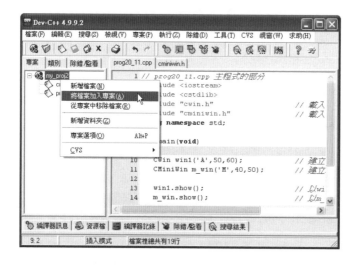

圖 20.2.4

將已經存在的檔案
加入專案中

接著請分別將 cwin.h 與 show.cpp 加入專案裡。

現在我們共有 4 個檔案，分別為 cminiwin.h、cwin.h、show.cpp 與 prog20_11.cpp，並編
譯之。但是很不幸的，於 Dev C++裡我們得到下列的錯誤訊息：

```
In file included from cminiwin.h
from prog20_11.cpp
redefinition of  'class CWin'
```

這錯誤訊息告訴我們CWin類別被重複定義。這是因為在prog20_11的第4行載入cwin.h
標頭檔，而在第 5 行裡所載入的 cminiwin.h 的標頭檔內的第 3 行又載入 cwin.h，於是
CWin 類別就在這個情況下被重複定義！

要解決這個問題，最簡單的方法是刪掉 prog20_11 的第 4 行，讓載入 cwin.h 標頭檔的
動作由 cminiwin.h 來做即可。問題是，如果標頭檔一多的話，要用人工去檢查哪個標
頭檔是否有重複被載入可是件苦差事。最好的方式是利用條件式編譯指令來判別 cwin.h
標頭檔是否有曾被載入。若是，則不再執行載入的動作，否則載入它。

因此，我們可以修改 cwin.h，使得它一旦被載入時，就會自動去設定某個識別字（習慣上，識別字通常為標頭檔的檔名，但把它改為大寫）已被定義，若是，則略過載入CWin 類別的定義，否則便載入它。依據這個概念，我們重新建立一個專案 my_proj3，把 cwin.h 修改成如下的程式碼，主程式 prog20_11.cpp 更改成 prog20_12.cpp，而其它的檔案均和 my_proj2 相同：

```
01   // 修正後的標頭檔 new_cwin.h，可判別此標頭檔是否有被載入過
02
03   #ifndef CWIN_H                       // 如果 CWIN_H 沒有被定義過
04   #define CWIN_H                       // 則定義 CWIN_H
05
06   class CWin                           // 定義視窗類別 CWin
07   {
08     protected:
09       char id;
10       int width;
11       int height;
12     public:
13       CWin(char ch, int w, int h):id(ch),width(w),height(h){}
14       void show(void);                 // 成員函數 area() 的原型
15   };
16
17   #endif    // #ifndef 到此結束
```

```
/* prog 20_12 OUTPUT---
Window A:
Area = 3000
Mini window M:
Area = 1600
----------------------*/
```

於上面的程式碼中，第 3 行判別 CWIN_H 識別字是否沒有被定義過，若沒有，則定義 CWIN_H 這個識別字（注意，於此處我們並不需要真的設定一個值給它），並執行 6~15 行的內容。若已定義過，則略過 4~15 行，直接跳到 17 行結束標頭檔的載入。

在此一機制底下，cwin.h 可確保只被載入一次，因為它一旦被載入，則 CWIN_H 識別字就被定義，於是即使其它標頭檔裡有其它載入 cwin.h 的動作，但由於 CWIN_H 識別字已被定義，所以 CWIn 類別將不會重複定義。

有趣的是，我們刻意把識別字取名為 CWIN_H，因為它和標頭檔同名，因此相當好記。這是 C++慣用的命名方式，建議讀者也採用此一規則，以增加程式碼的可讀性。 ❖

本章摘要

1. C++以「名稱空間」來解決於程式碼內，識別字名稱相同的問題。在同一個名稱空間內的變數會與在名稱空間外的變數區隔開來，即使它們有相同的變數名稱。

2. using 關鍵字可以設定某個區塊內的程式碼均使用特定名稱空間內的變數或函數，而不用加上名稱空間的名稱。

3. 如果在主程式 main() 裡有和名稱空間相同的變數名稱時，會以 main() 裡的變數優先使用，此時如果需要使用到名稱空間裡的變數，則必須加上名稱空間的名稱。

4. 根據 ANSI C++的標準，C++標準函數庫裡所包含的函數、類別與物件等等，均是全部定義在 std 這個名稱空間內，同時也更動一些標頭檔的名稱，使得它們不再是以.h 來做結尾。

5. 在撰寫大型程式時，可把程式分割成數個較小的模組，再將功能相近的模組分門別類儲存成數個檔案，此舉有利用程式的管理與維護，同時也適用於大型程式的發展。

6. 「條件式編譯」指令可讓我們依實際的需要，選擇性的編譯程式碼。

自我評量

1. 試說明名稱空間對於大型程式而言，有什麼重要性？

2. 請在下面未完成的程式碼中補上敘述，使得程式碼可依題目的要求來執行。

```
01   // hw20_2, 使用 namespace
02   #include <iostream>
03   #include <cstdlib>
04
05   namespace name1
06   {
07      int var=5;
08   }
09
10   namespace name2
11   {
12      int var=10;
13   }
14
15   int main(void)
16   {
17      // 請在此處填上程式碼，使得這兒可印出 name1 名稱空間內 var 的值
18      // 請在此處填上程式碼，使得這兒可印出 name2 名稱空間內 var 的值
19
20      system("pause");
21      return 0;
22   }
```

3. 請在下面未完成的程式碼中補上敘述，使得程式碼可依題目的要求來執行。

```
01   //hw20_3, 使用 using 關鍵字
02   #include <iostream>
03   #include <cstdlib>
04
05   namespace name1
06   {
07      int var=5;
08   }
09
```

```
10    using namespace std;
11
12    int main(void)
13    {
14       int var=10;
15       // 試在此處填上程式碼，使得此處可列印出名稱空間 name1 裡 var 的值
16
17       system("pause");
18       return 0;
19    }
```

4. 試改寫 prog20_1，使得它符合早期 ANSI C++的標準寫法。

5. 請先編譯與執行下面的程式碼，並回答相關的問題：

```
01    //hw20_5, 使用 using 關鍵字
02    #include <iostream>
03    #include <cstdlib>
04
05    namespace name1
06    {
07       int var=5;
08    }
09    using namespace std;
10    int main(void)
11    {
12       int var=10;
13       {
14          using namespace name1;
15          cout << "var=" << var << endl;
16       }
17       cout << "var=" << var << endl;
18
19       system("pause");
20       return 0;
21    }
```

(a) 試說明為什麼於這個程式碼中，第 15 行與 17 行所列印出來的 var 的值皆為 10？

(b) 如果於這個程式碼中，拿掉 14 行的敘述，對執行的結果是否會有影響，為什麼？

(c) 試修改程式碼，使得第 15 行裡可以印出名稱空間 name1 裡，變數 var 的值。

20.2 大型程式的發展與條件式編譯

6. 試將 prog16_6 改以 Dev C++的專案來編譯並執行之。

7. 試將 prog16_10 改以 Dev C++的專案來編譯並執行之。

8. 試撰寫一程式，可輸入半徑，並計算圓面積，其中圓周率 PI 以前置處理指令來定義。如果 PI 已經定義過，則不需要重複定義，若是沒有定義，則將 PI 的值定義為 3.1415926。

9. 試修改 prog20_9，將第 9 行的#ifdef 改寫成利用#ifndef 來判斷 STR 是否沒有被定義過，若有，則印出 "Hello C++" 字串，否則印出 "STR not defined" 字串。

10. 試修改 prog20_10，並加入一#elseif 敘述，判別若 SIZE 介於 10~19 之間，則印出 "Welcome" 字串。

11. 試修改 prog20_12 的 my_proj3 裡的 cminiwin.h 標頭檔，將 show() 函數的原型留在 CMiniWin 裡，而把 show() 函數的定義放置到 show.cpp 檔案中，並以專案的方式編譯。

附錄 A　Dev C++的使用

為了使讀者在學習 C++上能夠容易上手，因此於書附檔案中特別收錄 Dev C++。也就是說，如果您的手邊並沒有任何可以編譯 C++的程式，卻又想學習與認識 C++，那麼 Dev C++就是一個最好的選擇。

A.1　安裝 Dev C++

首先，我們先將書附檔案中的 Dev C++安裝到電腦上，您可以參考下列步驟進行：

步驟 1 解開書附檔案壓縮檔，將游標移到 devcpp-4.9.9.2_setup.exe 檔案上，連按滑鼠左鍵兩下，即可進行安裝。Dev C++會要求您選擇安裝過程中所要使用的語言，請於對話方塊中的下拉選單裡，選取 English 做為安裝 Dev C++時的語言。

步驟 2 接著會看到一份軟體授權聲明，雖然 Dev C++是免費的軟體，但也是需要作者的使用授權。按下「I Agree」鈕繼續。

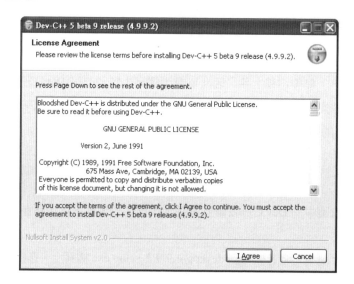

步驟 3 在下拉選單中選擇喜愛的安裝方式,並勾選要安裝的項目。請點選「Custom」
(自訂的),同時勾選全部的項目來進行安裝。

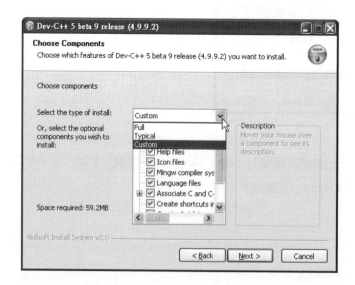

步驟 4 決定安裝的路徑,按下「Browse」鈕即可選擇其它安裝路徑,但筆者建議您直
接使用預設的安裝路徑。

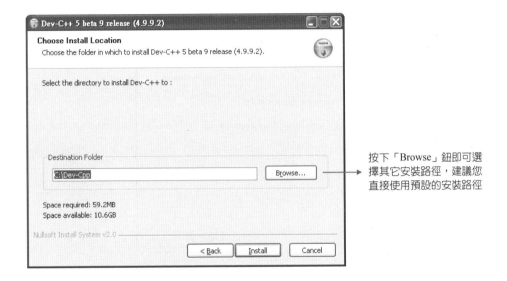

按「Install」鈕後，即開始進行檔案的複製與安裝。在安裝的過程中，若是出現下面的對話方塊，問您是否要將 Dev-C++安裝給這台電腦裡的所有使用者使用，此時請按下「是」鈕繼續安裝。

🌿 **步驟5** 安裝完成後，會出現下圖的畫面，畫面中可以看到已勾選「Run Dev-C++ 5 beta 9 release(4.9.9.2)」項目，按下「Finish」鈕結束安裝後即會自動執行 Dev C++。若是安裝完成後，暫時不想執行 Dev C++，只要取消勾選該項目即可。

按下「Finish」鈕結束安裝之後，就會自動執行 Dev C++，進入 Dev C++的整合開發環
境 IDE（Integrated Development Environment）。什麼是整合開發環境呢？簡單的說，
就是集合眾多功能於一身的程式開發系統，它將編輯、編譯及偵錯等環境整合，使我
們在一個環境底下即能夠享受系統提供的服務。

往後，若是要開啟 Dev C++時，在 Windows 作業環境下選擇「開始」-「所有程式」-
「Bloodshed Dev-C++」-「Dev-C++」，即可進入 Dev C++的 IDE 畫面。

由於本書所附的版本是在截稿前最新的 beta 測試版，Dev C++ 5 的正式版尚未出來，因
此會有一個訊息，告訴您若是找到 beta 版錯誤的地方，請告訴軟體的作者。此時按下
「確定」鈕即可繼續：

第一次進入 Dev C++時，會詢問您 IDE 介面要使用何種語言顯示，可以選擇習慣使用
的語言，如英語（English[Original]）或是繁體中文（Chinese[TW]）。若是您喜歡 XP
的佈景主題，可以勾選「Use XP Theme」，讓您的 Dev C++介面呈現出另一種不同的
風貌。本書將以繁體中文做為 Dev C++的顯示介面，並使用「Gnome」做為佈景主題。

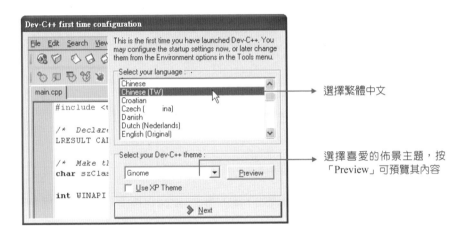

Dev C++可以從標頭檔中擷取相關的資訊，協助使用者更容易找到需要的函數與變數的
原型，但若是使用這項功能，將會耗用更多的 CPU 及記憶體資源，同時這項功能並不
一定適用於每個程式開發人員。您可以選擇「No, I prefer to use Dev-C++ without it」，
將此功能取消。本例中直接使用預設的方式「Yes, I want to use this feature」。

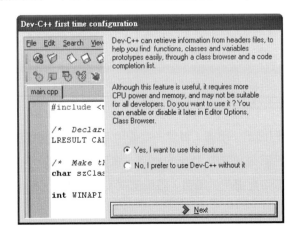

按下「Next」鈕後,即會詢問您是否要建立一個相關的快取區,用來存放這些標頭檔的資訊。請使用預設的選項「Yes, create the cache now」,再按下「Next」鈕繼續。

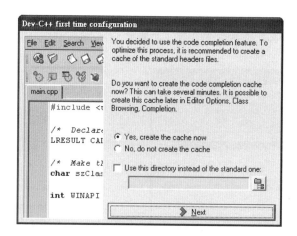

請稍等一下,設定完成後,即會出現如下圖的畫面,此時再按下「OK」鈕執行 Dev C++。

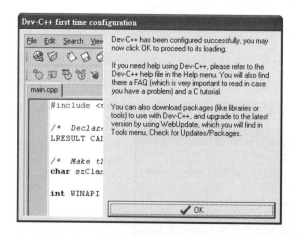

進入 Dev C++後可以看到「每日提示」視窗,教您一些使用 Dev C++的小技巧,該內容都是用英文撰寫的。若是不希望每次開啟 Dev C++時,看到這個視窗,只要勾選視窗下方的「在程式開啟時不要顯示此提示」項目,該視窗就不會再出現。按下「關閉」鈕結束「每日提示」視窗。

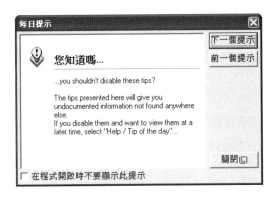

下圖為 Dev C++的整合性開發環境。

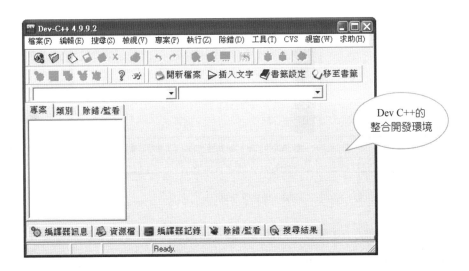

由於 Dev C++的整合開發環境功能很多，因此在本附錄裡，我們僅簡單的介紹如何使用 Dev C++來撰寫一般的 C++程式，其他多樣且有趣的附加功能，請由 Dev C++的「求助」功能表裡來查詢。

A.2 編輯程式

我們以一個簡單的實例，來說明如何使用 Dev C++來撰寫、編譯與執行程式的整個流程，您可以跟隨下列的步驟進行：

步驟 1 選擇「檔案」功能表中的「開新檔案」-「原始碼」選項，或是直接按下「主工具列」中的「原始碼」鈕 ，即會出現如下圖的畫面：

Output 視窗，顯示程式編譯、連結等結果

此刻您可以利用「檢視」功能表中的選項，將一些暫時不會用到工具列與視窗先行移除，等到要使用時再叫出即可。

步驟 2 將程式碼鍵入編輯視窗中，請試著將下面的程式輸入：

```
01   #include <iostream>
02   #include <cstdlib>
03   using namespace std;
04   int main(void)
05   {
06      cout << "Hello, C++!" << endl;      // 印出 Hello C++!
07      cout << "Hello, World!" << endl;    // 印出 Hello World!
08      system("pause");
09      return 0;
10   }
```

要特別注意的是，請勿將程式碼前面的行號一起鍵入到編輯視窗中，此外由於 C++有
大小寫之分，因此輸入的程式碼也必須和上面的程式碼完全相同。編輯好程式碼之後，
此時的畫面如下圖所示：

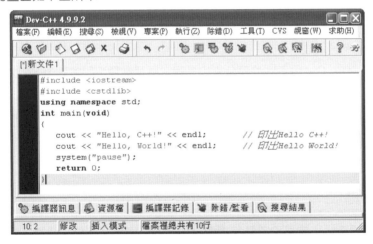

步驟3 程式鍵入完成後，還必須給這個新的程式命名，就稱它為「sayhello.cpp」吧！按
下工具列上的「儲存」鈕 ，會出現如下圖的「儲存檔案」對話方塊。接著，請試著
於「檔名」欄位輸入 sayhello，「存檔類型」欄位裡選擇「C++ source files
(*.cpp;*.cc;*.cxx;*.c++;*.cp)」後，按下「儲存」鈕。

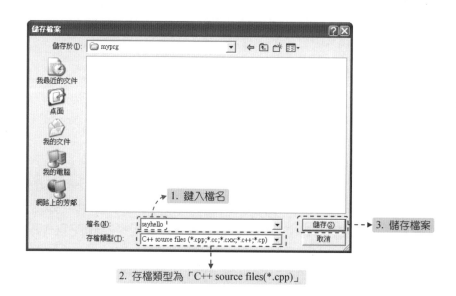

2. 存檔類型為「C++ source files(*.cpp)」

讀者可以注意到，Dev C++用不同的顏色來代表程式碼裡各種不同的功用，例如程式一開頭的定義及含括以綠色顯示，註解以深藍色顯示，而利用 cout 輸出的字串內容以紅色顯示…等，這種設計方式更有利於我們對程式碼的編輯、修改以及偵錯。接下來以這個簡單的程式來說明，在 Dev C++中如何編譯與執行。

A.3　編譯與執行

當程式撰寫完成之後，一定是迫不及待想看看執行的結果是否正確，此時，您可以選取工具列中的「編譯並執行」鈕　，或是直接按下 **F9** 鍵來編譯與執行程式。

當程式開始編譯後，下方的 Output 視窗會顯示其編譯與連結的結果。如果很幸運，程式沒有鍵入錯誤，經過編譯後就會立刻被執行，這時 Dev C++會自動開啟一個 DOS 視窗讓您觀看執行結果。以前面所輸入的程式碼為例，按下 **F9** 鍵，程式經過編譯與執行後的結果如下圖。

如果您的執行結果與上面的畫面相同，那就大功告成！值得注意的是，在 Dev C++中，
若是想要「留住」MS-DOS 視窗所顯示的程式執行結果，於程式中必須加入：

```
#include <cstdlib>
```
與
```
system("pause");
```

這兩行敘述。#include <cstdlib>這一行可以載入 system()函數的原型，而 system("pause")
則是呼叫 DOS 裡的 pause 指令（pause 大小寫都可以），用來避免所開啟的 DOS 視窗
在程式執行結束後就自動關閉。當程式執行到 system("pause")這一行敘述時，會停下來
待使用者按下任意鍵後，才會回到 Dev C++的畫面。

如果只是想要編譯而不執行程式，選取「執行」功能表中的「編譯」選項即可將編譯
過後的程式變成執行檔。若是想要執行時，只要用滑鼠連按兩下執行檔的圖示，或是
選取「執行」功能表中的「執行」選項來執行即可。

A.4 更改選項設定

進入 Dev C++的整合開發環境時，已有一個預設的程式敘述，若是有自己習慣的撰寫
方式，可以選擇「工具」功能表的「編輯器選項」項目，將預設的程式碼更改成喜歡
與習慣的程式碼，以方便學習。欲更改預設的程式碼，選擇「工具」功能表的「編輯
器選項」項目，於出現的視窗中選取「程式碼」標籤後，再於視窗下方按下「預設程
式碼」鈕，如下圖：

您可以將每次撰寫程式時都會使用到的敘述，放入視窗中的空白處。舉例來說，我們可以將下列的程式敘述定義成撰寫 C++ 程式時的「基本配備」。

```
01    #include <iostream>
02    #include <cstdlib>
03    using namespace std;
04    int main(void)
05    {
06
07        system("pause");
08        return 0;
09    }
```

將上面的程式碼在「程式碼」標籤內修改完，按下「確定」鈕後，即會回到 Dev C++ 的整合開發環境中，往後利用「原始碼」功能開啟新的檔案裡，就會出現新定義的預設程式碼。此外，「編輯器選項」視窗還有許多關於編輯環境的選項可供選擇，有需要的讀者可以自行試著將 Dev C++ 的整合開發環境更改成喜愛的模式。

A.5　處理語法上的錯誤

當然並不是每次編譯程式時都能夠這麼順利,若是程式出現錯誤,IDE 下方的 Output 視窗會告訴您程式有錯誤。例如於前例中,假設於程式碼的第 6 行少輸入一個雙引號,且於第 7 行忘了分號,編譯時 Dev C++便會糾正我們所犯的錯誤。

```
01   #include <iostream>
02   #include <cstdlib>
03   using namespace std;
04   int main(void)
05   {                                    → 忘了雙引號
06     cout << "Hello, C++! << endl;          // 印出 Hello C++!
07     cout << "Hello, World!" << endl        // 印出 Hello World!
08     system("pause");                   → 忘了分號
09     return 0;
10   }
```

當您將上面這段程式編譯之後,Output 視窗會告訴您程式發生錯誤而停止執行。

程式發生錯誤的列數　　　　　　　發生錯誤的原因

此時可以看到在 Output 視窗中會顯示程式發生錯誤的地方及原因,只要將滑鼠在視窗中的提示上連續按兩下左鍵,程式編輯區中的程式就會尋找發生錯誤的地方,再根據錯誤訊息一一改正錯誤即可。

值得一提的是,在 Dev C++中可以設定顯示或不顯示行號。選擇「工具」功能表的「編輯器選項」項目後,於出現的視窗中選取「顯示」標籤,即可看到如下圖的畫面:

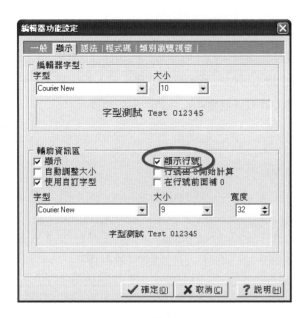

勾選「輔助資訊區」欄位中的「顯示行號」，再按下「確定」鈕，回到程式編輯視窗，即會看到程式碼前面已經加入行號。

程式已自動顯示行號

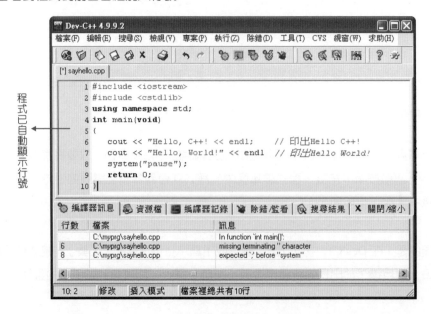

A.6　利用 Debug 功能偵錯

A.5 節中所舉的例子，其錯誤是屬於語法上的錯誤，如果是語意上的錯誤，可以利用 Dev C++提供的偵錯功能逐步執行程式，並查看變數值來找出錯誤所在。仿照前例開啟一個新檔案，將下面程式鍵入並儲存成 myprog.cpp。

```
01    #include <iostream>
02    #include <cstdlib>
03    using namespace std;
04    int square(int);
05    int main(void)
06    {
07       int i,sum=0;
08       for(i=1;i<4;i++)
09         sum+=square(i);
10       cout << "sum=" << sum << endl;
11       system("pause");
12       return 0;
13    }
14
15    int square(int a)
16    {
17       return a*a;
18    }
```

現在，我們就利用程式 myprog.cpp 做為範例，說明如何使用 Debug 功能偵錯。開始追蹤程式前，記得要先將程式編譯完成哦！選擇「除錯」功能表的「除錯」項目，或是直接按下 F8 鍵，就可以開始進行程式的偵錯。第一次使用除錯功能時，會給您一個「Confirm」（確認）對話方塊，詢問您是否要啟動除錯功能，直接按下「Yes」即可。

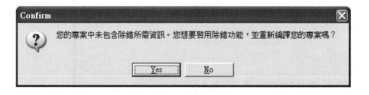

以 myprog.cpp 為例，您可以參考下列步驟進行程式的偵錯：

步驟 1 選取「檢視」功能表下的「專案/類別瀏覽視窗」項目,將「專案/類別瀏覽視窗」
打開,並按下「除錯/監看」標籤:

專案/類別
瀏覽視窗

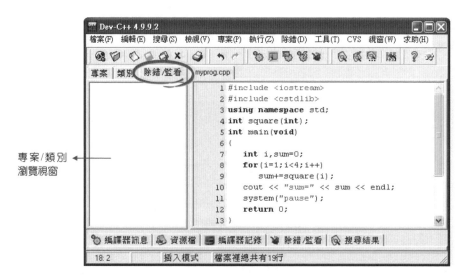

步驟 2 將滑鼠移到欲使 Debug 的執行功能暫時停止之處。本例中,我們將游標移到程
式第 7 行結束的地方:

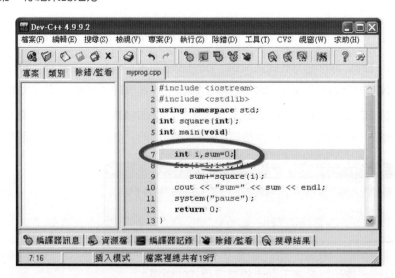

步驟 3 按下 Output 視窗中的「除錯/監看」標籤，再按一下 【執行到游標位置(C)】 鈕。
此時程式會自動執行到第 7 行，同時第 7 行會呈現藍色狀態，表示目前程式執行的位置：

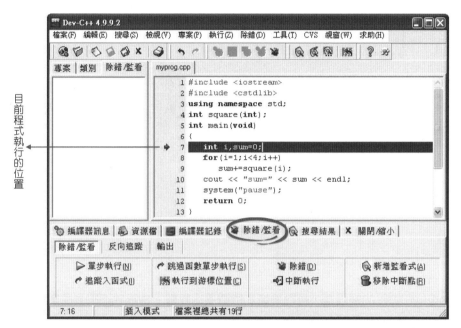

目前程式執行的位置

步驟 4 按下 Output 視窗中「除錯/監看」標籤裡的 【新增監看式(A)】 鈕，或是
直接在「專案/類別瀏覽視窗」中按下滑鼠右鍵，於出現的選單中選擇「新增監看式」項
目，將欲觀看的變數一次加入一個。此例中，我們分別將變數 i 及 sum 加入：

而「專案/類別瀏覽視窗」中的「除錯/監看」標籤，會加入變數 i 及 sum，而有類似下
圖的內容：

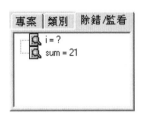

步驟 5 利用 Output 視窗中「除錯/監看」標籤裡的 ▷ 單步執行(N) 鈕、

╭ 追蹤入函式(I) 鈕,或是 ╭ 跳過函數單步執行(S) 鈕,進行追蹤程式的流程。

當您在逐步追蹤程式時就可以看到變數值的變化:

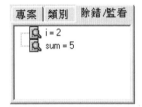

您也可以在追蹤的過程裡,再陸續增加欲觀看的變數。當程式追蹤到函數時,才能將
該函數裡的變數加入「除錯/監看」標籤中。

Dev C++所提供的功能相當完整,如果在使用上遇到其它的問題,可以由 Dev C++所提
供的線上求助系統來查詢。當然,您也可以選擇「求助」功能表下的「關於 Dev-C++」,
連結到畫面裡所提供的網站來查詢 Dev C++相關的訊息,或是直接向 Dev C++的作者
Colin Laplace 請益哦!

在此，筆者要謝謝 Dev C++的作者 Colin Laplace，授權使用 Dev C++作為本書的教學軟體。Colin Laplace 很謙虛的告訴我，他對於 Dev C++的貢獻僅在於視窗介面的開發，而 Dev C++的編譯程式並不是他完成，而是 GNU 所提供的免費編譯器。當您使用這個軟體時，雖然不需要付任何的權利金給作者，但仍建議您到 Dev C++的網站上參觀，給原作者一些心得上的回饋。

如果想加入 Dev C++的討論區，可以連結到下面的網頁：

　　http://www.bloodshed.net/devcpp-ml.html

有關如何加入討論區的步驟，請參考網頁中的說明。加入討論區之後，將會收到與 Dev C++相關的問題與網友的回應。當然您也可以把問題貼在討論區裡，以尋求技術上的支援與協助。

附錄 B 常用的函數庫

一般的 C++編譯程式均附有一個標準的函數庫,裡面收集著相當完整的函數供我們使用。例如,常用的數學函數 sin、cos 及 sqrt,或者是時間函數 time、difftime 等均收錄在這個標準的函數庫裡。當然,Dev C++也有這樣子的一個函數庫。

要使用標準函數庫裡的函數時,只要在程式的開頭用 #include 引入相關的標頭檔即可。舉例來說,程式裡使用到數學函數如 sin、cos,與時間函數 difftime 時,就必須利用 #include 前置處理指令將 cmath 與 ctime 檔含括到程式中,如下面的敘述:

```
#include <cmath>
#include <ctime>
```

將 cmath 與 ctime 含括到程式後,我們就可以盡情的使用這些標頭檔內所定義的函數。若是想要使用其他的函數,只要找出該函數所在的標頭檔後,將它含括在程式裡即可。於本附錄中,我們將 C++中常用的函數整理出來,當您要使用某個類型的函數時,可以查閱相關的使用方法及其格式。下圖為本附錄編排方式的圖說:

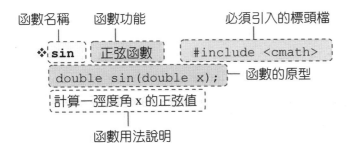

在本附錄裡,我們要介紹數學函數、時間函數、處理字元、字串⋯常會使用到的函數。除了在這裡所介紹的函數之外,C++亦提供更多不同種類的函數,相關的使用方式,請參考函數庫相關的書籍。

B.1 常用的數學函數

❖ **sin**　正弦函數　#include <cmath>

　　double sin(double x);

　　計算一弧度角 x 的正弦值

❖ **cos**　餘弦函數　#include <cmath>

　　double cos(double x);

　　計算一弧度角 x 的餘弦值

❖ **tan**　正切函數　#include <cmath>

　　double tan(double x);

　　計算一弧度角 x 的正切值

❖ **asin**　反正弦函數　#include <cmath>

　　double asin(double x);

　　計算 x 的反正弦值，x 的值介於-1~1 之間

❖ **acos**　反餘弦函數　#include <cmath>

　　double acos(double x);

　　計算 x 的反餘弦值，x 的值介於-1~1 之間

❖ **atan**　反正切函數　#include <cmath>

　　double atan(double x);

　　計算 x 的反正切值

❖ **sinh**　雙曲線正弦函數　#include <cmath>

　　double sinh(double x);

　　計算 x 的雙曲線正弦值

❖ **cosh**　雙曲線餘弦函數　#include <cmath>

　　double cosh(double x);

　　計算 x 的雙曲線餘弦值

❖ **tanh** 雙曲線正切函數　　　#include <cmath>
　　double tanh(double x);
　　計算 x 的雙曲線正切值

❖ **atan2** 比值的反正切函數　　#include <cmath>
　　double atan2(double y,double x);
　　計算 $\tan^{-1}(y/x)$ 的值，並會根據 (x, y) 所在的象限求出正確的角度值

❖ **exp** 指數函數　　#include <cmath>
　　double exp(double x);
　　計算 x 的指數值，即 e^x

❖ **log10** 對數函數　　#include <cmath>
　　double log10(double x);
　　計算以 10 為底的對數值，即 $\log_{10}(x)$

❖ **log** 自然對數函數　　#include <cmath>
　　double log(double x);
　　計算 x 的自然對數值，即 ln(x)

❖ **abs** 整數絕對值函數　　#include <cstdlib>
　　int abs(int n);
　　計算整數 n 的絕對值

❖ **labs** 長整數絕對值函數　　#include <cmath>
　　long labs(long n);
　　計算長整數 n 的絕對值

❖ **cabs** 複數絕對值函數　　#include <cmath>
　　double cabs(struct complex z);
　　計算複數 z 的絕對值，其中 z 為一結構，其定義為
　　　struct complex
　　　{
　　　　　double x;　　　　// 實數
　　　　　double y;　　　　// 虛數
　　　}

❖ **fabs** 浮點數絕對值函數　#include <cmath>
double fabs(double x);
計算浮點數 x 的絕對值

❖ **div**　取整數相除的商及餘數　#include <cstdlib>
div_t div(int number,int denom);
傳回兩整數相除之後的商及餘數，傳回值存放在 div_t 的結構型態中。div_t
的結構型態定義為
```
typedef struct
{
    int quot;     // quotient 商數
    int rem;      // remainder 餘數
} div_t;
```

❖ **ldiv**　取長整數相除的商及餘數　#include <cstdlib>
ldiv_t ldiv(long number,long denom);
傳回兩個長整數相除之後的商及餘數，傳回值存放在 ldiv_t 的結構型態中。
ldiv_t 的結構型態定義為
```
typedef struct
{
    long quot;    // quotient 商數
    long rem;     // remainder 餘數
} ldiv_t;
```

❖ **floor**　取最大整數　#include <cmath>
double floor(double x);
計算小於等於 x 的最大整數值

❖ **ceil**　取最小整數　#include <cmath>
double ceil(double x);
計算大於等於 x 的最小整數值

❖ **modf**　分解浮點數　#include <cmath>
double modf(double x,double *intprt);
將倍精度浮點數 x 分解為整數及小數部分，整數部分儲存在指標變數 intptr
中，傳回值為小數部分

❖ **max** 最大值函數　#include <cmath>
　　<type> max(<type> a,<type> b);
　　傳回任意型態的兩個數 a、b 中較大的值

❖ **min** 最小值函數　#include <cstdlib>
　　<type> min(<type> a,<type> b);
　　傳回任意型態的兩個數 a、b 中較小的值

❖ **pow** 次方值　#include <cmath>
　　double pow(double x,double y);
　　計算 x 的 y 次方值，即 x^y

❖ **pow10** 10 的次方值　#include <cmath>
　　double pow10(int p);
　　計算 10 的 p 次方值，即 10^p

❖ **poly** 求多項式值　#include <cmath>
　　double poly(double x,int n,double c[]);
　　計算 x 的多項式值。x 為多項式的變數值，n 為多項式包含的項數，c[] 為存
　　放多項式中每一項的係數，因此 poly(x,n,c[]) 可用來求下列運算式的值
　　　$c[n]x^n+c[n-1]x^{(n-1)}+\cdots+c[2]x^2+c[1]x+c[0]$

❖ **srand** 下亂數種子　#include <cstdlib>
　　void srand(unsigned seed);
　　此函數可用來重新設定 rand 函數產生亂數時所使用的種子

❖ **rand** 取亂數　#include <cstdlib>
　　int rand(void);
　　產生一個介於 0~RAND_MAX 之間的虛擬亂數（pseudo-random number）
　　而 RAND_MAX 之值為 32767。由於 rand 函數所產生的亂數均是用相同啟始
　　種子的演算法所產生的，因此所產生的數值序列均可預測。如果要產生不可預
　　測的數值序列，可藉由 srand 函數來不斷改變亂數的種子

❖ **sqrt**　平方根函數　　#include <cmath>
　　double sqrt(double x);
　　計算非負數 x 的平方根值，即 $\sqrt{x}$

下面的程式範例係利用 sin()、cos() 及 tan() 函數分別計算所給予的特定角度。注意這些角度的單位必須為弳度（radian）。

```
01    // progB_1, 三角函數
02    #include <iostream>
03    #include <cstdlib>
04    #include <cmath>
05    using namespace std;
06    #define PI 3.141592654
07    int main(void)
08    {
09       cout << "sin(PI/3)=" << sin(PI/3.0) << endl;
10       cout << "cos(PI/3)=" << cos(PI/3.0) << endl;
11       cout << "tan(PI/4)=" << tan(PI/4.0) << endl;
12       system("pause");
13       return 0;
14    }
```

```
/* progB_1 OUTPUT---

sin(PI/3)=0.866025
cos(PI/3)=0.5
tan(PI/4)=1

--------------------*/
```

下面的程式利用指數與對數函數 exp()、log10() 及 log() 函數，求取參數為 3.14 時的值。

```
01    // progB_2, 指數與對數函數
02    #include <iostream>
03    #include <cstdlib>
04    #include <cmath>
05    using namespace std;
06    int main(void)
07    {
08       cout << "exp(3.14)=" << exp(3.14) << endl;
```

```
09    cout << "log10(3.14)=" << log10(3.14) << endl;
10    cout << "log(3.14)=" << log(3.14) << endl;
11    system("pause");
12    return 0;
13  }
```

/* progB_2 OUTPUT---

```
exp(3.14)=23.1039
log10(3.14)=0.49693
log(3.14)=1.14422

--------------------*/
```

下面的程式是利用 floor() 及 ceil() 函數，分別求出小於等於 3.14 的整數值，以及大於
等於 3.14 的整數值。

```
01    // progB_3, 求最接近 3.14 的整數值
02    #include <iostream>
03    #include <cstdlib>
04    #include <cmath>
05    using namespace std;
06    int main(void)
07    {
08      cout << "floor(3.14)=" << floor(3.14) << endl;
09      cout << "ceil(3.14)=" << ceil(3.14) << endl;
10      system("pause");
11      return 0;
12    }
```

/* progB_3 OUTPUT---

```
floor(3.14)=3
ceil(3.14)=4

--------------------*/
```

B.2 時間函數

❖ **time** 現在時間 　#include <ctime>

time_t time(time_t *timeptr);

time_t 為 ctime 裡所定義的時間資料型態。事實上，它就是長整數型態，因為在 ctime 裡有這麼一行敘述：

typedef long time_t;

time 函數會回應自格林威治時間 1970 年 1 月 1 日 00：00：00 到目前系統時間所經過的秒數，並且會把此秒數儲存在指標 timeptr 所指向的位址內

❖ **clock** 程式處理時間 　#include <ctime>

clock_t clock(void);

傳回自程式裡啟動所經過的時間，開始執行後，此值以"滴答"的數目來表示。於 ctime 中定義 CLK_TCK 來表示每秒滴答的數目，故 clock 的傳回值應除以 CLK_TCK，才能得到所經過的時間秒數

❖ **difftime** 時間差 　#include <ctime>

double difftime(time_t time2,time_t time1);

計算 time1-time2 的時間差，傳回值為秒數

下面的程式是利用迴圈計算 sin(0.2) 的值，共計算 10000*10000 次，在迴圈執行前後皆取出當時的系統時間，最後求出迴圈執行所花費的時間。

```
01   // progB_4, 求程式執行的時間
02   #include <iostream>
03   #include <cstdlib>
04   #include <cmath>
05   #include <ctime>
06   using namespace std;
07   int main(void)
08   {
09      int i,j;
10      time_t start,end;
11      start=time(NULL);
12      for(i=0;i<10000;i++)
13        for(j=0;j<10000;j++)
14           sin(0.2);
```

```
15      end=time(NULL);
16      cout << "time= " << difftime(end,start) << " sec." << endl;
17      system("pause");
18      return 0;
19   }
```

/* progB_4 OUTPUT---

time= 1 sec.

--------------------*/

接下來，我們修改程式 progB_4，同樣利用迴圈計算 sin(0.2) 的值，共計算 10000*10000 次，不同的是程式 progB_5 是以 clock() 函數取得迴圈執行前後的時間，再求出迴圈執行所花費的時間，其結果可以準確到千分之一秒。

```
01   // progB_5, 求程式執行的時間
02   #include <iostream>
03   #include <cstdlib>
04   #include <cmath>
05   #include <ctime>
06   using namespace std;
07   int main(void)
08   {
09      int i,j;
10      clock_t start,end;
11      float t_used;
12      start=clock();
13      for(i=0;i<10000;i++)
14        for(j=0;j<10000;j++)
15           sin(0.2);
16      end=clock();
17      t_used=(float)(end-start)/CLK_TCK;
18      cout << "time= " << t_used << " seconds." << endl;
19      system("pause");
20      return 0;
21   }
```

/* progB_5 OUTPUT----

time= 0.203 seconds.
--------------------*/

B.3 字串函數庫

❖ **strcat**　字串的聯結　　#include <cstring>

　　char *strcat(char *dest,const char *source);

　　將來源字串 source 聯結在目的字串 dest 的後面

❖ **strncat**　字串的聯結　　　#include <cstring>

　　char *strncat(char *dest,const char *source,size_t n);

　　將來源字串 source 的前面 n 個字元聯結在目的字串 dest 的後面

　　其中 size_t 為無號整數，定義如下：

　　　　typedef unsigned int size_t;

❖ **strchr**　字元的搜尋　　#include <cstring>

　　char *strchr(const char *string,int c);

　　搜尋字串 string 中第一個指定的字元，其中 c 為所要搜尋的字元

❖ **strrchr**　字元的搜尋　　#include <cstring>

　　char *strrchr(const char *string,int c);

　　搜尋字串 string 中最後一個指定的字元，c 為所要搜尋的特定字元

❖ **strstr**　字串的搜尋　　#include <cstring>

　　char *strstr(const char *str1, const char *str2);

　　搜尋字串 str2 在字串 str1 中第一次出現的位置

❖ **strcspn**　字串的搜尋　　#include <cstring>

　　size_t strcspn(const char *str1, const char *str2);

　　除了空白字元外，搜尋字串 str2 在字串 str1 中第一次出現的位置

❖ **strpbrk**　字串的搜尋　　#include <cstring>

　　char *strpbrk(const char *str1, const char *str2);

　　搜尋字串 str2 中之非空白的任意字元在 str1 中第一次出現的位置

❖ **strlen**　字串長度　　#include <cstring>

　　size_t *strlen(const char *string);

　　計算字串 string 的長度，其值不包括字串結束字元

❖ **strlwr** 轉換小寫 #include \<cstring\>
char *strlwr(char *string);
將字串中的大寫字母轉換成小寫

❖ **strupr** 轉換大寫 #include \<cstring\>
char *strupr(char *string);
將字串中的小寫字母轉換成大寫

❖ **strrev** 字串倒置 #include \<cstring\>
char *strrev(char *string);
將字串中的字元前後順序倒置，但字串結束字元不變動

❖ **strset** 字串的設值 #include \<cstring\>
char *strset(char *string,int ch);
除了字串結束字元外，將字串中的每個字元皆設值為指定字元

❖ **strnset** 字串的設值 #include \<cstring\>
char *strnset(char *string,int ch,size_t n);
除了字串結束字元外，將字串中的前面 n 個字元皆設值為指定字元

❖ **strcpy** 字串的拷貝 #include \<cstring\>
char *strcpy(char *dest,char *source);
將來源字串 source 拷貝到目的字串 dest

❖ **stpcpy** 字串的拷貝 #include \<cstring\>
char *stpcpy(char *dest,const char *source);
將來源字串 source 拷貝到目的字串 dest

❖ **strncpy** 字串的拷貝 #include \<cstring\>
char *strncpy(char *dest,const char *source,size_t n);
將來源字串 source 的前面 n 個字元拷貝到目的字串 dest 中

❖ **strcmp** 字串的比較 #include \<cstring\>
char *strcmp(const char *str1, const char *str2);
根據 ASCII 值的大小比較 str1 與 str2，傳回值分為

小於 0：字串 str1 小於字串 str2
等於 0：字串 str1 等於字串 str2
大於 0：字串 str1 大於字串 str2

❖ **strcmpi**　字串的比較　　#include <cstring>
　　char *strcmpi(const char *str1, const char *str2);
　　以不考慮大小寫的方式比較 str1 與 str2，傳回值分為
　　　　小於 0：字串 str1 小於字串 str2
　　　　等於 0：字串 str1 等於字串 str2
　　　　大於 0：字串 str1 大於字串 str2

❖ **stricmp**　字串的比較　　　#include <cstring>
　　char *stricmp(const char *str1, const char *str2);
　　將 str1 與 str2 先轉換為小寫後，再開始比較兩個字串，傳回值分為
　　　　小於 0：字串 str1 小於字串 str2
　　　　等於 0：字串 str1 等於字串 str2
　　　　大於 0：字串 str1 大於字串 str2

❖ **strncmp**　字串的比較　　#include <cstring>
　　int *strncmp(const char *s1, const char *s2,size_t n);
　　根據 ASCII 值的大小比較字串 s1 與 s2 中的前面 n 個字元，傳回值分為
　　　　小於 0：字串 s1 小於字串 s2
　　　　等於 0：字串 s1 等於字串 s2
　　　　大於 0：字串 s1 大於字串 s2

❖ **strnicmp**　字串的比較　　#include <cstring>
　　int *strnicmp(const char *s1, const char *s2,size_t n);
　　以不考慮大小寫的方式比較字串 s1 與 s2 中的前面 n 個字元，傳回值分為
　　　　小於 0：字串 s1 小於字串 s2
　　　　等於 0：字串 s1 等於字串 s2
　　　　大於 0：字串 s1 大於字串 s2

下面的程式是利用 strchr() 函數，搜尋字串中出現的第一個特定字元，並指出被找到字元所出現的位置。

```
// progB_6, 搜尋字串中出現的第一個特定字元
#include <iostream>
#include <cstdlib>
#include <cstring>
using namespace std;
int main(void)
{
  char str[80],ch;
  char *ptr=NULL;
  cout << "Input one string:";
  cin.getline(str,80);
  cout << "Input one character to search:" ;
  cin >> ch;
  ptr=strchr(str,ch);
  if(ptr)
  {
    cout << "character " << ch << " at ";
    cout << ptr-str+1 << " position" << endl;
  }
  else
    cout << "character not found!" << endl;
  system("pause");
  return 0;
}
```

```
/* progB_6 OUTPUT--------------

Input one string:How are you?
Input one character to search:a
character a at 5 position

-------------------------------*/
```

程式 progB_7 是由鍵盤輸入一字串，分別計算該字串的長度，以及將字串中的大寫字元全部轉換為小寫，最後再將字串以前後倒置的方式輸出。

```
// progB_7, 使用字串函數
#include <iostream>
#include <cstdlib>
#include <cstring>
using namespace std;
```

```
06   int main(void)
07   {
08      char str[80];
09      cout << "Input one string:";
10      cin.getline(str,80);
11      cout << "String length is " << strlen(str) << endl;
12      cout << "convert to lower string:" << strlwr(str) << endl;
13      cout << "string reversed:" << strrev(str) << endl;
14      system("pause");
15      return 0;
16   }
```

```
/* progB_7 OUTPUT----------------------

I Input one string:How do you do?
String length is 14
convert to lower string:how do you do?
string reversed:?od uoy od woh
-------------------------------------*/
```

下面的程式是利用氣泡排序法將字串排序。

```
01   // progB_8, 字串的排序
02   #include <iostream>
03   #include <cstdlib>
04   #include <cstring>
05   using namespace std;
06   #define SIZE 4
07   void print_matrix(char *a[]),bubble(char *a[]);
08   int main(void)
09   {
10      char *name[SIZE]={"Lily","Tippy Lee","Alice Wu","Queens Chen"};
11      cout << "Before process..." << endl;
12      print_matrix(name);
13      bubble(name);
14      cout << endl << "After process..." << endl;
15      print_matrix(name);
16      system("pause");
17      return 0;
18   }
19
```

```
20   void print_matrix(char *a[])  // 自訂函數 print_matrix()
21   {
22     int i;
23     for(i=0;i<SIZE;i++)          // 印出陣列的內容
24       cout << "name[" << i << "]=" << *(a+i) << endl;
25     return;
26   }
27
28   void bubble(char *a[])         // 自訂函數 bubble()
29   {
30     int i,j;
31     char *temp[1];
32     for(i=0;i<(SIZE-1);i++)
33       for(j=0;j<(SIZE-1);j++)
34         if(strcmp(a[j],a[j+1])>0)
35         {
36           *temp=a[j];            // 對換陣列內的值
37           a[j]=a[j+1];
38           a[j+1]=*temp;
39         }
40     return;
41   }
```

```
/* progB_8 OUTPUT-----

Before process...
name[0]=Lily
name[1]=Tippy Lee
name[2]=Alice Wu
name[3]=Queens Chen

After process...
name[0]=Alice Wu
name[1]=Lily
name[2]=Queens Chen
name[3]=Tippy Lee

----------------------*/
```

B.4 字元處理函數

❖ **isalnum** 是否為英文字母或數字 #include <cctype>
　　int isalnum(int c);
　　檢查是否為英文字母或是數字

❖ **isalpha** 是否為英文字 #include <cctype>
　　int isalpha(int c);
　　檢查是否為大、小寫的英文字母

❖ **isascii** 是否為 ASCII 字元 #include <cctype>
　　int isascii(int c);
　　檢查 c 是否在 ASCII 值 0~127 的有效範圍內

❖ **iscntrl** 是否為控制字元 #include <cctype>
　　int iscntrl(int c);
　　檢查是否為 ASCII 的控制字元

❖ **isspace** 是否為空白字元 #include <cctype>
　　int isspace(int c);
　　檢查是否為空白字元

❖ **isgraph** 是否為可列印字元 #include <cctype>
　　int isgraph(int c);
　　檢查是否為可列印字元，不包含空白字元

❖ **isprint** 是否為可列印字元 #include <cctype>
　　int isprint(int c);
　　檢查是否為可列印的 ASCII 字元

❖ **isupper** 是否為大寫英文字母 #include <cctype>
　　int isupper(int c);
　　檢查是否為大寫英文字母

❖ **islower**　是否為小寫英文字母　　#include <cctype>
　　int islower(int c);
　　檢查是否為小寫英文字母

❖ **ispunct**　是否為標點字元　　#include <cctype>
　　int ispunct(int c);
　　檢查是否為標點符號字元

❖ **isdigit**　是否為十進位數字　　#include <cctype>
　　int isdigit(int c);
　　檢查是否為十進位數字的 ASCII 字元

❖ **isxdigit**　是否為十六進位數字　　#include <cctype>
　　int isxdigit(int c);
　　檢查是否為十六進位數字的 ASCII 字元

❖ **toascii**　轉換為 ASCII 字元　　#include <cctype>
　　int toascii(int c);
　　將 c 轉換為有效的 ASCII 字元

❖ **toupper**　轉換為大寫英文字母　　#include <cctype>
　　int toupper(int c);
　　將小寫英文字母轉換為大寫英文字母

❖ **tolower**　轉換為小寫英文字母　　#include <cctype>
　　int tolower(int c);
　　將大寫英文字母轉換為小寫英文字母

B.5 型態轉換函數

❖ **atoi**　字串轉整數　　#include <cstdlib>
　　int atoi(const char *string);
　　將字串轉換為整數

❖ **atol**　字串轉長整數　　#include <cstdlib>
　　long atol(const char *string);
　　將字串轉換為長整數

❖ **atof**　字串轉浮點數　　#include <cmath>
　　double atof(const char *string);
　　將字串轉換為倍精度浮點數

❖ **itoa**　整數轉字串　　#include <cstdlib>
　　char itoa(int value,char *string,int radix);
　　將整數轉換為以數字系統 radix(2~36)為底的字串

❖ **ltoa**　長整數轉字串　　#include <cstdlib>
　　char ltoa(long value,char *string,int radix);
　　將長整數轉換為以數字系統 radix(2~36)為底的字串

❖ **strlwr**　轉換小寫　　#include <cstring>
　　char *strlwr(char *string);
　　將字串中的大寫字母轉換成小寫

❖ **strupr**　轉換大寫　　#include <cstring>
　　char *strupr(char *string);
　　將字串中的小寫字母轉換成大寫

下面的程式是由鍵盤輸入一整數及欲轉換的數字系統底數，將該整數轉換成新的字串。

```
01    // progB_9, 將整數轉成以 radix 為底的字串
02    #include <iostream>
03    #include <cstdlib>
04    using namespace std;
05    int main(void)
06    {
07        int i,radix;
08        char str[18];
09        cout << "Input an integer:";
10        cin >> i;
```

```
11      cout << "Input radix:";
12      cin >> radix;
13      cout << i << " in radix " << radix;
14      cout << " is " << itoa(i,str,radix) << endl;
15      system("pause");
16      return 0;
17   }
```

/* progB_9 OUTPUT---

```
Input an integer:5
Input radix:2
5 in radix 2 is 101
```

--------------------*/

B.6 字元的處理函數

C++提供一些字元的處理函數,如字元的大、小寫轉換函數,判斷字元…等,下面是常用的函數介紹。

❖ **isalpha**　是否為英文字母　　　　#include <cctype>
int isalpha(int c);
檢查是否為大、小寫的英文字母

❖ **isupper**　是否為大寫英文字母　　#include <cctype>
int isupper(int c);
檢查是否為大寫英文字母

❖ **islower**　是否為小寫英文字母　　#include <cctype>
int islower(int c);
檢查是否為小寫英文字母

❖ **toupper**　轉換為大寫英文字母　　#include <cctype>
int toupper(int c);
將小寫英文字母轉換為大寫英文字母

❖ **tolower** 轉換為小寫英文字母　　　#include <cctype>
　　int tolower(int c);
　　將大寫英文字母轉換為小寫英文字母

下面的程式是由鍵盤輸入一字串，分別判斷字串中的字元，若是大寫字元即轉換為小
寫字元，若是小寫字元即轉換為大寫字元，其餘字元皆不變。

```cpp
01   // progB_10, 字元的大小寫轉換
02   #include <iostream>
03   #include <cstdlib>
04   #include <cctype>
05   using namespace std;
06   int main(void)
07   {
08      int i=0;
09      char a[20];
10      cout << "Input a string:";
11      cin.getline(a,20);
12      while(a[i]!='\0')
13      {
14         if(islower(a[i]))           // 字元為小寫
15            a[i]=toupper(a[i]);
16         else if(isupper(a[i]))      // 字元為大寫
17            a[i]=tolower(a[i]);
18         i++;
19      }
20      cout << "after convert,string=" << a << endl;
21
22      system("pause");
23      return 0;
24   }
```

```
/* progB_10 OUTPUT--------------------

Input a string:Have a nice Day!!
after convert,string=hAVE A NICE dAY!!

----------------------------------------*/
```

程式 progB_10 中將字串大寫字元轉換為小寫，小寫轉換為大寫字元的觀念，其實和字串的轉換函數 strlwr() 與 strupr() 是相同的，只是作用的對象不同而已。

B.7 程式流程控制函數

❖ **abort**　異常終止　　#include <cstdlib>
  void abort(void);
  以異常的方式終止程式的執行

❖ **exit**　結束執行　　#include <cstdlib>
  void exit(int status);
  結束程式前會先將檔案緩衝區的資料寫回檔案中，再關閉檔案

❖ **system**　DOS 命令　　#include <cstdlib>
  int system(const char *string);
  由程式中執行 DOS 的命令

下面的程式，是利用 system() 函數執行 DOS 的命令 dir，觀看目錄中的檔案資料後，再執行 DOS 的命令 pause，使程式暫停，直到按下任意鍵才會繼續執行。

```
01   // progB_11, 使用 system()執行 DOS 的命令
02   #include <iostream>
03   #include <cstdlib>
04   using namespace std;
05   int main(void)
06   {
07     system("dir");
08     system("pause");
09     return 0;
10   }
```

```
/* progB_11 OUTPUT--------------------------------

磁碟區 C 中的磁碟沒有標籤。
磁碟區序號:  3C8F-4DA1


C:\VC++\SayHello 的目錄


2010/07/14  下午 05:11    <DIR>            .
2010/07/14  下午 05:11    <DIR>            ..
2010/07/14  下午 05:11    <DIR>            Debug
2009/09/30  下午 05:11               179 sayehello.cpp
2009/09/30  下午 07:30             4,309 SayHello.dsp
2009/09/30  下午 02:44               541 SayHello.dsw
2009/09/30  下午 02:08            58,368 SayHello.ncb
2009/09/30  下午 02:08            48,640 SayHello.opt
2009/09/30  下午 05:11             1,270 SayHello.plg
               6 個檔案         113,307 位元組
               3 個目錄   8,426,119,168 位元組可用

------------------------------------------------*/
```

函數庫裡的內建函數很有趣吧！您也可以自行撰寫出類似功能的函數，當作是程式設計的一個練習方向。

在無限浩瀚的網路世界裡，有一些 C++相關的討論區，以及介紹 C++程式設計的網頁，其中有一個很特別的網站，可以讓使用者查詢函數庫中的函數。不論對初學者，或是 C++的好手而言，是個方便實用的好幫手。您可以連結到下面的網頁：

　　　http://www.cplusplus.com/ref/

透過上面的連結，即可連線到 cplusplus.com 的網頁：

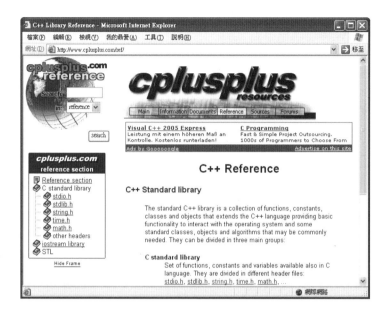

經過網站上的連結介紹，或是直接輸入函數名稱，即可找到需要的函數，不但有詳細的說明，還有該函數簡單的範例哦！有興趣的讀者不妨自行試試。

附錄 C 格式化輸出資料

在程式語言裡，將處理過的資訊內容輸出，或是由使用者從鍵盤輸入資料等動作，不但可符合程式的需求，更可以增加系統與使用者之間的互動。於本附錄的內容裡，將要介紹如何利用標準輸出、輸入設備，如螢幕、鍵盤等，將這些看似雜亂無序的資料（data），透過程式的處理，變成有價值的資訊（information）。

C.1 輸出資料

cout 可想像成是 C++的標準輸出裝置（通常指螢幕），而資料流插入運算子（stream insertion operator）「<<」，則是把其右邊的字串或變數值送到標準輸出裝置，即螢幕上，如下面的程式片段：

```
cout << "Love makes the world go round!" << endl;
```

cout、endl 與<<運算子均定義在 iostream 檔案內，因此於程式中必須把它含括進來。當程式執行時，字串 "Love makes the world go round!" 會先被輸出到螢幕上，接下來再送上換行碼 endl，告訴電腦必須於此處換行。

endl 可看成是 end of line 的縮寫，注意 endl 的最後一個字母不是數字 1，而是英文字母 ℓ。程式中加入 endl，就相當於將跳脫序列中的\n 列印出來的效果，如下面的程式：

```
cout << "Love makes the world go round!" << "\n";
```

此外，使用 cout 輸出資料時，若是有 n 個資料項，則需要用到<<運算子 n 次。在上面的敘述裡，字串 "Love makes the world go round!" 為第一個輸出的資料項，endl 為第二個，因此<<運算子在該行程式裡出現了兩次。

C.2 格式化的資料輸出

cout 除了可以列印一般的字串常數及變數值外，還可以做格式化的輸出。本節裡我們將介紹常用的格式，讓程式的輸出不但能夠賞心悅目，還可以達到最大的效益。

❖ 調整欄寬、填充字元

setw()可以調整輸出的欄位寬度；setfill()可將欄位中未用到部分以指定字元填滿，它們的用法及說明如下表所示：

表 C.2.1　調整欄寬、設定基數的運作子

格式運作子	說明
setw(int n)	設定下一個輸出值的欄寬為 n 個字元，該設定僅一次有效。
setfill(char ch)	用字元 ch 填滿輸出欄位，該設定會持續有效，直到更改。字元 ch 亦可用 ASCII 值表示。

要特別注意的是，使用 setw() 及 setfill() 前，要用#include 先將標頭檔 iomanip 含括進來。setfill() 會對下一個或是之後輸出的變數作用，setw() 僅對下一次的輸出有作用。舉例來說，如果想將整數變數 i 以 8 個欄寬列印，可以寫出如下的敘述：

```
#include <iomanip>              // 要記得含括 iomanip 到程式中
   ...
cout << "i=" << setw(8) << i;   // 將整數變數 i 以 8 個欄寬列印
```

下面的程式是完整的範例，將 num 的值以 10 個欄寬列印，並將未使用到的欄位以金錢符號（$）印出，您可以觀察程式的流程及其執行的結果。

```
01   // progC_1, 格式化的輸出
02   #include <iostream>
03   #include <iomanip>              // 要記得含括 iomanip 到程式中
04   #include <cstdlib>
05   using namespace std;
06   int main(void)
```

```
07   {
08      int num=123;
09      // 印出欄寬為 10，並以$填滿未使用之欄位
10      cout << "num=" << setw(10)  << setfill('$') << num << endl;
11      system("pause");
12      return 0;
13   }
```

/* progC_1 OUTPUT---

num=$$$$$$$123

--------------------*/

於程式第 10 行中，我們設定欄寬為 10，同時以金錢符號（$）填滿剩餘的空位，因此
執行結果為$$$$$$$123。

C++還提供另外一種輸出格式，亦可完成調整欄寬及填充字元的功能，請參考下表的對
照說明：

表 C.2.2 調整欄寬及填充字元的輸出格式

格式運作子	對照	說明
setw(int n)	cout.width(int i)	設定欄位寬度
setfill(char ch)	cout.fill(char ch)	設定填充字元

下面的程式是修改 progC_1 為另一種方式的格式化輸出，其執行結果皆相同。

```
01   // progC_2, 格式化的輸出
02   #include <iostream>
03   #include <cstdlib>
04   using namespace std;
05   int main(void)
06   {
07      int num=123;
08      cout << "num=";
09      cout.width(10);                        // 設定欄寬為 10
```

```
10      cout.fill('$');                        // 設定填充字元為$
11      cout << num << endl;                   // 以上述格式印出 num 的值
12      system("pause");
13      return 0;
14   }
```

```
/* progC_2 OUTPUT---

num=$$$$$$123

--------------------*/
```

細心的讀者應該可以發現 progC_2 中,並沒有將標頭檔 iomanip 含括到程式裡,卻可以編譯執行。這是因為 cout.width() 與 cout.fill() 是 cout 提供的函數,使用 width() 與 fill() 函數時,只要在 cout 後面加上小數點,再加上 width() 或 fill() 函數名稱即可。而 setw() 及 setfill() 則是定義在 iomanip 標頭檔裡的函數,就必須將標頭檔 iomanip 含括進來。

❖ 設定基數

在 C++裡,基數的預設為十進位。setbase() 是用來控制數值顯示的基數為八、十或十六進位,在使用 setbase() 前,要用#include 先將標頭檔 iomanip 含括進來。setbase() 會對下一個之後輸出的數值作用,經過設定之後,數值就會一直使用設定的基數,直到重新更改。舉例來說,若是想將整數變數 i 以八進位列印,可以寫出如下的敘述:

```
cout << "num=" << setbase(8) << num;     // 將整數變數 num 以八進位列印
```

下面的程式是將常數 28 分別利用 setbase() 以八、十及十六進位列印。

```
01   // progC_3, 以不同基數輸出
02   #include <iostream>
03   #include <iomanip>                        // 要記得含括 iomanip 到程式
04   #include <cstdlib>
05   using namespace std;
06   int main(void)
07   {
08      cout << "28 in oct is ";
09      cout << setbase(8) << 28 << endl;     // 印出八進位值
```

```
10      cout << "28 in dec is ";
11      cout << setbase(10) << 28 << endl;    // 印出十進位值
12      cout << "28 in hex is ";
13      cout << setbase(16) << 28 << endl;    // 印出十六進位值
14      system("pause");
15      return 0;
16  }
```

```
/* progC_3 OUTPUT---

28 in oct is 34
28 in dec is 28
28 in hex is 1c

-------------------*/
```

C++提供另外二種輸出格式，亦可完成設定基數的功能，請參考下表的對照說明：

表 C.2.3 設定基數的輸出格式

	setbase(int base)	說明
對照一	cout << oct << var cout << dec << var cout << hex << var	將變數 var 以八進位印出 將變數 var 以十進位印出 將變數 var 以十六進位印出
對照二	cout.setf(ios::oct,ios::basefield) cout.setf(ios::dec,ios::basefield) cout.setf(ios::hex,ios::basefield)	將變數 var 以八進位印出 將變數 var 以十進位印出 將變數 var 以十六進位印出

由於 setf() 為 cout 所提供的函數，因此在使用上表裡的格式時，不需要額外含括標頭檔到程式中。下面的程式是修改 progC_3 為其他方式的格式化輸出：

```
01  // progC_4, 以不同基數輸出
02  #include <iostream>
03  #include <cstdlib>
04  using namespace std;
05  int main(void)
06  {
07      cout << "28 in oct is " << oct << 28 << endl;    // 印出八進位值
08      cout << "28 in dec is " << dec << 28 << endl;    // 印出十進位值
```

```
09     cout.setf(ios::hex,ios::basefield);        // 設定基數為 16 進位
10     cout << "28 in hex is " << 28 << endl;      // 印出十六進位值
11     system("pause");
12     return 0;
13  }
```

```
/* progC_4 OUTPUT---

28 in oct is 34
28 in dec is 28
28 in hex is 1c

-------------------*/
```

不管所使用的輸出格式為何，基數一旦經過設定，就會一直持續作用，直到再次被更改為止。至於要用何種格式，就視使用者的喜好與習慣。

❖列印浮點數

浮點數的精確度為 6 位數，利用 setprecision() 或是 cout.precision(int n) 即可更改其精確度；此外，我們還可以利用 cout.setf() 來決定浮點數的列印方式，下列為常用的浮點數列印格式之設定：

表 C.2.4　浮點數的輸出格式

格　式	說　明
setprecision(int n)	設定浮點數顯示的精確度
cout.precision(int n)	設定浮點數顯示的精確度
cout.precision()	傳回前一次的精確度
cout.setf(ios::showpoint)	顯示小數點之後的值
cout.setf(ios::fixed,ios::floatfield)	以小數型態顯示浮點數
cout.setf(ios::scientific,ios::floatfield)	以指數型態顯示浮點數

使用 setprecision() 前，要先將標頭檔 iomanip 含括進來。此外，當 cout.precision()使用
引數時，就變成設定精確度的功能，沒有用到引數時，則傳回前一次設定的精確度。
這些浮點數列印格式一經設定，會一直持續有效，直到再次被更改為止。舉例來說，
若是想傳回目前的浮點數精確度，可以寫出如下的敘述：

```
int prec=cout.precision();              // 傳回前一次的浮點數精確度
    ...
cout << "precision=" << prec;            // 印出精確度值
```

要特別注意的是，使用不同的格式來顯示浮點數時，會影響其精確度的計算方式。也
就是說，若是使用 cout.setf(ios::showpoint) 來顯示小數點之後的值，精確度是指整數與
小數部份所有能夠顯示的位數，假設精確度為 5，當我們扣除小數點後尾數無用的 0 之
後，其所有位數和整數部分的位數加起來不能大於 5，若是大於精確度所能表示的範
圍，C++會自動以指數型態顯示該浮點數。

使用 cout.setf(ios::fixed,ios::floatfield) 來顯示時，精確度只有小數部份所有能夠顯示的
位數，舉例來說，假設精確度設定為 5，當我們扣除小數點後尾數無用的 0 之後，其所
有位數不會大於 5。

我們以實例來認識這些列印格式，下面的程式是設定不同的浮點數輸出格式，將浮點
數變數 f、g 列印至螢幕中。

```
01   // progC_5, 輸出浮點數
02   #include <iostream>
03   #include <cstdlib>
04   using namespace std;
05   int main(void)
06   {
07       float f=18.1234f,g=3.0f;
08       int prec=cout.precision();
09       cout << "precision=" << prec << endl;          // 印出精確度
10       cout << "f=" << f << ",g=" << g << endl << endl; // 印出 f,g
11       cout.setf(ios::showpoint);                      // 以小數型態列印
```

```
12      cout << "Using \"cout.setf(ios::showpoint)\"," << endl;
13      cout << f << "*" << g << "=" << f*g << endl << endl;  // 印出 f*g
14      cout.setf(ios::scientific,ios::floatfield);  // 以指數型態列印
15      cout << "Using \"cout.setf(ios::scientific,ios::floatfield)\",";
16      cout << endl << f << "*" << g << "=" << f*g << endl;  // 印出 f*g
17      system("pause");
18      return 0;
19   }
```

```
/* progC_5 OUTPUT---------------------------------
precision=6
f=18.1234,g=3

Using "cout.setf(ios::showpoint)",
18.1234*3.00000=54.3702

Using "cout.setf(ios::scientific,ios::floatfield)",
1.812340e+001*3.000000e+000=5.437020e+001

-------------------------------------------------*/
```

您可以看到程式第 8~9 行中,在未經過任何設定的情況下,浮點數的精確度為 6,而 g 的值為 3.0,列印時卻為 3,這是因為 C++ 會自動去除小數點後的無用尾數 0。若是想將尾數 0 顯示出來,則需要透過第 11 行的設定。

此外,當資料以指數型態顯示時,其指數位數的顯示方式,可能會依編譯器而有略有差異,例如本例在 Dev C++ 或 Visual C++ 中,指數是以三個位數顯示,而在 Borland C++ 裡則是顯示二個位數。

❖ 對齊格式與+符號

數值的對齊格式可分為「向左對齊」與「向右對齊」,而在正數前亦可加上+號表示,利用 cout.setf() 即可設定,下表為數值的對齊格式與+號之設定:

表 C.2.5 數值的對齊格式與+號

格　式	說　明
cout.setf(ios::showpos)	於正數前加上+號
cout.setf(ios::left,ios::adjustfield)	數值向左對齊
cout.setf(ios::right,ios::adjustfield)	數值向右對齊

值得一提的是，C++視八進位和十六進位為無號數，因此在使用 cout.setf(ios::showpos) 時，僅會對十進位的正數有作用。

程式 progC_6 是將整數變數 num 的值以向右對齊之格式印出，同時，若 num 值為正數，亦會印出+號，其程式碼如下：

```
01  // progC_6, 對齊與+號
02  #include <iostream>
03  #include <cstdlib>
04  using namespace std;
05  int main(void)
06  {
07     int num=3129;
08     cout.setf(ios::right,ios::adjustfield);      // 設定向右對齊
09     cout.setf(ios::showpos);                     // 設定正數前要加上+號
10     cout.fill('#');                              // 設定填充字元
11     cout << "num=";
12     cout.width(8);                               // 設定欄寬
13     cout << num << endl;                         // 輸出 num 的值
14     system("pause");
15     return 0;
16  }
```

```
/* progC_6 OUTPUT---

num=###+3129

--------------------*/
```

為了方便觀看執行結果，特別於第 10 行設定填充字元，於第 12 行中設定欄寬為 8。因此輸出時可以看到，num 的值為 3129，共有 4 位，加上+號，以及剩餘未使用到的欄位有 3 位（填入#號），總共 8 位。

曾經學過 C 語言的讀者一定會覺得 printf() 真是個好用的工具，學完本附錄內容之後，是不是也覺得 C++提供相同的功能，只是用不同的方式來闡述而已。

附錄 D ASCII 碼表

十進位	二進位	八進位	十六進位	ASCII	按鍵
0	0000000	00	00	NUL	Ctrl+l
1	0000001	01	01	SOH	Ctrl+A
2	0000010	02	02	STX	Ctrl+B
3	0000011	03	03	ETX	Ctrl+C
4	0000100	04	04	EOT	Ctrl+D
5	0000101	05	05	ENQ	Ctrl+E
6	0000110	06	06	ACK	Ctrl+F
7	0000111	07	07	BEL	Ctrl+G
8	0001000	10	08	BS	Ctrl+H，Backspace
9	0001001	11	09	HT	Ctrl+I，Tab
10	0001010	12	0A	LF	Ctrl+J，Line Feed
11	0001011	13	0B	VT	Ctrl+K
12	0001100	14	0C	FF	Ctrl+L
13	0001101	15	0D	CR	Ctrl+M，Return
14	0001110	16	0E	SO	Ctrl+N
15	0001111	17	0F	SI	Ctrl+O
16	0010000	20	10	DLE	Ctrl+P
17	0010001	21	11	DC1	Ctrl+Q
18	0010010	22	12	DC2	Ctrl+R
19	0010011	23	13	DC3	Ctrl+S
20	0010100	24	14	DC4	Ctrl+T
21	0010101	25	15	NAK	Ctrl+U
22	0010110	26	16	SYN	Ctrl+V
23	0010111	27	17	ETB	Ctrl+W

十進位	二進位	八進位	十六進位	ASCII	按鍵
24	0011000	30	18	CAN	Ctrl+X
25	0011001	31	19	EM	Ctrl+Y
26	0011010	32	1A	SUB	Ctrl+Z
27	0011011	33	1B	ESC	Esc，Escape
28	0011100	34	1C	FS	Ctrl+\
29	0011101	35	1D	GS	Ctrl+]
30	0011110	36	1E	RS	Ctrl+=
31	0011111	37	1F	US	Ctrl+-
32	0100000	40	20	SP	Spacebar
33	0100001	41	21	!	!
34	0100010	42	22	"	"
35	0100011	43	23	#	#
36	0100100	44	24	$	$
37	0100101	45	25	%	%
38	0100110	46	26	&	&
39	0100111	47	27	'	'
40	0101000	50	28	(	(
41	0101001	51	29	)	)
42	0101010	52	2A	*	*
43	0101011	53	2B	+	+
44	0101100	54	2C	,	,
45	0101101	55	2D	-	-
46	0101110	56	2E	.	.
47	0101111	57	2F	/	/
48	0110000	60	30	0	0
49	0110001	61	31	1	1

十進位	二進位	八進位	十六進位	ASCII	按鍵
50	0110010	62	32	2	2
51	0110011	63	33	3	3
52	0110100	64	34	4	4
53	0110101	65	35	5	5
54	0110110	66	36	6	6
55	0110111	67	37	7	7
56	0111000	70	38	8	8
57	0111001	71	39	9	9
58	0111010	72	3A	:	:
59	0111011	73	3B	;	;
60	0111100	74	3C	<	<
61	0111101	75	3D	=	=
62	0111110	76	3E	>	>
63	0111111	77	3F	?	?
64	1000000	100	40	@	@
65	1000001	101	41	A	A
66	1000010	102	42	B	B
67	1000011	103	43	C	C
68	1000100	104	44	D	D
69	1000101	105	45	E	E
70	1000110	106	46	F	F
71	1000111	107	47	G	G
72	1001000	110	48	H	H
73	1001001	111	49	I	I
74	1001010	112	4A	J	J
75	1001011	113	4B	K	K

十進位	二進位	八進位	十六進位	ASCII	按鍵
76	1001100	114	4C	L	L
77	1001101	115	4D	M	M
78	1001110	116	4E	N	N
79	1001111	117	4F	O	O
80	1010000	120	50	P	P
81	1010001	121	51	Q	Q
82	1010010	122	52	R	R
83	1010011	123	53	S	S
84	1010100	124	54	T	T
85	1010101	125	55	U	U
86	1010110	126	56	V	V
87	1010111	127	57	W	W
88	1011000	130	58	X	X
89	1011001	131	59	Y	Y
90	1011010	132	5A	Z	Z
91	1011011	133	5B	[	[
92	1011100	134	5C	\	\
93	1011101	135	5D	]	]
94	1011110	136	5E	^	^
95	1011111	137	5F	_	_
96	1100000	140	60	`	`
97	1100001	141	61	a	a
98	1100010	142	62	b	b
99	1100011	143	63	c	c
100	1100100	144	64	d	d
101	1100101	145	65	e	e

十進位	二進位	八進位	十六進位	ASCII	按鍵
102	1100110	146	66	f	f
103	1100111	147	67	g	g
104	1101000	150	68	h	h
105	1101001	151	69	i	i
106	1101010	152	6A	j	j
107	1101011	153	6B	k	k
108	1101100	154	6C	l	l
109	1101101	155	6D	m	m
110	1101110	156	6E	n	n
111	1101111	157	6F	o	o
112	1110000	160	70	p	p
113	1110001	161	71	q	q
114	1110010	162	72	r	r
115	1110011	163	73	s	s
116	1110100	164	74	t	t
117	1110101	165	75	u	u
118	1110110	166	76	v	v
119	1110111	167	77	w	w
120	1111000	170	78	x	x
121	1111001	171	79	y	y
122	1111010	172	7A	z	z
123	1111011	173	7B	{	{
124	1111100	174	7C	|	|
125	1111101	175	7D	}	}
126	1111110	176	7E	~	~
127	1111111	177	7F	Del	Del，Rubout

附錄 E　ANSI C++ 標頭檔的修正

在本書的 2.1.2 節「關於 ANSI/ISO C++的標準」中已提及新舊版本之 C++於標頭檔上使用的差異。新的 C++標準把標頭檔的副檔名.h 捨棄不用，且把原先從 C 語言移植到 C++的函數庫，在其相對應的標頭檔名稱之前加上一個小寫的字母 c，用以識別此函數庫是從 C 移植過來。例如新的 C++把 iostream.h 更名為 iostream；而原先 C 語言裡的 stdlib.h 與 math.h 標頭檔移植到 C++後則更名為 cstdlib 與 cmath。

目前較新的 C++編譯器均支援 ANSI/ISO C++新標準，然而如果您以舊式的寫法來撰寫 C++，新版的編譯器多半還是可以接受，但可能會出現些許警告訊息，提醒您應該採用新式的語法來撰寫。

下表列出新版的 C++所提供的標頭檔，這些標頭檔為 C++所獨有，它們並不包含在 C 語言裡：

表 E.1　C++所提供的標頭檔

<algorithm>	<bitset>	<deque>	<exception>	<fstream>
<fuctional>	<iomainip>	<ios>	<iosfwd>	<iostream>
<istream>	<iterator>	<limits>	<list>	<loacale>
<map>	<memory>	<new>	<numeric>	<ostream>
<queue>	<set>	<sstream>	<stack>	<stdexcept>
<streambuf>	<string>	<typeinfo>	<utility>	<valarray>
<vector>				

下表列出 C 語言所提供的標頭檔，以及移植到新版 ANSI-C++之後的名稱：

表 E.2　C 與 ANSI C++之標頭檔的比較

C 語言標頭檔	ANSI-C++標頭檔
<assert.h>	<assert>
<ctype.h>	<cctype>
<errno.h>	<cerrno>
<float.h>	<cfloat>
<iso646.h>	<ciso646>
<limits.h>	<climits>
<locale.h>	<clocale>
<math.h>	<cmath>
<setjmp.h>	<csetjmp>
<signal.h>	<csignal>
<stdarg.h>	<cstdarg>
<Stddef.h>	<cstddef>
<stdio.h>	<cstdio>
<stdlib.h>	<cstdlib>
<string.h>	<cstring>
<time.h>	<ctime>
<wchar.h>	<cwchar>
<wtype.h>	<cwtype>

索　引

英文索引

旗標科技股份有限公司

聘任本律師為常年法律顧問, 如有侵害其
信用名譽權利及其它一切法益者, 本律師
當依法保障之。

林銘龍 律師

C ++ 教學手冊 第三版

著作人	洪維恩
發行人	施威銘
發行所	旗標科技股份有限公司
	台北市杭州南路一段15-1號19樓
電話	(02)2396-3257(代表號)
傳真	(02)2321-2545
劃撥帳號	1332727-9
帳戶	旗標科技股份有限公司

新台幣售價： 640 元

西元 2024 年 2 月 三版 28 刷

行政院新聞局核准登記 - 局版台業字第 4512 號

ISBN 978-957-717-937-1